中华经典名著

全本全注全译丛书

王贵祥◎译注

营造法式 下

中華書局

目录

下册

卷第二十一　小木作功限二

格子门四斜毬文格子、四斜毬文上出条柽重格眼、四直方格眼、版壁、两明格子

阑槛钩窗　殿内截间格子　堂阁内截间格子

殿阁照壁版　障日版　廊屋照壁版　胡梯　垂鱼惹草

栱眼壁版　裹栿版　擗帘竿　护殿阁檐竹网木贴

平棊　斗八藻井　小斗八藻井　拒马叉子　叉子

勾阑重台勾阑、单勾阑　棵笼子　井亭子　牌

【题解】

本卷内容是有关小木作中之"门"的造作、安卓等功限的计量，其中包括了四种格子门，分别是：四斜毬文格子门、四斜毬文上出条柽重格眼格子门、四直方格眼格子门以及两明格子门。透过这些小木作功限中所隐含的信息，我们不仅能够了解古人加工这些构件所用的功限，还能了解诸多古代建筑的设计信息，如一间四斜毬文格子门的高、广尺寸，或一间殿内截间格子门的高、广尺寸等，其中无疑隐含了房屋的开间或进深尺寸。

"门"作为古代营造中的小木作做法，其需求与制作的数量是十分大的。因为格子门主要施安于房屋的室内外连接处，其作用既为了出入的便捷，也兼有采光与通风的作用，故每日的开启与闭锁，变得十分频繁。这不仅要求门扇的结构重量需要轻一些，同样也要求门扇有非常好

的结构性能，能够经得起长时间的启闭转动；同时，其在关闭时，对室内采光的作用也变得十分重要。从这一角度来观察，古代建筑上所施用的格子门，其材料要坚固耐用，其做法要轻巧通透，在材料选择与构造做法上，就是一个十分具有技术含量的建筑构件。同时，作为一座房屋日常的出入口，其门在形式上，也尤其需要有造型美观上的考虑。宋式营造中的诸种格子门，就是因应这一难题而创造出来的。

即使我们不从大的比例上做过多的分析，仅仅从其格子的造型上来观察也能够发现，简单明快的四直式格子门，或造型细致华美的四斜毬文格子门，甚至四斜毬文上出条桱重格眼式格子门，都能够在一定程度上，在适度解决室内光线透入的前提下，提升房屋外观的美学效果。

当然，随之而来的问题就是，这种格子门，尤其是比较复杂的四斜毬文格子门等，在加工制作上会比较耗费匠人的工时，有比较高超的匠作技术要求。这些要求，在其造作加工以及施工安卓上，就会体现在所用功限的计量上。

本卷的内容在一定程度上，大体与卷第七《小木作制度二》中所列出的诸种小木作做法相对应，如本卷的阑槛钩窗、截间格子、照壁版与障日版、栱眼壁版、胡梯、裹栿版、擗帘竿，几乎都是在《小木作制度二》的基础上，对应给出了各种做法的功限计量方式。本卷还有大约一半的内容，是与卷第八《小木作制度三》中所叙述的内容相对应的，诸如平棊、藻井、拒马叉子、叉子、勾阑、棵笼子、井亭子、牌等。仅从这些条目的排布，大约可以了解，本卷基本上覆盖了《法式》卷第七与卷第八，即《小木作制度二》与《小木作制度三》中所提及的诸种小木作做法的功限计算方式。

重要的是，在其有关功限计算的描述中，还给出了一些小木作的相应长、高、宽等尺寸，及其相应的比例性计算方式。这从一定程度上弥补了小木作制度中有关各种小木作做法在尺寸与比例上的缺失，从这一角度看，小木作功限部分也是对我们比较关注的宋式小木作制度信息的一种补充。

格子门四斜毬文格子、四斜毬文上出条桱重格眼、四直方格眼、版壁、两明格子

【题解】

本节的内容集中在宋式小木作营造中的“格子门”上，其文又进一步将格子门细分为较为复杂的“四斜毬文格子门”“四斜毬文上出条桱重格眼格子门”，以及在构造与形式上比较简单的“四直方格眼格子门”和“两明格子门”等做法。所谓“格子门”，就是除了构成其门扇的主要部分不采用格子做法而采用板壁做法之外，其门扇的上半部分，主要是由不同形式的格子构成的。其格子的造型大体上分为毬文式与四直式。

关于“格子门”，本书在卷第七《小木作制度二》中，引用梁思成先生的注释，已经做了一个基本的解释，即宋式营造中的“格子门”与清式营造中的“格扇”有相近之处，其特点就是，其门的上半部分是用条桱，或清代人所称的“棂子”，组合成不同形式的格子或格眼。这样做的目的，不仅是要减轻门扇的结构重量，使其门比较容易开启，而且是为了透过在格眼上黏贴比较轻薄的窗纸，为室内提供适度的采光条件。

因其在构造上的细密与繁复，格子门，特别是四斜毬文格子门，在功限计量上有比较细密的工序区分与功限额度区分，这些具体的数字，对于我们了解这种较为复杂的格子门的构造与做法也有一定的补充意义。

（四斜毬文格子门）

四斜毬文格子门[①]，一间，四扇，双腰串造；高一丈，广一丈二尺。

造作功：额、地栿、槫柱在内。如两明造者[②]，每一功加七分功。其四直方格眼及格子门桯准此[③]。

四混、中心出双线[④]；

破瓣双混、平地出双线[5]；

右各四十功。若毬文上出条桱重格眼造[6]，即加二十功。

四混、中心出单线[7]；

破瓣双混、平地出单线[8]；

右各三十九功。

通混、出双线[9]；

通混、出单线[10]；

通混、压边线[11]；

素通混[12]；

方直破瓣[13]；

右通混、出双线者，三十八功。余各递减一功。

安卓，二功五分。若两明造者，每一功加四分功。

【注释】

①四斜毬（qiú）文：指格子门所施用的四斜毬文格眼做法。参见卷第七《小木作制度二》“格子门·造格子门之制”条相关注释。

②两明造：指格子门中的两明造格子门。参见卷第七《小木作制度二》“格子门·两明格子门”条相关注释。

③四直方格眼：指格子门所施用的四直方格眼做法。参见卷第七《小木作制度二》“格子门·四直方格眼”条相关注释。格子门桯（tīng）：桯，指构成格子门扇基本框架的木方，即所谓“门桯”；则“格子门桯”即指格子门门扇的四条边框木方。

④四混：如梁先生释：“在构件边、角的处理上，凡断面做成比较宽而扁，近似半个椭圆形的；或角上做成半径比较大的90°弧的，都叫做‘混’。”“四混”，指其构件表面刻有四条混线。参见卷第七

《小木作制度二》“格子门·四斜毬文格眼”条相关注释。中心出双线：指构件表面四条混线的中间再刻出两条细线的做法。参见卷第七《小木作制度二》“格子门·四斜毬文格眼”条相关注释。

⑤破瓣双混：仍引梁先生在《小木作制度二》中的解释：“边或角上向里刻入作‘L’正角凹槽的，叫做‘破瓣’。”双混，指在木方表面刻出两道混线；则“破瓣双混”，意为其方边棱破瓣，方之表面刻为两道混线。平地出双线：从字义上看，指在平整的条桱方子外表面镌刻出两道线脚。

⑥毬文上出条桱重格眼：系最高等级的格子门格眼做法。参见卷第七《小木作制度二》“格子门·四斜毬文上出条桱重格眼”条相关注释。

⑦四混、中心出单线：指在条桱木方表面刻为四混的表面轮廓，疑在四条混线的中间刻出一道线脚。

⑧破瓣双混、平地出单线：据卷第七《小木作制度二》“格子门·四斜毬文格眼”条，“破瓣双混”是仅次于“四混”做法的第二等格子门做法。在其方表面施刻双混线的基础上，疑若再在其方表面平正处刻出一道线脚，即为“破瓣双混、平地出单线”做法。

⑨通混、出双线：据梁先生的解释，“整个断面成一个混的叫做‘通混’”；若在这一通混线脚的基础上再刻出双线，即为“通混、出双线”做法。

⑩通混、出单线：在通混线脚基础上，再刻出一道线。

⑪通混、压边线：据卷第七《小木作制度二》“格子门·四斜毬文格眼”条，这种“通混、压边线”的做法，系格子门中的第四等做法。其做法是在组成其格眼的条桱之上，刻有一个较大的混线，混线两侧，即条桱的两侧边棱，压以齐整的边线。

⑫素通混：据卷第七《小木作制度二》“格子门·四斜毬文格眼”条，这种“素通混”做法系格子门中的第五等做法。或可理解为

将形成格眼的条桱木方表面刻为一个通混的线脚，且不再做其他线脚的处理，则称为“素通混”。

⑬方直破瓣：据卷第七《小木作制度二》“格子门·四斜毬文格眼”条，这种“方直破瓣”做法系格子门中的第六等做法。仍引梁先生注：“断面不起混或线，只是边角破瓣的，叫做‘方直破瓣’。”

【译文】

造四斜毬文格子门，1间，四扇，双腰串造；门高1丈，门之面广1.2丈。

其门造作所用功：门上之额、门下地栿、门两侧槫柱皆包括在内。如果是两明造式门，在其标准所用功的基础上，以其每1功增加0.7功计。如果是四直方格眼式门，以及格子门的门桯等，亦以此为准。

条桱表面刻为四混、中心出双线形式；

条桱表面刻为破瓣双混、平地出双线形式；

如上做法所用造作功，各计为40功。如果在其毬文之上再出条桱重格眼造做法，则应再增加20功。

条桱表面刻为四混、中心出单线做法；

条桱表面刻为破瓣双混、平地出单线做法；

如上做法所用造作功，各计为39功。

条桱表面刻为通混、出双线做法；

条桱表面刻为通混、出单线做法；

条桱表面刻为通混、压边线做法；

条桱表面为素通混做法；

条桱表面为方直破瓣做法；

如上诸通混、出双线做法者，其造作功，皆计为38功。其余做法的，各自以递减1功计之。

格子门安卓所用功，计为2.5功。如果是两明造式格子门，在其安卓功本功的基础上，每1功再增加0.4功。

（四直方格眼格子门）

四直方格眼格子门[①]，一间，四扇，各高一丈[②]，共广一丈一尺，双腰串造。

造作功：

格眼[③]，四扇：

四混、绞双线[④]，二十一功。

四混、出单线；

丽口、绞瓣、双混、出边线[⑤]；

右各二十功。

丽口、绞瓣、单混、出边线，一十九功。

一混、绞双线[⑥]，一十五功。

一混、绞单线[⑦]，一十四功。

一混、不出线；

丽口、素绞瓣[⑧]，

右各一十三功。

平地出线，一十功。

四直方绞眼[⑨]，八功。

【注释】

①四直方格眼：格子门的一种。参见卷第七《小木作制度二》“格子门·造格子门之制”条相关注释。

②各高一丈：这里的“各高一丈”，指的是四扇四直方格眼门扇的每一扇，高度分别为1丈。

③格眼：指四直方格眼门扇。

④绞双线：仍如梁先生所注：“‘绞双线’的‘绞’是怎样绞法，待考。

下面的‘绞瓣’一词中也有同样的问题。”参见卷第七《小木作制度二》“格子门·四直方格眼”条相关注释。

⑤丽口：仍如梁先生注：“什么是‘丽口’也不清楚。”参见卷第七《小木作制度二》“格子门·四直方格眼”条相关注释。

⑥一混：疑为在格眼的条桱上刻有一条混线的窗格眼线脚做法。

⑦绞单线：因为未厘清“绞双线”如何绞，则“绞单线”的做法亦不很清楚。

⑧素绞瓣：或可理解为没有任何装饰较为简单的绞瓣线脚形式。

⑨四直方绞眼：本条字面是关于“四直方格眼”格子门的，但这里的“四直方绞眼”未知是四直方格眼的一种特殊做法，还是其行文中出现的讹误。存疑。

【译文】

造作四直方格眼格子门，其门据房屋一间之广，分为四扇，每扇高度各为1丈，四扇门总宽共为1.1丈，门扇为双腰串造。

格子门造作所用功：

格眼门扇，四扇：

门之条桱上出四混线脚、四混中刻以绞双线线脚，计为21功。

门之条桱上出四混线脚、四混中再出单线线脚；

条桱之上刻有丽口、镌出绞瓣及双混线脚、并出边线；

以上几种做法各计为20功。

条桱之上刻有丽口、镌出绞瓣及单混线脚、并出边线，计为19功。

条桱之上刻为一混线脚，并镌出绞双线线脚，计为15功。

条桱上刻为一混线脚、并镌出绞单线线脚，计为14功。

条桱上刻为一混线脚、混线上不出线脚；

凿出丽口、镌出素绞瓣线脚，

以上几种做法各计为13功。

若在条桱平地上刻出线，计为10功。

其格眼若镌为四直方绞眼形式，计为8功。

（格子门桯）

格子门桯[①]：事件在内[②]。如造版壁，更不用格眼功限。于腰串上用障水版，加六功。若单腰串造，如方直破瓣，减一功；混作出线，减二功。

四混、出双线；

破瓣、双混、平地、出双线；

右各一十九功。

四混、出单线；

破瓣、双混、平地、出单线；

右各一十八功。

一混、出双线；

一混、出单线；

通混、压边线；

素通混[③]；

方直破瓣撺尖[④]；

右一混出双线，一十七功；余各递减一功。其方直破瓣，若叉瓣造[⑤]，又减一功。

安卓功：四直方格眼格子门一间，高一丈，广一丈一尺，事件在内。共二功五分。

【注释】

①格子门桯：指由格子门门扇四周的木方构成的门扇之框架。

②事件在内：疑指在造作格子门桯中所发生的诸项加工及镌刻等附加事件都包括在加工造作格子门桯这一功限中了。

③素通混：指宋式格子门诸做法中的第五等做法，“混”指截面为凸曲线的线脚，“通混”指其截面外露部分的整个面为一个凸圆线脚，“素通混”当指其混线脚上不再增加任何附加的线脚。

④方直破瓣撺（cuān）尖：依梁先生注：“横直构件相交处，以斜角相交的，叫做‘撺尖’。”则“方直破瓣撺尖”似指在方直格眼门桯正面两侧破瓣，且其桯在立桯与横桯相交处，采用了“撺尖”的做法。参见卷第七《小木作制度二》“格子门·四斜毬文格眼”条。

⑤叉瓣造：仍依梁先生注：“横直构件相交处，……以正角相交的，叫做‘叉瓣’。”参见卷第七《小木作制度二》“格子门·四斜毬文格眼”条。

【译文】

造作四直方格门格子门桯：与门桯造作有关的其他事项亦包括在内。如果其门为版壁造形式，则不另外计入造作格眼的功限。如果在门扇的腰串上施用障水版，应加计6功。若是单腰串造，如果其门桯为方直破瓣做法，则应减计1功；如果其桯为混作且出线的做法，则减计2功。

其桯为四混、混上出双线；

桯之两棱为破瓣、桯表面出双混线、平地、混上出双线；

以上做法各计为19功。

其桯为四混、混上出单线；

桯之两棱为破瓣、桯表面出双混线、平地、混上出单线；

以上做法各计为18功。

其桯为一混、混上出双线；

其桯为一混、混上出单线；

桯之表面刻为通混、两棱压边线；

其桯表面为素通混；

其桯形式为方直破瓣，桯之转角处亦以撺尖方式相交接；

以上若为一混出双线做法，计为17功；其余做法分别递减1功。如果其桯为方直破瓣做法，且其桯之转角处以叉瓣造相交接，应再减计1功。

格子门桯安卓所用功限：若安卓四直方格眼格子门一间，其门高为1丈，门之总宽为1.1丈，与门桯安卓相关诸事项亦包括在内。共计为2.5功。

阑槛钩窗

【题解】

“阑槛钩窗”包括了阑槛与钩窗两个部分。梁先生解释说：“阑槛钩窗多用于亭榭，是一种开窗就可以坐下凭栏眺望的特殊装修。现在江南民居中，还有一些楼上窗外设置类似这样的阑槛钩窗的；在园林中一些亭榭、游廊上，也可以看到类似槛面板和鹅项勾阑（但没有钩窗）做成的，可供小坐凭栏眺望的矮槛墙或栏杆。”

这里的“钩窗”，傅先生认为应该是“钓窗”，古人在抄写过程中将“钓”误抄为“钩”。傅先生的理解，是以故宫本《法式》为依据的。这里暂按梁注本《法式》，称之为“钩窗”。

（钩窗）

钩窗，一间，高六尺，广一丈二尺；三段造。

造作功：安卓事件在内①。

四混、绞双线，一十六功。

四混、绞单线；

丽口、绞瓣、瓣内双混。面上出线；

右各一十五功。

丽口、绞瓣、瓣内单混②。面上出线，一十四功。

一混、双线，一十二功五分。

一混、单线，一十一功五分。

丽口、绞素瓣；

一混、绞眼③；

右各一十一功。

方绞眼④，八功。

安卓⑤，一功三分。

【注释】

①安卓事件：指钩窗造作所计功中，也包括了与钩窗安卓有关的一些事项。

②瓣内单混：据卷第七《小木作制度二》“堂阁内截间格子·堂阁内截间格子之制”条：“其桯制度有三等：……二曰瓣内双混，（或单混。）”可知，“瓣内单混”或“双混”，当指钩窗窗桯的一种做法。其形式似为在桯之表面出双混或单混的线脚。

③绞眼：疑即在格子门或钩窗中有条桱相交而成的格眼。

④方绞眼：梁注：“‘方绞眼’可能就是没有任何混、线的条桱相交组成的最简单的方直格眼。”参见卷第七《小木作制度二》“格子门·四直方格眼”条相关注释。

⑤安卓：疑这里的“安卓”与本条上文所提到的“安卓事件在内”之“安卓”，并非同一事项。前文所说的“安卓事件”疑指将钩窗之窗桯、条桱安装组合在一起，这里所提到的“安卓”指将已经造作完成的钩窗安卓在其屋之阑槛钩窗所在的位置。

【译文】

造作钩窗，其窗施于房屋之内，1间，窗之高6尺，窗之宽1.2丈；其窗分为三段造。

钩窗造作所用功：其窗的安卓事项包括在内。

若其窗之桯为四混、绞双线做法，计为16功。

若其桯为四混、绞单线做法；

其窗桯凿出丽口、镌刻绞瓣、其瓣内出双混。桯之面上刻出线脚；

以上做法各计为15功。

若其桯上凿丽口、刻出绞瓣形式、瓣内出单混。桯面上刻出线脚，计为14功。

若其桯上出一混、刻以双线，计为12.5功。

若其桯上出一混、刻单线，计为11.5功。

其桯上凿丽口、刻出绞素瓣形式；

其桯上出一混、桯以绞眼方式相接；

以上做法各计为11功。

若其窗之格眼为方绞眼形式，计为8功。

钩窗的安卓就位所用功，计为1.3功。

（阑槛）

阑槛①，一间，高一尺八寸，广一丈二尺。

造作，共一十功五厘。槛面版②，一功二分；鹅项③，四枚，共二功四分；云栱④，四枚，共二功；心柱⑤，二条，共二分功；槫柱⑥，二条，共二分功；地栿⑦，三分功；障水版⑧，三片，共六分功；托柱⑨，四枚，共一功六分；难子⑩，二十四条，共五分功；八混寻杖⑪，一功五厘；其寻杖若六混，减一分五厘功；四混减三分功；一混减四分五厘功⑫。

安卓，二功二分。

【注释】

①阑槛：指由寻杖、云栱、托柱、地栿等构成的类似勾阑式的围护式

栏杆。参见本节“题解”中所引梁先生对“阑槛钩窗”的解释。

②槛面版：阑槛的面版与鹅项勾阑组合，可以组成临水亭榭等房屋边柱上所设的坐凳式栏杆。

③鹅项：为施于槛面版上的云栱鹅项勾阑的组成部分，其轮廓为弯曲的立柱，形如鹅项，故称。

④云栱：这里指施于鹅项之上以承托勾阑之扶手寻杖的云形托栱。

⑤心柱：这里的“心柱”，指施于槛面版之下、地栿之上，左右槫柱中间的立柱，有承托槛面版的作用。

⑥槫（tuán）柱：施于槛面版之下阑槛两端的槫柱，槫柱一般与阑槛两侧的亭榭或房屋立柱紧密相贴而立。

⑦地栿（fú）：施于阑槛之下、两柱之间的木方，其上通过心柱与槫柱承托阑槛的槛面版等名件。

⑧障水版：疑其施于槛面版之下、地栿之上的外侧，位于槫柱与心柱之间，以起到防止雨水透入阑槛之内的作用。

⑨托柱：指施于阑槛里侧槛面版之下、地面之上，截面较宽，用以承托阑槛槛面版的结构性短柱，其与槛面版上部的鹅项勾阑位置相对应。

⑩难子：似指施于阑槛障水版四周边缝处的难子。

⑪八混寻杖：疑为八边形截面的寻杖，且八边形的每一面都当为圜混线脚。其后文所言“六混”“四混”意思相同，为六边形、四边形截面的寻杖，其每一面为一圜混线脚。

⑫一混：当指一截面为完整圆形的寻杖。

【译文】

造作阑槛，其阑槛施于房屋之内，1间，阑槛高度为1.8尺，阑槛面广为1.2丈。

阑槛造作所用功，共计为10.05功。其中槛面版造作，计为1.2功；鹅项造作，4枚，共计为2.4功；云栱造作，4枚，共计为2功；心柱造作，2条，共计为0.2功；槫柱造作，2条，共计为0.2功；地栿造作，计为0.3功；障水版造作，3片，共计为0.6功；托柱造作，4枚，共计为1.6功；障水版四周所缠难子的造作，24条，共计为0.5功；八混形状寻杖造作，计为1.05功；其寻杖截面如果为六混，则在此基础上减计0.15功；其截面若为四混，则减计0.3功；其截面若为一混，则减计0.45功。

阑槛造作安卓所用功，计为2.2功。

（截间格子）

【题解】

截间格子，可能相当于宋式殿阁或殿堂等建筑物室内的隔断墙。造殿内截间格子所用名件及做法，可以参见卷第七《小木作制度二》中的“殿内截间格子·造殿内截间格子之制”条与《小木作制度二》之“堂阁内截间格子·堂阁内截间格子之制”条的行文及相应的注释与译文。

殿内截间格子

殿内截间四斜毬文格子①，一间，单腰串造，高、广各一丈四尺，心柱、槫柱等在内②。

造作，五十九功六分；

安卓，七功。

【注释】

①殿内截间：指宋式高等级殿阁式或殿堂式建筑的室内隔断墙或格栅。四斜毬文格子：指其殿内截间格子之格扇是由类似于四斜毬文格子门之门扇上的四斜毬文格子形式构成的。

③心柱、槫柱等在内：原文“心枓、槫柱等在内”，梁注本为“心柱、槫柱等在内”。徐注：“陶本作‘枓’，误。”陈注：“‘枓’应作‘柱’。”

傅注：改“枓”为“柱”，并注：“柱，误作‘枓’。”故从梁注本。

【译文】

殿阁室内所施造的截间格子，其格扇为四斜毬文格子形式，截间格子1间，其格扇为单腰串造，截间格子的高度与面广各为1.4丈，其截间格子内所施心柱与槫柱等计入其尺寸之内。

殿内截间四斜毬文格子造作所用功，计为59.6功；

其截间格子安卓所用功，计为7功。

堂阁内截间格子

堂阁内截间四斜毬文格子①，一间，高一丈，广一丈一尺，槫柱在内。额子泥道②，双扇门造③。

造作功：

破瓣撺尖④，瓣内双混⑤，面上出心线、压边线，四十六功；

破瓣撺尖，瓣内单混，四十二功；

方直破瓣撺尖⑥，四十功。方直造者减二功。

安卓，二功五分。

【注释】

①堂阁内截间：指宋式较高等级的厅堂或楼阁式建筑的室内隔断墙或格栅。

②额子：当指堂阁内截间格子上部所施横额。泥道：疑指截间格子两侧所立槫柱与其两侧屋柱之间的空隙，其空隙内可施泥道版。

③双扇门造：指堂阁内截间格子的格扇是由两扇格子门形式构成的。

④破瓣：指其截间格子之格扇四周之桯的边或角上向里刻入作“L”正角凹槽的截面形式。撺尖：指截间格子之格扇横桯与竖桯在其

格扇之框的相交处，以斜角形式相交的做法。

⑤瓣内双混：疑指截间格子之格扇桯在边角破瓣之内，再刻出双混线脚的做法。

⑥方直破瓣撺尖：其截间格子之格扇桯的截面不出混线，只做破瓣处理，其横桯与竖桯相交之角部亦采用撺尖入卯的接合形式。

【译文】

堂阁内所施造的截间四斜毬文格子，1间，截间格子高为1丈，1间截间格子的面广为1.1丈，槫柱的尺寸包括在其面广尺寸之中。截间格子之上施以额子，槫柱两侧施以泥道版，其截间格子之格扇为双扇门造。

堂阁内截间格子造作所用功：

若其格扇之桯为破瓣撺尖，瓣内双混，面上出心线、压边线做法，计为46功；

若其格扇之桯为破瓣撺尖，瓣内单混做法，计为42功；

若其格扇之桯为方直破瓣撺尖做法，计为40功。若其桯为方直造而不破瓣者，可在此基础上减计2功。

堂阁内截间四斜毬文格子安卓所用功，计为2.5功。

殿阁照壁版

【题解】

照壁版，一般施于殿阁或堂阁之内的左、右两柱柱心槽上，以起到室内分隔前后空间的屏扆之作用。若用于殿阁或堂阁的外墙柱缝，可施于前檐或前廊的柱缝上，同时亦可施用于有照壁的门窗上。

殿阁照壁版①，一间，高五尺至一丈一尺，广一丈四尺。如广增减者，以本功分数加减之。

造作功：

高五尺，七功。每高增一尺，加一功四分。

安卓功：

高五尺，二功。每高增一尺，加四分功。

【注释】

①殿阁照壁版：依梁先生注："照壁版和截间格子不同之处，在于截间格子一般用于同一缝的前后两柱之间，上部用毬文格眼；照壁版则用于左右两缝并列的柱之间，不用格眼而用木板填心。"则照壁版更接近现代建筑室内的隔断墙。只是"照壁版"可能施于房屋某一特定位置，能够与清代建筑室内所施用的"照壁"或"影壁"有一些相近之处。殿阁照壁版，则是施造于殿阁室内的照壁版。

【译文】

殿阁屋照壁版的造作，1间，其高5尺至1.1丈，其广1.4丈。如果其广尺寸有增加或减少，其造作所计功，以其本功为基数，按照其增加或减少的情况做相应的增加或减少。

照壁版造作所用功：

若其照壁版高为5尺，其造作所用功计为7功。若其高度每增加1尺，造作所计功应增加1.4功。

照壁版安卓所用功：

若其照壁版高5尺，其安卓所用功计为2功。若其高度每增加1尺，其安卓所计功应增加0.4功。

障日版

【题解】

障日版，大概相当于现代建筑中的遮阳版。在宋式建筑中，其版似可施于屋檐之下，两柱之间；或施于格子门及门、窗之上，以起到遮蔽强烈阳光作用。参见卷第七《小木作制度二》“障日版·造障日版之制”条相关注释。

障日版，一间，高三尺至五尺，广一丈一尺。如广增减者，即以本功分数加减之。

造作功：

高三尺，三功。每高增一尺，则加一功。若用心柱、槫柱、难子、合版造[1]，则每功各加一分功。

安卓功：

高三尺，一功二分。每高增一尺，则加三分功。若用心柱、槫柱、难子、合版造，则每功减二分功。下同。

【注释】

①心柱：疑指支撑障日版的立柱，位于中间的支柱，称为“心柱”。槫柱：疑指支撑障日版的立柱，位于两侧的支柱，称为“槫柱”。难子：似指障日版四周边框之内所缠施的难子。合版造：系将不同尺寸木版黏合为一块整版并安装于障日版内，而不是将多块版分缝安装于障日版内的做法，称为“合版造障日版”。

【译文】

房屋障日版，1间，其高3尺至5尺，其广1.1丈。如果其广尺寸有增加或减少，则以其本功为基数，所计功按照其增加或减少的情况做相应的增加或减少。

障日版造作所用功：

若障日版高3尺，造作所计功为3功。若其高每增加1尺，则应加计1功。如果施用心柱、槫柱、难子及采用合版造做法，则其造作所用功应在其本功每1功的基础上各增加0.1功。

障日版安卓所用功：

若障日版高3尺，其安卓所用功计为1.2功。其高度每增加1尺，则应在其本功的基础上增计0.3功。如果施用心柱、槫柱、难子及采用合版造做法，则应在其本功每1功的基础上各减计0.2功。以下的情况与之相同。

廊屋照壁版

廊屋照壁版①，一间，高一尺五寸至二尺五寸，广一丈一尺。如广增减者，即以本功分数加减之。

造作功：

高一尺五寸，二功一分。每增高五寸，则加七分功。

安卓功：

高一尺五寸，八分功。每增高五寸，则加二分功。

【注释】

①廊屋照壁版：梁注："廊屋照壁版大概相当于清代的由额垫板，安在阑额与由额之间，但在清代，由额垫板是做法中必须有的东西，而宋代的这种照壁版则似乎可有可无，要看需要而定。"参见卷第七《小木作制度二》"廊屋照壁版·造廊屋照壁版之制"条相关注释。

【译文】

廊屋照壁版，1间，其高1.5尺至2.5尺，其广1.1丈。如果其广尺寸有增加或减少，即以其本功为基数，其造作所计功以其增加或减少的情况做相应的增加或减少。

廊屋照壁版造作所用功：

若其高为1.5尺，其造作所用功计为2.1功。如果其高度每增加5寸，则应加计0.7功。

廊屋照壁版安卓所用功：

若其高为1.5尺，其安卓所用功计为0.8功。如果其高度每增加5寸，则应加计0.2功。

胡梯

【题解】

胡梯，为古代建筑内一种斜置的步梯，一般将其施于楼阁建筑之内，以解决房屋内不同标高之间的竖向交通。胡梯的高度与拽脚尺寸，即踏数，使我们能够了解古人在室内设梯的坡度，及每一踏阶的高宽尺寸。裹栿版的长、广尺寸，给出了殿槽内梁栿，即副阶内梁栿的长度与截面高度。

至于"胡梯"，为什么称为"胡梯"，梁先生认为可能是南方人将"扶梯"之"扶"字的发音与"胡"字的发音，区别得不是太清楚而造成的。这是一种猜测性的解释，因为目前我们还很难将这种"梯"，与来自西方或北方的"胡"人文化，找到什么适当的联系。

胡梯，一坐，高一丈，拽脚长一丈①，广三尺，作十三踏②，用科子蜀柱单勾阑造③。

造作，一十七功。

安卓，一功五分。

【注释】

①拽脚：梯道或踏阶、慢道等的斜坡即称"拽脚"。参见卷第七《小木作制度二》"胡梯·造胡梯之制"条相关注释。

②作十三踏：梁注本中，上文为"作十三踏"，徐注："陶本作'十二'。"傅合校本为"作十二踏"。暂从梁注本。

③枓子蜀柱单勾阑造：指胡梯上所施勾阑为单勾阑，其勾阑的寻杖之下、盆唇之上，采用的是以“枓子蜀柱”形式承托寻杖的做法。

【译文】

胡梯，1坐，高1丈，其拽脚之长为1丈，宽3尺，分作13步踏阶，其上勾阑为枓子蜀柱式单勾阑造做法。

胡梯造作所用功，计为17功。

胡梯安卓所用功，计为1.5功。

垂鱼惹草

【题解】

垂鱼、惹草，系宋式建筑之厦两头造或于出两际式屋顶的两侧屋山搏风版上所施用以封檐的构件。一般是将垂鱼施于搏风版的合尖之下，惹草施于搏风版之下，这样既能够连接两坡的搏风版，也能够将搏风版固定在两山出际榑头上，同时还可以起到对两际屋山的装饰性作用。

垂鱼，一枚，长五尺，广三尺。

造作，二功一分；

安卓，四分功。

惹草，一枚，长五尺。

造作，一功五分；

安卓，二分五厘功。

【译文】

垂鱼，1枚，其长5尺，其宽3尺。

垂鱼造作所用功，计为2.1功；

垂鱼安卓所用功，计为0.4功。

惹草，1枚，其长5尺。

惹草造作所用功，计为1.5功；

惹草安卓所用功，计为0.25功。

栱眼壁版

【题解】

栱眼壁版，分单栱眼壁版与重栱眼壁版两种，是房屋外檐泥道缝上、阑额之上、柱头方之下、两铺作之间的嵌版。参见卷第七《小木作制度二》“栱眼壁版·造栱眼壁版之制”条相关注释。

栱眼壁版，一片，长五尺，广二尺六寸。于第一等材栱内用①。

造作，一功九分五厘；若单栱内用②，于三分中减一分功；若长加一尺，增三分五厘功；材加一等，增一分三厘功。

安卓，二分功。

【注释】

①于第一等材栱内用：陈注：“‘一’应为‘四’。”据陈先生，此处应为“于第四等材栱内用”，未知陈先生之所据。傅注：改“第一”为“第三”，并注：“三，故宫本。”故依傅先生注，其文应为“于第三等材栱内用”。梁注本未做更改，仍为原文“于第一等材栱内用”。依其下文小注“材加一等，增一分三厘功”，则若依“第一等材”，则其材等无可增加，故译文宜从傅先生。

②单栱内用：指栱眼壁版所在柱头缝柱头方之下每相邻两铺作之泥道栱，采用的是泥道单栱造做法，其栱眼壁版施于相邻每两泥道

单栱之间。

【译文】

栱眼壁版，1片，版长5尺，版宽2.6尺。其栱眼壁版施于第三等材的泥道栱之内。

栱眼壁版造作所用功，计为1.95功；若其版施于泥道单栱之内，则应在其本功的每0.3功之中减去0.1功；如果其版长度每增加1尺，则应在其本功中增加0.35功；如果其材等每增加一等，则应增加0.13功。

栱眼壁版安卓所用功，计为0.2功。

裹栿版

【题解】

裹栿版，就是将经过雕琢的有纹饰的木版，包裹在梁栿的两侧与底面上，既起到加大梁栿截面，增强梁栿结构强度的作用，也能够在一定程度上起到梁栿的雕琢装饰效果。参见卷第七《小木作制度二》“裹栿版·造裹栿版之制”条相关注释。

裹栿版，一副，厢壁两段①，底版一片②，

造作功：

殿槽内裹栿版③，长一丈六尺五寸，广二尺五寸④，厚一尺四寸⑤，共二十功。

副阶内裹栿版⑥，长一丈二尺，广二尺，厚一尺，共一十四功。

安钉功：

殿槽，二功五厘。副阶，减五厘功。

【注释】

①厢壁：即厢壁版。参见卷第七《小木作制度二》"裹栿版·造裹栿版之制"条相关注释。

②底版：指施于梁栿底部之版。参见卷第七《小木作制度二》"裹栿版·造裹栿版之制"条相关注释。

③殿槽内裹栿版：指殿阁式建筑的殿身槽内的殿身柱梁栿上所施的裹栿版。

④广：这里的"广"，当指依其梁栿高度所确定的其裹栿版之两侧厢壁版的宽度。

⑤厚：这里的"厚"，当指依其梁栿厚度所确定的其裹栿版之底版的宽度。

⑥副阶内裹栿版：指殿阁式建筑的副阶柱与殿身柱之间梁栿上所施的裹栿版。

【译文】

梁栿上所施裹栿版，1副，其栿两侧所施厢壁版两段，其栿底部所施底版1片，

裹栿版造作所用功：

若是殿槽内梁栿上所施裹栿版，其裹栿版长1.65丈，高2.5尺，宽1.4尺，其造作所用功，共计为20功。

若是副阶内梁栿上所施裹栿版，其裹栿版长1.2丈，高2尺，宽1尺，其造作所用功，共计为14功。

将裹栿版安钉于梁栿之上所用功：

殿槽内裹栿版，其安钉所用功，计为2.05功。若是副阶裹栿版，其安钉所用功，在殿槽裹栿版安钉所用功的基础上减计0.05功。

擗帘竿

【题解】

梁先生所释：擗（bò）帘竿“是一种专供挂竹帘用的特殊装修，事实是在檐柱之外另加一根小柱，腰串是两竿间的联系构件，并做悬挂帘子之用。腰串安在什么高度，未作具体规定”。参见卷第七《小木作制度二》“擗帘竿·造擗帘竿之制”条相关注释。

擗帘竿，一条，并腰串①。

造作功：

竿，一条，长一丈五尺，八混造②，一功五分。破瓣造③，减五分功；方直造④，减七分功。

串，一条，长一丈，破瓣造，三分五厘功。方直造，减五厘功。

安卓，三分功。

【注释】

①腰串：在两根擗帘竿之间所施的横向木条，以起到将擗帘竿连为一个整体的作用。

②八混造：指其擗帘竿的截面为八混形式。参见卷第七《小木作制度二》“擗帘竿·造擗帘竿之制”条相关注释。

③破瓣造：指其擗帘竿的截面为破瓣形式。参见卷第七《小木作制度二》“擗帘竿·造擗帘竿之制”条相关注释。

④方直造：指其擗帘竿的截面为方直形式。

【译文】

擗帘竿，1条，也包括擗帘竿中所施腰串。

擗帘竿造作功：

竿，1条，长1.5丈，若其竿截面为八混造，计为1.5功。其竿截面为破瓣造，在其本功的基础上减计0.5功；其竿截面为方直造，在其本功的基础上减计0.7功。

腰串，1条，长1丈，若其腰串截面为破瓣造，计为0.35功。若其腰串截面为方直造，在其本功的基础上减计0.05功。

搊帘竿安卓功，计为0.3功。

护殿阁檐竹网木贴

【题解】

梁先生注，宋式建筑中的护殿阁檐枓栱竹雀眼网，是"为了防止鸟雀在檐下枓栱间搭巢，所以用竹篾编成格网把枓栱防护起来。这种竹网需要用木条—贴—钉牢。本篇制度就是规定这种木条的尺寸——一律为0.2×0.06尺的木条。晚清末年，故宫殿堂檐已一律改用铁丝网"。

护殿阁檐枓栱雀眼网上、下木贴①，每长一百尺，地衣簟贴同②。

造作，五分功。地衣簟贴，绕碇之类③，随曲剜造者，其功加倍。安钉同。

安钉，五分功。

【注释】

①护殿阁檐枓栱雀眼网：竹雀眼网即是罩在殿阁檐下枓栱之外的竹编网。参见卷第七《小木作制度二》"护殿阁檐竹网木贴"条相关注释。上、下木贴：用以固定竹雀眼网之上下边缘的木条。参见卷第七《小木作制度二》"护殿阁檐竹网木贴"条相关注释。

②地衣簟(diàn)贴:指用来固定铺于地面上之竹席的木条。簟,竹席,这里或指铺地竹席。

③绕碇(dìng):这里的“绕碇”,疑指铺地竹席应绕过地面上所施石制柱础等固定于地面的石碇铺设,其木贴也应绕碇施设。

【译文】

用以保护殿阁檐下枓栱的雀眼网之上、下所施木贴,其贴每长100尺,用以固定铺地所用之竹席的地衣簟贴也是一样。

其雀眼网上、下贴的造作所用功,计为0.5功。如果是地衣簟贴,且其簟及贴有绕碇之类的做法,应随其所绕而加以曲折剜造的,其所用功应在此基础上加倍计之。在贴上施安钉子固定其贴的,其所用功同样也应加倍计之。

在雀眼网上、下安钉固定,计为0.5功。

平棊

【题解】

所谓“平棊”,同时也包括平闇,都指的是宋式殿阁等房屋室内屋顶所设的天花吊顶。平棊或平闇,一般是以四边用桯,桯内用贴,贴内再缠难子的方式,将平棊版隔截成长方或方形的格网,版内贴络华文。平棊或平闇四边之桯,是由殿内四周铺作最后一跳令栱上所施算桯方承托;背版后要用护缝与楅,以加强平棊版的结构性能。

殿内平棊[①],一段,

造作功:

每平棊于贴内贴络华文[②],长二尺,广一尺,背版桯[③],贴在内。共一功。

安搭,一分功。

【注释】

①殿内平棊（qí）：宋式殿阁室内屋顶所施的天花版吊顶。参见卷第八《小木作制度三》“平棊·造殿内平棊之制”条相关注释。

②贴：是比较细小单薄的木条，以起到将四边用桯悬吊起的天花细分为有规则之方格的作用。

③背版：在平棊或平闇的格桯之上铺设的木版。

【译文】

施造殿内平棊，1段，

平棊造作所用功：

每1段平棊应于平棊贴之网格内贴络华文，其贴所分之格长2尺，宽1尺，承平棊背版之桯及平棊之贴等造作用功皆计在内。共计为1功；

平棊每1段安搭所用功，计为0.1功。

斗八藻井

【题解】

藻井，是古代较高等级建筑室内天花吊顶的一个重要组成部分。其形式犹如倒悬的水井，寓意亦有水井之意，以起到厌火的作用。斗八藻井则是宋式殿阁建筑中较为常见的藻井形式之一。

斗八藻井一般在构造上分为三层：下为方井；中为八角井，落在方井之上；上为斗八。斗八是在第二层八角井之上，以八根枨杆，用类似簇角梁的方式，“斗”成一个八角形的结构盖，结构盖的中心，可以施一中心枨杆，但更常见的则是安一八角形或圆形的明镜，以使八角枨杆在受力上达到均衡。

斗八藻井，结合功限给出的方井、中腰八角井、上层斗八等尺寸，其上所用铺作及栱、昂的情况，可以给出一坐宋代斗八藻井的相当详细的设计信息。勾阑及其主要构件的尺寸，对于理解一组宋代勾阑也具有同样重要的意义。

殿内斗八[①]，一坐，

造作功：

下斗四[②]，方井内方八尺，高一尺六寸；下昂、重栱、六铺作枓栱，每一朵共二功二分。或只用卷头造，减二功。

中腰八角井[③]，高二尺二寸，内径六尺四寸；枓槽、压厦版、随瓣方等事件[④]，共八功。

上层斗八[⑤]，高一尺五寸，内径四尺二寸；内贴络龙凤、华版并背版、阳马等，共二十二功。其龙凤并雕作计功。如用平綦制度贴络华文，加一十二功。

上昂、重栱、七铺作枓栱，每一朵共三功。如入角[⑥]，其功加倍。下同。

拢裹功[⑦]：

上下昂、六铺作枓栱，每一朵，五分功。如卷头者，减一分功。

安搭，共四功。

【注释】

①殿内斗八：即殿内屋顶所施斗八藻井。这里的"斗八"，其原文所用字为"鬬八"，出自"勾心鬬角"之"鬬"，故其义为"鬬为八角"。下文的"斗四"，其义同，即为"鬬为四角"之意。

②下斗四：原文"下斗四"之"斗"，陈注："层。"即"下层四"。未知其所据。梁注本为"下斗四，方井内方八尺"。仍从原文。下斗四，指斗八藻井最下一层为四边形平面的"斗四"形式。

③中腰八角井：指斗八藻井中间一层为八角形平面的"斗八"形式。

④枓槽：指斗八井的八边形平面或斗四井的四边形平面的结构中心缝。这里的“枓槽”，同时也指“枓槽版”，即施于八边形或四边形中心缝上的立版。压厦版：施于枓槽版及藻井铺作之上的盖顶版。随瓣方：即沿斗八井之八边形或斗四井之四边形的边线所施的结构性木方。这里的“瓣”指八边形或四边形的每一条边。

⑤上层斗八：指斗八藻井最上面一层平面为八角形的“斗八”形式。

⑥入角：指藻井之斗八或斗四内侧的转角，这里可能会出现房屋室内之内角枓栱转角铺作的做法。

⑦拢裹：其意是将斗八藻井各部分名件组装为一个完整的藻井形态的工序过程。

【译文】

殿阁内屋顶所施斗八藻井，1坐，

斗八藻井造作所用功：

藻井下层的斗四方井，其方井平面内方8尺，其井高1.6尺；斗四井内所施下昂、重栱、六铺作枓栱等的造作，每1朵共计为2.2功。或其井内铺作只用出华栱之卷头造做法的，其每1朵可在此基础上减计2功。

藻井中层的八角井，其井高2.2尺，井之内径为6.4尺；八角井上所施枓槽版、压厦版、随瓣方等诸名件造作，共计为8功。

藻井上层的斗八井，其井高1.5尺，井之内径为4.2尺；其井之内贴络龙凤、华版并施以背版及转角所施角梁等造作功，共计为22功。其中所贴络之龙凤并雕作等均计入所用功限。如果施用造平棊之制中所给出的贴络华文做法，应加计12功。

上层斗八藻井内所施上昂、重栱、七铺作枓栱等的造作，每1朵共计为3功。如果造作入角造枓栱，其所用功应在此基础上加倍计之。下面的做法也是一样。

斗八藻井的组装拢裹所用功：

其内所施上下昂、六铺作枓栱，每1朵之拢裹造作，计为0.5功。如果其铺作为只出华栱的卷头造做法，则在此基础上减0.1功计之。

斗八藻井的安搭所用功，共计为4功。

小斗八藻井

小斗八[1]，一坐，高二尺二寸，径四尺八寸。

造作，共五十二功；

安搭，一功。

【注释】

①小斗八：即小斗八藻井。这种藻井的名件构成、安搭做法与斗八藻井十分接近，不同之处，除了其尺度稍小之外，其结构亦仅有两层，即由八角井与斗八井叠合而成，而没有普通斗八藻井中在底层所设的方井。

【译文】

小斗八藻井，1坐，其井高为2.2尺，其八角形直径为4.8尺。

其藻井造作所用功，共计为52功；

其藻井安搭所用功，计为1功。

拒马叉子

【题解】

梁先生注曰："'拒马叉子'是衙署府第大门外使用的活动路障。"拒马叉子的外观为叉形，其棂之下端左右相间，自连梯两侧出；上端伸出上串之上，形成棂首；其棂相对斜向交叉布置，故呈叉子状。

拒马叉子，一间，斜高五尺[1]，间广一丈，下广三尺五寸[2]。

造作，四功。如云头造③，加五分功。

安卓，二分功。

【注释】

①斜高：卷第八《小木作制度三》“拒马叉子·拒马叉子诸名件”条行文中提到拒马叉子之“棂子”的“斜长五尺五寸”，未知这里的“斜高”是否就是其棂子的“斜长”尺寸。

②下广：疑指拒马叉子中相互交叉设置的棂子之根部的前后距离。

③云头造：疑即卷第八《小木作制度三》“拒马叉子·拒马叉子诸名件”条中提到的“五瓣云头挑瓣”棂子端头做法。

【译文】

拒马叉子，1间，其叉子之棂子的斜长为5尺，叉子的间广为1丈，叉子之棂子根部的前后距离为3.5尺。

拒马叉子造作所用功，计为4功。如果其棂首为云头造做法，则应在其本功的基础上加计0.5功。

拒马叉子安卓所用功，计为0.2功。

叉子

【题解】

叉子，是可以依附于房屋之柱设置的一种阻隔设施。一般是在较长叉子的连接处或转角处，以望柱为立框；屋柱或望柱间辅以马衔木，上下用串；底部用地栿、地霞造，即在地栿之下施以经过雕饰的地霞；地栿以上用直立的棂，穿出上下串，形成伸出上串的棂头。参见卷第八《小木作制度三》“叉子·造叉子之制”条相关注释。

叉子，一间，高五尺，广一丈。

造作功：下并用三瓣霞子[①]。

棂子：

笏头[②]，方直[③]，串，方直。三功。

挑瓣云头[④]，方直，串，破瓣。三功七分。

云头[⑤]，方直，出心线，串，侧面出心线。四功五分。

云头，方直，出边线，压白，串，侧面出心线，压白。五功五分。

海石榴头[⑥]，一混，心出单线，两边线[⑦]，串，破瓣，单混，出线[⑧]。六功五分。

海石榴头，破瓣，瓣里单混，面上出心线[⑨]，串，侧面上出心线，压白边线[⑩]。七功。

望柱：

仰覆莲华，胡桃子[⑪]，破瓣，混面上出线[⑫]，一功。

海石榴头，一功二分。

地栿：

连梯混[⑬]，每长一丈，一功二分。

连梯混，侧面出线，每长一丈，一功五分。

衮砧[⑭]：每一枚，

云头，五分功；

方直，三分功。

托枨[⑮]：每一条，四厘功。

曲枨[⑯]：每一条，五厘功。

安卓，三分功。若用地栿、望柱，其功加倍。

【注释】

①三瓣霞子：疑即卷第八《小木作制度三》“叉子·造叉子之制”条

行文中提到的“地霞”，其地霞似分为“三瓣”雕造。

②笏头：应即卷第八《小木作制度三》“叉子·叉子诸名件”条“其首制度”中的“方直笏头”做法。疑即其棂子上首刻为古代官宦上朝时所持笏版上端的形式。

③方直：这里的“方直”疑指叉子之棂身部分的截面为方直形式。

④挑瓣云头：应即卷第八《小木作制度三》“叉子·叉子诸名件”条“其首制度”中的“二曰挑瓣云头”做法。挑瓣，似将云头各自分为独立之瓣，以形成几组云头攒为一团的效果，其瓣与瓣之间仍留出缝隙。云头，指其棂子上首刻为云头状。

⑤云头：指其棂子上首刻为云头状，但其“云头”似未刻为“挑瓣”形式。

⑥海石榴头：指其棂子上首刻为海石榴头形式。

⑦一混，心出单线，两边线：疑指其棂身截面的每一侧都为一混形式，在其棂身所出一混线脚的中心刻出单线，其混每面的两侧边棱留出边线。

⑧破瓣，单混，出线：疑指其棂身各侧边棱处为破瓣做法，棂身截面每一侧出单混线脚，并在单混线脚上刻出线条。

⑨破瓣，瓣里单混，面上出心线：原文“破瓣，瓣裹单混”，梁注本改为“破瓣，瓣里（裹）单混”。陈注：改“裹”为“里（裹）”，指其棂身各侧边棱处为破瓣做法，棂身每面刻为单混形式，其单混表面中心刻出心线。

⑩压白边线：不清楚这种“压白边线”的形式与做法。

⑪仰覆莲华，胡桃子：陈注：改“华”为“单”，即其文为“仰覆莲，单胡桃子”，指其望柱头为在仰覆莲华之上托以胡桃子的造型。

⑫破瓣，混面上出线：疑指其望柱身每侧边棱处为破瓣做法，其望柱身诸面出混线，混线上刻出线条。

⑬连梯混：指其地栿为“连梯混”形式。但“连梯混”与“连梯”是

什么关系？这里的“混”是否亦指在连梯上所出“混”形线脚？皆不很清楚。

⑭衮砧（gǔn zhēn）：疑指望柱下所施的石制柱础。参见卷第八《小木作制度三》“叉子·叉子一般”条相关注释。

⑮托枨（chéng）：这里疑指叉子的两望柱之间地栿之上，连接并承托诸竖直棂子的横向木条。枨，木杖，木柱。

⑯曲枨：因其制度中未提及“曲枨”做法，故亦未详这里的“曲枨”在叉子中的位置与形式。参见卷第六《小木作制度一》“露篱·造露篱之制”条相关注释。

【译文】

造作叉子，其叉子广为1间，叉子高5尺，其广为1丈。

叉子造作所用功：叉子的地栿之下皆采用三瓣地霞的形式。

棂子：

棂子上首为笏头状，棂身截面为方直形式，棂子之间所施串，其截面为方直形式。其造作之功，计为3功。

棂子上首刻为挑瓣云头状，棂身截面为方直形式，棂子之间所施串，其边棱为破瓣形式。其造作之功，计为3.7功。

棂子上首刻为云头状，棂身截面为方直形式，棂子表面中心刻出心线，棂子之间所施串，其侧面亦刻出心线。其造作功，计为4.5功。

棂子上首刻为云头状，棂身截面为方直形式，棂子边棱留出边线，其边线为压白做法，棂子之间所施串，其侧面亦刻出心线，其心线亦为压白做法。其造作功，计为5.5功。

棂子上首刻为海石榴头状，棂身各侧面刻为一混线脚形式，其混之线脚中心刻出单线线脚，其混之两侧刻出两边线，棂子之间所施串，其边棱为破瓣做法，串之表面刻为单混线脚，单混线脚上又刻出线条。其造作功，计为6.5功。

棂子上首刻为海石榴头状，棂身边棱为破瓣做法，其表面破瓣之里侧刻为单混线脚，单混线脚面上刻出心线，棂子之间所施串，其串的侧面上刻出心线，串之边棱为压白边线做法。其造作功，计为7功。

望柱：

望柱头刻为仰覆莲华上承胡桃子的形式，望柱柱身为四棱破瓣造，望柱柱身表面出混线线脚，其混线的面上再刻出线条，计为1功。

若望柱柱头刻为海石榴头形式，计为1.2功。

地栿：

地栿形式为连梯混做法，以地栿每长1丈，计为1.2功。

地栿形式为连梯混做法，地栿侧面出线脚，以地栿每长1丈，计为1.5功。

地栿下所施衮砧托柱：每1枚，

其衮砧刻为云头形式，计为0.5功；

衮砧为方直形式，计为0.3功。

叉子中所施托枨：每1条，计为0.04功。

叉子中所施曲枨：每1条，计为0.05功。

叉子安卓所用功，计为0.3功。如果其叉子施用了地栿、望柱，则其安卓之功应在此基础上增加1倍。

勾阑重台勾阑、单勾阑

【题解】

宋式建筑的勾阑，同时出现在石作与小木作中，石作勾阑的做法，在很大程度上，与小木作中的勾阑做法十分相近，这使得石作勾阑在石头材性的利用上就显得很不充分。这一点在有关小木作勾阑的讨论中，梁思成先生已经做了充分的论证。

宋式建筑中的勾阑，无论是石作制度中的，还是小木作制度中的，都可区分为“重台勾阑”与“单勾阑”两种基本形式。

关于重台勾阑与单勾阑在做法与形式上的不同，可以参见卷第三《壕寨及石作制度》"石作制度·重台勾阑"条与卷第八《小木作制度三》"勾阑"条的行文及相关注释。

（重台勾阑）

重台勾阑①，长一丈为率，高四尺五寸。

造作功：

角柱②，每一枚，一功三分③。

望柱④，破瓣，仰覆莲、胡桃子造。每一条，一功五分。

矮柱⑤，每一枚，三分功。

华托柱⑥，每一枚，四分功。

蜀柱⑦，瘿项⑧，每一枚，六分六厘功。

华盆霞子⑨，每一枚，一功。

云栱⑩，每一枚，六分功。

上华版⑪，每一片，二分五厘功。下华版⑫，减五厘功，其华文并雕作计功。

地栿，每一丈，二功。

束腰⑬，长同上。一功二分。盆唇并八混⑭，寻杖同⑮。其寻杖若六混造，减一分五厘功；四混，减三分功；一混，减四分五厘功。

拢裹：共三功五分。

安卓：一功五分。

【注释】

①重台勾阑：一种勾阑形式。参见卷第三《壕寨及石作制度》"石作制度·重台勾阑"条相关注释。并参见卷第八《小木作制度》

“勾阑·造楼阁殿亭勾阑之制”条相关注释。

②角柱：指勾阑转角处所施的转角望柱。

③每一枚，一功三分：徐注：“陶本作‘二’。”即其文在陶本中为“每一枚，一功二分”。梁注本为：“每一枚，一功三分。”此处从梁先生所改。

④望柱：构件名。参见卷第三《壕寨及石作制度》“石作制度·重台勾阑”条、“望柱”条相关注释。

⑤矮柱：未知这里的“矮柱”与“蜀柱”的差别，疑可能是指没有出望柱头的一种望柱形式。

⑥华托柱：未知“华托柱”为何种形式，施于勾阑中的何处。从字面上看，疑指其柱之下镌刻为华文形式，其上施柱，或与卷第三《壕寨及石作制度》“石作制度·单勾阑”条中提到的“单托神”“双托神”有相类之处。

⑦蜀柱：施于勾阑的盆唇之下、束腰或地栿之上的短木柱。

⑧瘿（yǐng）项：承托其上云栱的一个构件。参见卷第三《壕寨及石作制度》“重台勾阑”条相关注释。

⑨华盆霞子：参见卷第三《壕寨及石作制度》“石作制度·望柱”条相关注释。其注称“华盆地霞”，疑两者所指相类。

⑩云栱：重台勾阑或单勾阑之寻杖下所施用以承托其勾阑寻杖的名件，其形式略近栱形，且其外观或刻为云文状。

⑪上华版：指重台勾阑中施于束腰之上的华版。

⑫下华版：指重台勾阑中施于束腰之下、地栿之上的华版。

⑬束腰：重台勾阑中所施的横长木方，一般施于华盆霞子（或华盆地霞）与下华版之上，上华版与蜀柱之下。参见卷第三《壕寨及石作制度》“石作制度·重台勾阑”条相关注释。

⑭盆唇：施于勾阑两望柱之间，寻杖之下的条形长版。参见卷第三《壕寨及石作制度》“石作制度·重台勾阑”条相关注释。

⑮寻杖：施于勾阑两望柱之间的长杆，相当于现代栏杆中的扶手。参见卷第三《壕寨及石作制度》“石作制度·重台勾阑”条相关注释。

【译文】

重台勾阑，以每长1丈为基准，其高4.5尺。

勾阑造作所用功：

转角望柱，每造作1枚，计为1.3功。

望柱，望柱柱身为破瓣做法，望柱柱头刻为仰覆莲，上刻胡桃子造型。每造作1条，计为1.5功。

矮柱，每造作1枚，计为0.3功。

华托柱，每造作1枚，计为0.4功。

蜀柱与其柱上所承瘿项，每造作1枚，计为0.66功。

束腰下地栿上所施华盆霞子，每造作1枚，计为1功。

寻杖下所施云栱，每造作1枚，计为0.6功。

上华版，每造作1片，计为0.25功。勾阑下华版，在上华版所用功的基础上减0.05功计之，其华版上所刻华文并雕作均应计功。

地栿，每长1丈，其造作计为2功。

束腰，其长同地栿。其造作计为1.2功。其勾阑盆唇截面都斫为八混形式，其寻杖截面做法亦与之同。其寻杖如果斫为六混形式，则在此基础上减计0.15功；如果斫为四混形式，则在此基础上减计0.3功；如果斫为一混形式，则在此基础上减计0.45功。

勾阑拢裹所用功：共计为3.5功。

勾阑安卓所用功：计为1.5功。

（单勾阑）

单勾阑[1]，长一丈为率，高三尺五寸。

造作功：

望柱：

海石榴头[②]，一功一分九厘。

仰覆莲、胡桃子[③]，九分四厘五毫功。

“万”字，每片四字[④]，二功四分。如减一字，即减六分功，加亦如之。如作钩片，每一功减一分功。若用华版，不计。

托枨[⑤]，每一条，三厘功。

蜀柱，撮项[⑥]，每一枚，四分五厘功。青蜓头[⑦]，减一分功；料子，减二分功。

地栿，每长一丈四尺，七厘功。盆唇加三厘功。

华版，每一片，二分功。其华文并雕作计功。

八混寻杖，每长一丈，一功。六混，减二分功；四混，减四分功；一混，减六分七厘功。

云栱，每一枚，五分功。

卧棂子[⑧]，每一条，五厘功。

拢裹：一功。

安卓：五分功。

【注释】

①单勾阑：一种勾阑形式。参见卷第三《壕寨及石作制度》“石作制度·单勾阑”条相关注释。

②海石榴头：将单勾阑望柱的柱头雕为海石榴形式的造型。有云海石榴似为石榴的一种，其花为复瓣，不结果实；亦有云海石榴可能是指山茶花。海石榴头式望柱头，或如海石榴状，其顶部似有开放的复瓣花瓣形式。

③仰覆莲、胡桃子：采用仰覆莲，其上承胡桃子的望柱头形式。

④“万”字,每片四字:傅注:“‘万’,故宫本、张本均作‘万’。”并注:“四库本、丁本省作‘万’字,实应作‘卍’,每片四字为准,加减则有粗细之分。”

⑤托枨:其形式与作用不很清楚,亦未见实例。从行文看,这里的“托枨”似与单勾阑“万”字版、华版或卧棂子上所施的盆唇木有所关联。

⑥撮项:单勾阑中的撮项,为盆唇木上所施承托云栱的木制瘦长细脖颈。参见卷第三《壕寨及石作制度》“石作制度·望柱”条相关注释。

⑦青蜓头:疑即蜻蜓头。指承托单勾阑寻杖之名件的端部造型,形式类如蜻蜓头形状。目前尚无实例。参见卷第八《小木作制度三》“勾阑·单勾阑诸名件”条相关注释。

⑧卧棂(líng)子:单勾阑名件,未知其具体形式与位置。疑指施于盆唇木之下、地栿之上两望柱之间的横向棂条。

【译文】

单勾阑,以每长1丈为基准,其高3.5尺。

造作单勾阑所用功:

勾阑望柱:

海石榴头式望柱头,计为1.19功。

望柱头为仰覆莲上承胡桃子,计为0.945功。

两望柱间所施“万”字条版,其每1片条版由4枚“万”字组成,计为2.4功。如果减少一个“万”字,即应减计0.6功;若是增加一个“万”字,亦应作同样增计。若以完整勾片形式造作,则在其本功基础上,每1功减计0.1功。如果于两望柱间施以华版,则不做增减之计。

两望柱间所施托枨,每1条,计为0.03功。

寻杖下所施蜀柱、撮项,每1枚,计为0.45功。若在蜀柱上施用蜻蜓头,减计0.1功;若在蜀柱上施用科子,减计0.2功。

勾阑下所施地栿，以其每长1.4丈，其造作计为0.07功。同样长度的盆唇造作，应在此基础上加计0.03功。

盆唇下所施华版，每1片，计为0.2功。其华版上所刻华文并雕作均应计功。

截面为八混形式的寻杖，以其每长1丈，其造作计为1功。若其截面为六混形式，则在此基础上减计0.2功；若为四混形式，则减计0.4功；若其截面仅为一混形式，则减计0.67功。

寻杖下所施云栱，每1枚，计为0.5功。

盆唇下所施卧棂子，每1条，计为0.05功。

单勾阑拢裹所用功：计为1功。

单勾阑安卓所用功：计为0.5功。

棵笼子

【题解】

梁先生注曰："棵笼子是保护树的周圈栏杆。"其形式似较为简单，多少与前文提到的"叉子"有相类之处，或比叉子在造型与构造上更为简单。其作用是保护树木免受人畜的伤害。这也多少反映了宋时在城市绿化与相应的绿化保护措施上已经有了一些思想与做法。

我们在宋人的绘画中，也会看到这种围设在一棵树木周围的"棵笼子"做法。

棵笼子，一只，高五尺，上广二尺，下广三尺。

造作功：

四瓣[①]，锭脚、单棍、棂子[②]，二功。

四瓣，锭脚、双棍、腰串、棂子、牙子[③]，四功。

六瓣，双棍、单腰串、棂子、子桯、仰覆莲华胡桃子[④]，六功。

八瓣，双棍、锃脚、腰串、棂子、垂脚、牙子、柱子、海石榴头⑤，七功。

安卓功：

四瓣，锃脚、单棍、棂子；

四瓣，锃脚、双棍、腰串、棂子、牙子；

右各三分功。

六瓣，双棍、单腰串、棂子、子桯、仰覆莲单胡桃子⑥；

八瓣，双棍、锃脚、腰串、棂子、垂脚、牙子、柱子、海石榴头；

右各五分功。

【注释】

①四瓣：梁注："这里所谓'八瓣''六瓣''四瓣'是指棵笼子平面作八角形、六角形或四方形。其余'锃脚''棍''棂子'等等，是指所用的各种名件。"

②锃(zhuó)脚：即锃脚版，可能是施于棵笼子底部横串之下，与地面相接的挡版。参见卷第八《小木作制度三》"棵笼子·造棵笼子之制"条相关注释。单棍(huàng)：即仅在两立柱之间的棵笼子上部施用一根棍子。棍，施于棵笼子每两柱之间的横向条状木方。棂子：指施于棵笼子两立柱之间，且与单棍相交，或与双棍之上、下棍相交的竖向木条，其根部可能施以锃脚。

③双棍：即在两立柱之间，施用上、下两根棍子。腰串：卷第八《小木作制度三》"棵笼子·造棵笼子之制"条中提到了"脚串"，这里提到了"腰串"，"脚串"当指施于棵笼子每两柱之间，靠近根部的横向木串；而"腰串"似指施于棵笼子每两柱之间，靠近上、下棍之间之中间部位的横向木串。牙子：与格子门等小木作中竖置的

牙子不同，这里所指似为横置的条状版，其版下沿可能斫为类如齿状的“牙子”。参见卷第八《小木作制度三》“棵笼子·棵笼子诸名件”条相关注释。抑或有可能是将其竖向设置的棂子之根部斫为“牙子”状，并称其棂之根部为“牙子”。

④子桯：尚不知棵笼子中的子桯所在的位置，疑为贴施于棵笼子立柱两侧的条状木方。仰覆莲华胡桃子：梁注：“‘仰覆莲华胡桃子’和‘海石榴头’是指棂子上端出头部分的雕饰样式。”

⑤垂脚：梁注：“垂脚就是下榥离地面的空当的距离。”参见卷第八《小木作制度三》“棵笼子·造棵笼子之制”条相关注释。

⑥仰覆莲单胡桃子：上文六瓣棵笼子造作功中提到“仰覆莲华胡桃子”，而其安卓功中则为“仰覆莲单胡桃子”，未知是两种不同的做法，还是文字传抄中出现的误写。梁注本将后者改为“仰覆莲华胡桃子”。傅合校本，仍保持原文“仰覆莲单胡桃子”。暂从原文及傅注。

【译文】

棵笼子，1只，其高5尺，其上部宽2尺，下部宽3尺。

棵笼子造作所用功：

平面为四边形的棵笼子，下用锭脚，施单榥、棂子，计为2功。

平面为四边形的棵笼子，下用锭脚，施上下双榥，并施腰串、棂子及牙子，计为4功。

平面为六边形的棵笼子，施上下双榥，并施单腰串、棂子与子桯，立柱头施仰覆莲华承胡桃子，计为6功。

平面为八边形的棵笼子，施上下双榥，下用锭脚，施腰串、棂子，其下施垂脚、牙子，并转角立柱，柱头上刻为海石榴头，计为7功。

棵笼子安卓所用功：

平面为四边形的棵笼子，下用锭脚，施单榥、棂子；

平面为四边形的棵笼子，下用锭脚，上下用双榥并腰串、棂子及牙子；

以上诸项各计为0.3功。

平面为六边形的棵笼子，上下用双棍并单腰串、棂子、子桯，柱子头刻为仰覆莲单胡桃子造型；

平面为八边形的棵笼子，上下用双棍并锃脚、腰串、棂子及垂脚、牙子、柱子，柱子头上刻为海石榴头；

以上诸项各计为0.5功。

井亭子

【题解】

井亭子系坐落于井口台阶上的一种小型亭榭建筑，其平面一般为方形，方为7尺，井亭子的高度约为1.1丈。亭子的屋顶，一般做瓫瓦的处理。亭子屋檐之下，亦有可能施以枓栱。

井亭子，一坐，锃脚至脊共高一丈一尺，鸱尾在外。方七尺。

造作功：

结瓫、柱木、锃脚等①，共四十五功；

枓栱，一寸二分材②，每一朵，一功四分。

安卓：五功。

【注释】

①结瓫（wà）：井亭子虽为小木作做法，但其屋顶一般都会暴露在露天处，故其屋顶仍要以九脊屋顶形式的瓫瓦结顶，以防止雨水的侵袭。柱木：柱，即井亭子的四根柱，其为井亭子的结构立柱；木，指井亭子的额及屋顶、压厦版等部分名件。锃脚：施于柱根部，并将每两根柱子之间连接在一起的护版。参见卷第八《小木作制

度三》“井亭子·造井亭子之制”条相关注释。

②一寸二分材：井亭子檐下枓栱的用材，材广仅1.2寸，不属于大木作制度中列出的“八等材”，且明显小于大木作制度中的最小一等材（八等材，材广4.5寸）；故属于小木作制度中特别使用的枓栱材分°。故而对于此条，陈明达先生特别加以标注：“一寸二分材。”当为对这一问题的提示。

【译文】

井亭子，1坐，从柱根锃脚版底至屋顶正脊上皮共高1.1丈，鸱尾的高度未计在内。亭子平面为7尺见方。

井亭子造作所用功：

屋顶结宽、立柱屋木、柱根锃脚等，共计为45功；

檐下所施枓栱，其所用材之广为1.2寸，每1朵造作，计为1.4功。

井亭子柱屋构架及枓栱等的安卓所用功：计为5功。

牌

【题解】

牌者，即古代房屋前檐下所悬的牌匾。其主要功能是标志出殿堂、楼阁、亭榭之名称，从而赋予该建筑以意义。

牌，虽在制作上相对比较简单，但仍纳入了小木作制度的范畴之内，可知，在古人眼里，牌匾的制作也是一个十分严肃与严谨的营造工艺。

殿、堂、楼、阁、门、亭等牌，高二尺至七尺，广一尺六寸至五尺六寸。如官府或仓库等用①，其造作功减半；安卓功三分减一分②。

造作功：安勘头、带、舌内华版在内③。

高二尺，六功。每高增一尺，其功加倍。安挂功同[④]。

安挂功：

高二尺，五分功。

【注释】

①官府或仓库等用：从下文"其造作功减半；安卓功三分减一分"可知，在宋代的规制中，官府或仓库等房屋，在等级上应低于本条上文提到的"殿、堂、楼、阁、门、亭"等建筑，故其所悬之牌较为简陋，造作及安卓所用功亦较少。

②安卓功三分减一分：这里的"安卓"似应与下文的"安挂"为同一义，故对其文中之"卓"字，陈注："挂，竹本。"其意疑当与下文统一。

③安勘：这里的"安勘"，大致相当于前文诸小木作做法中的"拢裹"，即将组成牌的各个部件安装组合在一起。头：即"牌首"部分，如小木作文本中所言："牌上横出者。"指牌匾四周所围合之框的上首之边框。带：即"牌带"部分，如小木作文本中所言："牌两旁下垂者。"指牌匾四周所围合之框的左右两侧之边框。舌：即"牌舌"部分，如小木作文本中所言："牌面下两带之内横施者。"指牌匾四周所围合之框的下缘边框。华版：指"牌面"，即牌匾中间的主版。

④安挂：将安勘完好的牌匾安装悬挂，并固定在其应所在的位置，即称"安挂"。这比"安卓"在做法上似较简单，又不同于本条所言的"安勘"。

【译文】

悬挂于殿、堂、楼、阁、门、亭等处的牌匾，其高度为2尺至7尺，宽度为1.6尺至5.6尺。如果是悬挂于官府屋舍之前或仓库之前等处所用者，其造作功应在这里所给出的本功基础上减少一半计之；其安装悬挂之功，应在其本功基础上减少1/3计之。

造作牌匾所用功：安装组合牌首、牌带、牌舌及其内牌面华版所用功应计入在内。

其牌匾高2尺，计为6功。其高度每增加1尺，其所用功应在此基础上加倍计之。安挂所用功也是一样。

安挂牌匾所用功：

其牌匾高2尺，计为0.5功。

卷第二十二　小木作功限三

佛道帐　牙脚帐　九脊小帐　壁帐

【题解】

本卷内容，主要涉及佛道帐、牙脚帐、九脊小帐、壁帐等佛寺或道观之殿阁或厅堂内所设置的室内小木作装置性设施的造作、拢裹、安卓等匠作工程，所需施用之功限的计算方式。其所叙述的内容与卷第九《小木作制度四》与卷第十《小木作制度五》大体上是相互对应的。

如前所述，这里行文中所提到的"帐"，与后文中的"藏"，如壁藏、转轮经藏等，似有一定的区别。如果说"藏"，更多指的是具有贮藏功能的橱柜之类设施，则"帐"似乎更接近"龛帐""坐（座）帐""屋帐"等多少具有一点儿屋室形象，其中可以供奉神佛、菩萨等的造像，抑或可以用来作为供奉某种神灵之牌位的空间。其外观形体不一定很大，但造型可能比较肃穆严整，装饰也可能比较华美繁丽。

本卷的行文中，主要给出了诸种小木作之"帐"的基本构造，及其相应高、广尺寸。重要的是，其行文中所给出的各部分尺寸，也应该理解为是一种比例尺寸，随着某一基本尺寸，如高度尺寸的变化，其"帐"之各部分的尺寸以及构成"帐"诸部分构件的尺寸，也应当随之发生变化。虽然本卷诸种"帐"所给出的尺寸，相对比较确定，但结合相应的小木作制度部分，亦可以将不同尺寸之"帐"的尺寸推算出来。如此，或对于了解宋代这一类小木作装修之各部件构成及尺寸，有一定的参考价值。随尺寸变化而出现的小木作功限计量方面的变化，亦有可能用同样的方式加以推算。

此外，这里提到的诸种“帐”之各部分造作、拢裹、安卓等所用功限，对于了解宋代小木作匠作的技术与经济价值，或也有一定帮助。

佛道帐

【题解】

这里的“佛道帐”，或应称为“佛、道帐”，分别指的是“佛帐”与“道帐”。如《广弘明集》卷十七中就有：“四部大众，容仪齐肃，共以宝盖幡幢，华台像辇，佛帐佛舆，香山香钵，种种音乐，尽来供养。”其中提到了“佛帐”。《太平御览·人事部》引《语林》：“虞存为治中，面见道帐下空索，求粜此米付帐下，何公曰：‘次道义不与其孤寡争粒。’”提到了“道帐”。前一引文的“佛帐”，显然指的是佛教仪典中的一种小木作装置，其帐中可能供奉有佛像；后一引文的“道帐”，似乎是指道教官观的意思，这里大约是一种意指，但仍可能暗示了道教官观中的某种小木作装置，其帐中似亦可用来供奉道教神像。

一般说来，佛寺道观中的殿或堂，是用于佛道宗教礼仪的建筑，其殿堂内，除了佛台或神台之外，也有可能设置有佛帐或道帐，帐中可以供奉佛像或神像。从这一角度来看，佛、道帐并非佛寺、道观之殿堂建筑本身的部件，而可能是设置于佛寺、道观之内的附属性小木作装置。其造作与安装，都不属于大木作的部分，只能归在小木作造作与安装的范畴之下。

其文中特别提到了“芙蓉瓣造”，其“芙蓉瓣”似乎隐喻了某种装饰性意味，但更重要的是，“芙蓉瓣造”中隐含了宋式小木作造作中的一个重要的模数概念。所谓“芙蓉瓣”，其实是指宋式营造中的诸种小木作器物，在其造作加工中所采用的一种模式化方法。这种匠作方式，似亦与小木作功限的计量之间有所关联。

本节的内容，主要涉及佛、道帐各部分名件的加工造作及拢裹、安装等所需要计算的功限。

（佛道帐）

佛道帐①，一坐，下自龟脚②，上至天宫鸱尾③，共高二丈九尺。

【注释】

①佛道帐：或称“佛帐”“道帐”，分别指佛寺或道观殿堂之内所设的，用于供奉佛道神造像的台座龛帐。参见卷第九《小木作制度四》“佛道帐·造佛道帐之制”条相关注释。

②龟脚：宋式营造小木作制度中，施于小木作设施根脚部位的一种装饰做法。参见卷第九《小木作制度四》“佛道帐·造佛道帐之制”条相关注释。

③天宫鸱（chī）尾：这里的“天宫”指佛道帐顶部的装饰性天宫楼阁造型。“鸱尾”则指这些装饰性天宫楼阁屋顶部位所施之正脊两端的装饰性鸱尾。参见卷第九《小木作制度四》“佛道帐·造佛道帐之制”条相关注释。

【译文】

造作佛道帐，其帐1坐，下自佛道帐根脚部位的装饰性龟脚，上至佛道帐顶部所施天宫楼阁屋顶正脊两端的鸱尾，其高度共为2.9丈。

（帐坐）

坐①：高四尺五寸，间广六丈一尺八寸，深一丈五尺。

造作功：

车槽上、下涩、坐面、猴面涩[2]，芙蓉瓣造[3]，每长四尺五寸；

子涩[4]，芙蓉瓣造，每长九尺；

卧棍[5]，每四条；

立棍[6]，每一十条；

上、下马头棍[7]，每一十二条；

车槽涩并芙蓉华版[8]，每长四尺；

坐腰并芙蓉华版[9]，每长三尺五寸；

明金版芙蓉华瓣[10]，每长二丈；

拽后棍[11]，每一十五条；罗文棍同[12]。

柱脚方[13]，每长一丈二尺；

榻头木[14]，每长一丈三尺；

龟脚，每三十枚；

枓槽版并钥匙头[15]，每长一丈二尺；压厦版同[16]。

钿面合版[17]，每长一丈，广一尺；

右各一功。

贴络门窗并背版[18]，每长一丈，共三功。

纱窗上五铺作[19]，重栱、卷头枓栱；每一朵，二功。方桁及普拍方在内[20]。若出角或入角者，其功加倍。腰檐、平坐同。诸帐及经藏准此[21]。

拢裹：一百功。

安卓：八十功。

【注释】

①坐：即佛道帐的帐坐，亦即佛道帐的基座。

②车槽：指帐坐本身的结构主体，由一个矩形平面的木制方框立架构成，其上、下出涩，下涩之下用龟脚，上涩之上施坐腰并平坐。参见卷第九《小木作制度四》“佛道帐·帐坐·帐坐”条相关注释。上、下涩：指在车槽上下所出向外凸出或出挑的部分，犹如砖筑结构的叠涩，一般显现为某种木制线脚的形式。坐面：即佛道帐之帐坐的顶面，其坐面上一般覆以坐面版。猴面涩：这里出现的“猴面涩”与卷第九《小木作制度四》“佛道帐·帐坐·帐坐诸名件”条中出现的“猴面版”“猴面榥”等，其准确的位置与含义均不十分清晰。

③芙蓉瓣造：芙蓉瓣，在宋式小木作中，具有某种模数化作用。这里的“芙蓉瓣造”当指依照芙蓉瓣之模数制度造作的佛道帐。关于“芙蓉瓣”，参见卷第九《小木作制度四》“佛道帐·造佛道帐之制”条相关注释，并同一节“帐坐”条相关注释。

④子涩：其意似为在已出之涩上，再进一步出较为细密之涩。参见卷第九《小木作制度四》“佛道帐·帐坐·帐坐”条相关注释。

⑤卧榥（huàng）：以横卧形式施造于帐坐之车槽内的条状木方。

⑥立榥：以立挺形式施造于帐坐之车槽内的条状木方。

⑦上、下马头榥：仍未知这里的“上、下马头榥”与卷第九《小木作制度四》“佛道帐·帐坐·帐坐诸名件”条中提到的“连梯马头榥”“猴面马头榥”如何区分，其具体位置究竟在何处。仅可推知的是，这里的“马头榥”是以上下位置区分的。所谓“榥”，当指一横向施设的木方；所谓“马头榥”疑似有其榥向外挑出之意。

⑧车槽涩：疑即在上文提到的佛道帐之帐坐的框架，即“车槽”的外表面削斫出某种线脚。芙蓉华版：疑为施于帐坐外表面，其宽度与芙蓉瓣长度相一致的华版，既起到装饰作用，也与芙蓉瓣之模数功能相一致。

⑨坐腰：佛道帐之帐坐在高度方向上的中间部分所施造的“束腰”，

与须弥坐中的“束腰”似有相近之义。帐坐的坐腰表面，会安以装饰性的立版，即“坐腰华版”。

⑩明金版：似为施于帐坐之表面的面版，但与覆盖于帐坐顶面的“坐面版”应该有所区别。从行文知，其帐坐的普拍方之下、明金版之上施有门窗背版；或可推知，“明金版”即为帐坐下部向外出露部分的上表面所覆之面版。

⑪拽后棍：未知其准确位置，疑指施于帐坐车槽后部的一种木方。参见卷第九《小木作制度四》“佛道帐·帐坐·帐坐诸名件”条相关注释。

⑫罗文棍：疑是一种类似罗文的交织状木条。参见卷第九《小木作制度四》“佛道帐·帐坐·帐坐诸名件”条相关注释。

⑬柱脚方：疑指佛道帐帐坐车槽内连梯中所施的木方，其方或与下文的榻头木上下相对应，有承托上下连梯间所施立柱的作用。

⑭榻头木：关于上文“榻头木”条之“榻”，傅注：“‘楷’，故宫本作‘榻’。”疑指施于帐坐上部的木方。

⑮科槽版：疑为施于猴面版之上的立版，其版与帐坐主体结构的中缝，即“槽”相对应。参见卷第九《小木作制度四》“佛道帐·帐坐·帐坐诸名件”条相关注释。钥匙头：疑即指钥匙头版。参见卷第九《小木作制度四》“佛道帐·腰檐·腰檐”条相关注释。

⑯压厦版：这里的“压厦版”，疑指施于佛道帐之帐坐上所贴施的门窗之上的盖版。

⑰钿（diàn）面合版：这里的“钿面版”，指其版上镶嵌有某种金属或珠宝装饰的面版。钿，意为在器物的表面上镶嵌某种金属、宝石，或贝壳等装饰物。合版，疑指两个方向的钿面版在转角处形成合角形式的版。

⑱贴络门窗：指在帐坐表面之普拍方之下、明金版之上的空间之表面，贴络门窗装饰件，以显示其为门窗的形式。背版：疑为覆于佛

道帐的帐坐车槽内侧之版，其外表面或施以贴络门窗。

⑲纱窗：未知这里的“纱窗”之所指。或即指上文所言的贴络门窗。

⑳方桁（héng）：这里的“方桁”与“普拍方”相连施用，疑与大木作中的柱头方在位置与形式上相类似。

㉑诸帐：指包括佛道帐、牙脚帐、壁帐等在内的小木作设施。经藏：指后文中提到的转轮经藏、壁藏等小木作设施。

【译文】

佛道帐帐坐：其坐高4.5尺，帐坐面广6.18丈，进深1.5丈。

帐坐造作所用功：

其帐坐车槽上、下所出涩、帐坐坐面、猴面涩，帐坐采用芙蓉瓣造做法，以其坐面广每长4.5尺；

其帐坐上所施子涩，亦为芙蓉瓣造，其长度每长9尺；

帐坐车槽内所施卧棍，每4条；

帐坐车槽内所施立棍，每10条；

帐坐车槽上、下所施马头棍，每12条；

帐坐之车槽上所施涩并芙蓉华版，每长4尺；

帐坐之坐腰并相应之处所施芙蓉华版，每长3.5尺；

帐坐上所施明金版及相应之处所施芙蓉华瓣，每长2丈；

帐坐车槽所施拽后棍，每15条；帐坐车槽内所施罗文棍亦与之相同。

帐坐车槽下部所施柱脚方，每长1.2丈；

帐坐车槽上部所施榻头木，每长1.3丈；

帐坐根部外侧表面所施龟脚，每30枚；

帐坐车槽之料槽版并钥匙头，每长1.2丈；其上所施压厦版亦与之相同。

帐坐表面所施钿面合版，每长1丈，宽1尺；

以上各种名件及做法之造作，各计为1功。

在帐坐表面贴络门窗并施背版，每长1丈，共计为3功。

帐坐外表面纱窗上施以五铺作，重栱造、出卷头式枓栱做法；每1

朵，计为2功。其枓栱中所施方桁及枓栱下所施普拍方的造作所用功计入在内。如果是出角或入角造，其枓栱等造作所用功在此基础上增加1倍。佛道帐的腰檐、平坐等处所施枓栱之出角、入角造，与帐坐枓栱在这些地方所增加计功的情况相同。其他各种帐以及经藏等，遇到此种情况，亦以此法为准。

佛道帐帐坐拢裹所用功：计为100功。

佛道帐帐坐安卓所用功：计为80功。

（帐身）

帐身[①]：高一丈二尺五寸，广五丈九尺一寸，深一丈二尺三寸；分作五间造。

造作功：

帐柱[②]，每一条；

上内外槽隔枓版[③]，并贴络及仰托榥在内[④]。每长五尺；

欢门[⑤]，每长一丈；

右各一功五分。

裹槽下锃脚版[⑥]，并贴络等。每长一丈，共二功二分。

帐带[⑦]，每三条；

虚柱，每三条[⑧]；

两侧及后壁版，每长一丈，广一尺；

心柱[⑨]，每三条；

难子[⑩]，每长六丈；

随间栿[⑪]，每二条；

方子[⑫]，每长三丈；

前后及两侧安平棊搏难子[⑬]，每长五尺[⑭]；

右各一功。

平綦:依本功。

斗八一坐,径三尺二寸,并八角,共高一尺五寸;五铺作,重栱、卷头,共三十功。

四斜毬文截间格子[15],一间,二十八功。

四斜毬文泥道格子门[16],一扇,八功。

拢裹:七十功。

安卓:四十功。

【注释】

①帐身:指佛道帐之主体部分,帐身施于帐坐之上,其内当有可以供奉佛道造像等的空间。

②帐柱:构成帐身之结构主体的立柱。

③上内外槽隔科版:上内外槽,当指帐身内外柱槽,即内外槽柱的中缝。隔科版,施之于帐身内外槽柱头之上的立版。原文“上内外槽隔科版”,傅注:“‘上’,与本卷……牙脚帐内外槽上隔科版事同一例。”又补注:“故宫本无‘上’字。”另傅先生将“隔科”改为“隔科”,故上文此句话似应改为“上内外槽上隔科版”。梁注本未做修改,此处暂从原文。

④贴络:即贴饰,或附加于其表面之上的某些名件。仰托榥(tīng):疑指横向卧施于内外槽柱之间的条状方木,起承托上部结构与构件的作用。

⑤欢门:指在帐身开间两柱头间所施的形如门状的装饰版。参见卷第九《小木作制度四》“佛道帐·帐身·帐身”条相关注释。

⑥裹槽下锃(zhuó)脚版:陈注:改“裹”为“里”。傅注:改“裹”为“里”,其文为“里槽下锃脚版”。梁注本未改。从上下文看,这里应从陈、傅两位先生所改。里槽下锃脚版,指佛道帐立槽根部所

施护版。译文从改。

⑦帐带：帐身外槽柱每两柱头间所施木方，略如大木作立面柱头部位所施阑额。参见卷第九《小木作制度四》“佛道帐·帐身·帐身”条相关注释。

⑧虚柱，每三条：傅注：“故宫本、张本均作‘二’。”即当为“虚柱，每二条”。暂从原文。虚柱，指其柱身不落地的悬空柱，如清式垂花门中的垂柱。

⑨心柱：施于帐身后壁缝之中心部位的帐柱。参见卷第九《小木作制度四》“佛道帐·帐身·帐身诸名件”条相关注释。

⑩难子：这里似指缠施于背版四周接缝处的细方木条。

⑪随间栿（fú）：帐身逐间所施横向木方，类如大木作中的大梁。参见卷第九《小木作制度四》“佛道帐·帐身·帐身诸名件”条相关注释。

⑫方子：疑指背版之每两柱间所施木方。卷第九《小木作制度四》“佛道帐·帐身·帐身诸名件”：“背版：长随方子心内。”

⑬安平棊（qí）搏难子：傅注：改“搏”为“榑”，即为“安平棊榑难子”。梁注本未改，暂从原文。

⑭每长五尺：陈注：“丈，竹本。”按陈先生注，其文似为“两侧安平棊搏难子，每长五丈”，计为一功。存疑。暂从原文。

⑮四斜毬（qiú）文截间格子：截间格子，指帐身柱间所施形如格子门式的隔墙。其格扇采用了四斜毬文式窗格纹饰。

⑯四斜毬文泥道格子门：泥道者，疑指内外槽柱之间的中缝处。其处本应施泥道版，这里施用了格子门，其门上之格扇采用了四斜毬文式格子纹饰。

【译文】

佛道帐帐身造作：其帐身高度为1.25丈，面广为5.91丈，进深为1.23丈；将其帐身分作5开间造作。

帐身造作所用功：

帐柱，每1条；

帐柱的上内外槽上所施隔料版，也包括隔料版外的贴络及内外槽之间的仰托榥等造作之功在内。每长5尺；

欢门，每长1丈；

如上诸项的造作各计为1.5功。

里槽的下锟脚版，及锟脚版上所施的贴络等。每长1丈，共计为2.2功。

帐柱间所施帐带，每3条；

帐身所施虚柱，每3条；

帐身两侧及后壁所施版，每长1丈，宽1尺；

帐柱之间所施心柱，每3条；

背版四周所缠难子，每长6丈；

帐身前后柱间所施随间栿，每2条；

柱子之间所施方子，每长3丈；

帐身前后及两侧所安平綦搏难子，每长5尺；

如上诸项造作，各计为1功。

帐身内顶部所施平綦：依其平綦所用本功。

平綦中所施斗八藻井1坐，其径3.2尺，上下两层皆为八角，共高1.5尺；其藻井枓栱施为五铺作，重栱造、两跳皆出为卷头，共计为30功。

帐身内施四斜毬文截间格子，1间，计为28功。

帐身内施四斜毬文泥道格子门，1扇，计为8功。

帐身组装拢裹所用功：计为70功。

帐身安卓所用功：计为40功。

（腰檐）

腰檐[①]：高三尺，间广五丈八尺八寸，深一丈[②]。

造作功：

前后及两侧枓槽版并钥匙头[3]，每长一丈二尺；

压厦版，每长一丈二尺；山版同[4]。

枓槽卧榥[5]，每四条；

上、下顺身榥[6]，每长四丈；

立榥[7]，每一十条；

贴生[8]，每长四丈；

曲椽[9]，每二十条；

飞子，每二十五枚；

屋内槫[10]，每长二丈；槫脊同[11]。

大连檐，每长四丈；瓦陇条同。

厦瓦版并白版[12]，每各长四丈，广一尺；

瓦口子[13]，并签切[14]。每长三丈；

右各一功。

抹角栿[15]，每一条，二分功。

角梁，每一条；

角脊，每四条；

右各一功二分。

六铺作，重栱、一杪、两昂枓栱，每一朵，共二功五分。

拢裹：六十功。

安卓：三十五功。

【注释】

①腰檐：指佛道帐帐身顶部所覆施的屋檐，其檐之上有平坐，平坐之上则施以天宫楼阁，故称其檐为“腰檐”。

②深一丈：陈注：“一丈二尺，竹本。”暂从原文。

③枓槽版：施于柱头之上的帐柱槽上的立版，其版的外侧施挂装饰性的枓栱。钥匙头：未详其准确之义及位置。参见卷第九《小木作制度四》“佛道帐·腰檐·腰檐”条相关注释。

④山版：佛道帐两侧的腰檐之下两山处所施立版。

⑤枓槽卧榥：横施于佛道帐之帐身枓槽间的条状木方。

⑥上、下顺身榥：疑施于腰檐上下并与腰檐面广方向相一致的横向木方，其榥有承托腰檐上诸构件的作用。

⑦立榥：疑指施于腰檐诸铺作缝所施卧榥之上的立木，即立榥。

⑧贴生：原文“贴身”，陈注：改“贴身”为“贴生”。傅注：“‘生’，陶本误‘身’。据故宫本、四库本改‘生’字。”应从陈、傅二先生，改为“贴生”。其意为屋顶诸槫向两翼生起做法中所贴的“生头木”。

⑨曲椽：疑指腰檐之上所施屋椽，其椽依据腰檐屋顶举折的反宇折线，直接采用了曲折形式。参见卷第九《小木作制度四》“佛道帐·腰檐·腰檐诸名件”条相关注释。

⑩屋内槫（tuán）：当指佛道帐腰檐屋顶内所施槫。

⑪槫脊：陈注，改“槫脊”为“搏脊”。译文从陈注。

⑫厦瓦版：参见卷第九《小木作制度四》“佛道帐·腰檐·腰檐诸名件”条相关注释。白版：参见卷第九《小木作制度四》“佛道帐·腰檐·腰檐诸名件”条相关注释。

⑬瓦口子：指腰檐上所覆瓦陇条之间留出用以覆施屋瓦的瓦口子。

⑭签切：傅注：“‘签切’应作‘刬切’或‘剜切’。剜切，本书屡见瓦口子应剜切作犬齿也。”从文义理解，应从傅先生注改。

⑮抹角栿：指腰檐屋顶转角处所施的抹角梁。

【译文】

佛道帐帐身之上所覆腰檐：其高3尺，腰檐开间之广5.88丈，进深1丈。

腰檐造作所用功：

共前后及两侧柱上所施枓槽版并钥匙头版，每长1.2丈；

枓槽版上所施压厦版，每长1.2丈；腰檐两侧山版与之相同。

枓槽上所施卧棍，每4条；

腰檐上、下顺身棍，每长4丈；

腰檐上所施立棍，每10条；

腰檐榑、方等上所施贴生，每长4丈；

腰檐屋顶所施曲椽，每20条；

檐口所施飞子，每25枚；

腰檐内所施屋内榑，每长2丈；腰檐搏脊与之相同。

檐口所施大连檐，每长4丈；檐口上所施瓦陇条与之相同。

腰檐上所覆厦瓦版并白版，皆每长4丈，宽1尺；

檐口处所施瓦口子，也包括瓦口子的划切。每长3丈；

如上诸项各计为1功。

腰檐转角处所施抹角梁，每1条，计为0.2功。

腰檐翼角角梁，每1条；

翼角上所出角脊，每4条；

如上诸项各计为1.2功。

腰檐下所施六铺作重栱造、下出单杪华栱、上出双下昂之枓栱，每1朵，共计为2.5功。

腰檐组装拢裹所用功：计为60功。

腰檐安卓所用功：计为35功。

（平坐）

平坐[①]：高一尺八寸，广五丈八尺八寸，深一丈二尺。

造作功：

枓槽版并钥匙头，每一丈二尺；

压厦版②，每长一丈；
卧棍③，每四条；
立棍④，每一十条；
雁翅版⑤，每长四丈；
面版⑥，每长一丈；
右各一功。
六铺作，重栱、卷头枓栱，每一朵，共二功三分。
拢裹：三十功。
安卓：二十五功。

【注释】

①平坐：这里与平台意思相近。参见卷第九《小木作制度四》“佛道帐·平坐·平坐”条相关注释。

②压厦版：盖版。参见卷第九《小木作制度四》“佛道帐·平坐·平坐”条相关注释。

③卧棍：指平坐枓槽上所施横向方木条。

④立棍：指施于平坐枓槽卧棍之上的立木。

⑤雁翅版：在佛道帐平坐的外沿所施的用以遮护其下枓栱等的护版。

⑥面版：指佛道帐之平坐顶面上所铺之版，类似于大木作制度平坐中的地面版。

【译文】

佛道帐上所施平坐：其高1.8尺，面广5.88丈，进深1.2丈。
平坐造作所用功：
平坐之枓槽版并钥匙头，每1.2丈；
压厦版，其版每长1丈；
平坐上所施卧棍，每4条；

平坐上所施立棍，每10条；

平坐周边所施雁翅版，每长4丈；

平坐顶面所施面版，每长1丈；

如上诸项的造作各计为1功。

平坐下所施枓栱，其为六铺作重栱造、出三卷头，每1朵，共计为2.3功。

平坐装配拢裹所用功：30功。

平坐安卓所用功：25功。

（天宫楼阁）

天宫楼阁①：

造作功：

殿身②，每一坐，广三瓣③。重檐，并挟屋及行廊④，各广二瓣，诸事件并在内。共一百三十功。

茶楼子⑤，每一坐；广三瓣，殿身、挟屋、行廊同上。

角楼⑥，每一坐；广一瓣半，挟屋、行廊同上。

右各一百一十功。

龟头⑦，每一坐，广二瓣。四十五功。

拢裹：二百功。

安卓：一百功。

【注释】

①天官楼阁：陈注："卷九，共高七尺二寸。"参见卷第九《小木作制度四》"佛道帐·天官楼阁·天宫楼阁"条相关注释。

②殿身：指佛道帐顶部所施天官楼阁中的殿阁建筑之殿身。参见卷第九《小木作制度四》"佛道帐·天官楼阁·首层诸殿屋"条相

关注释。

③广三瓣：当指天宫楼阁中每一坐殿身的面广，恰合佛道帐基本模数之芙蓉瓣的3瓣长度。

④挟屋：指佛道帐顶部天宫楼阁之殿身两侧的挟屋，其义与大木作制度中的“殿挟屋”有相类之处。行廊：疑为佛道帐顶部天宫楼阁中起连接作用的连廊。参见卷第九《小木作制度四》“佛道帐·天宫楼阁·首层诸殿屋”条相关注释。

⑤茶楼子：佛道帐顶部天宫楼阁中等级稍低的楼阁建筑。参见卷第九《小木作制度四》“佛道帐·天宫楼阁·首层诸殿屋”条相关注释。

⑥角楼：佛道帐顶部天宫楼阁之转角部位的楼阁，其形式与古代皇家宫城建筑的角楼有相类之处。

⑦龟头：指宋式营造中的“龟头殿”造型，即山面朝前的屋顶抱厦形式。

【译文】

佛道帐顶部的天宫楼阁：

天宫楼阁造作所用功：

天宫楼阁中的殿阁身，每1坐，其面广为3个芙蓉瓣之长。重檐屋顶，并其殿挟屋及殿侧行廊，挟屋与行廊面广各为2个芙蓉瓣之长，其余相关的诸事件也都包括在其中。共计为130功。

天宫楼阁中的茶楼子，每1坐；其楼子面广为3个芙蓉瓣之长，其茶楼子所接之殿身、殿挟屋及行廊的面广，亦与上文所言情况相同。

天宫楼阁转角处所施角楼，每1坐；其面广为1.5个芙蓉瓣之长，其角梁所附挟屋、行廊的面广，亦与上文所言情况相同。

如上诸项分别计为110功。

天宫楼阁中所出龟头殿，每1坐，其面广为2个芙蓉瓣之长。计为45功。

天宫楼阁的装配拢裹所用功：计为200功。

天宫楼阁之安卓所用功：计为100功。

（圜桥子）

圜桥子[①]：一坐，高四尺五寸，拽脚长五尺五寸。广五尺，下用连梯、龟脚[②]，上施勾阑、望柱。

造作功：

连梯桯[③]，每二条；

龟脚，每一十二条；

促踏版榥[④]，每三条；

右各六分功。

连梯当[⑤]，每二条，五分六厘功。

连梯榥[⑥]，每二条，二分功。

望柱[⑦]，每一条，一分三厘功。

背版，每长、广各一尺；

月版[⑧]，长广同上[⑨]；

右各八厘功。

望柱上榥[⑩]，每一条，一分二厘功。

难子，每五丈，一功。

颊版[⑪]，每一片，一功二分。

促踏版[⑫]，每一片，一分五厘功。

随圜势勾阑[⑬]，共九功。

拢裹：八功。

【注释】

①圜桥子：为施于佛道帐之前的踏阶，其外轮廓形式为曲圜式飞虹桥状，故称“圜桥子”。参见卷第九《小木作制度四》“佛道帐·踏道圜桥子·踏道圜桥子”条相关注释。

②连梯：似指构成踏道圜桥子的木框架，其以两侧木颊及横向卧榥组成，类如连梯状。参见卷第九《小木作制度四》“佛道帐·踏道圜桥子·踏道圜桥子”条相关注释。龟脚：施于圜桥子两侧根部，形如龟脚的装饰版。参见卷第九《小木作制度四》“佛道帐·造佛道帐之制”条相关注释。

③连梯程：构成圜桥子连梯状框架的条状木方。参见卷第九《小木作制度四》“佛道帐·踏道圜桥子·踏道圜桥子诸名件”条相关注释。

④促踏版榥：踏版榥，似指踏版下所施横木，其榥或与同一踏阶层的连梯榥在水平方向呈前后关系。参见卷第九《小木作制度四》“佛道帐·踏道圜桥子·踏道圜桥子诸名件”条相关注释。

⑤连梯当：疑指连梯踏版之间的空当。

⑥连梯榥：连接桥子两侧连梯程的横向木方。参见卷第九《小木作制度四》“佛道帐·踏道圜桥子·踏道圜桥子诸名件”条相关注释。

⑦望柱：陈注：“立，竹本”，即改“望柱”为“立柱”。傅注：“‘主’，据故宫本、四库本、张本改。”故应为“主柱，每一条，一分三厘功”。但未知其后紧接的“望柱上榥”之“望柱”与之有何联系。暂从原文。

⑧月版：疑指在圜桥子之下，两颊之间，连梯之内所施的底版。参见卷第九《小木作制度四》“佛道帐·踏道圜桥子·踏道圜桥子诸名件”条相关注释。

⑨长广同上：陈先生在“长”字前增“每”字，其注：“每长。”未知其所据。若如此，其文为“月版，每长广同上”。存疑，暂从原文。

⑩望柱上榥：陈注：“立，竹本。”则其文为“立柱上榥”，与前所改相呼应。梁注本并傅先生均未做修改。暂从原文。

⑪颊版：疑指圜桥子踏道两侧的曲线如圜桥状的侧挡版。

⑫促踏版：疑指圜桥子踏道上与水平踏版垂直相接的立版。

⑬随圜势勾阑：指其勾阑形式随圜桥子的曲圜走势造作而成的圜曲状勾阑。

【译文】

佛道帐帐坐处所施踏道圜桥子：1坐，其高4.5尺，踏道拽脚长5.5尺。其面广5尺，圜桥子下施以连梯、龟脚，桥子上施以勾阑、望柱。

圜桥子造作所用功：

连梯程，每2条；

龟脚，每12条；

促踏版榥，每3条；

如上诸项造作分别计为0.6功。

连梯当，每2条，造作计为0.56功。

连梯榥，每2条，造作计为0.2功。

勾阑望柱，每1条，造作计为0.13功。

圜桥子背版，其每长、宽各为1尺；

月版，其每长、宽与圜桥子背版相同；

如上两项造作，分别计为0.08功。

勾阑望柱之上榥，每1条，造作计为0.12功。

圜桥子上所缠难子，每5丈，造作计为1功。

圜桥子两颊颊版，每1片，造作计为1.2功。

踏道圜桥子踏步上所施促踏版，每1片，造作计为0.15功。

随圜桥子之圜势所造作之勾阑，共计为9功。

圜桥子及勾阑拢裹所用功：计为8功。

（佛道帐总计）

右佛道帐总计：造作共四千二百九功九分①；拢裹共四百六十八功②；安卓共二百八十功③。

【注释】

①造作：指佛道帐加工造作所用功限。

②拢裹：指佛道帐组装拢裹所用功限。

③安卓：指佛道帐组合安卓所用功限。

【译文】

如上佛道帐所用功限总计：佛道帐各部分造作所用功，共计为4209.9功；佛道帐各部分组装拢裹所用功，共计为468功；佛道帐各部分及整体组合安卓等所用功，共计为280功。

（山华帐头造）

若作山华帐头造者，唯不用腰檐及天宫楼阁，除造作、安卓，共一千八百二十功九分①。于平坐上作山华帐头②，高四尺，广五丈八尺八寸，深一丈二尺。

造作功：

顶版③，每长一丈，广一尺；

混肚方④，每长一丈；

楅⑤，每二十条；

右各一功。

仰阳版⑥，每长一丈；贴络在内。

山华版⑦，长同上；

右各一功二分。

合角贴⑧，每一条，五厘功。

以上造作计一百五十三功九分。

拢裹：一十功。

安卓：一十功。

【注释】

①若作山华帐头造者，唯不用腰檐及天宫楼阁，除造作、安卓，共一千八百二十功九分：其文似乎可以理解为，作山华帐头造佛道帐，除了不用腰檐及天宫楼阁外，余应与前佛道帐所用功相同。前文所言佛道帐之造作总功4209.9功，除去腰檐及天宫楼阁所用造作、安卓功，共1820.9功，所余2389功，即是山华帐头造佛道帐所用之造作等功。然文中所言山华帐头造之拢裹功、安卓功各仅为10功，与前佛道帐拢裹、安卓功比较，似乎又不合乎逻辑。存疑。

②山华帐头：指在佛道帐帐身顶部采用了山华蕉叶式的帐头结顶形式。山华，意为山花。华，同“花”。

③顶版：指山华蕉叶造佛道帐帐顶所覆的盖版。

④混肚方：指其外露的正面镌斫为圆混线脚的条状木方。参见卷第九《小木作制度四》“佛道帐·山华蕉叶造·山华蕉叶造”条相关注释。

⑤楅（bī）：为施于仰阳版与山华版之后的条状木方。参见卷第九《小木作制度四》“佛道帐·山华蕉叶造·山华蕉叶造诸名件”条相关注释。

⑥仰阳版：似为施于佛道帐顶版上的装饰版。参见卷第九《小木作制度四》“佛道帐·山华蕉叶造·山华蕉叶造”条相关注释。

⑦山华版：即山华蕉叶版。参见卷第九《小木作制度四》“佛道帐·山华蕉叶造·山华蕉叶造诸名件”条相关注释。

⑧合角贴：上层转角处沿仰阳版与山华版所施帖。参见卷第九《小木作制度四》“佛道帐·山华蕉叶造·山华蕉叶造诸名件”条相关注释。

【译文】

若造作山华式帐头的做法，则以前文所述的佛道帐为基础，只是不再施用前文述及的腰檐与天宫楼阁，除了佛道帐的造作、安卓之外，所用功共计为1820.9功。其造型方式是在平坐之上直接造作山华式样的帐头，其帐头高4尺，面广5.88丈，进深1.2丈。

山华帐头造作所用功：

帐头所覆顶版，每长1丈，宽1尺；

帐头四周外沿所施混肚方，每长1丈；

版后所施楅，每20条；

如上诸项分别计为1功。

帐头所施仰阳版，其长度每长1丈；其版上所施贴络纹饰包括在内。

帐头所施山华版，所计长度尺寸与上相同；

如上诸项分别计为1.2功。

帐头转角处沿仰阳版及山华版所施合角贴，每1条，计为0.05功。

以上诸项造作共计为153.9功。

山华帐头造佛道帐拢裹所用功：计为10功。

山华帐头造佛道帐安卓所用功：计为10功。

牙脚帐

【题解】

牙脚帐，指其帐坐为牙脚坐形式的帐龛。牙脚帐分为上、中、下三段。这三段分别为：牙脚坐、帐身、山华仰阳版。其中的每一段，又各自分为三段造做法，即其牙脚帐分为上、中、下三段，或称三层。

下层为牙脚坐，坐下施以龟脚，与前文所说的龟脚坐十分接近。

中层为帐身；帐身下施锟脚，锟脚之上用隔科版。这里所说的"隔科"，《法式》原文抄为"隔枓"，傅熹年先生参考其他版本，认为"枓""科"二字在字形上十分相近，"隔枓"是"隔科"的误抄。从字义上看，"隔科"似比"隔枓"更接近其构造的特征。且清代建筑中有所谓"隔架科"的说法，或是从古人的相关术语中演化而来的。本书在题解中使用“隔科”一词，注释、译文中，仍从原文。

上层为山华仰阳版，这种仰阳版的形式或与前文中所提到的山华蕉叶版有相类之处。在帐身之上、山华仰阳版之下，还会施以六铺作科栱。

（牙脚帐）

牙脚帐[①]，一坐，共高一丈五尺，广三丈，内、外槽共深八尺[②]；分作三间；帐头及坐各分作三段[③]。帐头科栱在外[④]。

【注释】

①牙脚帐：其基座形式采用了“牙脚坐”的一种小木作室内龛帐。参见卷第十《小木作制度五》“牙脚帐·造牙脚帐之制”条相关注释。

②内、外槽：内、外槽，指牙脚帐的内侧（内槽）帐柱柱缝与外侧（槽外）帐柱柱缝。这里的“槽”，即科槽，应指牙脚帐帐柱平面的柱网缝。

③帐头：指牙脚帐的帐顶部分。坐：指牙脚帐的帐坐部分。

④帐头科栱：施于牙脚帐帐头之下的科栱。

【译文】

牙脚帐，1坐，共高1.5丈，面广3丈，其帐之内、外槽之间，进深长度共为8尺；立面分作三间；其每一间从帐头到帐坐，各自分为上中下三段。其中帐头下所施科栱不包括在这三段之内。

（牙脚坐）

牙脚坐[①]，高二尺五寸，长三丈二尺，坐头在内[②]。深一丈。

造作功：

连梯[③]，每长一丈；

龟脚，每三十枚；

上梯盘[4]，每长一丈二尺；

束腰[5]，每长三丈；

牙脚[6]，每一十枚；

牙头[7]，每二十片；剜切在内。

填心[8]，每一十五枚；

压青牙子[9]，每长二丈；

背版，每广一尺，长二丈；

梯盘榥[10]，每五条；

立榥[11]，每一十二条；

面版，每广一尺，长一丈；

右各一功。

角柱，每一条；

锃脚上衬版[12]，每一十片；

右各二分功。

重台小勾阑[13]，共高一尺，每长一丈，七功五分。

拢裹：四十功。

安卓：二十功。

【注释】

①牙脚坐：指牙脚坐的帐坐部分。

②坐头：指牙脚帐帐坐部分的顶版。

③连梯：构件名。参见卷第十《小木作制度五》"牙脚帐·牙脚坐"条相关注释。

④上梯盘：构件名。参见卷第十《小木作制度五》"牙脚帐·牙脚坐"条相关注释。

⑤束腰：构件名。指牙脚帐之帐坐，即牙脚坐中段向内收入的束腰。

⑥牙脚：构件名。参见卷第十《小木作制度五》“牙脚帐·牙脚坐”条相关注释。

⑦牙头：构件名。参见卷第十《小木作制度五》“牙脚帐·牙脚坐”条相关注释。

⑧填心：疑即指牙脚坐的背版填心。参见卷第十《小木作制度五》“牙脚帐·牙脚坐”条相关注释。

⑨压青牙子：一种牙子状的条形版。参见卷第十《小木作制度五》“牙脚帐·牙脚坐”条相关注释。

⑩梯盘棍：疑即施于牙脚坐梯盘内前后栊之间的卧棍。

⑪立棍：疑指施于牙脚坐上下梯盘之间的立木。

⑫锃脚上衬版：施于牙脚坐根部锃脚木上的衬版。

⑬重台小勾阑：指施于牙脚坐坐头之上外沿的小尺度重台勾阑。

【译文】

牙脚帐之牙脚坐，其高2.5尺，坐长3.2丈，其顶版坐头的长度亦包括在内。进深1丈。

牙脚坐造作所用功：

牙脚坐连梯，每长1丈；

坐下所施龟脚，每30枚；

牙脚坐之上梯盘，每长1.2丈；

牙脚坐束腰，每长3丈；

牙脚坐所施牙脚，每10枚；

牙脚坐所施牙头，每20片；牙头剜切所用功亦包括在内。

牙脚坐背版之填心版，每15枚；

牙脚坐上所施压青牙子，每长2丈；

牙脚坐背版，每宽1尺，长2丈；

牙脚坐上下梯盘所施棍，每5条；

牙脚坐上下梯盘间所施立榥，每12条；

牙脚坐顶面所施面版，每宽1尺，长1丈；

如上各项造作分别计为1功。

牙脚坐转角处所施角柱，每1条；

牙脚坐根部锃脚上所施衬版，每10片；

如上每项各计为0.2功。

牙脚坐坐顶边沿所施重台小勾阑，共高1尺，以其勾阑每长1丈，计为7.5功。

牙脚坐拢裹所用功：计为40功。

牙脚坐安卓所用功：计为20功。

（帐身）

帐身，高九尺，长三丈，深八尺，分作三间。

造作功：

内、外槽帐柱[①]，每三条；

里槽下锃脚[②]，每二条；

右各三功。

内、外槽上隔科版[③]，并贴络仰托榥在内[④]。每长一丈，共二功二分。内、外槽欢门同[⑤]。

颊子[⑥]，每六条，共一功二分。虚柱同。

帐带[⑦]，每四条；

帐身版难子[⑧]，每长六丈；泥道版难子同[⑨]。

平綦搏难子[⑩]，每长五丈；

平綦贴内，贴络华文。每广一尺，长二尺[⑪]；

右各一功。

两侧及后壁帐身版，每广一尺，长一丈，八分功。

泥道版⑫，每六片，共六分功。

心柱⑬，每三条，共九分功。

拢裹：四十功。

安卓：二十五功。

【注释】

①内、外槽帐柱：即帐身内、外槽柱缝上所施帐柱。参见卷第十《小木作制度五》"牙脚帐·帐身诸名件"条相关注释。

②里槽下锃脚：指牙脚帐帐身里槽柱根处所施锃脚。

③内、外槽上隔枓版：指牙脚帐帐身内外槽帐柱上所施隔枓版。参见卷第十《小木作制度五》"牙脚帐·帐身诸名件"条相关注释。隔枓版，参见本卷"牙脚帐"题解。

④贴络仰托榥：即隔枓版上所施贴络仰托榥，疑即施于内外槽柱隔枓版间的条状横木。

⑤内、外槽欢门：指帐身内外槽上所施装饰性欢门。

⑥颊子：疑指牙脚帐内外槽帐柱边所施立颊。

⑦帐带：疑指施于帐身内外槽柱顶部的横向拉结木方。参见卷第十《小木作制度五》"牙脚帐·帐身"条相关注释。

⑧帐身版难子：帐身柱之间所施帐身版四周缠施的难子。

⑨泥道版难子：帐身的前部及两侧帐柱缝上所施泥道版四周缠施的难子。

⑩平綦搏难子：傅注："'搏'字疑误。非'榑'即'缠'。"暂从原文。

⑪平綦贴内，**贴络华文**。每广一尺，长二尺：梁注："各本均作'平綦贴内每广一尺长二尺'，显然有遗漏，按卷二十一'平綦'篇：'每平綦内于贴内贴络华文，广一尺，长二尺，共一功'；因此在这里增补

‘贴络华文’四字。”

⑫泥道版:疑施于帐身的前部柱缝上,每两帐柱及立颊间所施的嵌版。参见卷第十《小木作制度五》“牙脚帐·帐身”条相关注释。

⑬心柱:帐身里槽柱缝上,施于两柱之间的立柱。

【译文】

牙脚帐之帐身,高9尺,面广长3丈,进深8尺,面广方向分为3个开间。

牙脚帐帐身造作所用功:

帐身内、外槽帐柱,每3条;

帐身里槽下所施锭脚,每2条;

如上诸项各计为3功。

帐身内、外槽上所施隔料版,其贴络仰托棍亦计在内。每长1丈,共计为2.2功。帐身内、外槽上所施欢门所用功与之相同。

帐身柱侧所施颊子,每6条,共计为1.2功。帐身所施虚柱用功与之相同。

帐身柱间所施帐带,每4条;

帐身版四周所缠难子,每长6丈;泥道版四周所缠难子用功与之相同。

平綦搏难子,每长5丈;

平綦上所施贴之内,贴络华文。每宽1尺,长2尺;

如上诸项各计为1功。

帐身两侧及后壁所施帐身版,每宽1尺,长1丈,计为0.8功。

帐身所施泥道版,每6片,共计为0.6功。

帐身后壁柱间所施心柱,每3条,共计为0.9功。

帐身拢裹所用功:计为40功。

帐身安卓所用功:计为25功。

(帐头)

帐头,高三尺五寸,枓槽长二丈九尺七寸六分[①],深七尺七寸六分,分作三段造。

造作功：

内、外槽并两侧夹枓槽版[②]，每长一丈四尺；压厦版同[③]。

混肚方，每长一丈；山华版、仰阳版，并同。

卧棍，每四条；

马头棍[④]，每二十条；榀同。

右各一功。

六铺作，重栱、一杪，两下昂枓栱，每一朵，共二功三分。

顶版，每广一尺，长一丈，八分功。

合角贴，每一条，五厘功。

拢裹：二十五功。

安卓：一十五功。

【注释】

①枓槽：亦即上文所言"内、外槽"。

②内、外槽并两侧：指牙脚帐内、外枓槽及帐身两侧柱槽。枓槽版：为沿内、外槽柱缝，在柱顶之上所施的立版。枓槽版可以贴施枓栱。

③压厦版：为覆盖于牙脚帐内、外槽之枓槽版及枓栱之上平置而施的盖版。

④马头棍：仍未知马头棍的形式与准确位置，疑是与卧棍结合而施的一种向外出挑且上扬如"马头"状的立棍形式。

【译文】

牙脚帐帐头，其高3.5尺，其柱头缝之枓槽长2.976丈，内、外槽进深7.76尺，整体分作3段造作。

牙脚帐帐头造作所用功：

其帐头内、外槽之上并两侧柱头之上所夹枓槽版，每长1.4丈；其上所覆压厦版所计长度与之相同。

帐头处所施混肚方，每长1丈；帐头上所出山华版、仰阳版，其所计长度也都与之相同。

内、外槽之间所施卧棍，每4条；

与卧棍结合所施马头棍，每20条；顶版与背版后所施榻所计长度与之相同。

如上诸项分别计为1功。

枓槽上施六铺作，出单杪双下昂重栱造枓栱，每1朵之造作，共计为2.3功。

帐头所覆顶版，每宽1尺，长1丈，计为0.8功。

帐头转角所施合角贴，每1条，计为0.05功。

牙脚帐帐头拢裹所用功：计为25功。

牙脚帐帐头安卓所用功：计为15功。

（牙脚帐总计）

右牙脚帐总计：造作共七百四功三分；拢裹共一百五功；安卓共六十功。

【译文】

如上牙脚帐通身所用功限总计：其帐造作所用功，共计为704.3功；其帐拢裹所用功，共计为105功；其帐安卓所用功，共计为60功。

九脊小帐

【题解】

九脊小帐，指的是其帐顶采用了与大木作制度中的九脊殿屋顶造型比较接近的一种形式。九脊小帐，在整体上亦分为上、中、下三段。下段与中段，为牙脚坐与帐身，与牙脚帐做法相同；上段为九脊殿形式，上覆瓦，檐下用五铺作。

所谓“九脊”，是包括了一条正脊、四条垂脊与四条戗脊，共为九条脊的屋顶做法，其形式与清式建筑中的歇山式屋顶十分接近。“小帐”，即尺度稍小的室内龛帐形式。这里的“九脊小帐”，就是采用了九脊式屋顶的小木作帐屋形式。参见卷第十《小木作制度五》“九脊小帐·造九脊小帐之制”条相关注释。

（九脊小帐）

九脊小帐，一坐，共高一丈二尺，广八尺，深四尺。

【译文】

造作九脊小帐，1坐，其帐总高为1.2丈，帐之面广为8尺，帐之进深为4尺。

（牙脚坐）

牙脚坐[①]，高二尺五寸，长九尺六寸，深五尺。

造作功：

连梯[②]，每长一丈；

龟脚，每三十枚；

上梯盘，每长一丈二尺；

右各一功。

连梯榥[③]；

梯盘榥[④]；

右各共一功。

面版，共四功五分。

立榥，共三功七分。

背版；

牙脚；

右各共三功。

填心[5]；

束腰锭脚[6]；

右各共二功。

牙头；

压青牙子[7]；

右各共一功五分。

束腰锭脚衬版[8]，共一功二分。

角柱，共八分功。

束腰锭脚内小柱子[9]，共五分功。

重台小勾阑并望柱等，共一十七功。

拢裹：二十功。

安卓：八功。

【注释】

①牙脚坐：这里的“牙脚坐”，指的是九脊小帐的帐坐，其帐坐下采用了牙脚式装饰做法。

②连梯：构成九脊小帐之帐坐底部的横向木骨架，其形式类如连梯状。

③连梯榥：施于牙脚坐底部连梯中的卧榥。

④梯盘榥：疑为与牙脚坐底部所施连梯榥平行，且位于牙脚坐顶部的横向木骨架。

⑤填心：嵌于牙脚坐坐面之下，施于连梯、束腰及上梯盘之间的嵌

版。参见卷第十《小木作制度五》“牙脚帐·牙脚坐诸名件”条相关注释。

⑥束腰锭脚：疑指九脊小帐牙脚坐中部的束腰与底部的锭脚。

⑦压青牙子：疑指施于牙脚坐束腰之上，形为牙子状的条形版。参见卷第十《小木作制度五》“九脊小帐·牙脚坐诸名件”条相关注释。

⑧束腰锭脚衬版：疑指施于九脊小帐牙脚坐中部之束腰与底部之锭脚里侧的衬版。

⑨束腰锭脚内小柱子：仍从上条，疑指施于九脊小帐牙脚坐中部之束腰与底部之锭脚内侧起结构加强作用的小柱子。

【译文】

九脊小帐之牙脚坐，其坐高为2.5尺，坐之面广为9.6尺，坐之进深为5尺。

牙脚坐造作所用功：

坐之底部所施连梯，每长1丈；

坐之外侧所施装饰性龟脚，每30枚；

坐之顶部所施上梯盘，每长1.2丈；

如上诸项之造作分别计为1功。

连梯棍；

梯盘棍；

如上两项之造作分别共计为1功。

牙脚坐顶面面版，共计为4.5功。

牙脚坐上下连梯与上梯盘间所施立棍，共计为3.7功。

牙脚坐背版；

牙脚坐上所施牙脚装饰；

如上诸项分别共计为3功。

牙脚坐后所施填心版；

牙脚坐之束腰与锭脚；

如上两项分别共计为2功。

牙脚坐上所施装饰性牙头；

其坐上所施压青牙子；

如上两项分别共计为1.5功。

牙脚坐之束腰与锃脚内侧衬版，共计为1.2功。

牙脚坐转角所施角柱，共计为0.8功。

其坐之束腰与锃脚内所施小柱子，共计为0.5功。

牙脚坐顶面所施重台小勾阑并勾阑望柱等，共计为17功。

九脊小帐牙脚坐拢裹所用功：计为20功。

九脊小帐牙脚坐安卓所用功：计为8功。

（帐身）

帐身，高六尺五寸，广八尺，深四尺。

造作功：

内、外槽帐柱，每一条，八分功。

里槽后壁并两侧下锃脚版并仰托榥，贴络在内。共三功五厘。

内、外槽两侧并后壁上隔科版并仰托榥[1]，贴络柱子在内。共六功四分。

两颊[2]；

虚柱；

右各共四分功。

心柱，共三分功。

帐身版[3]，共五功。

帐身难子[4]；

内、外欢门[⑤]；

内、外帐带[⑥]；

右各二功[⑦]。

泥道版，共二分功。

泥道难子，六分功。

拢裹：二十功。

安卓：一十功。

【注释】

①内、外槽两侧并后壁上隔科版并仰托榥：原文“内、外槽两侧并后壁上隔科版并仰托幌”，梁注本：改“幌”为“榥”。陈注：亦改“幌”为“榥”。此处从改。傅注：改“枓”为“科”，并注：“科，据故宫本”，其文为“后壁上隔科版”。此处暂从原文。

②两颊：疑指帐身立柱两侧所施的立颊。

③帐身版：似指帐身两侧及后壁所施的帐身版。

④帐身难子：指缠施于帐身版四周的难子。

⑤内、外欢门：疑指帐身内、外槽柱间所施的欢门造型。

⑥内、外帐带：疑指施于帐身内、外槽柱柱顶部位的横向拉结木方。

⑦右各二功：陈注：“各共。”其文为“右各共二功”，未知其据。但所改与其原本变动不大。

【译文】

九脊小帐的帐身，其高6.5尺，面广8尺，进深4尺。

九脊小帐帐身造作所用功：

其内、外槽帐柱，每1条，计为0.8功。

帐身里槽的后壁并帐身两侧下锭脚版与帐身之内所施仰托榥，帐身所施贴络功限亦计入在内。共计为3.05功。

帐身内、外槽两侧并后壁上所施隔料版并仰托榥，其隔料版等上所施贴络柱子所用功限亦包括在内。共计为6.4功。

帐身柱之两颊；

帐身外槽帐柱缝上所施虚柱；

如上诸项分别共计为0.4功。

帐身柱间所施心柱，共计为0.3功。

帐柱间所覆帐身版，共计为5功。

帐身版四周等处所缠难子；

内、外欢门；

内、外槽上所施帐带；

如上诸项分别计为2功。

帐身柱间所施泥道版，共计为0.2功。

帐身泥道版周围所缠难子，计为0.6功。

九脊小帐帐身拢裹所用功：计为20功。

九脊小帐帐身安卓所用功：计为10功。

（帐头）

帐头①，高三尺，鸱尾在外②。广八尺，深四尺。

造作功：

五铺作，重栱、一杪、一下昂枓栱③，每一朵，共一功四分。

结瓫事件等④，共二十八功。

拢裹：一十二功。

安卓：五功。

【注释】

①帐头：九脊小帐的"帐头"，即其形如大木作九脊殿式的屋顶形式。

②鸱（chī）尾：因其采用了九脊殿屋顶形式，故其屋顶正脊两端会采用装饰性的鸱尾造型。

③一杪（miǎo）：原文"一抄"，陈注："杪。"梁注本未改。此处应从陈先生所改。

④结宽（wà）事件：原文"结瓦事件"，梁注本改为"结宽事件"。傅注：改"瓦"为"宽"。

【译文】

九脊小帐的帐头，其高3尺，这一高度中不包括九脊顶正脊两端鸱尾的高度。帐头面广8尺，进深4尺。

帐头造作所用功：

帐头檐下用五铺作重栱造，出单杪单下昂枓栱，每1朵枓栱的造作，共计为1.4功。

其帐头九脊屋顶所结宽等事项，共计为28功。

九脊小帐帐头拢裹所用功：计为12功。

其帐头安卓所用功：计为5功。

（帐内平棊）

帐内平棊[①]：

造作：共一十五功。安难子又加一功[②]。

安挂功[③]：

每平棊一片，一分功。

【注释】

①帐内平棊：因九脊小帐采用了类似九脊殿式的屋顶，其屋顶下亦可能采用类似大木作制度中的平棊式天花吊顶，故这里的"帐内平棊"，指的就是小帐屋顶下所悬的平棊式吊顶。

②安难子：当指施于帐内平棊版之下四边的难子。

③安挂功：与前文提到的“安卓”相类似，只是因为帐内平棊需要悬挂于九脊屋顶之下，故其做法为“安挂”，其所计功为“安挂功”。

【译文】

九脊小帐帐内所悬平棊吊顶：

平棊造作所用功：共计为15功。其平棊版下四周缠安难子，又应增加1功。

平棊安挂所用功：

每安挂平棊1片，计为0.1功。

（九脊小帐总计）

右九脊小帐总计：造作共一百六十七功八分；拢裹共五十二功；安卓共二十三功三分。

【译文】

如上所述九脊小帐所用功限总计：其造作所用功共计为167.8功；其拢裹所用功共计为52功；其安卓所用功共计为23.3功。

壁帐

【题解】

所谓“壁帐”，似指直接施安于室内墙壁之上的小木作帐室。其若施安于室内一堵墙面处，则平面当为“一”字形；若施安于室内转角处，则平面可能为“L”形；若施安于室内两个转角处，则甚至可能出现“凹”字形平面。需要特别注意的是，本卷所述及的“壁帐”与下一卷所述及的“壁藏”，是宋代室内小木作营造中两种全然不同的形式与做法。

帐内上施平棊。前后两柱之间用“叉子栿”，疑其为如同大木作平梁上所施“叉手”一样的梁栿形式。帐身各部分构件的尺寸，依据帐身高度尺寸推算而出。壁帐所用铺作枓栱诸分°数，与牙脚帐、九脊小帐所施铺作一样，也都以大木作枓栱制度为准。参见卷第十《小木作制度五》“壁帐・造壁帐之制”条相关注释。

本节行文中，对一间壁帐的高、广尺寸，在行文上出现了一点讹误。梁思成先生将其讹误纠正为“高一丈一尺，共广一丈五尺”，陈明达先生则纠正为“广一丈一尺，共高一丈五尺”；而傅熹年先生却对这句行文未做任何修改，仍保持了“壁帐，一间，广一丈一尺，共广一丈五尺”的原文。参照本书卷第十《小木作制度五》“壁帐・造壁帐之制”条中所言：“造壁帐之制：高一丈三尺至一丈六尺。”由其文仅给出壁帐高度变化范围，却并未给出壁帐的面广来看，三位先生对于这句话的理解亦存在差异。如何判断与理解这句话，这里似仍存疑。

壁帐，一间，高一丈一尺，共广一丈五尺①。

造作功：拢裹功在内。

枓栱，五铺作，一杪一下昂②，普拍方在内。每一朵，一功四分。

仰阳山华版、帐柱、混肚、枓槽版、压厦版等③，共七功。

毬文格子、平棊、叉子④，并各依本法。

安卓：三功。

【注释】

①一间，高一丈一尺，共广一丈五尺：原文“一间，广一丈一尺”，梁注：“各本均作‘广一丈一尺’，‘广’显是‘高’之误，予以改正。”梁注本改为“壁帐，一间，高一丈一尺，共广一丈五尺”。本句行文暂从梁先生所改。共广一丈五尺，陈注：改“共广”为“共高”，依陈明达先生，其文为“壁帐，一间，广一丈一尺，共高一丈五尺”，

所改之字与梁先生不同。

②一杪一下昂：原文“一抄一下昂”，陈注：改“抄”为“杪”，依陈先生，其句应为“一杪一下昂”。从改。

③仰阳山华版：似应包括了仰阳版与山华版两种名件。参见卷第十《小木作制度五》“壁帐·造壁帐之制”条相关注释，并“壁帐诸名件”条行文及相关注释。混肚：混肚方，构件名。参见卷第十《小木作制度五》“壁帐·造壁帐之制”条相关注释。

④毬文格子：疑在宋式建筑的壁帐中，会在外槽帐柱间施以门窗格扇。这里的“毬文格子”疑即指其帐柱间所施的格子门扇。但卷第十《小木作制度五·壁帐》整节行文中，却未提及其帐身施有门窗格扇。此处存疑。叉子：这里的“叉子”似非小木作中所言的“叉子”，而更像是大木作屋顶脊槫下所施的“叉手”。卷第十《小木作制度五》“壁帐·造壁帐之制”条：“帐内上施平棊。两柱之内并用叉子栿。”则这里的“叉子”疑即其文中所言的“叉子栿”，且“叉子栿”可能施于平棊之上，两柱之间，较大可能指的就是“叉手”。并参见卷第十《小木作制度五》“壁帐·造壁帐之制”条相关注释。

【译文】

沿房屋内壁所施壁帐，1间，其高1.1丈，其面广长度共为1.5丈。

壁帐造作所用功：壁帐扰裹所用功亦包括在内。

帐顶之下所施枓栱为五铺作，出单杪单下昂，枓栱下所施普拍方亦包括在内。其枓栱每1朵造作所用功，计为1.4功。

壁帐顶部所施仰阳版与山华版、壁帐帐身所施帐柱、枓栱之上所施混肚方、帐柱之上所施枓槽版、压厦版等名件的造作，共计为7功。

帐柱间所施毬文格子、帐身内所施平棊、叉子栿等，皆应分别依照其本作之计功方法计算其所用功限。

壁帐安卓所用功：计为3功。

卷第二十三　小木作功限四

转轮经藏　壁藏

【题解】

本卷内容与卷第十一《小木作制度六》中的内容相呼应，涉及的主要是转轮经藏与壁藏两种小木作在造作、拢裹与安卓等工程中所用功限的计量方式。

本卷行文虽然仅述及转轮经藏与壁藏两种小木作造作、拢裹与安卓所施用的功限等内容，但其文对于具有古代木造机械性质的转轮经藏之各部分的构造、做法及相应尺寸，亦有较为详细的记述，从而使我们对宋代转轮经藏的基本构造与尺寸，可以有比较深入的了解。

转轮经藏

【题解】

卷第十一《小木作制度六》中所谈及的"转轮经藏"，在很大程度上是一种机械装置。其始创的年代可以追溯到南北朝时期。现存最古老的这种小木作匠作实例，是北宋时代所修建的河北正定隆兴寺转轮藏殿中的转轮经藏。

作为一种具有转动功能的佛教典籍贮藏设施，转轮经藏的机械性特征十分令人瞩目，但从宋代营造的角度观察，转轮经藏的造型，在很大程度上，与宋代殿阁屋舍的形式仍然存在很大的关联。如其外观仍可能有平坐、勾阑、门窗、枓栱、檐口、屋顶等做法，故其功限的推计，与宋式营造中一般小木作功限的计算方式相似，仍是依据其不同位置分段计量的。其中较为复杂的顶部天宫楼阁部分，在很大程度上，仍折射出宋代大木作房屋的某些做法。

转轮经藏的造作加工中，亦采用了与佛道帐相似的“芙蓉瓣造”做法，以一定的模数尺寸与方法将转轮经藏上下各部分加以整齐区隔，从而使得其构造逻辑更加清晰，造型上也尽量做到了上下对位，其造作、拢裹与安卓所用的功限，也与芙蓉瓣造做法产生了一定的联系。

（转轮经藏外槽）

【题解】

宋式小木作制度中的转轮经藏，是一种可以转动的木构机械性装置，其外槽大致相当于这一装置的外框架，由外槽帐身、帐身外柱、外槽腰檐、平坐与平坐上所承托的具有装饰性的小尺度天宫楼阁组成。这一部分是转轮经藏中的固定部分，以形成转轮经藏的基本外观形式。

这一部分因其构成相对比较复杂，既包括帐身，也包括腰檐、平坐、天宫楼阁等，故其造作、拢裹及安卓所用功限，也构成了转轮经藏所用功限中较大的一部分。

转轮经藏[①]，一坐，八瓣[②]，内、外槽帐身造[③]。

外槽帐身[④]，腰檐、平坐[⑤]，上施天宫楼阁[⑥]，共高二丈，径一丈六尺。

【注释】

①转轮经藏：为可以转动的经藏设施。参见卷第十一《小木作制度六》“转轮经藏·造经藏之制”条相关注释。

②八瓣：这里的“瓣”，指的是转轮经藏之平面的“边”，即转轮经藏为“八边形”平面。

③内、外槽帐身造：转轮经藏分为可以转动的内槽部分与固定的外槽部分，两个部分各有帐柱与帐身。

④外槽帐身：转轮经藏的外槽，是转轮经藏的外框架。这一部分的结构是固定的，不会发生转动，其帐身由外槽帐柱及帐身之上承托的枓栱、腰檐等构成。

⑤腰檐：即覆盖于转轮经藏帐身之上的屋顶檐。腰檐之下施有铺作枓栱，腰檐之上则施以平坐，平坐上施以转轮经藏的装饰性顶部，即小木作天宫楼阁。

⑥天宫楼阁：系一种象征或寓意性说法，即在转轮经藏腰檐之上所承的平坐上，施造造型奇特、结构繁杂的类似大木作殿阁厅堂等式样的小尺度的楼台、连廊与亭榭，以象征佛教理念中的天上宫殿或彼岸世界。

【译文】

造作转轮经藏，1坐，经藏平面为八边形，经藏分为内、外槽，其内、外槽皆为帐身造做法。

转轮经藏外槽的帐身，其上覆以腰檐，腰檐之上承以平坐，平坐之上则施以天宫楼阁，其外槽帐身，包括腰檐、平坐、天宫楼阁等，总计高度为2丈，其外槽之八边形的直径为1.6丈。

（帐身外柱）

帐身，外柱至地①，高一丈二尺。

造作功：

帐柱，每一条；

欢门，每长一丈；

右各一功五分。

隔枓版并贴柱子及仰托榥[②]，每长一丈，二功五分。

帐带[③]，每三条一功。

拢裹，二十五功。

安卓，一十五功。

【注释】

①外柱至地：这里的“外柱”当指转轮经藏外槽帐身柱。其柱“至地”，说明外槽帐身柱是转轮经藏的外框架柱，其柱及外槽帐身是固定于地面之上，不会发生转动的。

②隔枓版：傅先生认为，应改为“隔科版”。这里暂从原文。隔枓版施于帐柱之上，但未知隔枓版与枓槽版的区别何在。贴柱子：帐柱上部所施隔枓版内贴有短柱，或起到承托帐身上部所施仰托榥的作用。仰托榥（huàng）：其施于外槽帐身之帐柱上部或隔枓版之间，起到承托其上腰檐等结构的作用。

③帐带：外槽帐柱柱头之间的拉结构件，大概类似于大木作外檐柱头之间所施的“阑额”。

【译文】

转轮经藏外槽帐身，其外槽帐柱延伸至地，外槽帐身高1.2丈。

外槽帐身造作所用功：

外槽帐柱，每1条；

帐身外柱间所施欢门，其门每长1丈；

如上诸项造作各计为1.5功。

帐柱上所施隔枓版，并其版上所贴柱子及所承仰托榥，每长1丈，计为2.5功。

外槽帐柱之间所施帐带，每3条计为1功。

外槽帐身拢裹所用功，计为25功。

外槽帐身安卓所用功，计为15功。

（外槽腰檐）

腰檐，高二尺，枓槽径一丈五尺八寸四分[①]。

造作功：

枓槽版[②]，长一丈五尺，压厦版及山版同[③]。一功。

内、外六铺作[④]，外跳一杪、两下昂，里跳并卷头枓栱[⑤]，每一朵，共二功三分。

角梁，每一条，子角梁同。八分功。

贴生[⑥]，每长四丈；

飞子，每四十枚；

白版，约计每长三丈[⑦]，广一尺；厦瓦版同。

瓦陇条[⑧]，每四丈；

槫脊，每长二丈五尺；搏脊槫同[⑨]。

角脊，每四条；

瓦口子[⑩]，每长三丈；

小山子版[⑪]，每三十枚；

井口榥[⑫]，每三条；

立榥[⑬]，每一十五条；

马头榥[⑭]，每八条；

右各一功。

拢裹:三十五功。

安卓:二十功。

【注释】

①枓槽径:这里的“枓槽径”,当指帐身外槽腰檐处的八边形直径。

②枓槽版:指帐身外槽柱头上所施立版,即帐身外槽缝上所施之枓槽版。

③压厦版及山版:压厦版,疑施于枓槽版及铺作之上。山版,疑指腰檐枓槽之八边形每一侧边两端的立版。参见卷第十一《小木作制度六》“转轮经藏·腰檐并结宽”条、“腰檐诸名件”条相关注释。

④内、外六铺作:卷第十一《小木作制度六》“转轮经藏·腰檐并结宽”条:“内外并六铺作重栱。”这里的“外”,当指转轮经藏腰檐外檐铺作,而“内”则疑指其腰檐之外檐铺作的里转部分。

⑤里跳并卷头枓栱:梁注本在这里为“裹跳卷头枓栱”,将“里”讹为“裹”,且缺失“并”字。但因只谈“里跳”,这里的“并”字,意义似不很确定。此处行文暂依原文。

⑥贴生:指腰檐之上所承诸方至翼角处所施的生头木。

⑦白版,约计:原文“白版,纽计”,梁注本改为“白版,约计”。陈注:疑“纽”为“约”。傅注:“纽、约、细,三字在十二年前校印时屡经审议,殊难断定,因地因物别之方足尽考工之能事也。”暂从梁先生所改。另,仍未知这里的“白版”其所在位置及形态。

⑧瓦陇条:施于腰檐枓槽版之上的压厦版上,用以施安瓦陇条。

⑨槫(tuán)脊,每长二丈五尺;搏脊槫同:陈注:改“槫”为“搏”,即改为“搏脊”,傅注:改“槫”为“搏”,并注:“搏,据下文注。”据两位先生,其文为:“搏脊,每长二丈五尺;(搏脊槫同。)”梁注本未做更改,仍为:“槫脊,每长二丈五尺;(搏脊槫同。)”译文从陈、傅

二先生所改。

⑩瓦口子：疑其施于腰檐枓槽版之上的压厦版上的檐口处，以起到腰檐瓷瓦之瓦口的作用。

⑪小山子版：疑为腰檐内所施形成腰檐举折曲线的名件。参见卷第十一《小木作制度六》“转轮经藏·腰檐诸名件”条相关注释。

⑫井口榥：施于转轮经藏腰檐之八角形平面之内的“井”字形木方。参见卷第十一《小木作制度六》“转轮经藏·腰檐诸名件”条相关注释。

⑬立榥：这里的“立榥”，疑指腰檐枓槽内所施立榥。

⑭马头榥：构件名。参见卷第十一《小木作制度六》“转轮经藏·腰檐诸名件”条相关注释。

【译文】

转轮经藏外槽帐身上所施腰檐，其檐共高2尺，腰檐枓槽之八边形平面的直径为1.584丈。

转轮经藏腰檐造作所用功：

腰檐枓槽上所施枓槽版，长1.5丈，其枓槽上所施压厦版及山版造作长度与之相同。计为1功。

腰檐枓槽内、外所施枓栱为六铺作，其枓栱外跳为单杪、双下昂，里跳皆为出华栱做法，其内、外每1朵枓栱造作，共计为2.3功。

腰檐翼角处所施角梁，每1条，角梁上所施子角梁亦与之相同。计为0.8功。

腰檐上诸方至翼角处所施贴生，每长4丈；

腰檐檐口处所施飞子，每40枚；

腰檐上所覆白版，约计每长3丈，宽1尺；腰檐上所覆厦瓦版所计长宽与之相同。

腰檐屋顶上所施瓦陇条，每4丈；

腰檐上所施搏脊，每长2.5丈；腰檐内之搏脊槫所计长度与之相同。

腰檐转角处所施角脊，每4条；

腰檐檐口处所施瓦口子，每长3丈；

腰檐内所施小山子版，每30枚；

腰檐之八边形平面内所施井口形木棍，每3条；

腰檐上所施立棍，每15条；

腰檐上所施马头棍，每8条；

如上诸项各计为1功。

腰檐拢裹所用功：计为35功。

腰檐安卓所用功：计为20功。

（平坐）

【题解】

与大木作的情况一样，在腰檐之上施平坐，可以为更上一层的房屋提供一个房屋基座。转轮经藏腰檐之上的平坐，就为经藏顶部装饰性的天宫楼阁提供了一个基座。

小木作中的平坐，除了在枓栱、勾阑等尺度上小了一些之外，在基本做法上与大木作中的平坐有许多相似之处，或者说就是一个缩小了的大木作平坐。当然，其基本构造、材料及内部名件构成，也会适应这一较小尺度加以适当调整。其在造作、拢裹、安卓上亦比大木作平坐用功稍少一些，但一些必要的工序也是不可或缺的。

平坐①，高一尺，径一丈五尺八寸四分。

造作功：

枓槽版②，每长一丈五尺；压厦版同。

雁翅版③，每长三丈；

井口棍④，每三条；

马头棍⑤，每八条；

面版[6]，每长一丈，广一尺；

右各一功。

枓栱，六铺作并卷头，材广、厚同腰檐[7]。每一朵，共一功一分。

单勾阑，高七寸，每长一丈，望柱在内。共五功。

拢裹：二十功。

安卓：一十五功。

【注释】

①平坐：因转轮经藏的顶部施有天宫楼阁，故在其外槽帐身的腰檐之上施以平坐，以作为天宫楼阁的基座。

②枓槽版：这里的"枓槽版"，当指在腰檐上所施平坐枓槽中缝之上的立版。

③雁翅版：指转轮经藏平坐四周外侧边缘上所施的遮护版。

④井口榥：指平坐八边形平面枓槽口内所施的"井"字形木方。

⑤马头榥：指施于平坐枓槽之上的竖立且向外出挑的木方，其外观形式尚不十分清楚。

⑥面版：当指转轮经藏腰檐上所施平坐的顶版，其版之上施以天宫楼阁。

⑦材广、厚同腰檐：卷第十一《小木作制度六》"转轮经藏·腰檐并结宽"条："用一寸材，（厚六分六厘。）"并本卷"转轮经藏·平坐"条："用一寸材。"可知平坐枓栱所用之材广1寸，厚0.66寸。

【译文】

转轮经藏腰檐上所施平坐，其高1尺，其八边形枓槽的直径为1.584丈。

转轮经藏平坐所用造作功：

平坐枓槽中缝上所施枓槽版，每长1.5丈；枓槽版上所施压厦版每长与之相同。

平坐四周边缘所施雁翅版，每长3丈；

平坐枓槽口内所施井口榥，每3条；

平坐枓槽上所施马头榥，每8条；

平坐顶面所施面版，每长1丈，广1尺；

如上各项分别计为1功。

平坐枓槽上所施枓栱，为六铺作出三卷头，其枓栱所用材之广、厚与腰檐枓栱所用材之广、厚相同。每1朵枓栱造作，共计为1.1功。

平坐上所施单勾阑，其高7寸，以其勾阑每长1丈，望柱包括在这一长度之内。共计为5功。

平坐拢裹所用功：计为20功。

平坐安卓所用功：计为15功。

（天宫楼阁）

【题解】

平坐上所施的天宫楼阁，既是转轮经藏的帐顶造型、结构与装饰，也是一组缩小了的殿阁、楼榭、亭廊的建筑组群，为我们显示了宋代建筑组的某种组群方式。更重要的是，这里的“天宫楼阁”具有某种象征意义，象征了诸如兜率天宫或西方净土等佛教世界中的建筑形象。

转轮经藏顶部所施设天宫楼阁的各种建筑，大体上与大木作制度中相应等级的殿阁、挟屋、楼阁、行廊、角楼等的造型与做法相近，当然因为尺度较小，其用材显然是自成体系的，与大木作制度中的用材等级没有什么关系，且其构造上也较大木作制度相应部位的构造做法简化了许多，故其造作、拢裹与安卓所用功限，也比同样形式的大木作楼殿亭榭要少很多。

天宫楼阁[①]，共高五尺，深一尺。

造作功：

角楼子[②]，每一坐，广二瓣。并挟屋、行廊[③]，各广二瓣[④]。共七十二功。

茶楼子[⑤]，每一坐，广同上。并挟屋、行廊，各广同上。共四十五功。

拢裹：八十功。

安卓：七十功。

【注释】

①天宫楼阁：依卷第十一《小木作制度六》"转轮经藏·天宫楼阁"条，转轮经藏顶部所施天宫楼阁为三层，高5尺，进深1尺。这是一座具有装饰性及象征性意义的小尺度殿阁亭廊式建筑组群造型。

②角楼子：指转轮经藏顶部所施天宫楼阁转角部位所设的角楼。

③挟屋：指转轮经藏顶部所施天宫楼阁中等级较高的殿阁式房屋侧面所设的殿挟屋。行廊：指转轮经藏顶部所施天宫楼阁主要建筑之间或前部所施的连廊。

④各广二瓣：这里的"瓣"，指构成宋式小木作制度基本尺度模数的"芙蓉瓣"，即其文中提到的角楼子、挟屋、行廊等房屋的面广长度，各为2个芙蓉瓣长，以其每瓣之长为6.6寸，则如上提到的每一坐房屋面广各为1.32尺。

⑤茶楼子：指转轮经藏顶部所施天宫楼阁中等级稍低的楼阁造型。

【译文】

转轮经藏顶部所施天宫楼阁，其楼阁高度共为5尺，楼阁进深为1尺。

天宫楼阁造作所用功：

角楼子，每1坐，其面广为2个芙蓉瓣。同时包括挟屋、行廊，挟屋、行廊各自的面广亦为2个芙蓉瓣。如上几项的造作，共计为72功。

茶楼子，每1坐，其面广与角楼子等相同。同时包括挟屋、行廊，其挟屋、行廊各自的面广亦为2个芙蓉瓣。如上几项的造作，共计为45功。

天宫楼阁拢裹所用功：计为80功。

天宫楼阁安卓所用功：计为70功。

（转轮经藏里槽）

【题解】

转轮经藏在很大程度上，是一种古代木构机械性装置，为了便于转动，其在结构上分为里槽与外槽两个部分。其中的里槽部分，是施安于一个转轮之上，且可以转动的部分。转轮经藏的里槽有自己的帐坐、帐身、帐头与转轮，自成一个体系。其帐身内有可以藏纳经匣的空间，从而形成了一个可以回环旋转的经书储藏设施。这样一个复杂的设施，在造作、拢裹与安卓上，也就增加了许多一般小木作做法中不太会需要的功限。

里槽①，高一丈三尺，径一丈。

坐②，高三尺五寸，坐面径一丈一尺四寸四分③，枓槽径九尺八寸四分④。

造作功：

龟脚⑤，每二十五枚；

车槽上下涩、坐面涩、猴面涩⑥，每各长五尺；

车槽涩并芙蓉华版⑦，每各长五尺；

坐腰上、下子涩、三涩⑧，每各长一丈；壶门、神龛⑨，并背版同。

坐腰涩并芙蓉华版[10]，每各长四尺；

明金版[11]，每长一丈五尺；

料槽版[12]，每长一丈八尺；压厦版同[13]。

坐下榻头木[14]，每长一丈三尺；下卧棍同[15]。

立棍[16]，每一十条；

柱脚方[17]，每长一丈二尺；方下卧棍同。

拽后棍[18]，每一十二条；猴面钿面棍同[19]。

猴面梯盘棍[20]，每三条；

面版[21]，每长一丈，广一尺；

右各一功。

六铺作，重栱、卷头料栱，每一朵，共一功一分。

上、下重台勾阑[22]，高一尺，每长一丈，七功五分。

拢裹：三十功。

安卓：二十功。

【注释】

①里槽：依卷第十一《小木作制度六》"转轮经藏"一节可知，转轮经藏分里、外槽。外槽帐身已如前文所述，是固定的部分；里槽，则是可以转动的部分。其外槽帐身径为1.6丈，里槽帐身径为1丈。里、外槽缝之间当有约3尺的距离。

②坐：指转轮经藏的"里槽坐"。参见卷第十一《小木作制度六》"转轮经藏·里槽坐"条相关注释。

③坐面径：疑指里槽坐顶面之八角形平面的直径。参见卷第十一《小木作制度六》"转轮经藏·里槽坐"条相关注释。

④料槽径：指里槽帐身柱之中缝所构成的八边形平面的直径。参见

卷第十一《小木作制度六》“转轮经藏·里槽坐”条相关注释。

⑤龟脚：疑施于转轮经藏里槽坐根部外侧，其形状略如龟状，起到对里槽坐根部的保护与装饰作用。

⑥车槽上下涩：车槽，指转轮经藏里槽坐中所施承托其上帐身枓槽的条状木方，疑即转轮经藏里槽坐之可以转动的构架，其构架上下边缘所出木涩，即车槽上下涩。坐面涩：指转轮经藏里槽坐顶面四周所出涩。猴面涩：未知猴面涩的位置与截面造型，疑为一种其凸出部分的截面外轮廓略近凸圆如猴面状的装饰性木方。

⑦车槽涩：未知这里的车槽涩与上文的车槽上下涩是什么关系。芙蓉华版：当指以芙蓉瓣之模数为其面广宽度的略如芙蓉状的装饰版。疑芙蓉华版施于车槽外，起到里槽外侧的装饰作用。

⑧坐腰上、下子涩：疑指在转轮经藏里槽坐之中段坐腰部分上下沿所出主涩的上下，进一步挑出的较细小之涩。三涩：疑在子涩之上或下再出之涩。

⑨壸（kǔn）门：在转轮经藏里槽坐之坐腰处所出的门式装饰。神龛：疑施于壸门之内，向内凹入的龛状装饰，其内或施有佛造像。

⑩坐腰涩：疑指转轮经藏里槽坐之坐腰上所出的主涩。

⑪明金版：转轮经藏里槽坐上的构件，不明施于何处。参见卷第十一《小木作制度六》“转轮经藏·里槽坐诸名件”条相关注释。

⑫枓槽版：为沿转轮经藏里槽坐之枓槽缝上所施的立版。

⑬压厦版：为覆于里槽坐枓槽缝上所施之枓槽版上的横版。

⑭坐下榻头木：疑指转轮经藏里槽坐之下所施榻头木。榻头木，或亦可称为“榙头木”，其义与“合榙”近，疑即具有垫托作用的木方。

⑮下卧棍：似与坐下榻头木相接，其两端似由榻头木承托的横向木方。

⑯立棍：这里当指“榻头木立棍”，依卷第十一《小木作制度六》“转轮经藏·里槽坐诸名件”条注文，其随芙蓉瓣所用。

⑰柱脚方：疑指施于里槽坐中的里槽帐身柱柱脚之下的木方。

⑱拽后棍：仍未详其所在的位置与形式。

⑲猴面钿（diàn）面棍：疑这里的“猴面钿面棍”，即指卷第十一《小木作制度六》“转轮经藏·里槽坐诸名件”条中提到的“猴面钿版棍”，疑为在表面饰以钿面装饰的猴面棍。但仍未知其所在的位置与作用。

⑳猴面梯盘棍：施于里槽坐上的构件名，为其顶部梯状框架中的卧棍。参见卷第十一《小木作制度六》“转轮经藏·里槽坐诸名件”条相关注释。

㉑面版：指转轮经藏里槽坐之坐顶顶面的面版。

㉒上、下重台勾阑：指在转轮经藏里槽坐的顶面及坐腰处各出一层勾阑，其勾阑形式及做法皆类如石作制度或小木作制度中的重台勾阑。

【译文】

转轮经藏里槽，其高1.3丈，其径1丈。

里槽坐，高3.5尺，里槽坐的坐面直径为1.144丈，里槽坐中缝，即其里槽坐的枓槽径为9.84尺。

里槽坐造作所用功：

里槽坐根部外侧所施龟脚，每25枚；

里槽坐之车槽的上下涩、坐面涩、猴面涩，皆每长5尺；

里槽坐之车槽涩并芙蓉华版，皆每长5尺；

里槽坐之坐腰的上、下子涩、三涩，皆每长1丈；其坐腰中所施壸门、神龛，及坐腰内所施背版每长与之相同。

里槽坐腰所出涩并芙蓉华版，皆每长4尺；

里槽坐上所出明金版，每长1.5丈；

里槽坐之枓槽版，每长1.8丈；其上所覆压厦版每长与之相同。

里槽坐下所施榻头木，每长1.3丈；榻头木处所施卧棍每长与之相同。

里槽坐内所施立棍，每10条；

里槽坐内所施柱脚方，每长1.2丈；柱脚方下所施卧榥每长与之相同。

柱脚方后所施拽后榥，每12条；里槽坐所施猴面钿面榥，每计条数与之相同。

里槽坐所施猴面梯盘榥，每3条；

里槽坐之坐面所施面版，每长1丈，宽1尺；

如上诸项造作各计为1功。

里槽所出六铺作重栱造三卷头枓栱，每1朵造作，共计为1.1功。

里槽坐之坐腰与坐面上、下所出重台勾阑，高1尺，其勾阑每长1丈，计为7.5功。

转轮经藏里槽帐坐拢裹所用功：计为30功。

转轮经藏里槽帐坐安卓所用功：计为20功。

（里槽帐身）

帐身[①]，高八尺五寸，径一丈。

造作功：

帐柱：每一条，一功一分。

上隔枓版并贴络柱子及仰托榥[②]，每各长一丈，二功五分。

下锃脚隔枓版并贴络柱子及仰托榥[③]，每各长一丈，二功。

两颊[④]，每一条，三分功。

泥道版[⑤]，每一片，一分功。

欢门华瓣[⑥]，每长一丈；

帐带[⑦]，每三条；

帐身版[⑧]，约计每长一丈[⑨]，广一尺；

帐身内、外难子及泥道难子[⑩]，每各长六丈；

右各一功。

门子⑪，合版造⑫，每一合⑬，四功。

拢裹：二十五功。

安卓：一十五功。

【注释】

①帐身：这里的“帐身”，当指转轮经藏的里槽帐身。

②上隔枓版：指施于里槽帐身枓槽缝上的立版。据傅先生，这里应改为“隔枓版”，暂从原文。贴络柱子及仰托榥：指在里槽帐身枓槽缝上所施上隔枓版上所施贴络柱子，及版上所施仰托榥。

③下锃（zhuó）脚隔枓版：疑指施于里槽帐身柱柱脚部位枓槽缝上的锃脚立版。

④两颊：疑指里槽帐身柱两侧所施的立颊。

⑤泥道版：疑指转轮经藏里槽帐柱两侧立颊与柱子之间所施的位于里槽帐柱中缝上的嵌版。

⑥欢门华瓣：依卷第十一《小木作制度六》“转轮经藏·帐身诸名件”条，其里槽帐柱间所施欢门“长随两立颊内”，则其欢门施于里槽帐身两柱之间。未知欢门华瓣所施的位置与形式，也未知这里的“华瓣”与具有小木作模数性质的“芙蓉瓣”之间是否有所关联。

⑦帐带：指施于转轮经藏内外帐身之上，里槽帐柱与外槽帐柱之间的木方。

⑧帐身版：指转轮经藏里槽帐身所嵌之版，其版当施于里槽帐柱之间。

⑨约计：原文“纽计”，梁注本改为“约计”。陈注：改“纽”为“约”。从二先生所改。

⑩帐身内、外难子：指里槽帐身版之内侧与外侧所缠施的难子。泥道难子：指里槽帐柱与立颊间所施泥道版四周缠施的难子。

⑪门子：指转轮经藏里槽帐柱间所施之小尺度门形装饰。

⑫合版造：指转轮经藏里槽帐身上所施门子为合版造式版门做法。

⑬每一合：当指帐身柱间所施的可以开闭的两扇门子。

【译文】

转轮经藏里槽帐身，其高8.5尺，其帐身平面的直径为1丈。

里槽帐身造作所用功：

里槽帐柱：每1条，计为1.1功。

帐柱柱头之上所施隔枓版并贴络柱子及仰托榥，皆每长1丈，计为2.5功。

帐柱之下所施锭脚隔枓版并贴络柱子及仰托榥，皆每长1丈，计为2功。

里槽帐柱两侧所施两立颊，每1条，计为0.3功。

帐柱与立颊间所施泥道版，每1片，计为0.1功。

里槽帐柱间所施欢门华瓣，每长1丈；

里外帐柱间所施帐带，每3条；

帐柱间所施帐身版，大约以每长1丈，宽1尺计之；

里槽帐身版之内、外所施难子及里槽泥道版所施难子，皆每长6丈；

如上诸项造作各计为1功。

里槽帐柱间所施门子，其门为合版造做法，每1合，计为4功。

转轮经藏里槽拢裹所用功：计为25功。

转轮经藏里槽安卓所用功：计为15功。

（柱上帐头）

柱上帐头[①]，共高一尺，径九尺八寸四分。

造作功：

枓槽版[②]，每长一丈八尺；压厦版同[③]。

角栿[④]，每八条；

搭平棊方子[5]，每长三丈；

右各一功。

平棊，依本功。

六铺作，重栱、卷头枓栱，每一朵，一功一分。

拢裹：二十功。

安卓：一十五功。

【注释】

①柱上帐头：指里槽帐柱上所承帐头，系转轮经藏里槽部分的顶部。

②枓槽版：指里槽帐柱柱头枓槽中缝上所施的立版。

③压厦版：疑指覆于里槽帐柱柱头中缝枓槽版之上的横版。

④角栿：指帐头转角处所施承托里槽转角结构荷重的角梁。参见卷第十一《小木作制度六》"转轮经藏·帐头诸名件"条相关注释。

⑤搭平棊（qí）方子：疑指里槽帐头内所施承托帐头内侧所施平棊的木方。

【译文】

里槽帐柱之上所承的帐头，共高1尺，其帐头直径为9.84尺。

里槽帐头造作所用功：

其帐头所施枓槽版，每长1.8丈；枓槽版上所施压厦版每长与之相同。

帐头转角处所施角栿，每8条；

帐头内侧所施承搭平棊的木方，每长3丈；

如上诸项造作各计为1功。

里槽帐头内所施平棊，依平棊造作之本功。

里槽帐头所施六铺作重栱造三卷头枓栱，每1朵之造作，计为1.1功。

里槽柱上帐头拢裹所用功：计为20功。

里槽柱上帐头安卓所用功：计为15功。

（转轮）

【题解】

转轮经藏里槽最核心的部分是转轮，也就是使其用于藏匿经匣的活动经藏橱可以转动的部分。从卷第十一《小木作制度六》“转轮经藏·转轮”条，我们知道，转轮经藏的转轮高8尺，直径9尺；其转轮中心施以直立转轴，轴长18尺，转轴直径1.5尺。轴之上端，用铁锏钏；下端用铁鹅台桶子，以承转动之轴。转轮平面当为圆形。

转轮，高八尺，径九尺；用立轴长一丈八尺①，径一尺五寸。

造作功：

轴②，每一条，九功。

辐③，每一条；

外辋④，每二片；

里辋⑤，每一片；

里柱子⑥，每二十条；

外柱子⑦，每四条；

颊木⑧，每二十条；

面版⑨，每五片；

格版⑩，每一十片；

后壁格版⑪，每二十四片；

难子⑫，每长六丈；

托辐牙子⑬，每一十枚；

托枨⑭，每八条；

立绞棍⑮，每五条；

十字套轴版⑯，每一片；

泥道版[17]，每四十片；

右各一功。

拢裹：五十功。

安卓：五十功。

【注释】

①立轴：指转轮经藏之中心转轮的轮轴。

②轴：这里的"轴"，即指上面所言的"立轴"。

③辐（fú）：指转轮经藏的转轮立轴四周所施的横向木条。

④外辋（wǎng）：指转轮经藏中之转轮的外侧轮辋。

⑤里辋：指转轮经藏中之转轮的里侧轮辋。

⑥里柱子：疑为与转轮里辋相衔接的立柱。

⑦外柱子：疑为与转轮外辋相衔接的立柱。

⑧颊木：原文为"挟木"，梁注本改为"颊木"。陈注：改"挟"为"颊"。傅注：改"挟"为"颊"，并注："颊，故宫本、四库本、张本均作'挟'。"疑指转轮里、外柱子两侧所施的立颊。从改。

⑨面版：疑与卷第十一《小木作制度六》"转轮经藏·转轮诸名件"条中提到的"钿面版"的位置与作用相同，其面版施于转轮格子表面。钿面版，当是装饰有钿面的面版。

⑩格版：指转轮格子内所施格版。

⑪后壁格版：指转轮格子后壁所施格版。

⑫难子：指转轮格子内的格版及后壁格版四周所缠施的难子。

⑬托辐牙子：指施于转轮之内，起到承托轮辐作用的牙子。

⑭托枨（chéng）：指施于转轮内，起到承托格版等作用的条状木方。

⑮立绞榥：指随转轮轮辐所用之条状立木，疑施于上下层轮辐之间。参见卷第十一《小木作制度六》"转轮经藏·转轮诸名件"条相关

注释。

⑯十字套轴版：疑指施于转轮立轴之外的套版。参见卷第十一《小木作制度六》“转轮经藏·转轮诸名件”条相关注释。

⑰泥道版：疑指转轮之内、外柱子的柱缝之间所嵌的隔版。

【译文】

转轮经藏里槽中心所施转轮，其轮高8尺，直径为9尺；轮之中心施用立轴，其轴长1.8丈，轴之径为1.5尺。

转轮造作所用功：

转轮立轴，每1条，计为9功。

转轮轮辐，每1条；

转轮外辋，每2片；

转轮里辋，每1片；

转轮里侧所施柱子，每20条；

转轮外侧所施柱子，每4条；

转轮里外柱侧所施立颊，每20条；

转轮格子表面所施面版，每5片；

转轮格子内所施格版，每10片；

转轮格子后壁所施格版，每24片；

转轮格版四周所缠施的难子，每长6丈；

转轮轮辐下所施托辐牙子，每10枚；

转轮立轴四周所施托枨，每8条；

转轮立轴四周所施立绞棍，每5条；

转轮立轴之外所施十字套轴版，每1片；

转轮里、外柱子间所施泥道版，每40片；

如上诸项造作各计为1功。

转轮拢裹所用功：计为50功。

转轮安卓所用功：计为50功。

（经匣）

经匣[1]，每一只，长一尺五寸，高六寸，盝顶在内[2]。广六寸五分。

造作、拢裹：共一功。

【注释】

①经匣：放置佛、道教经典的木质盒匣。参见卷第十一《小木作制度六》"转轮经藏·经匣"条相关注释。

②盝（lù）顶：一种屋顶形式。参见卷第十一《小木作制度六》"转轮经藏·经匣"条相关注释。

【译文】

转轮经藏里槽转轮格子内所藏经匣，每1只，长1.5尺，高6寸，匣顶盖之盝顶造型包括在这一高度之内。匣宽6.5寸。

其经匣的造作、拢裹所用功：共计为1功。

（转轮经藏总计）

右转轮经藏总计：造作共一千九百三十五功二分；拢裹共二百八十五功；安卓共二百二十功。

【译文】

如上所述转轮经藏及其各部分名件所用功限总计：其造作所用功共计为1935.2功；其拢裹所用功共计为285功；其安卓所用功共计为220功。

壁藏

【题解】

壁藏，作为一种造型较为复杂的室内小木作器物，其各部分比例、构造与尺寸，在这里也有详细记述。

重要的是，这里所言的“壁藏”，与前文提到的“壁帐”，是宋式建筑中两种不同的小木作做法。虽然二者都可以依房屋室内之壁而设置，但其功能可能有较大差别。壁帐，较大可能是用来遮护某件造像或器物的室内龛帐或帐室；而壁藏，则主要是用来储藏佛道经藏的藏书柜。此外，二者的差别还有，壁帐的帐柱似乎是可以落地的，其内若有造像或器物，当有其自身的坐；壁藏，则是一个形体完整的藏书柜，其有壁藏坐，亦有帐身、腰檐、平坐及帐顶上可能会施造的装饰性天宫楼阁。

（壁藏）

壁藏①，一坐，高一丈九尺，广三丈，两摆手各广六尺②，内外槽共深四尺③。

【注释】

①壁藏：依殿阁或厅堂屋室内壁施造的，用以储藏佛道经藏的储藏柜。参见卷第十一《小木作制度六》“壁藏·造壁藏之制”条相关注释。

②两摆手：指壁藏左右两侧布置的八字形摆子。参见卷第十一《小木作制度六》“壁藏·造壁藏之制”条行文及相关注释。

③内外槽：类如房屋之前后檐。参见卷第十一《小木作制度六》“壁藏·造壁藏之制”条相关注释。

【译文】

室内壁藏，1坐，其高1.9丈，其面广3丈，壁藏两侧所施两摆手，各自的面广为6尺，壁藏内外槽进深，共为4尺。

（壁藏坐）

坐[①]，高三尺，深五尺二寸。

造作功：

车槽上、下涩并坐面猴面涩[②]，芙蓉瓣[③]，每各长六尺；

子涩[④]，每长一丈；

卧棍，每一十条；

立棍，每十二条[⑤]；拽后棍、罗文棍同[⑥]。

上、下马头棍[⑦]，每一十五条；

车槽涩并芙蓉华版[⑧]，每各长五尺；

坐腰并芙蓉华版[⑨]，每各长四尺；

明金版[⑩]，并造瓣[⑪]。每长二丈；枓槽、压厦版同[⑫]。

柱脚方，每长一丈二尺；

榻头木，每长一丈三尺；

龟脚，每二十五枚；

面版，合缝在内。约计每长一丈[⑬]，广一尺；

贴络神龛并背版，每各长五尺；

飞子[⑭]，每五十枚；

五铺作，重栱、卷头枓栱，每一朵；

右各一功。

上、下重台勾阑，高一尺，长一丈，七功五分。

拢裹：五十功。

安卓：三十功。

【注释】

①坐：指室内壁藏的帐坐部分。

②车槽上、下涩：这里的"车槽"，当指壁藏坐内外槽中缝；其"上、下涩"指壁藏坐车槽上下所出挑的木涩条。坐面猴面涩：疑指自车槽坐面处向外凸出的木涩条，其截面外轮廓有向外凸出的圆形曲面。

③芙蓉瓣：小木作中的"芙蓉瓣"，一般是指以"芙蓉瓣"长度为单位而构成的宋式小木作制度基本尺度模数，每一芙蓉瓣的宽度为6.6寸。这里的"芙蓉瓣"从上下文看，似乎指的是壁藏坐中所施的某种与模数化的芙蓉瓣有所关联的装饰性名件。

④子涩：疑指与车槽上、下涩或猴面涩相依施加的附加性较为细小的木涩条。

⑤每十二条：梁注本改为"每一十二条"。陈注：在"每"字后加"一"，其注："一十（二）。"

⑥拽后棍：疑为施于壁藏坐坐腰之后的斜向条状方木，起到壁藏坐内斜向支撑的作用。罗文棍：疑为施于壁藏坐内外槽上，并呈斜向交叉布置的条状木方。

⑦上、下马头棍：未知马头棍的确切位置与形式，疑其施于壁藏坐之坐腰的上下，分别做向外出挑，形类马头之向外凸伸的造型。

⑧车槽涩并芙蓉华版：未知这里的"车槽涩"与前文所言"车槽上、下涩"是什么关系。抑或两者所指是同一名件。这里的"芙蓉华版"，疑为在壁藏坐上所施采用芙蓉瓣模数单位长度的华文装饰版。

⑨坐腰：指下层基座的顶面部分。参见卷第十一《小木作制度六》"壁藏·壁藏坐"条相关注释。

⑩明金版：未详"明金版"所在的位置、作用与形式。推测可能是壁藏坐外观中较为重要的一处装饰性面版。

⑪并造瓣：其意不详。疑指明金版，都应以“芙蓉瓣”的尺度与形式造作。

⑫枓槽：这里的“枓槽”，指的是枓槽版。

⑬约计：原文“纽计”，梁注本改为“约计”。陈注：改“纽”为“约？”其后问号系陈先生所加。

⑭飞子：以飞子为房屋檐口处所施之名件，未知壁藏坐的哪一部位会施以“飞子”。或可能是指平施于壁藏坐枓栱之上如椽头状的木条。

【译文】

壁藏坐，其坐高3尺，坐之进深为5.2尺。

壁藏坐造作所用功：

其坐之车槽上、下所出涩并壁藏坐之坐面猴面涩，及壁藏坐上所施装饰性芙蓉瓣，皆每长6尺；

子涩，每长1丈；

卧棍，每10条；

立棍，每12条；壁藏坐所施拽后棍、罗文棍所计条数与之相同。

上、下马头棍，每15条；

车槽涩并芙蓉华版，皆每长5尺；

坐腰并芙蓉华版，皆每长4尺；

明金版，其版皆以芙蓉瓣之模数与形式造作。每长2丈；其坐上之枓槽版、压厦版所计每长与之相同。

柱脚方，每长1.2丈；

榻头木，每长1.3丈；

壁藏坐下所施龟脚，每25枚；

壁藏坐顶面面版，面版之合缝宽度包括在内。约计每长1丈，宽1尺；

壁藏坐上所贴络之神龛并其坐背版，皆每长5尺；

飞子，每50枚；

壁藏坐坐面之下施以五铺作重栱造出双卷头枓栱，每1朵；

如上诸项各计为1功。

壁藏坐之上、下所施重台勾阑，其高1尺，长1丈，勾阑造作计为7.5功。

壁藏坐拢裹所用功：计为50功。

壁藏坐安卓所用功：计为30功。

（帐身）

帐身，高八尺，深四尺；作七格，每格内安经匣四十枚。

造作功：

上隔枓并贴络及仰托榥[①]，每各长一丈，共二功五分。

下锃脚并贴络及仰托榥，每各长一丈，共二功。

帐柱，每一条；

欢门，剜造华瓣在内[②]。每长一丈；

帐带，剜切在内[③]。每三条；

心柱[④]，每四条；

腰串[⑤]，每六条；

帐身合版[⑥]，约计每长一丈[⑦]，广一尺；

格榥，每长三丈；逐格前、后柱子同。

锢面版榥，每三十条；

格版，每二十片，各广八寸；

普拍方，每长二丈五尺；

随格版难子，每长八丈；

帐身版难子，每长六丈；

右各一功。

平棊，依本功。

折叠门子[8]，每一合，共三功。

逐格钿面版[9]，约计每长一丈，广一尺，八分功。

拢裹：五十五功。

安卓：三十五功。

【注释】

①上隔枓：傅注：改“枓”为“科”，即“上隔科”。译文暂从原文。

②剜造华瓣：指在壁藏外槽柱之间所施欢门上，剜凿雕刻出华文装饰。这里的“华瓣”似非指其模数化的“芙蓉瓣”。

③剜切在内：帐带是联系内外槽帐柱的横木，其“剜切”当指帐带与内外槽帐柱柱头处相交接的榫卯部分。

④心柱：疑指壁藏内槽及两侧在两帐身柱之间所施的中柱。

⑤腰串：疑指在壁藏内槽及两侧帐身柱之间中部所施的条状木方。

⑥帐身合版：壁藏内槽及两侧帐身柱之间所嵌的帐身版，其版为合版形式。

⑦约计：原文“纽计”，梁注本改为“约计”。陈注：改“纽”为“约？”

⑧折叠门子：指壁藏帐身前部储藏格子之前所施可以启闭的门子，其形式为可以折叠式的门之造型。

⑨逐格钿面版：指壁藏内所分储藏之用的格子表面所施的钿面版。

【译文】

壁藏帐身，其高8尺，进深4尺；将其帐身上下分作7格，每格之内安置储藏佛道经典之经匣40枚。

壁藏帐身造作所用功：

其上隔枓版并贴络及仰托榥，皆每长1丈，共计为2.5功。

壁藏帐身下锃脚版并贴络及仰托榥，皆每长1丈，共计为2功。

帐身所施帐柱，每1条；

帐身外槽所施欢门，欢门上剜造的华瓣造作包含在内。每长1丈；

帐身内外槽之间所施帐带，帐带榫卯剜切所用功包含在内。每3条；

帐柱间所施心柱，每4条；

帐柱间所施腰串，每6条；

帐柱间所嵌之合版造帐身版，约计每长1丈，宽1尺；

帐身内分格处所施格棍，每长3丈；逐格前、后柱子所计每长相同。

帐身格子所施钿面版棍，每30条；

帐身格子所施格版，每20片，各广8寸；

帐身柱柱头之上所施普拍方，每长2.5丈；

随帐身格子所施之格版难子，每长8丈；

帐身版四周所缠难子，每长6丈；

如上诸项各计为1功。

帐身内所施平棊，依小木作平棊制度之本功计之。

帐身格子前所施折叠门子，每1合门之造作，共计为3功。

帐身格子逐格所施钿面版，约计每长1丈，宽1尺，计为0.8功。

壁藏帐身拢裹所用功：计为55功。

壁藏帐身安卓所用功：计为35功。

（腰檐）

腰檐，高二尺，枓槽共长二丈九尺八寸四分，深三尺八寸四分。

造作功：

枓槽版，每长一丈五尺；钥匙头及压厦版并同[①]。

山版，每长一丈五尺，合广一尺；

贴生，每长四丈；瓦陇条同。

曲椽[②]，每二十条；

飞子,每四十枚;

白版[③],约计每长三丈[④],广一尺;厦瓦版同。

搏脊槫,每长二丈五尺;

小山子版[⑤],每三十枚;

瓦口子,签切在内[⑥]。每长三丈;

卧棍,每一十条;

立棍,每一十二条;

右各一功。

六铺作,重栱、一杪、两下昂枓栱[⑦],每一朵,一功二分。

角梁,每一条,子角梁同。八分功。

角脊,每一条,二分功。

拢裹:五十功。

安卓:三十功。

【注释】

①钥匙头:又称"枓槽钥匙头",但未知其位置与作用。参见卷第十一《小木作制度六》"转轮经藏·腰檐诸名件"条相关注释。

②曲椽:疑指施于腰檐屋顶处,与腰檐举折曲线相合的曲折式屋椽。

③白版:未详白版的位置、形式与用途。疑覆于曲椽之上,其作用可能类如屋顶檐口处的望板。

④约计:原文"纽计",梁注本改为"约计"。

⑤小山子版:一种斜状立版。参见卷第十一《小木作制度六》"转轮经藏·腰檐诸名件"条相关注释。

⑥签切在内:依傅先生注,"签切"疑应作"划切"或"剜切"。参见卷第二十二《小木作功限三》"佛道帐·腰檐"条相关注释。宜

从傅先生所改。

⑦一杪：原文“一抄”，宜改为“一杪”。一杪，指出一跳华栱。

【译文】

壁藏帐身上所施腰檐，其高2尺，腰檐枓槽共长2.984丈，其枓槽进深3.84尺。

壁藏腰檐造作所用功：

腰檐枓槽上所施枓槽版，每长1.5丈；枓槽上所施钥匙头及压厦版每长均与之相同。

腰檐山版，每长1.5丈，其山版合宽1尺；

腰檐之榑、方上所贴施的生头木，每长4丈；腰檐屋顶上所施瓦陇条每长与之相同。

腰檐上所施曲椽，每20条；

腰檐檐口处所施飞子，每40枚；

腰檐檐口之上所覆白版，约计每长3丈，宽1尺；檐上所覆厦瓦版约计每长、宽与之相同。

腰檐搏脊榑，每长2.5丈；

腰檐内所施小山子版，每30枚；

腰檐上所施瓦口子，瓦口子剜切所用功包括在内。每长3丈；

腰檐内所施卧棍，每10条；

腰檐内所施立棍，每12条；

如上诸项造作各计为1功。

腰檐下所施六铺作，重栱造，单杪双下昂枓栱，每1朵之造作，计为1.2功。

腰檐翼角下所施角梁，每1条，角梁上所施子角梁与之相同。计为0.8功。

腰檐上所覆角脊，每1条，计为0.2功。

壁藏腰檐拢裹所用功：计为50功。

壁藏腰檐安卓所用功：计为30功。

（平坐）

平坐，高一尺，枓槽共长二丈九尺八寸四分，深三尺八寸四分。

造作功：

枓槽版，每长一丈五尺；钥匙头及压厦版并同.

雁翅版，每长三丈；

卧棍，每一十条；

立棍，每一十二条；

钿面版，约计每长一丈，广一尺；

右各一功。

六铺作，重栱、卷头枓栱，每一朵，共一功一分。

单勾阑，高七寸[①]，每长一丈，五功。

拢裹：二十功。

安卓：一十五功。

【注释】

①单勾阑，高七寸：原文"单勾阑，共七寸"，梁注本改为"单勾阑，高七寸"。陈注："'共'应作'高'。"傅注：改"共"为"高"，并注："高，陶本误'高'为'共'，不取。故宫本作'高'，据改。"从改。

【译文】

壁藏腰檐上所施平坐，其高1尺，平坐枓槽共长2.984丈，平坐枓槽进深3.84尺。

壁藏平坐造作所用功：

平坐枓槽上所施枓槽版，每长1.5丈；枓槽上所施钥匙头及压厦版每长皆与之相同。

平坐外沿所施雁翅版，每长3丈；

平坐内所施卧棍，每10条；

平坐内所施立棍，每12条；

平坐表面所施钿面版，约计每长1丈，宽1尺；

如上诸项造作各计为1功。

平坐下所施六铺作重栱造，三卷头枓栱，每1朵，共计为1.1功。

平坐上所出单勾阑，其高7寸，每长1丈，计为5功。

壁藏平坐拢裹所用功：计为20功。

壁藏平坐安卓所用功：计为15功。

（天宫楼阁）

天宫楼阁：

造作功：

殿身，每一坐，广二瓣[①]。并挟屋、行廊[②]，各广二瓣。各三层，共八十四功。

角楼，每一坐，广同上。并挟屋、行廊等并同上；

茶楼子，并同上；

右各七十二功。

龟头[③]；每一坐，广一瓣[④]。并行廊屋[⑤]，广二瓣。各三层，共三十功。

拢裹：一百功。

安卓：一百功。

经匣：准转轮藏经匣功。

【注释】

①广二瓣：指天宫楼阁之每1坐殿身的面广为2个芙蓉瓣之长，以1个芙蓉瓣为6.6寸，则其殿身面广1.32尺。

②行廊：陈注："廊屋，竹本。"暂从原文。

③龟头：这里的"龟头"，指天宫楼阁殿阁前所出龟头殿，即九脊式屋顶之山面朝前的抱厦形式。

④广一瓣：指殿身前所出龟头殿，每1坐的面广为1个芙蓉瓣的长度，即其面广6.6寸。

⑤并行廊屋：傅注："前文云'挟屋行廊'，此独云'行廊屋'，疑有误。当作'行廊挟屋'。"又注："故宫本即作'行廊屋'。"暂从原文。

【译文】

壁藏平坐上所施天宫楼阁：

天宫楼阁造作所用功：

天宫楼阁中的殿身，每1坐，面广为2个芙蓉瓣长。并包括其殿所附之殿挟屋、殿身间所施行廊，其挟屋、行廊各自的面广为2个芙蓉瓣长。其高各为3层，共计为84功。

天宫楼阁中的角楼，每1坐，角楼面广与殿身面广相同。并包括角楼之挟屋、行廊等，也都与殿身相同；

天宫楼阁中的茶楼子，其每1坐也都与如上所述相同；

如上诸项各计为72功。

天宫楼阁殿身等前所施龟头屋；每1坐，龟头屋面广为1个芙蓉瓣长。包括其行廊屋，行廊屋面广2个芙蓉瓣长。其高各为3层，共计为30功。

壁藏天宫楼阁拢裹所用功：计为100功。

壁藏天宫楼阁安卓所用功：计为100功。

壁藏内所贮藏之佛道经匣：以前文所述转轮经藏内经匣造作所用功为准计之。

（壁藏总计）

右壁藏一坐总计：造作共三千二百八十五功三分；拢裹共二百七十五功；安卓共二百一十功。

【译文】

如上所述的室内壁藏1坐所用功限总计：壁藏造作所用功，共计为3285.3功；壁藏拢裹所用功，共计为275功；壁藏安卓所用功，共计为210功。

卷第二十四　诸作功限一

雕木作　旋作　锯作　竹作

【题解】

本卷所涉雕木作、旋作、锯作、竹作等匠作的功限计算，其内容大体上与卷第十二《雕作制度·旋作制度·锯作制度·竹作制度》中的内容相对应。这四种匠作中，前两部分的功限推计，属于房屋诸构件细部装饰与装修诸方面所用功限的问题；后两部分，则属于房屋建造之始的木料处理所用功限的计算，与房屋及室内外配套相关的竹制配件或器物所用功限的计量情况。

其雕木作中的"混作"部分，在行文中区分得并不是十分清晰。在"混作"名目之下，分别列出：照壁内贴络、宝床、真人、仙女、童子、角神、鹤子、云盆或云气等，从行文看，除了"宝床"行文的小注中提到的垂牙、豹脚造、上雕香炉、香合、莲华、宝窠、香山、七宝等，当指附属于宝床之上的某些雕刻配件之外，其余所列诸条似乎都是指雕木作之混作中的一件雕刻品，这些条目各自独立，彼此似乎并无所属关系。

本卷"旋作"部分所涉及的诸多圆形木构件，虽也多属附属性构件，但从"旋作"这一概念观察，其加工方式似亦可能采用了某种旋转式类机械的做法。

本卷行文似不涉及房屋大木作结构的基本尺寸，亦不涉及小木作诸组成部分及其做法的相关尺寸。虽言功限，但其雕木作、旋作诸做法，对于古人在房屋建筑及附属器物中的木雕及旋作工艺与造型有补充性的记述。

锯作功限，或能帮助了解古人在房屋建造上的用料、大料的加工方法及难易程度。

竹作功限，则可对宋代竹制工艺及做法有补充性的表述。

雕木作

【题解】

所谓“雕木作”，其核心在“雕”上，是对木造器物或构件加以雕凿斫刻的一种工艺。其所用功限，亦与所雕造之器物的复杂程度有关。

雕木作中的“混作”，指的是“雕混作”，其意如梁先生所释，大体上类如今日所说的“圆雕”；故其所雕之物多为较具形象感的人物或鸟兽之类。这一类物体的雕凿，虽亦归在小木作的范畴之下，其实多少已经可以纳入雕刻艺术的范畴之中了，其功限计量，大概也与雕刻对象的加工雕造功限之间有着某种关联。

（混作）

每一件：

混作[①]，

照壁内贴络[②]：

宝床[③]，长三尺，每尺高五寸[④]，其床垂牙[⑤]，豹脚造[⑥]，上雕香炉、香合、莲华、宝窠、香山、七宝等[⑦]。共五十七功。每增减一寸，各加减一功九分。仍以宝床长为法。

真人[⑧]，高二尺，广七寸，厚四寸，六功。每高增减一寸，各加减三分功。

仙女[9]，高一尺八寸，广八寸，厚四寸，一十二功。每高增减一寸，各加减六分六厘功。

童子[10]，高一尺五寸，广六寸，厚三寸，三功三分。每高增减一寸，各加减二分二厘功。

角神[11]，高一尺五寸，七功一分四厘。每增减一寸，各加减四分七厘六毫功；宝藏神[12]，每功减三分功。

鹤子[13]，高一尺，广八寸，首尾共长二尺五寸，三功。每高增减一寸，各加减三分功。

云盆或云气[14]，曲长四尺，广一尺五寸，七功五分。每广增减一寸，各加减五分功。

【注释】

①混作：即"雕混作"。参见卷第十二《雕作制度》"混作"条相关注释。

②照壁：这里的"照壁"，对应的可能是卷第十二《旋作制度》"照壁版宝床上名件"条中提到的"殿阁照壁版"，但文中所提为："照壁版上宝床等所用名件。"其主要所指是本节下文提到的"宝床"，未知这里的"照壁版"与"宝床"是什么关系。

③宝床："宝床"究竟是一种带有装饰性的床具，还是一种专用于供奉或祭祀仪式的供案造型，尚不清楚。参见卷第十二《旋作制度》"照壁版宝床上名件"条相关注释。

④每尺高五寸：关于"宝床"条，梁注："'每尺高五寸'这五个字含义很不明确；从下文'仍以宝床长为法'推测，可能是说'每床长一尺，其高五寸'。"

⑤垂牙：疑指宝床周边所施牙头或牙脚装饰，或因其垂施于宝床边

缘,故称“垂牙”。

⑥豹脚造:疑指将宝床的床脚雕斫为豹子足部之造型。

⑦香炉:此香炉究竟是仅作为装饰性雕刻,还是具有焚香上供功能的炉具,从上下文似乎难以判断。香合:即香盒,疑与香炉相关,是用来贮存所供之香的盒子。合,盛物之器,即盒子。宝窠(kē):原文“宝料”,梁注本改为“宝窠”。疑梁先生认为“宝料”为“宝科”之误,而“宝科”实为“宝窠”,故梁先生改之。陈注:改“料”为“窠”。傅注:“故宫本作‘宝料’。‘料’疑是‘照’字之误。按‘宝照’为镜之古名,彩画作有‘团料宝照’。”暂从梁先生所改。香山:这里的“香山”,似乎与前文提及的供奉所用之“香”未必有所关联,只是宝床上所雕刻的装饰性的山之造型。七宝:施于宝床上的七种珍宝之物。古人用于室内或器具装饰的七种宝物,一般指金、银、琉璃、水晶、砗磲、珊瑚、琥珀等。宋代时所言“七宝”,似指金、银、琉璃、颇梨、砗磲、真珠、琥珀。《法式》中没有特别给出“七宝”的具体所指。

⑧真人:一般指神仙,或佛、道教中的得道之人。这里当指宋式小木作营造中所雕斫的人形装饰,其人物身份为某种神仙。

⑨仙女:指宋式小木作雕斫中雕施的人形装饰,其身份为某一女性神仙。

⑩童子:神仙或佛界的侍者,其在雕刻装饰中多以孩童的形象出现。

⑪角神:陈明达先生在卷第十二《雕作制度》之“混作”条中关于“角神”的注释,认为“角神”指大木作翼角角梁之下所施的角神。除了与大木作翼角角梁的联系之外,似乎还可能与施于“帐坐腰内”之角神有所关联。

⑫宝藏神:卷第十二《雕作制度》的“混作”条中有:“七曰角神,(宝藏神之类同。)施之于屋出入转角大角梁之下,及帐坐腰内之类亦用之。”可知,“宝藏神”与“角神”在雕刻做法上属于同一个类型。

⑬鹤子：当指仙鹤，即宋式小木作营造中所雕造的某种装饰性艺术造型。

⑭云盆或云气：傅合校本将此句移至“角神”条之前，并注：“‘云盘’条移前。据故宫、四库二本。”疑傅先生所注“云盘”似为“云盆”之误。疑“云盆”指宝床上如盆状，其盆上雕为云气状的装饰物。暂从原文。

【译文】

下列每1件：

其为雕混作做法，

室内之照壁内的贴络做法：

宝床，其长3尺，床每长1尺，其高5寸，其床侧饰以垂牙，床足雕为豹脚造型，床上雕有香炉、香盒、莲华、宝窠、香山、七宝等。共计为57功。以其床每增加或减少1寸，则各自增加或减少1.9功。仍以宝床的长度为功限计算标准。

雕造真人造型，其高2尺，宽7寸，厚4寸，计为6功。其所雕造的真人高度每增加或减少1寸，则各自增加或减少0.3功。

雕造仙女造型，其高1.8尺，宽8寸，厚4寸，计为12功。其所雕造的仙女高度每增加或减少1寸，则各自增加或减少0.66功。

雕造童子造型，其高1.5尺，宽6寸，厚3寸，计为3.3功。其所雕造的童子高度每增加或减少1寸，则各自增加或减少0.22功。

雕造角神，其高1.5尺，计为7.14功。其所雕造的角神高度每增加或减少1寸，则各自增加或减少0.476功；若所雕为宝藏神，则以角神所用之每1功减去0.3功计之。

雕造鹤子造型，其高1尺，宽8寸，鹤子首尾共长2.5尺，计为3功。以其高度每增加或减少1寸，则各自增加或减少0.3功。

雕造云盆或云气造型，其云盆或云气之曲长为4尺，宽1.5尺，计为7.5功。若其云盆或云气宽度每增加或减少1寸，则各自增加或减少0.5功。

（帐上）

帐上[①]：

缠柱龙[②]，长八尺，径四寸，五段造；并爪、甲、脊膊焰、云盆或山子[③]。三十六功。每长增减一尺，各加减三功。若牙鱼并缠写生华[④]，每功减一分功。

虚柱莲华蓬[⑤]，五层，下层蓬径六寸为率，带莲荷、藕叶、枝梗。六功四分。每增减一层，各加减六分功；如下层莲径增减一寸，各加减三分功。

扛坐神[⑥]，高七寸，四功。每增减一寸，各加减六分功；力士每功减一分功。

龙尾，高一尺，三功五分。每增减一寸，各加减三分五厘功。鸱尾功减半。

嫔伽[⑦]，高五寸，连翅并莲华坐[⑧]，或云子[⑨]，或山子。一功八分。每增减一寸，各加减四分功。

兽头，高五寸，七分功。每增减一寸，各加减一分四厘功。

套兽，长五寸，功同兽头。

蹲兽，长三寸，四分功。每增减一寸，各加减一分三厘功。

【注释】

①帐上：这里所言的"帐上"，对应的当是卷第十二《旋作制度》中有关"佛道帐上名件"的内容。

②缠柱龙：疑指佛道帐帐柱的一种形式，指其外槽帐柱之外施有缠绕的龙形雕刻。参见卷第十二《雕作制度》"混作"条相关注释。

③脊膊焰、云盆或山子：原文"脊膊焰云盆或山子"，梁注本断作"脊膊焰、云盆或山子"。傅注："宜作'火焰云盆山子'，'火'字宜

加,‘或’字可删。有图样可参考。”又注:“诸本均无‘火’字。”疑“脊膊焰”指某种表现神佛之人形雕刻的脊梁与臂膊处,雕有腾跃的火焰式装饰。此处暂从梁注。云盆,似指盆状云文雕饰。山子,似指宋式营造中的宝山形雕饰。

④牙鱼:一种雕造形象。参见卷第十二《雕作制度》“混作”条相关注释。

⑤虚柱莲华蓬:卷第十二《旋作制度》“佛道帐上名件”条所提到的“虚柱莲华钱子”与“虚柱莲华胎子”,似与这里的“虚柱莲华蓬”有所关联,应该都是指施于虚柱之下所雕莲华端头的某种雕刻装饰。虚柱莲华,在形式上当与清式建筑垂花门上所雕的垂莲柱有一些类似。

⑥扛坐神:未知这里的“扛坐神”施于佛道帐的什么位置。疑指施于其帐坐中腰处,类似古代建筑基座处所施的力神式人形雕刻。

⑦嫔伽:一种雕造形象。参见卷第十二《雕作制度》“混作”条相关注释。

⑧连翅:疑指《雕作制度》“混作”条中提到的“共命鸟”。参见卷第十二《雕作制度》“混作”条相关注释。

⑨云子:未知这里的“云子”与本条行文中的“云盆”之间有什么关联。疑“云子”即指宋式雕作中的某种云文雕刻装饰。

【译文】

佛道帐等之帐上:

雕造缠柱龙,其长8尺,径4寸,分为五段造;包括龙爪、龙甲、龙脊膊焰及云盆或山子雕饰。**计为36功。**其龙长度每增加或减少1尺,则各自增加或减少3功。若雕造牙鱼并在其图底缠雕写生华,则以其每1功减0.1功计之。

帐身所施虚柱上雕造莲华蓬,其莲华蓬刻为5层,下层蓬径以6寸为基准,其蓬附带雕有莲荷、藕叶、枝梗。**计为6.4功。**以其蓬每增加或减少1层,则各自增加或减少0.6功;如果其下层莲径增加或减少1寸,则各自增加或减少0.3功。

雕造扛坐力神造型，其高7寸，计为4功。以其每增加或减少1寸，则各自增加或减少0.6功；若雕为力士造型，则以其每1功减少0.1功计之。

雕造龙尾，其高1尺，计为3.5功。以其每增加或减少1寸，则各自增加或减少0.35功。若雕造鸱尾，其所计功在雕造龙尾所用功的基础上减半。

雕造嫔伽，其高5寸，其嫔伽造型为连翅形式并施有莲华坐，或施以云子，或山子者，**计为1.8功。**以其每增加或减少1寸，则各自增加或减少0.4功。

雕造兽头，其高5寸，计为0.7功。以其每增加或减少1寸，则各自增加或减少0.14功。

雕造套兽，其长5寸，其所用功与雕造兽头所用功相同。

雕造蹲兽，其长3寸，计为0.4功。以其每增加或减少1寸，则各自增加或减少0.13功。

（柱头）

柱头[①]：取径为率[②]。

坐龙[③]，五寸，四功。每增减一寸，各加减八分功。其柱头如带仰覆莲荷台坐[④]，每径一寸，加功一分。下同。

师子[⑤]，六寸，四功二分。每增减一寸，各加减七分功。

孩儿[⑥]，五寸，单造，三功。每增减一寸，各加减六分功。双造，每功加五分功。

鸳鸯，鹅、鸭之类同。四寸，一功。每增减一寸，各加减二分五厘功。

莲荷：

莲华，六寸，实雕六层。三功。每增减一寸，各加减五分功。如增减层数，以所计功作六分，每层各加减一分，减至三层止。如蓬叶造[⑦]，其功加倍。

荷叶，七寸，五分功。每增减一寸，各加减七厘功。

【注释】

①柱头：本条仍对应的是卷第十二《旋作制度》“照壁版宝床上名件”“佛道帐上名件”等条的内容。这里的“柱头”，可能是指佛道帐帐柱之柱头部位的雕饰。

②取径为率：原文“取径为准”，梁注本改为“取径为率”，傅合校本亦改“准”为“率”，即“取径为率”。从改。

③坐龙：未知“坐龙”所在位置，疑与上文提到的帐柱上的“缠柱龙”相对应，似指施于帐柱柱头之上，如盘坐之龙造型的雕刻。

④仰覆莲荷台坐：卷第十二《旋作制度》“佛道帐上名件”条提到：“作仰合莲华、胡桃子、宝瓶相间”，这里的“仰覆莲荷”似指宝柱子之上所施的“仰合莲华”。但柱头之上施“仰覆莲荷台坐”的实例未曾见过，疑其台座有承托其上帐头的作用。

⑤师子：即狮子。参见卷第十二《雕作制度》“混作”条相关注释。

⑥孩儿：疑与卷第十二《雕作制度》“混作”条中提到的“金童、玉女之类”有所关联，但有一些区别，可能指的是施于宋式营造雕作制度中的某些孩童式化生雕刻造型。

⑦蓬叶造：这一段文字描述的是有关卷第十二《雕作制度》“混作”条中的“莲荷”雕造，故其所言“蓬叶造”，可能指的是宋式雕刻中莲荷造型的一种形式。

【译文】

佛道帐等帐柱柱头：取其柱径以为比例标准。

雕造坐龙，5寸，计为4功。以其每增加或减少1寸，则分别增加或减少0.8功。其柱头上若带仰覆莲荷台座，则以其柱之径每长1寸，增加0.1功计之。以下情况与之相同。

雕造狮子，6寸，计为4.2功。以其每增加或减少1寸，则各自增加或减少

0.7功。

雕造孩儿造型，5寸，雕为单人造，计为3功。以其每增加或减少1寸，则各自增加或减少0.6功。若雕为双人造，则以单造所计每1功增加0.5功计之。

雕造鸳鸯，雕造鹅、鸭之类与之相同。**4寸，计为1功。**以其每增加或减少1寸，则各自增加或减少0.25功。

莲荷：

雕造莲华，6寸，其莲华实雕为6层。**计为3功。**以其每增加或减少1寸，则各自增加或减少0.5功。如果增加或减少所雕层数，则以原所计功每1功为0.6功计之，其每雕造1层各自增加或减少0.1功，减到3层为止。若雕为蓬叶造形式，其所计功应在原所计功的基础上加倍计之。

雕造荷叶，7寸，计为0.5功。以其荷叶尺寸每增加或减少1寸，则各自增加或减少0.07功。

（半混）

半混[①]：

雕插及贴络写生华[②]：透突造同[③]；如剔地[④]，加功三分之一。

华盆[⑤]：

牡丹，芍药同。高一尺五寸，六功。每增减一寸，各加减五分功；加至二尺五寸，减至一尺止。

杂华[⑥]，高一尺二寸，卷搭造[⑦]。三功。每增减一寸，各加减二分三厘功；平雕减功三分之一[⑧]。

华枝[⑨]，长一尺，广五寸至八寸。

牡丹，芍药同。三功五分。每增减一寸，各加减三分五厘功。

杂华，二功五分。每增减一寸，各加减二分五厘功。

【注释】

①半混:这里的“半混”,可能是指卷第十二《雕作制度》“混作”中的一种做法,其意大概是指非完全的“混作”,或仅有部分为“混作”的雕刻做法。

②雕插及贴络写生华:关于“雕插写生华”,参见卷第十二《雕作制度》“雕插写生华”条行文及相关注释。贴络写生华,当指将已雕斫完成的写生华,贴络在拟装饰之物的表面。

③透突造:一种雕作方式。参见卷第十二《雕作制度》“起突卷叶华”条行文及相关注释。

④剔地:当指卷第十二《雕作制度》“起突卷叶华”条提到的“雕剔地起突(或透突)卷叶华之制”中的“剔地起突”做法。

⑤华盆:即“花盆”之意。这里的“华盆”似与前文提到的“云盆”有相似之处,大概是一个盆形雕刻,其上雕有写生华之类的造型。

⑥杂华:从上下文看,似乎是指除了这里特别提到的牡丹与芍药之外的其他一些花卉形式的雕刻。

⑦卷搭造:未知这里的“卷搭造”与上文提到的“雕插及贴络”“透突造”“剔地”等做法之间是什么关系。从字面上讲,其似有将所雕花卉造型雕为卷绕或披搭形式之意。

⑧平雕:这里的“平雕”,疑为与卷三《壕寨石作制度》“石作制度·柱础”条中提到的“减地平钑”或“压地隐起”做法相类似的一种雕刻方法。

⑨华枝:即“花枝”,指写生华雕刻中之花卉枝条的雕刻。

【译文】

半混做法:

雕插写生华及贴络写生华:雕为透突造做法与之相同;如果为剔地造,则在原所计功的基础上增加其所计之功的1/3。

华盆:

雕造牡丹，雕造芍药与之相同。**其高1.5尺，计为6功**。每增加或减少1寸，则各自增加或减少0.5功计之；增加至2.5尺，或减少至1尺时止。

雕造杂华，其高1.2尺，雕为卷搭造形式。**计为3功**。以每增加或减少1寸，则各自增加或减少0.23功计之；若为平雕做法，则以减其所计功的1/3计之。

华枝雕造，其长1尺，其宽5寸至8寸。

若雕牡丹华枝，雕芍药华枝与之相同。**计为3.5功**。其长每增加或减少1寸，则各自增加或减少0.35功计之。

若雕杂华华枝，计为2.5功。其长每增加或减少1寸，则各自增加或减少0.25功计之。

（贴络事件）

贴络事件①：

升龙②，行龙同③。长一尺二寸，下飞凤同。二功。每增减一寸，各加减一分六厘功。牌上贴络者同。下准此。

飞凤④，立凤、孔雀、牙鱼同。一功二分。每增减一寸，各加减一分功。内凤如华尾造⑤，平雕，每功加三分功；若卷搭⑥，每功加八分功。

飞仙，嫔伽类。长一尺一寸，二功。每增减一寸，各加减一分七厘功。

师子，狻猊、麒麟、海马同⑦。长八寸，八分功。每增减一寸，各加减一分功。

真人，高五寸，下至童子同。七分功。每增减一寸，各加减一分五厘功。

仙女，八分功。每增减一寸，各加减一分六厘功。

菩萨，一功二分。每增减一寸，各加减一分四厘功。

童子，孩儿同。五分功。每增减一寸，各加减一分功。

鸳鸯，鸂鶒、羊、鹿之类同。长一尺，下云子同。八分功。每增减一寸，各加减八厘功。

云子[⑧]，六分功。每增减一寸，各加减六厘功。

香草[⑨]，高一尺，三分功。每增减一寸，各加减三厘功。

故实人物[⑩]，以五件为率。各高八寸，共三功。每增减一件，各加减六分功；即每增减一寸，各加减三分功。

【注释】

①贴络事件：指卷第十二《雕作制度》"起突卷叶华"条中所涉及的"贴络"性雕刻做法。

②升龙：指雕木作中所雕造的升腾之龙造型。卷第十二《雕作制度》"混作"条中提到"如系御书，两颊作升龙"做法，即在御书牌带两颊雕造的"升龙"造型。

③行龙：这里的"行龙"，疑与"升龙"相对应，指的是一种类似行走之龙的雕刻造型。

④飞凤：梁注："这里显然是把长度尺寸遗漏了。从加减分数推测，似应也在一尺或一尺一寸左右。"但从行文上看，上文"升龙，（行龙同。）长一尺二寸，（下飞凤同。）"已经暗示了飞凤的计功长度与升龙同，仍为"长一尺二寸"，故其文应无遗漏。飞凤，当指雕作中飞腾之凤凰的造型。

⑤内凤如华尾造：这句话表达得不甚清晰。从字面上讲，似指雕木作中的一种凤凰雕刻形式，疑其凤凰造型为隐于雕刻背景之下，所露为其凤凰华美的尾部。

⑥卷搭：即上文中所提到的"卷搭造"，当指写生华雕刻的一种雕造方式。

⑦狻猊（suān ní）：传说中的中国古代神兽。参见卷第十二《雕作制度》“混作”条相关注释。海马：这里的“海马”，当指中国古代传说中的一种动物，宋人将其作为一种雕刻形式，用于房屋营造的雕作装饰中。

⑧云子：当指贴络雕刻中的云文造型。

⑨香草：应该是指宋代营造的雕作制度中所采用的雕刻图案形式。未知这里的“香草”所指为何种草。未知与卷第三《壕寨及石作制度》“石作制度·造作次序”条中提到的“蕙草”是否有所关联。

⑩故实人物：所谓“故实人物”，与今人所说的“故事人物”在意思上应该是相近的。应当是将中国古代历史故事中曾经出现过的人物，作为宋式房屋营造中的雕刻形象。

【译文】

雕木作中的诸种贴络做法：

贴络所雕升龙，贴络行龙与之相同。**其长1.2尺，**如下贴络飞凤长度与之相同。**计为2功。**以其长度每增加或减少1寸，则各自增加或减少0.16功计之。若是在牌匾上贴络的，与之相同。以下诸项以此为准。

贴络所雕飞凤，贴络立凤、孔雀、牙鱼与之相同。**计为1.2功。**以其长度每增加或减少1寸，则各自增加或减少0.1功计之。所贴络的内凤如果为华尾造，且为平雕做法时，则以其所计功每1功增加0.3功计之；若为卷搭造做法，则以其所计功每1功增加0.8功计之。

贴络所雕飞仙，贴络嫔伽类亦然。**其长1.1尺，计为2功。**以其长度每增加或减少1寸，则各自增加或减少0.17功计之。

贴络所雕狮子，贴络狻猊、麒麟、海马与之相同。**其长8寸，计为0.8功。**以其长度每增加或减少1寸，则各自增加或减少0.1功计之。

贴络所雕真人，其高5寸，自此以下直至童子，其高皆与之相同。**计为0.7功。**以其高每增加或减少1寸，则各自增加或减少0.15功计之。

贴络所雕仙女，计为0.8功。以其高每增加或减少1寸，则各自增加或减少

0.16功计之。

贴络所雕菩萨，计为1.2功。以其高每增加或减少1寸，则各自增加或减少0.14功计之。

贴络所雕童子，贴络孩儿与之相同。**计为0.5功。**以其高每增加或减少1寸，则各自增加或减少0.1功计之。

贴络所雕鸳鸯，贴络鹦鹉、羊、鹿之类与之相同。**其长1尺，**如下云子长度与之相同。**计为0.8功。**以其长每增加或减少1寸，则各自增加或减少0.08功计之。

贴络所雕云子，计为0.6功。以其长每增加或减少1寸，则各自以增加或减少0.06功计之。

贴络所雕香草文，其高1尺，计为0.3功。以其高每增加或减少1寸，则各自增加或减少0.03功计之。

贴络所雕故事中的人物造型，以每贴络5件为一个标准。**高度分别为8寸，共计为3功。**若其件数每增加或减少1件，则各自增加或减少0.6功计之；亦即其高度每增加或减少1寸，则各自增加或减少0.3功计之。

（帐上）

帐上[①]：

带[②]，长二尺五寸，两面结带造[③]。五分功。每增减一寸，各加减二厘功。若雕华者，同华版功[④]。

山华蕉叶版，以长一尺、广八寸为率[⑤]，实云头造[⑥]。三分功。

【注释】

①帐上：这里的“帐上”，对应的当是卷第十二《旋作制度》之“佛道帐上名件”中的佛道帐上。

②带：应指佛道帐帐柱顶部所施的帐带。

③两面结带造：卷第九《小木作制度》“佛道帐”一节中并未提及

“两面结带”的做法。从这里的行文观察，“两面结带造”似与“雕华造”相对应，指的是帐柱顶部所施帐带的不同做法。两面结带造，可能是指帐柱内外两侧皆施以帐带的做法。

④若雕华者，同华版功：上文“带”中提到的“若雕华者，同华版功”，似指下文之“华版”。其意表明在帐柱上所施帐带的表面雕刻有华文。

⑤以长一尺、广八寸为率：“山华蕉叶版”，仅给出“以长一尺、广八寸为率”，并未给出其长、广变化及相应用功增减情况。

⑥实云头造：这里的“实云头造”对应的是“山华蕉叶版”，指的应该是佛道帐的一种帐顶形式，其帐顶为山华蕉叶版的形式。疑在其版的表面，雕刻有如云朵式样的雕刻华文，以其云文形式逼真，故称“实云头造”。

【译文】

佛道帐的帐身之上：

造作帐带，其长2.5尺，如果是两面结带造做法。计为0.5功。若其长每增加或减少1寸，则各自增加或减少0.02功计之。如果其帐带上雕有华文，则与华版所计功相同。

造作山华蕉叶版，以其长1尺、宽8寸为标准，其版上雕为实云头造做法。计为0.3功。

（平棊事件）

平棊事件：

盘子[①]，径一尺，划云子间起突盘龙[②]；其牡丹华间起突龙、凤之类[③]，平雕者同；卷搭者加功三分之一。三功。每增减一寸，各加减三分功；减至五寸止。下云圈、海眼版同。

云圈[④]，径一尺四寸，二功五分。每增减一寸，各加减二分功。

海眼版[5]，水地间海鱼等[6]。径一尺五寸，二功。每增减一寸，各加减一分四厘功。

杂华，方三寸，透突、平雕。三分功。角华减功之半[7]；角蝉又减三分之一[8]。

华版：

透突[9]，间龙、凤之类同。广五寸以下，每广一寸，一功。如两面雕，功加倍。其剔地，减长六分之一[10]；广六寸至九寸者，减长五分之一。广一尺以上者，减长三分之一。华牌带同。

卷搭，雕云龙同。如两卷造，每功加一分功。下海石榴华两卷、三卷造准此。长一尺八寸。广六寸至九寸者，即长三尺五寸；广一尺以上者，即长七尺二寸。

海石榴，长一尺[11]，广六寸至九寸者，即长二尺二寸；广一尺以上者，即长四尺五寸。

牡丹，芍药同。长一尺四寸。广六寸至九寸者，即长二尺八寸；广一尺以上者，即长五尺五寸。

平雕，长一尺五寸[12]。广六寸至九寸者，即长六尺；广一尺以上者，即长一十尺。如长生蕙草间羊、鹿、鸳鸯之类，各加长三分之一。

【注释】

①盘子：这里的“盘子”当指平綦盘子。

②刬（chǎn）云子间起突盘龙：意为在平綦盘子上所雕刻的云形华文中间，再雕以凸起的盘龙造型。刬，其义与“铲”相近。

③牡丹华间起突龙、凤之类：其意指在平綦盘子所雕刻的牡丹华文中间再雕以起突的龙、凤等造型。

④云圈：傅注：改“圈”为“棬”。又注：“故宫本作‘云圈’。”其意似

是指一种平綦版形式。暂从原文。

⑤海眼版:疑指一种雕斫形式类如海眼造型的平綦版形式。但这里的“海眼”,未知是怎样一种形式。疑为一种海水翻腾旋转的造型。

⑥水地间海鱼:指在水文图底上,相间雕斫出海鱼的造型。水地,指其雕刻图形的图底为海水的水文状。

⑦角华:似指施于平綦版格内四角处的华文雕刻。

⑧角蝉:本为一种昆虫,这里指八角井与四角井之间所留出的四隅三角形。参见卷第八《小木作制度三》“斗八藻井·八角井”条相关注释。

⑨透突:关于“透突”条,梁注:“‘透突’以及下面‘卷搭’‘海石榴’‘牡丹’‘平雕’各条,虽经反复推敲,仍未能读懂。‘透突’有‘广’无‘长’而规定‘广一寸一功’;小注又说‘减长’若干,其‘长’从何而来?其余四条虽有‘长’,小注虽有假定的‘长’‘广’比例,但又无‘功’。因此感到不知所云。此外,‘透突’‘卷搭’‘平雕’是三种手法,而‘海石榴’‘牡丹’却是两种题材,又怎能并例排比呢?”上文从“华版”之后,以“透突,(间龙、凤之类同。)广五寸以下,每广一寸,一功”为基础,以“广六寸至九寸者,减长五分之一。广一尺以上者,减长三分之一”作为变化条件,其广大于5寸,则其计功之单位长度适当有所减少,即“减长五分之一”(即0.8寸计1功),“减长三分之一”(即0.67寸计1功)之类。

⑩减长六分之一:此句未给出长度尺寸,故所减之长无法确知以何为基数,疑此处文字有缺失。

⑪海石榴,长一尺:其意疑为:海石榴华版,若其长1尺,则可计为1功;则其后“广六寸至九寸者,即长二尺二寸;广一尺以上者,即长四尺五寸”,似可理解为:如果海石榴之广为6寸至9寸,以其长2.2尺计为1功;海石榴广1尺以上者,以其长4.5尺计为1功。其

下诸条亦如之。仅从上下文，似仍未知这一推测是否妥当。

⑫平雕，长一尺五寸：陈注：改“一”为“二”，并注：“二，竹本”。傅注：改“一”为“二”，并注：“二，据故宫本、四库本改。”即其文为“平雕，长二尺五寸”。此处暂从原文。

【译文】

室内平棊上所雕造诸事件：

平棊盘子，其径1尺，在划云子中间雕造起突盘龙造型；或在所雕牡丹华中间雕造起突龙、凤之类造型，如果是在其间以平雕手法雕造者与之相同；若以卷搭方式雕造者，则应在原所计功基础上加计所用功的1/3。**计为3功。**若其径长度每增加或减少1寸，则各自增加或减少0.3功计之；但以其径长度减至5寸时为止。以下雕造云圈、海眼版等的增减方式与之相同。

云圈，其径1.4尺，计为2.5功。以其径每增加或减少1寸，则各自增加或减少0.2功计之。

海眼版雕造，其版以雕造水文为地，其中间以海鱼造型等。**其径1.5尺，计为2功。**以其径每增加或减少1寸，则各自增加或减少0.14功计之。

杂华雕造，其华方3寸，或透突造、或平雕造。**计为0.3功。**平棊内角所雕华文，以前所计功为基数减其功之半计之；雕为角蝉形式，又在此基础上再减其功的1/3计之。

华版：

若为透突式雕造，雕造中间以龙、凤之类的做法与之相同。**其宽在5寸以下，以其每宽1寸，计为1功。**如果采用两面雕做法，则所计功加倍。如果是剔地起突雕造做法，则减其长度的1/6计之；其宽为6寸至9寸者，则减其长度的1/5计之。若其宽为1尺以上者，则减其长度的1/3计之。雕造华文牌匾侧带的计功方式与之相同。

若为卷搭式雕造，雕作云龙造型与之相同。如果是两卷造做法，则以其所计每1功增加0.1功计之。以下雕海石榴华两卷、三卷造做法，以此为准。**其长1.8尺。**其宽6寸至9寸者，即以长3.5尺计；其宽1尺以上者，即以长7.2尺计。

雕作海石榴造型，其长1尺，其宽6寸至9寸者，即以长2.2尺计；其宽1尺以上者，即以长4.5尺计。

雕作牡丹华，雕作芍药华与之相同。**其长1.4尺**。其宽6寸至9寸者，即以长2.8尺计；其宽1尺以上者，即以长5.5尺计。

以平雕做法雕造，其长1.5尺。其宽6寸至9寸者，即以长6尺计；其宽1尺以上者，即以长10尺计。如雕作长生蕙草，间以羊、鹿、鸳鸯之类者，则各加其长度的1/3计之。

（勾阑、槛面）

勾阑、槛面[①]：实云头两面雕造[②]。如凿扑[③]，每功加一分功。其雕华样者，同华版功。如一面雕者[④]，减功之半。

云栱，长一尺，七分功。每增减一寸，各加减三厘功。

鹅项[⑤]，长二尺五寸，七分五厘功。每增减一寸，各加减三厘功。

地霞，长二尺，一功三分。每增减一寸，各加减六厘五毫功。如用华盆，即同华版功。

矮柱[⑥]，长一尺六寸，四分八厘功。每增减一寸，各加减三厘功。

划"万"字版[⑦]，每方一尺，二分功。如勾片[⑧]，减功五分之一。

【注释】

①槛面：指小木作制度中所说的"阑槛钩窗"之"阑槛"的顶面。参见卷第七《小木作制度二》"阑槛钩窗"一节行文。

②实云头两面雕造：疑指其勾阑版为实心版，其版的内外两面均为云头式华文雕刻。

③凿扑："凿扑"这一概念，仅见于本卷。未知其做法与剜斫、雕凿等是如何区分的，但其大概仍属于"雕木作"的范畴。

④如一面雕者：原文"如上面雕者"，梁注本改为"如一面雕者"，似据上下文改。从改。

⑤鹅项：当指阑槛钩窗中的"云栱鹅项勾阑"。参见卷第七《小木作制度二》"阑槛钩窗·造阑槛钩窗之制"条相关注释。

⑥矮柱：这里的"矮柱"，可能是指卷第七《小木作制度二》"阑槛钩窗"一节中提到的"托柱"。参见卷第七《小木作制度二》"阑槛钩窗·造阑槛钩窗之制"条相关注释。

⑦划"万"字版：应是指在实心阑槛版上划刻出"万"字纹，形成"万"字版勾阑的造型外观。

⑧勾片：指其阑槛版为"万"字形勾片，组合交接为一个勾阑版的形式。其版应为通透的造型。

【译文】

勾阑、槛面上诸名件雕作：实云头华文并两面雕造做法。如果为凿扑方法雕造，则以每1功增加0.1功计。如果其为雕华样者，所计功与雕华版所计功相同。如果为一面雕造做法者，则减如上所计功之一半计之。

云栱雕造，其长1尺，计为0.7功。其云栱长度每增加或减少1寸，则各自增加或减少0.03功计之。

鹅项雕造，其长2.5尺，计为0.75功。其鹅项长度每增加或减少1寸，则各自增加或减少0.03功计之。

地霞雕造，其长2尺，计为1.3功。其地霞长度每增加或减少1寸，则各自增加或减少0.065功计之。如采用华盆造型，其计功方式与华版雕造的计功方式相同。

矮柱雕造，其长1.6尺，计为0.48功。其矮柱长度每增加或减少1寸，则各自增加或减少0.03功计之。

划雕勾阑"万"字版，其版面积每1尺见方，计为0.2功。如果为"万"字勾片做法，则在"万"字版所计功的基础上减其功的1/5计之。

（椽头盘子）

椽头盘子[①]，勾阑寻杖头同[②]。剔地云凤或杂华[③]，以径三寸为准[④]，七分五厘功。每增减一寸，各加减二分五厘功，如云龙造，功加三分之一。

【注释】

①椽（chuán）头盘子：指殿阁厅堂等房屋檐口处所施檐椽，其椽头部位所贴饰的椽头盘子。

②勾阑寻杖头：指勾阑寻杖的端头部位。

③剔地云凤：可能是指宋代雕刻中“剔地起突”做法的云凤图案，其图底当为云文，而其凸起部分为凤凰造型。

④以径三寸为准：傅注：改“准”为“率”，即“以径三寸为率”，其注：“率，故宫本。”梁注本仍为“以径三寸为准”。暂从原文。

【译文】

雕造椽头盘子，勾阑寻杖头雕造与之相同。剔地起突云凤或杂华做法，以盘径3寸为准，计为0.75功。其径每增加或减少1寸，则各自增加或减少0.25功，如果所雕作为云龙造型，则其功在此基础上增加1/3计之。

（垂鱼、惹草）

垂鱼，凿扑实雕云头造[①]；惹草同。每长五尺，四功。每增减一尺，各加减八分功。如间云鹤之类[②]，加功四分之一。

惹草，每长四尺，二功。每增减一尺，各加减五分功。如间云鹤之类，加功三分之一。

搏科莲华[③]，带枝梗。长一尺二寸，一功二分。每增减一寸，各加减一分功。如不带枝梗，减功三分之一。

手把飞鱼[4]，长一尺，一功二分。每增减一寸，各加减一分二厘功。

伏兔荷叶[5]，长八寸，四分功。每增减一寸，各加减五厘功。如莲华造[6]，加功三分之一。

【注释】

①凿扑：这里又见“凿扑”做法，且称“凿扑实雕”，如果将其推想为“模压”，似乎有一点可能，因为“压”与“扑”之义多少有一点接近，唯一是其所用材料不对，用木材如何做“模压”，故仍未能理解“凿扑”是何种做法；凿扑实雕，又是怎样进行的。

②间云鹤：疑指在垂鱼雕刻中穿插有在云空中飞翔之鹤鸟的造型。

③搏科：陈注：改“搏科”为“团窠”。傅注：改“搏科”为“团窠”，并注：“‘团窠’，故宫本误作‘搏科’。”据傅先生在前文有关“隔科”疑为“隔科”之误的注释，可知《法式》文本中偶然出现的“搏科”，有时或为“搏科”，或为“榑科”，皆误，但似以“榑科”最为接近原义之音，即“团（團）窠”之误写。暂从“团窠”，其义为一种圜形轮廓的装饰纹样，则“团窠莲华”指在圜形图案内雕有莲花造型。

④手把飞鱼：未知这里所说的“手把飞鱼”是什么样的鱼，其造型是怎样的。从上下文看，似乎是指屋山所悬垂鱼的一种形式。

⑤伏兔荷叶：疑指惹草的一种雕刻造型。

⑥莲华造：指惹草的造型采用了莲花图案形式。

【译文】

垂鱼雕造，以凿扑方式实雕云头式造型；惹草雕造与之相同。**以其每长5尺，计为4功**。其长每增加或减少1尺，则各自增加或减少0.8功计之。若其垂鱼雕造中间以云鹤之类，则应在此基础上增加1/4功计之。

惹草雕造，以其每长4尺，计为2功。其长每增加或减少1尺，则各自增加或减少0.5功计之。若在惹草雕造中间以云鹤之类，则应在此基础上增加1/3功计之。

团窠莲华雕造，其莲华带有枝梗。**其团窠长1.2尺，计为1.2功。**其长每增加或减少1寸，则各自增加或减少0.1功计之。如果所雕造的莲荷不带枝梗，则在此基础上减少1/3功计之。

手把飞鱼雕造，以其飞鱼长1尺，计为1.2功。其长每增加或减少1寸，则各自增加或减少0.12功计之。

伏兔荷叶雕造，以其长8寸，计为0.4功。其长每增加或减少1寸，则各自增加或减少0.05功计之。若雕为莲华式造型，则应在此基础上增加1/3功计之。

（叉子）

叉子①：

云头，两面雕造双云头②，每八条，一功。单云头加数二分之一③。若雕一面，减功之半。

锃脚壶门版④，实雕结带华⑤，透突华同⑥。每一十一盘，一功。

【注释】

①叉子：这里的“叉子”，指卷第八《小木作制度三》“叉子”条中所描述的叉子。

②两面雕造双云头：疑指叉子的棂首云头，即卷第八《小木作制度三》“叉子·叉子诸名件”条中提到的“挑瓣云头”，为两面雕造的双云头形式。

③单云头：疑指叉子的棂首“挑瓣云头”为单云头造型。

④锃（zhuó）脚壸（kǔn）门版：在卷第八《小木作制度三》“叉子·叉子诸名件”条中，其叉子的底部有地栿、地霞等名件，但未

提及叉子的根部施有锃脚版。《小木作制度三》“棵笼子”与“井亭子”条中则有锃脚版的做法。推测这里的“锃脚壶门版”，可能是指在叉子的棂子根部施造了锃脚版，这种锃脚版采用了“壶门”式的造型形式。但也有可能应用于其他小木作所施造的锃脚版上。

⑤实雕结带华：疑仍可能是指叉子的棂根部位，或其他小木作中所施造的锃脚版，是其锃脚版雕刻做法中的一种造型。

⑥透突华：疑指叉子或其他小木作中所施造的锃脚版雕刻做法中的一种造型。其锃脚版为透突造雕刻做法。

【译文】

叉子的雕作：

云头雕作，若其为两面雕造双云头做法，每8条，计为1功。若雕造为单云头做法，其所计功数增加1/2。若仅雕其一面，则减其两面造所计功的一半计之。

锃脚壶门版雕作，若为实雕结带华做法，若雕为透突华做法与之相同。每11盘，计为1功。

（毬文格子挑白）

毬文格子挑白①，每长四尺，广二尺五寸，以毬文径五寸为率计，七分功。如毬文径每增减一寸，各加减五厘功。其格子长广不同者，以积尺加减。

【注释】

①毬（qiú）文格子：这里的“毬文格子”当指格子门，即“毬文格子门”。挑白：这里所言之“挑白”究为怎样的做法，不很清楚。《法式》中，亦仅在本卷及卷第二十八《诸作用钉料例·诸作用胶料例·诸作等第》两卷中涉及“毬文格子”时提到了“挑白”。《法

式》中唯有“白版”一词,似乎与这里的“毬文格子挑白”在概念上多少有一点相近。未知是否可以理解为,“毬文格子挑白”是尚未经过修饰、彩绘等的毬文格子;若果如此,则其他与雕木作相关的做法中,亦应有“挑白”做法;故此一解释,仍未能令人信服。

【译文】

雕造毬文格子门挑白做法,以其格子每长4尺,宽2.5尺,并以其毬文直径5寸为基准,其所用功计为0.7功。如果毬文直径每增加或减少1寸,则各自增加或减少0.05功计之。若为格子的长度、宽度与上所言不相同者,则以其长、宽尺寸之积的增减而计其所用之功的增加与减少。

旋作

【题解】

旋作,主要涉及造型为圆形的装饰性小构件的加工与制作。如梁先生所解释的:“旋作的名件就是那些平面或断面是圆形的,用脚踏‘车床’,用手握的刀具车出来(即旋出来)的小名件。它们全是装饰性的小东西。”

所谓“旋”,即旋转之意,其做法是将所加工的构件,通过旋转加工而获得所需要的造型。所以,通过“旋作”加工造作的名件,一般说来,其横截面的形状都是圆形的。

(殿堂等杂用名件)

殿堂等杂用名件:

椽头盘子,径五寸,每一十五枚;每增减五分,各加减一枚。

楮角梁宝瓶[①],每径五寸;每增减五分,各加减一分功。

莲华柱顶[②],径二寸,每三十二枚;每增减五分,各加减三枚。

木浮沤[3]，径三寸，每二十枚；每增减五分，各加减二枚。

勾阑上葱台钉[4]，高五寸，每一十六枚；每增减五分，各加减二枚。

盖葱台钉筒子[5]，高六寸，每二十二枚[6]；每增减三分，各加减一枚。

右各一功。

柱头仰覆莲胡桃子[7]，二段造。径八寸，七分功。每增一寸，加一分功，若三段造，每一功加二分功。

【注释】

①榰(zhī)角梁宝瓶：其意当为支撑房屋翼角角梁的宝瓶。宝瓶的截面应是圆形的，由旋作而制成。参见卷第十二《旋作制度》"殿堂等杂用名件"条相关注释。榰，支撑。

②莲华柱顶：陈注"莲华柱(虚柱)"，似乎将其理解为清式的垂莲柱。但这里所言为"柱顶"，当指诸如勾阑、望柱等柱子的顶部采用了莲花造型之意。

③木浮沤：指门钉。参见卷第十二《旋作制度》"殿堂等杂用名件"条相关注释。

④勾阑上葱(cōng)台钉：构件名。参见卷第十二《旋作制度》"殿堂等杂用名件"条相关注释。

⑤盖葱台钉筒子：构件名。参见卷第十二《旋作制度》"殿堂等杂用名件"条相关注释。

⑥每二十二枚：傅注：改"二"为"一"，即"每一十二枚"。暂从原文。

⑦柱头仰覆莲胡桃子：构件名。参见卷第十二《旋作制度》"殿堂等杂用名件"条相关注释。

【译文】

旋造殿堂等建筑上所施的杂用名件：

檐口所施椽头盘子，其径5寸，每15枚；其径每增加或减少0.5寸，则其所计数各自增加或减少1枚。

榰角梁宝瓶，每瓶直径5寸；其瓶直径每增加或减少0.5寸，则各自增加或减少0.1功。

莲华式柱顶，其径2寸，每32枚；其径每增加或减少0.5寸，则其所计数各自增加或减少3枚。

门上所施木浮沤，其径3寸，每20枚；其径每增加或减少0.5寸，则其所计数各自增加或减少2枚。

勾阑上所施蒽台钉，其高5寸，每16枚；其径每增加或减少0.5寸，则其所计数各自增加或减少2枚。

盖蒽台钉筒子，其高6寸，每22枚；其高每增加或减少0.3寸，则其所计数各自增加或减少1枚。

如上诸项各计为1功。

柱头所施仰覆莲胡桃子，分为二段旋造。其径8寸，计为0.7功。其径每增加1寸，则在此基础上增加0.1功，若为分三段旋造做法，则以其所计的每1功增加0.2功计之。

（照壁宝床等所用名件）

照壁宝床等所用名件[①]：

注子[②]，高七寸，一功。每增一寸，加二分功。

香炉[③]，径七寸；每增一寸，加一分功；下酒杯盘、荷叶同。

鼓子[④]，高三寸；鼓上钉、镮等在内；每增一寸，加一分功。

注碗[⑤]，径六寸；每增一寸，加一分五厘功。

右各八分功。

酒杯盘[⑥]，七分功。

荷叶[⑦]，径六寸；

鼓坐[⑧]，径三寸五分；每增一寸，加五厘功。

右各五分功。

酒杯[⑨]，径三寸；莲子同。

卷荷[⑩]，长五寸；

杖鼓[⑪]，长三寸；

右各三分功。如长、径各增一寸，各加五厘功。其莲子外贴子造[⑫]，若剔空旋靥贴莲子[⑬]，加二分功。

披莲[⑭]，径二寸八分，二分五厘功。每增减一寸，各加减三厘功。

莲蓓蕾[⑮]，高三寸，并同上。

【注释】

①照壁宝床：依照壁版设置的床案或床榻。参见卷第十二《旋作制度》"照壁版宝床上名件"条相关注释。

②注子：一种名件。参见卷第十二《旋作制度》"照壁版宝床上名件"条相关注释。

③香炉：可能是指附设于照壁宝床上，用以插置熏香的小尺度香炉。

④鼓子：当指卷第十二《旋作制度》"照壁版宝床上名件"条中提到的"鼓"，其高3寸，两头隐出皮厚及钉子。

⑤注碗：酒具。参见卷第十二《旋作制度》"照壁版宝床上名件"条相关注释。

⑥酒杯盘：这里"酒杯盘"未给出其径，仅给出其所用功限为"七分功"，疑有遗漏。这里仅从"香炉"之小注中所提到的"下酒

杯盘,荷叶同”,暂将酒杯盘径与香炉径等同,仍推测其为“径七寸”。

⑦荷叶:卷第十二《旋作制度》“照壁版宝床上名件”条中提到了“荷叶”,其径6寸,当为照壁宝床上所施的装饰花叶。

⑧鼓坐:卷第十二《旋作制度》“照壁版宝床上名件”条中提到了“鼓坐”,其径3.5寸。每径1寸,即高0.8寸,为两段造做法。疑即上文所言“鼓子”之台座。

⑨酒杯:卷第十二《旋作制度》“照壁版宝床上名件”条中提到了“酒杯”,其径3寸。每径1寸,即高0.7寸,其高度中包括了酒杯之足。

⑩卷荷:当指卷第十二《旋作制度》之“照壁版宝床上名件”条中提到的“卷荷叶”,其长5寸,荷叶的卷径减其长度之半。

⑪杖鼓:一种装饰形象。参见卷第十二《旋作制度》“照壁版宝床上名件”条相关注释。

⑫莲子外贴子造:卷第十二《旋作制度》“照壁版宝床上名件”条中提到了“莲子”,可能指的是“莲子盘”;“莲子外贴子造”疑指在莲子盘之外施以木贴。

⑬剔空旋靥(yè)贴莲子:这里或是指将宝床上的某部分剔空,旋出凹坑,在其上贴饰莲子盘的做法。靥,人面部的酒窝。

⑭披莲:可能是覆莲的一种。参见卷第十二《旋作制度》“照壁版宝床上名件”条相关注释。

⑮莲蓓蕾:含苞待放的莲花。参见卷第十二《旋作制度》“照壁版宝床上名件”条相关注释。

【译文】

旋造房屋室内照壁版宝床等所用名件:

注子,其高7寸,计为1功。其高每增加1寸,则在此基础上增加0.2功计之。

香炉,其径7寸;其径每增加1寸,则在此基础上增加0.1功计之;下文酒杯盘与荷叶所计之数与香炉相同。

鼓子，其高3寸；其鼓上所施钉、镮等包括在内；其高每增加1寸，则在其原所计功基础上增加0.1功计之。

注碗，其径6寸；其径每增加1寸，则增加0.15功计之。

如上诸项旋造各计为0.8功。

酒杯盘，0.7功。

荷叶，其径6寸；

鼓坐，其径3.5寸；其径每增加1寸，则在其原所计功基础上增加0.05功计之。

如上诸项旋造各计为0.5功。

酒杯，其径3寸；莲子与之相同。

卷荷，其长5寸；

杖鼓，其长3寸；

如上诸项旋造各计为0.3功。如果其长、径各增加1寸，则在此基础上各自增加0.05功计之。其莲子外若为贴子造，或者为剔空旋靥贴莲子做法，则应增加0.2功计之。

披莲旋造，其径2.8寸，计为0.25功。其径每增加或减少1寸，则各自增加或减少0.03功。

莲蓓蕾旋造，其高3寸，其所计功数亦与上条相同。

（佛道帐等名件）

佛道帐等名件：

火珠[①]，径二寸，每一十五枚；每增减二分，各加减一枚；至三寸六分以上，每径增减一分同。

滴当子[②]，径一寸，每四十枚；每增减一分，各加减三枚[③]；至一寸五分以上，每增减一分，各加减一枚。

瓦头子[④]，长二寸，径一寸，每四十枚；每径增减一分，各加减四枚；加至一寸五分止。

瓦钱子⑤，径一寸，每八十枚；每增减一分，各加减五枚。

宝柱子⑥，长一尺五寸，径一寸二分，如长一尺，径二寸者同。每一十五条；每长增减一寸，各加减一条。如长五寸，径二寸，每三十条；每长增减一寸，各加减二条。

贴络门盘浮沤⑦，径五分，每二百枚；每增减一分，各加减一十五枚。

平棊钱子⑧，径一寸，每一百一十枚；每增减一分，各加减八枚；加至一寸二分止。

角铃⑨，以大铃高三寸为率，每一钩⑩；每增减五分，各加减一分功。

栌料，径二寸，每四十枚；每增减一分，各加减一枚。

右各一功。

虚柱头莲华并头瓣⑪，每一副，胎钱子径五寸⑫，八分功。每增减一寸，各加减一分五厘功。

【注释】

①火珠：一种装饰性构件名。参见卷第十二《旋作制度》“佛道帐上名件”条相关注释。

②滴当子：当指卷第十二《旋作制度》“佛道帐上名件”条中提到的“滴当火珠”，参见其相关注释。

③每增减一分，各加减三枚：原文“每增减一分，各加减二枚”，傅注：改“二”为“三”，即“每增减一分，各加减三枚”。其注：“三，据故宫本、四库本。”宜从傅先生所改。

④瓦头子：构件名。参见卷第十二《旋作制度》“佛道帐上名件”条

相关注释。

⑤瓦钱子：构件名。参见卷第十二《旋作制度》“佛道帐上名件”条相关注释。

⑥宝柱子：疑为帐身下坐腰上的勾阑望柱。参见卷第十二《旋作制度》“佛道帐上名件”条相关注释。

⑦贴络门盘浮沤：当指卷第十二《旋作制度》“佛道帐上名件”条中提到的“贴络浮沤”，疑为贴络在门扇之上的门钉。参见该条行文及相关注释。

⑧平棊钱子：似指佛道帐内平棊顶上的圆形饰件。参见卷第十二《旋作制度》“佛道帐上名件”条相关注释。

⑨角铃：疑为腰檐翼角等处悬挂的装饰性铃铎。参见卷第十二《旋作制度》“佛道帐上名件”条相关注释。

⑩每一钩：陈注：改“钩”为“钓”，并注：“钓，竹本。”傅注：改“钩”为“铃”，即“每一铃”。其注：“铃，依文义推定。”译文从傅先生所改。

⑪虚柱头莲华并头瓣：这里的“虚柱头莲华”，当指卷第十二《旋作制度》“佛道帐上名件”条中提到的“虚柱莲华钱子”，参见该条行文及相关注释。头瓣，疑即柱头莲华的莲华头瓣。

⑫胎钱子：疑指卷第十二《旋作制度》之“佛道帐上名件”条中提到的“虚柱莲华胎子”，未知其所指。参见该条行文及相关注释。

【译文】

佛道帐上所用诸名件旋造：

火珠，其径2寸，每15枚；其径每增加或减少0.2寸，则其所计数各自增加或减少1枚；若其径在3.6寸以上，则其径每增加或减少0.1寸，其所计数的增加与减少数目与之相同。

滴当子，其径1寸，每40枚；其径每增加或减少0.1寸，则其所计数各自增加或减少3枚；若其径在1.5寸以上，则其径每增加或减少0.1寸，其所计数各自增加或减少1枚。

瓦头子，其长2寸，其径1寸，每40枚；其径每增加或减少0.1寸，则其所计数各自增加或减少4枚；其径增加至1.5寸时为止。

瓦钱子，其径1寸，每80枚；其径每增加或减少0.1寸，则各自增加或减少5枚。

宝柱子，其长1.5尺，柱之径为1.2寸，若其长为1尺，柱之径为2寸者，与之相同。每15条；其长每增加或减少1寸，则其所计数各自增加或减少1条。如果其柱长5寸，柱之径2寸，每30条；其长每增加或减少1寸，则其所计数各自增加或减少2条。

在版门门盘上贴络浮沤，其径0.5寸，每200枚；其径每增加或减少0.1寸，则其所计数各自增加或减少15枚。

帐内平綦上所施平綦钱子，其径1寸，每110枚；其径每增加或减少0.1寸，则其所计数各自增加或减少8枚；增加至1.2寸时为止。

帐之翼角所悬角铃，以大铃高3寸为标准，所悬每1铃；其高每增加或减少0.5寸，则在其所计功的基础上各自增加或减少0.1功计之。

帐柱上所施栌枓，其径2寸，每40枚；其径每增加或减少0.1寸，则其所计数各自增加或减少1枚。

如上诸项各计为1功。

虚柱之柱头莲华并其莲华头瓣，每1副，若其莲华胎钱子直径为5寸，计为0.8功。其莲华胎钱子直径每增加或减少1寸，则各自增加或减少0.15功计之。

锯作

【题解】

宋式营造中的锯作，一般是指将原木锯割成适度的方木，为房屋营造等造作工程做初期的材料准备，故《法式》中的“锯作”一节所涉及的是木材的解割、加工与制作的过程。换言之，锯作的目的就是将原木或大料加以合理破解，因此锯作当属大木作与小木作等工程的一个前期工序。

古代中国建筑是以木结构为主体的，且木材的来源在一定程度上又受到地域环境与气候条件等诸多因素的制约，因此，在古代营造中，合理加工木材及尽可能充分地利用木材，就成为一个十分重要的问题。这方面的相应措施，已见于《法式》卷第十二《锯作制度》中的有关行文。这里所述及的，是对不同质地之原木的解割加工，其功限的计算体现了某种差别，例如关于“杂硬材”与“杂软材”的差别性定义。而这种差别性定义，恰好反映了宋代人对各种原木的硬度与材性的经验性合理认知。

解割功：

榈、檀、枥木①，每五十尺；

榆、槐木、杂硬材②，每五十五尺；杂硬材谓海棘、龙菁之类③。

白松木④，每七十尺；

柟、柏木、杂软材⑤，每七十五尺。杂软材谓香椿、椵木之类⑥。

榆、黄松、水松、黄心木⑦，每八十尺；

杉桐木⑧，每一百尺；

右各一功。每二人为一功；或内有盘截⑨，不计。若一条长二丈以上，枝樘高远⑩，或旧材内有夹钉脚者，并加本功一分功。

【注释】

①榈（chóu）：一种树木，其特点之一是耐寒。今日所称“榈木”，指一种壳斗科柯属类树木，主要分布于广西地区。未知宋人所指“榈木”的产地与特征。檀（tán）：檀香木或紫檀木。落叶乔木，木质坚硬，尤其适合制作家具。枥（lì）：其义或与“栎”同，栎树，一种落叶乔木，俗称“柞树”，亦称为“麻栎”，其树的木质坚硬，可用于家具制作，古人亦用以房屋营造。

②杂硬材：当即今人所称的“硬杂木”。今人常见的硬杂木，包括柞木、水曲柳、白蜡木、榆木、枣木等，可用于家具制作，古人亦或用于房屋营造，或小木作造作。

③海蕀：据卷第十六《壕寨功限》，海蕀属山杂木之类。参见卷第十六《壕寨功限》“总杂功·诸物料计功单位”条相关注释。龙菁(jīng)：宋人称其为“杂硬材”，即硬杂木的一种，但未知是什么树木，亦未知是否与“龙脑樟树”之间有什么关联。

④白松：树木名。其别名又称“杉松”。属松科植物，多年生乔木，可用于房屋营造等。

⑤柟(nán)：傅注：“柟，即楠。‘柟’字非正写。”柟，义与“楠”同，系樟科楠属等的一种统称，包括香楠、金丝楠、水楠等树木种类。楠木属于较大型的乔木，木材纹理细密，质地坚硬，适合于家具制作与房屋营造。杂软材：类似于今人所称的“软杂木”类木材。古人将楠木、柏木归在这一类木材之中。其特点是单位质量较轻，其材性的结构强度相对比较大，具有较强的抗弯性能与耐腐蚀性能。

⑥香椿：树木名。一种楝科椿属类乔木，其树的表皮较为粗糙，树表呈深褐色。古人将其归于“杂软材”范畴，似可用于房屋营造或小木作造作。椵(jiǎ)木：陈注：“椴，竹本。”椵，古人所称的一种树木，与柚子树似属一类；椴(duàn)，椴树，属落叶乔木类，其木材较为细致，可用于家具制作。这里暂从原文。

⑦榆：陈注：改“榆”为“梌”，并注：“梌，竹本。”梌(tú)，楸树或枫树的一种。这里亦暂从原文。黄松：系一种罗汉松科罗汉松属树木，其木边材略近白色至淡黄、橙白色，其木心材则呈淡红褐色或浅褐色。其树形高大且树木主干通直，适于房屋营造。水松：系杉科水松属树木，为树形高大的乔木。其木材实用价值大，适于房屋营造与小木作造作。黄心木：系樟科润楠属类乔木，亦适于房屋营造及小木作造作。

⑧杉桐木：疑指杉木与桐木。杉木在中国是分布较广的一个树种，桐木则包括油桐、泡桐及梧桐。这几种树木都是高大的乔木类型，树干亦较粗，可用于制作版材，亦可用于房屋营造及小木作造作。

⑨盘截：粗加工的一种方式。参见卷第十二《锯作制度》"用材植"条相关注释。

⑩枝樘（chēng）：原文"枝撐"，梁注本改为"枝樘"。傅注：改"撐"为"樘"，又注："故宫本即作'樘'。"从梁先生所改。

【译文】

材植解割所用功：

椆木、檀木、枥木，每50尺；

榆木、槐木及杂硬材之类，每55尺；杂硬材指海棘木、龙菁木之类材植。

白松木，每70尺；

柟木、柏木及杂软材之类，每75尺。杂软材指香椿木、椵木之类材植。

榆木、黄松、水松、黄心木，每80尺；

杉桐木，每100尺；

如上诸项的解割各计为1功。以每2人所做之解割计为1功；或其中有盘截等工作，不计入其中。如果1条材植长度为2丈以上，其枝樘高远，或是旧材之内有夹带钉脚的情况，都应在本功的基础上增加0.1功计之。

竹作

【题解】

《法式》竹作制度，主要是指房屋营造中所涉及的竹子构件的加工与制作。关于"竹作制度"，梁先生曾解释说："'竹作制度'中所举的几个品种和制作方法，除'竹笆'一项今天很少见到外，其余各项还沿用一直到今天，做法也基本上没有改变。"

卷第十二《竹作制度》所涉内容，除了"造笆""隔截编道"略与建筑构件有一些关联之外，其他几类则属建筑物附加部分，如竹子栅栏、护檐用的竹网、地面用的竹簟、遮光用的竹席或竹编的绳索等。

不同房屋名件，或日常生活器物的竹作制品，所采用的竹体部位及对竹材的加工、编织的粗细程度是不相同的，因而其各自所用的加工与造作功限也有相应的差别。

（织簟）

织簟①，每方一尺：

细棊文素簟②，七分功。劈篾③，刮削，拖摘④，收广⑤，一分五厘。如刮篾收广三分者，其功减半。织华加八分功⑥；织龙、凤又加二分五厘功⑦。

粗簟，劈篾青白⑧，收广四分。二分五厘功。假棊文造⑨，减五厘功。如刮篾收广二分⑩，其功加倍。

【注释】

①织簟（diàn）：编织竹席。簟，竹席。

②细棊文素簟：这里的"细"，疑指用以编织竹席的竹篾比较纤细；"棊文"，当指类如棋盘的方格纹；"素"者，指没有其他华文等装饰纹样；则"细棊文素簟"，似指用细竹篾编织的素棊文格图案的竹席。

③劈篾（miè）：是指把一根完整的竹子，用刀等工具劈解成各种各样的竹篾，这一道工序是竹篾匠人的基本功之一。篾，竹篾，被削劈为薄片状的竹子。

④拖摘：疑指将竹子的节疤刮去，并将竹子拖劈分摘成为纤细竹篾的加工过程。

⑤收广：从字面上看，疑指用刀具将整条竹篾的宽度收成上下一致。

⑥织华：当为编织竹席中的华文之意。华，即华文。

⑦织龙、凤：指在竹席中编织出龙、凤等纹样。

⑧劈篾青白：似指将竹皮竹心劈开之后，再将竹篾分出青篾与白篾，使其竹篾青白分明。

⑨假棊文造：这里的“假”有两种可能的意思：一是借用之意，二是真假之意。则“假棊文造”，或可理解为仿照、借用棊文的式样编织；或可理解为，以类似之假的棊文格式编织。参见卷第十二《竹作制度》“障日篛等簟”条相关注释。

⑩刮篾：将劈开的竹篾边缘各刮去一部分，使之薄厚均匀，手感光滑，并使其竹篾宽窄一致，且侧面纤薄，以便于编织。

【译文】

竹制席簟编织，以其面积每1尺见方计之：

简素形式的细密棊文式样席簟，计为0.7功。其劈篾，刮削，拖摘，收广，计为0.15功。如果其刮篾并收广后的尺寸为0.3寸，则其所计功减去如上所计之功的一半。在席簟中织入华文，则在其基础上增加0.8功计之；若在其中织入龙、凤造型，则又应增加0.25功计之。

粗编席簟，其劈篾青白，所收之广为0.4寸。计为0.25功。若为假棊文造编织方式，则在此基础上减计0.05功。如果刮篾后所收之广为0.2寸，则其所计功在原所计功的基础上加倍。

（织雀眼网）

织雀眼网①，每长一丈，广五尺：

间龙、凤、人物、杂华、刮篾造，三功四分五厘六毫。事造、贴钉在内②。如系小木钉贴，即减一分功。下同。

浑青刮篾造③，一功九分二厘。

青白造④，一功六分。

【注释】

①织雀眼网：当指护殿阁檐枓栱竹雀眼网，或护托窗棂内竹雀眼网。参见卷第十二《竹作制度》“护殿檐雀眼网”条相关注释。

②事造：指相关造作事宜。贴钉：当指固定木贴的钉子。贴，指木贴，用以固定竹笍或竹雀眼网的边缘。

③浑青刮篾造：疑指主要以青篾编织的一种竹笍或雀眼网形式。浑青，疑指以其竹的青皮部分为主的竹篾。刮篾，这里当指将青篾的表面收刮整齐光洁。

④青白造：疑指以其竹的青篾与白篾混合编织的一种竹笍或雀眼网形式。

【译文】

编织护殿阁檐枓栱竹雀眼网，其网每长1丈，宽5尺：

间织以龙、凤、人物、杂华，且为刮篾造做法，计为3.456功。其相关造作事务、为其网所施木贴用钉等工作包括在内。如果采用的是小木钉贴做法，则在此基础上减0.1功计之。以下情况与之相同。

若其雀眼网为浑青刮篾造做法，计为1.92功。

若其雀眼网为青白造做法，计为1.6功。

（笍索）

笍索[①]，每一束，长二百尺，广一寸五分，厚四分。

浑青造，一功一分。

青白造，九分功。

【注释】

①笍（ruì）索：当指以笍竹编成的绳索。笍，指古人所言的一种竹子。参见卷第十二《竹作制度》“竹笍索”条相关注释。

【译文】

编造笍索，每1束，其索长200尺，宽1.5寸，厚0.4寸。

采用浑青造做法，计为1.1功。

采用青白造做法，计为0.9功。

（障日篛等）

障日篛[①]，每长一丈，六分功。如织簟造，别计织簟功。

每织方一丈：

笆，七分功，楼阁两层以上处，加二分功。

编道[②]，九分功。如缚棚阁两层以上[③]，加二分功。

竹栅，八分功。

夹截[④]，每方一丈，三分功。劈竹篾在内。

搭盖凉棚，每方一丈二尺，三功五分。如打笆造[⑤]，别计打笆功。

【注释】

①障日篛（tà）：指遮阳光的竹编席子。参见卷第十二《竹作制度》“地面棊文簟”条相关注释，并“障日篛等簟”条相关注释。

②编道：疑指卷第十二《竹作制度》中的“造隔截壁桯内竹编道”，参见卷第十二《竹作制度》“隔截编道”条相关注释。

③缚（fù）棚阁：疑指用竹索捆绑而成的简易棚阁。缚，捆绑，绑缚。

④夹截：这里的“夹截”意思不甚明了。未知是否是指“隔截编道”。

⑤打笆造：疑指《竹作制度》“造殿堂等屋宇所用竹笆之制”中的造笆做法。参见卷第十二《竹作制度》“造笆”条相关注释。

【译文】

编织障日篛，以其篛每长1丈，计为0.6功。如果采用织簟造做法，应将织簟所用功分别计之。

以所编织之物面积每1丈见方计：

所编竹笆，计为0.7功，其笆编施于楼阁的两层以上的地方，增加0.2功计之。

造作隔截壁桯内竹编道，计为0.9功。若绑缚棚阁两层以上，增加0.2功计之。

造作竹制栅栏，计为0.8功。

造作夹截，每1丈见方，计为0.3功。其劈竹篾所用功计入在内。

搭盖凉棚，每1.2丈见方，计为3.5功。如果其棚为打笆造做法，则应将打笆所用功分别计之。

卷第二十五　诸作功限二

瓦作　泥作　彩画作　砖作　窑作

【题解】

本卷的内容是与卷第十三《瓦作制度·泥作制度》、卷第十四《彩画作制度》和卷第十五《砖作制度·窑作制度》中的内容相对应的。涉及与宋代营造相关的诸杂作，即瓦作、泥作、彩画作、砖作、窑作之功限，对我们了解宋代房屋营造中各种杂项工程做法的工艺与用功有所助益，同时，亦能帮助我们了解诸作中的一些构件，如各种形式的屋瓦或用于不同位置的砖等的基本尺寸。此外，还可以帮助我们了解宋代建筑之瓦件、脊饰、墙面、彩画饰及用砖、烧制瓦件、琉璃件等诸附属构件的形式、尺度、工艺、做法等。

然而，在本卷"瓦作"一节中，虽然提到了琉璃瓪瓦、掍素白瓦随等级增减，其计功瓦口数量之增减数，但却未给出所计瓦口数的标准等级，故未将每一等级计功瓦口数一一推算出来。

瓦作

【题解】

上文目录标题中的"瓦作"，傅熹年先生在其中华书局版《营造法式

（合校本）》中改“瓦”为“瓪”，并注：“‘瓪’，故宫本。”

古代房屋营造中的“瓦作”，至迟在宋代，其制度的发展已经达到了相当成熟的程度。例如有关琉璃瓦的施用情况，在隋唐时代的史料及考古资料中还比较稀见；然而，大约自五代至宋，是琉璃瓦较为普遍施用的一个转折性时代。故这里的“瓦作”，不仅涵盖了比较常见的瓶瓦与瓪瓦，也涵盖了以琉璃瓦施行的瓦作功限问题。

瓦作功限，几乎覆盖了与屋瓦施工有关的各个方面，包括瓦口的修斫、屋顶诸瓦脊的垒砌、装饰性瓦饰的安装，等等。重要的是，有关“瓦作功限”的诸多描述，可以帮助我们了解宋代屋顶结瓮与垒脊的一些细节处理方式，从而对与明清建筑之屋顶的瓮瓦方式有着诸多不同的宋式建筑屋顶瓦作的一些构造性做法，有一个更为直接与真切的认知或理解。

（斫事瓶瓦口）

斫事瓶瓦口[①]：以一尺二寸瓶瓦、一尺四寸瓪瓦为准[②]；打造同。

琉璃[③]：

撺窠[④]，每九十口；每增减一等，各加减二十口；至一尺以下，每减一等，各加三十口。

解挢[⑤]，打造大当沟同。每一百四十口；每增减一等，各加减三十口；至一尺以下，每减一等，各加四十口。

青掍素白[⑥]：

撺窠，每一百口；每增减一等，各加减二十口；至一尺以下，每减一等，各加三十口。

解挢，每一百七十口；每增减一等，各加减三十五口；至一尺以下，每减一等，各加四十五口。

右各一功。

【注释】

①斫(zhuó)事瓪(lǒng)瓦口:陈注:"瓪瓪,竹本。"依陈所改,其文应为"斫事瓪瓪瓦口"。从上下文看,这样改似有一定道理。暂从原文。斫事瓪瓦口,意为对烧制好的瓪瓦端口部位加以修斫。斫,砍斫,修斫。瓪瓦,即筒瓦。参见卷第十三《瓦作制度》"结宽·瓪瓦"条相关注释。

②瓪(bǎn)瓦:即板瓦。参见卷第十三《瓦作制度》"结宽·瓪瓦"条相关注释。为准:傅注:改"准"为"率",并注:"率,故宫本。"依傅所改,其文为"以一尺二寸瓪瓦、一尺四寸瓪瓦为率"。

③琉璃(liú lí):原为佛经中所言"七宝"之一。传说产于佛教中所提及的须弥山,其色为青,其质地坚固,表面晶莹清澈。这里指人工烧制的琉璃。

④撺窠(cuān kē):检验斫造完毕的瓦。梁先生有注,参见卷第十三《瓦作制度》"结宽·瓪瓦"条相关注释。

⑤解挢(jiǎo):斫掸瓦不规则的部分。参见卷第十三《瓦作制度》"结宽·瓪瓦"条相关注释。

⑥青掍(hùn)素白:掍,义同"混";又,缝纫衣物时的滚边、缘边亦称"掍";故疑"青掍素白"指在素白瓦坯的边缘掍以青黑釉色,然后烧制而成。青掍瓦,瓦名。参见卷第十五《窑作制度》"青掍瓦"条相关注释。

【译文】

修斫瓪瓦瓦口:以长1.2尺瓪瓦、长1.4尺瓪瓦为计算功限的标准;打造瓪、瓪瓦亦取相同标准。

琉璃瓦:

对瓦之外形做检验撺窠修斫,每90口;其瓦大小规格每增加或减少一等,则各自以减少或增加20口计之;其长度规格减至1尺以下时,若每再减低一等,各自以增加30口计之。

对瓦做审视解挢修整，打造大当沟瓦与之相同。每140口；其瓦大小规格每增加或减少一等，则各自以减少或增加30口计之；其长度规格减至1尺以下的，若每再减低一等，则各自以增加40口计之。

青掍素白瓦：

对瓦之外形做检验撺窠修斫，每100口；其瓦大小规格每增加或减少一等，则各自以减少或增加20口计之；其长度规格减至1尺以下的，若每再减低一等，则各自以增加30口计之。

对瓦做审视解挢修整，每170口；其瓦大小规格每增加或减少一等，则各自以减少或增加35口计之；其长度规格减至1尺以下的，若每再减低一等，则各自以增加45口计之。

如上诸项各计为1功。

（打造甋瓪瓦口）

打造甋瓪瓦口：

琉璃瓪瓦[①]：

线道[②]，每一百二十口；每增减一等，各加减二十五口，加至一尺四寸止；至一尺以下，每减一等，各加三十五口；搼画者加三分之一[③]；青掍素白瓦同。

条子瓦[④]，比线道加一倍；搼画者加四分之一；青掍素白瓦同。

素掍素白：

甋瓦大当沟[⑤]，每一百八十口；每增减一等，各加减三十口；至一尺以下，每减一等，各加三十五口。

瓪瓦线道[⑥]，每一百八十口；每增减一等，各加减三十口；加至一尺四寸止。

条子瓦，每三百口；每增减一等，各加减六分之一；加至一尺四寸止。

小当沟⑦，每四百三十枚；每增减一等，各加减三十枚。

右各一功。

【注释】

①琉璃瓪瓦：陈注“瓪瓦”：“竹本无此二字。”依陈所注，其文为“琉璃”。参照前一条行文，陈先生所改似合理。暂从原文。

②线道：瓦作制度与砖作制度中，均有“线道”做法。关于“瓦作”线道，参见卷第十三《瓦作制度》“垒屋脊·垒屋脊之制”条相关注释。关于“砖作”线道，参见卷第十五《砖作制度》“铺地面”条相关注释。

③剺（lí）画者：卷第十五《窑作制度》“瓪瓦·造瓦坯之制”中提到：“线道瓦于每片中心画一道，条子十字剺画。”指在条子瓦上作十字刻划。剺，有划、割之义。

④条子瓦：瓦名。参见卷第十五《窑作制度》“瓪瓦·造瓦坯之制”条相关注释。

⑤甋瓦大当沟：参见卷第十三《瓦作制度》“垒屋脊·垒屋脊之制”条相关注释。其言“大当沟”，用“当沟瓦”垒造，或用瓪瓦斫造，未知这里的甋瓦大当沟，与前文做法如何区别。

⑥瓪瓦线道：参见卷第十三《瓦作制度》“垒屋脊·垒屋脊之制”条相关注释。疑其所称“线道瓦”与这里所称“瓪瓦线道”指的是一种做法。

⑦小当沟：小当沟瓦。参见卷第十三《瓦作制度》“垒屋脊·垒屋脊之制”条相关注释。

【译文】

打造甋瓦与瓪瓦瓦口：

琉璃瓪瓦：

线道瓦，每120口；其长度规格每增加或减少一等，则各自减少或增加25口，其瓦长度增至1.4寸止；若其瓦长度减至1尺以下，每再减少一等，则各自增加35口；若在瓦上再加甃画者，则以增加其数的1/3计之；青棍素白瓦与线道瓦相同。

条子瓦，比线道瓦增加一倍；有甃画者增加四分之一；青棍素白瓦与之相同。

素棍素白瓦：

瓶瓦大当沟瓦，每180口；其长度规格每增加或减少一等，则各自以增加或减少30口计之；至其瓦长度减至1尺以下，则每再减低一等，各自以增加35口计之。

瓪瓦线道瓦，每180口；其长度规格每增加或减少一等，则各自以增加或减少30口计之；其长度增加至1.4尺为止。

条子瓦，每300口；其长度规格每增加或减少一等，则各自减少或增加如上所计数字的1/6；其长度增加至1.4尺为止。

小当沟瓦，每430枚；其长度规格每增加或减少一等，则各自以减少或增加30枚计之。

如上诸项各计为1功。

（结窝）

结窝[①]，每方一丈：如尖斜高峻[②]，比直行每功加五分功[③]。

瓶瓪瓦：

琉璃：以一尺二寸为准。二功二分。每增减一等，各加减一分功。

青棍素白：比琉璃其功减三分之一。

散瓪、大当沟[④]：四分功。小当沟减功三分之一。

垒脊[⑤]，每长一丈：曲脊，加长二倍。

琉璃，六层；

青掍素白，用大当沟，一十层；用小当沟者，加二层。

右各一功。

【注释】

①结瓷（wà）：原文“结瓦”，梁注本改为“结瓷”。傅注：改“瓦”为“瓷”，又注：“瓬，故宫本。”

②尖斜高峻：这里当指做结瓷之屋顶的形式比较陡峻尖斜，有可能是指较为陡峻的“攒尖”式屋顶，其瓦陇不一定是一条直线。

③直行：指平行分布，且呈直行排列的屋瓦形式，如两坡屋顶所施之瓦顶。

④散瓪：散瓪瓦。参见卷第十三《瓦作制度》“结瓷·瓪瓦”条相关注释。

⑤垒脊：指垒屋脊。参见卷第十三《瓦作制度》“垒脊屋·垒屋脊之制”条相关注释。

【译文】

屋顶结瓷，其屋顶面积每方1丈：如果其顶为尖斜高峻的形式，可比直行排瓦做法每1功增加0.5功计之。

以瓪瓪瓦结瓷：

琉璃瓦：以其长1.2尺为基准。计为2.2功。其瓦长度规格每增加或减少一等，则各自以增加或减少0.1功计之。

青掍素白瓦：比琉璃瓦所应计功减少1/3计之。

散瓪瓦、大当沟瓦：计为0.4功。小当沟瓦，减少如上所计功的1/3计之。

垒屋脊，每长1丈；若所垒为曲脊，以垒屋脊之长2倍计之。

琉璃瓦脊，6层；

青掍素白瓦，用大当沟瓦者，10层；用小当沟瓦者，再增加2层计之。

如上诸项各计为1功。

（安卓）

安卓：

火珠[1]，每坐，以径二尺为准。二功五分。每增减一等，各加减五分功。

琉璃[2]，每一只：

龙尾[3]，每高一尺，八分功。青掍素白者，减二分功。

鸱尾[4]，每高一尺，五分功。青掍素白者，减一分功。

兽头[5]，以高二尺五寸为准。七分五厘功。每增减一等，各加减五厘功；减至一分止。

套兽[6]，以口径一尺为准。二分五厘功。每增减二寸，各加减六厘功。

嫔伽[7]，以高一尺二寸为准。一分五厘功。每增减二寸，各加减三厘功。

阀阅[8]，高五尺，一功。每增减一尺，各加减二分功。

蹲兽[9]，以高六寸为准。每一十五枚；每增减二寸，各加减三枚。

滴当子[10]，以高八寸为准。每三十五枚；每增减二寸，各加减五枚。

右各一功。

系大箔[11]，每三百领；铺箔减三分之一[12]。

抹栈及笆箔[13]，每三百尺；

开燕颔版[14]，每九十尺；安钉在内[15]。

织泥篮子[16]，每一十枚；

右各一功。

【注释】

①火珠：这里的“火珠”可能是指前文所言的“滴当火珠”。若为滴当火珠，可参见卷第十三《瓦作制度》“用兽头等”条相关注释。但从其所给尺寸观察，又可能非指滴当火珠，疑指其屋脊中央所坐立的火珠造型脊饰。

②琉璃：这里指下文所列屋顶瓦饰中琉璃制兽头等饰件及其组件。

③龙尾：疑指卷第十三《瓦作制度》“用鸱尾”条中提到的：“凡用鸱尾，若高三尺以上者，……身内用柏木桩或龙尾。”二者当是用以固定屋脊所施鸱尾的名件。关于“柏木桩”与“龙尾”的差别，不甚详，参见卷第十三《瓦作制度》“用鸱尾”条相关注释。

④鸱（chī）尾：又称“鸱吻”，一般指施于房屋正脊两端，其形如鸱鸟之尾部的瓦饰件或琉璃饰件。参见卷第二《总释下》“鸱尾”条相关注释。

⑤兽头：宋式屋顶瓦饰中的兽头造型名件。参见卷第十三《瓦作制度》“用兽头等”条的行文及相应注释、译文。

⑥套兽：当指房屋翼角檐下出挑之大角梁前的端头所套施的琉璃饰件，其形如兽头状。

⑦嫔伽：饰件名。参见卷第十三《瓦作制度》“用兽头等”条相关注释。

⑧阀阅：这里疑指在乌头门（棂星门）的双表柱上所施的兽头形琉璃饰件。参见卷第二《总释下》“乌头门”条相关注释。

⑨蹲兽：饰件名。参见卷第十三《瓦作制度》“用兽头等”条行文及相关注释。

⑩滴当子：疑指房屋檐头所覆瓪瓦端头的瓦当，或称“滴当”；抑或是指用于固定檐头滴当瓦的钉或滴当火珠。参见卷第十三《瓦作制度》“用兽头等”行文。

⑪系大箔：这里“系大箔”，当指卷第十三《瓦作制度》“用瓦·瓦下

铺作衬”条提到的“瓦下铺衬”，其中包括柴栈、版栈或竹笆、苇箔、荻箔等材料。

⑫铺箔：即“瓦下铺衬”。

⑬抹栈及笆箔：指“瓦下铺衬”所用的材料。

⑭燕颔版：版名。参见卷第十三《瓦作制度》“结宽·燕颔版与狼牙版”条相关注释。

⑮安钉：指施安固定燕颔版的钉子。参见卷第十三《瓦作制度》“结宽·燕颔版与狼牙版”条行文。

⑯泥篮子：指屋顶宽瓦过程中，将和好之泥提运到屋顶上所用的篮子。

【译文】

屋瓦安卓：

屋脊所施火珠脊饰，每坐，以火珠直径2尺为准。计为2.5功。其火珠直径规格每增加或减少一等，则各自以增加或减少0.5功计之。

琉璃瓦饰件，每1只：

龙尾，每高1尺，计为0.8功。若为青掍素白瓦龙尾，减计0.2功。

鸱尾，每高1尺，计为0.5功。若为青掍素白瓦鸱尾，减计0.1功。

垂脊及戗脊上所施兽头，以高2.5尺为准。计为0.75功。其尺寸规格每增加或减少一等，则各自以增加或减少0.05功计之；其所计功减至0.1功时为止。

翼角角梁上所施套兽，以其兽套口口径1尺为准。计为0.25功。其套口口径每增加或减少2寸，则各自以增加或减少0.06功计之。

房屋翼角上所立嫔伽，以高1.2尺为准。计为0.15功。其高每增加或减少2寸，则各自增加或减少0.03功。

阀阅柱头之上所施琉璃饰件，其高5尺，计为1功。其高每增加或减少1尺，则各自增加或减少0.2功。

屋顶转角瓦饰中所施蹲兽，以高6寸为准。每15枚；其高度每增加或减少2寸，则各自增加或减少3枚计之。

檐口瓦檐檐头上所施滴当子，以高8寸为准。每35枚；其高度每增加或减少2寸，则各自增加或减少5枚计之。

如上诸项各计为1功。

屋面瓦下敷系大箔，每300领；若铺箔，减其数1/3计之。

屋面瓦下铺衬抹栈及笆箔，每300尺；

开燕领版，每90尺；安钉工作包括在内。

织造运送灰泥的泥篮子，每10枚；

如上诸项各计为1功。

泥作

【题解】

泥作，似包括了用土坯垒筑墙体，以及在已经砌筑好的墙体表面包括可以用来绘制壁画的画壁表面，做抹泥、抹灰泥、表面压光等的施工过程。其功限包括不同材料灰泥的拌和、灰泥运送及在墙体等作业面的涂抹等施工过程。

据《法式》文本，泥作中的红石灰及黄、青、白石灰等涂抹灰泥的工作，是按其所抹面积每方1丈计算所做功限的，其做功还包括了“收光五遍，合和、斫事、麻捣”等，计为0.55功。但殿宇、楼阁之类，凡有转角、合角、托匙处，则在本功基础上再加0.5功，即每方1丈，计为1.05功。凡泥作，高度在2丈以上，每方1丈，其每1功各加0.12功，加至4丈止。这种情况下的供作，并不加功。

其泥作高度不满7尺，不需要搭造棚阁者，其每方1丈，以其应计每1功减0.3功计之。泥作贴补等活计，亦与上文所言同。

（泥作）

每方一丈：殿宇、楼阁之类，有转角、合角、托匙处[①]，于本作每功上加五分功；高二丈以上，每一丈每一功各加一分二厘功，加至四丈止；供作并不加；即高不满七尺，不须棚阁者[②]，每功减三分功；贴补同[③]。

【注释】

①转角：指殿宇、楼阁等房屋墙体的转角部分。合角："合角"之"角"，傅注："故宫本'角'作'用'，'用'字不可从。"依故宫本，其文为"合用"，傅先生认为仍应为"合角"。殿宇、楼阁等房屋之"合角"，疑指两座房屋墙体之转角相重合的部分。抑或是指将房屋墙体转角部位抹合为斜面转角形式，或弧形转角形式的做法。托匙处：疑指房屋墙体转角处没有做落地砌筑，而是在某一高度用从转角处出挑的石材或木材，以承托其转角墙体的上部砌体，此墙体转角的出挑之处可能就是这里所说的"托匙处"。

②不须棚阁者：即因其屋较为低矮，故不需要在施工中采用脚手架或遮蔽棚等设施的做法。这里的"棚阁"，可能指的是房屋施工中所搭造的脚手架或遮蔽棚之类的辅助设施。

③贴补：疑指在房屋墙体砌筑部分，对墙体上所留施工洞口等缺失部分，或墙体表面破损部分加以修补的工序。

【译文】

其屋墙面积每方1丈：若是殿宇、楼阁之类，有屋墙转角、合角或托匙之处，于本作所计每1功之上再增加0.5功计之；若其墙高为2丈以上，则在每方1丈所计每1功的基础上，再各自增加0.12功计之，增加至4丈时为止；其灰泥等供作之功不做增加计算；如果其墙高度不满7尺，不必搭造施工棚阁的，以其应计每1功减少0.3功计之；对墙面作贴垒修补的情况与之相同。

（诸泥作功）

红石灰[①]，黄、青、白石灰同[②]。五分五厘功。收光五遍，合和、斫事、麻擣在内[3]。如仰泥缚棚阁者[4]，每两椽加七厘五毫功，加至一十椽，上下并同[5]。

破灰[6]；

细泥[7]；

右各三分功。收光在内。如仰泥缚棚阁者，每两椽各加一厘功。其细泥作画壁，并灰衬，二分五厘功。

粗泥，二分五厘功。如仰泥缚棚阁者，每两椽加二厘功。其画壁披盖麻篾[8]，并搭乍中泥[9]，若麻灰细泥下作衬[10]，一分五厘功。如仰泥缚棚阁，每两椽各加五毫功。

沙泥画壁[11]：

劈篾、被篾[12]，共二分功。

披麻[13]，一分功。

下沙收压[14]，一十遍，共一功七分。栱眼壁同。

垒石山[15]，泥假山同[16]。五功。

壁隐假山[17]，一功。

盆山[18]，每方五尺，三功。每增减一尺，各加减六分功。

【注释】

①红石灰：石灰岩或石灰土的一种。红石灰主要是从石灰岩、泥质灰岩、铁质灰岩、白云质灰岩、硅质灰岩等风化物中发育而成的，较多出现在石灰岩岩溶地区的山丘坡脚、谷地或剥蚀阶地，可用于合和屋顶覆瓦的灰泥。

②黄、青、白石灰：石灰有生石灰和熟石灰之分。生石灰一般呈块状，纯生石灰一般为白色，含有杂质时为淡灰色或淡黄色。生石灰，可以用于生成熟石灰，质地较纯时熟石灰呈白色，含有杂质时

呈淡灰色或淡黄色。

③合和:当指泥作中之合和灰泥的工序。斫事:从上下文看,似指对拟抹泥之墙面等不很规整的部分加以斫削、修整。麻捣:清代营造中又称“麻刀”,指在灰泥中加入麻丝,清代称之为“麻刀灰”,用以涂抹墙体之表面,以确保墙面的平整、光滑与耐久。

④仰泥缚棚阁:在房屋室内抹灰泥,应采用仰泥方式施工;这里的“仰泥缚棚阁”当指为仰泥抹灰施工而搭造的脚手架等辅助设施。

⑤加至一十椽(chuán),上下并同:陈注:“‘上’应作‘止’。”据陈所改,其文应为“加至一十椽止,下并同”。暂从原文。

⑥破灰:破灰泥。参见卷第十三《瓦作制度》“用瓦·瓦下铺衬”条相关注释,并卷第十三《泥作制度》“用泥”条相关注释。

⑦细泥:卷第十三《泥作制度》“用泥”条行文,泥作中所用泥可分为细泥、中泥、粗泥。细泥,指所用灰土颗粒较为细密的灰泥;中泥,指粗细程度适中的泥;粗泥,指所用灰土颗粒较粗的灰泥。

⑧披盖麻篾(miè):疑指画壁抹灰泥时,在其灰泥之上覆施竹篾、钉麻华等工序。参见卷第十三《泥作制度》“画壁”条相关注释。

⑨搭乍:疑即“搭配”之意。

⑩麻灰细泥:指掺有麻捣灰的细泥。

⑪沙泥画壁:疑指用沙泥涂抹的画壁。

⑫被篾:傅注:改“被”为“披”。依傅先生所改,则可称“披篾”,其意当指在画壁表面“披盖麻篾”的做法。

⑬披麻:仍指在画壁表面“披盖麻篾”的做法。

⑭下沙收压:卷第十三《泥作制度·画壁》“画壁”条:“方用中泥细衬,泥上施沙泥,候水脉定,收压十遍,令泥面光泽。”

⑮垒石山:似指古代园林中用灰泥垒叠石筑假山的做法。

⑯泥假山:疑指用灰泥模塑而出的假山形式,例如施于墙面之上的悬塑假山,其形式或类于浮雕做法的泥塑假山。

⑰壁隐假山：似指在墙壁上隐约模塑出的类似浮雕形式的假山，亦有称为“壁隐山子”的说法。

⑱盆山：从其文所描述的“每方五尺”之尺度可以推知，这里的“盆山”不应是指盆景式的假山。疑指将假山叠垒成为四周隆起、中央低洼如山谷峡涧一般的盆状结构，以形成山峦起伏之外观的一种假山形式。

【译文】

屋墙表面等处抹红石灰，抹黄、青、白石灰与之相同。计为0.55功。其表面收光5遍，其灰泥合和、对表面做修斫整理等事、掺麻擣等做法包括在内。如其为仰作抹灰泥，且应缚施工棚阁者，其屋顶每2步椽架加计0.075功，加至10步椽架为止，屋顶上下抹灰所计面积是相同的。

掺杂白蔑土与麦麸等破灰做法；

用细泥抹墙面等；

如上诸项各计为0.3功。收光包括在内。如果是仰作抹泥应架缚棚阁者，则每2步椽架各加计0.01功。如果是用细泥作画壁，并施以灰衬，则计为0.25功。

用粗泥抹墙面等，计为0.25功。如果是仰作抹灰泥，且应缚施工棚阁者，则其屋顶每2步椽架加计0.02功。其画壁所抹灰泥中披盖麻篾，并搭乍中泥者，如果在其麻灰细泥下作衬，则计为0.15功。如果是仰作抹灰泥，且应缚施工棚阁者，则每2步椽架各自增加0.005功计之。

抹沙泥画壁：

其灰泥中施以劈篾、被篾，共计为0.2功。

其灰泥中披麻，计为0.1功。

灰泥之下用中泥细衬，泥上施沙泥，收压10遍，共计为1.7功。栱眼壁若如此做法，与之相同。

垒砌石头假山，若垒塑泥假山与之相同。计为5功。

塑筑壁隐假山，计为1功。

垒砌盆山式假山，每方5尺，计为3功。其假山大小每增加或减少1尺，则各自以增加或减少0.6功计之。

（用坯）

用坯：

殿宇墙[①]，厅、堂、门、楼墙[②]，并补垒柱窠同[③]。每七百口；廊屋、散舍墙[④]，加一百口。

贴垒脱落墙壁[⑤]，每四百五十口；创接垒墙头射垛[⑥]，加五十口。

垒烧钱炉[⑦]，每四百口；

侧劄照壁[⑧]，窗坐、门颊之类同[⑨]。每三百五十口；

垒砌灶[⑩]，茶炉同。每一百五十口；用砖同，其泥饰各约计积尺别计功[⑪]。

右各一功。

织泥篮子，每一十枚，一功。

【注释】

①殿宇墙：指殿阁、殿堂等高等级房屋的围护墙。

②厅、堂、门、楼墙：指厅、堂、门殿、楼阁等稍低等级房屋的屋墙。

③补垒柱窠：疑指在完成屋架结构及砌筑完成房屋四周墙体之后，对包裹房屋四周檐柱之柱窠内外再加补砌，以使墙体外观完整的一道工序。柱窠，指作为房屋围护结构之墙体内，在屋柱四周特别留出的竖向柱洞。

④廊屋、散舍墙：指行廊、庑房、余屋、散舍等较低等级房屋的屋墙。

⑤贴垒脱落墙壁：原文“贴垒兑落墙壁”，梁注本改为“贴垒脱落墙壁”。陈注：改“兑”为“脱”。傅注：改“兑”为“脱”。从梁、陈、

傅三先生所改。其意应是指对房屋中出现脱落、局部损毁墙壁的补砌、贴垒。

⑥创接垒墙头射垛：疑在既有墙壁顶部，接续垒砌类如城墙雉堞式样的墙头射垛做法。

⑦烧钱炉：应是指在佛寺、道观或地方信仰性庙宇主要殿阁之前，用于烧供奉性纸钱的焚烧炉。其炉亦是由土坯等砌筑而成。

⑧侧劄（zhā）照壁：疑指在屋门之前的侧面所立照壁或影壁，用以阻隔侧面的通道。侧劄，疑指阻挡屋侧的“劄”。劄，与“札”“扎”等义近。照壁，即影壁。

⑨窗坐：指屋窗窗槛之下的槛墙。门颊：指门两侧的立颊，或泥道版壁。

⑩垒砌灶：指垒砌炉灶、窑灶等。

⑪约计：原文“纽计”，梁注本改为“约计”。陈注：“约？”应从“约计”。

【译文】

用坯垒砌：

殿堂屋宇等墙，厅、堂、门、楼等墙，包括补垒屋柱柱窠与之相同。每700口；廊屋、散舍墙，增加100口计之。

贴垒脱落墙壁，每450口；创接垒墙头射垛，增加50口计之。

垒砌烧钱炉，每400口；

砌垒侧劄照壁，砌筑窗座、门颊之类与之相同。每350口；

垒砌灶，垒砌茶炉与之相同。每150口；用砖垒砌所计数与之相同，其墙表泥饰各自以大约估计所累积的尺寸另外计算其所用功限。

如上各自计为1功。

编织运送灰泥的泥篮子，每10枚，计为1功。

彩画作

【题解】

在房屋木结构的表面敷施彩画，是中国古代建筑的重要特征之一。其不仅可以美化房屋外观，对不同等级的房屋加以进一步区隔，而且还可以保护木结构房屋的表面。

彩画的绘制，包括材料的遴选、调配，以及彩画图文的描绘与敷色等，其工作亦是相当繁杂的。宋式建筑彩画与明清时代房屋的彩画又有着很大的不同。一般说来，清式彩画的外檐部分，主要绘制在其屋檐之外的额枋、枓栱等部分，室内则绘于天花吊顶，或绘于室内的大梁、檩枋之上，即所谓“雕梁画栋”。宋式彩画则在等级区分上较清式彩画更为细致，且其最高等级的彩画称为“五彩遍装”，也就是说，其彩画的敷施范围，远不仅仅是在室外的檐下部分或室内的梁栿之上，甚至会将房屋的内外柱子上也绘满彩画。故其所用功限也会相应增加很多。

（五彩）

五彩间金[①]：

描画、装染[②]，四尺四寸；平棊华子之类[③]，系雕造者，即各减数之半。

上颜色雕华版，一尺八寸；

五彩遍装亭子、廊屋、散舍之类，五尺五寸；殿宇、楼阁，各减数五分之一；如装画晕锦[④]，即各减数十分之一；若描白地枝条华[⑤]，即各加数十分之一；或装四出、六出锦者同[⑥]。

右各一功。

上粉贴金出褫[⑦]，每一尺，一功五分。

【注释】

①五彩间金：意为在五彩式彩画中间装以金色的彩画绘制方法。关于“五彩”，可参见卷第十四《彩画作制度》“五彩遍装·五彩遍装之制”条相关注释。“间金”，参见卷第十四《彩画作制度》“五彩遍装·间装之法”条相关注释。

②装染：其意当指为房屋施绘彩画。在《法式》彩画作制度中，“装”是一个更广泛应用的术语，如五彩遍装、碾玉装、棱间装等；“染”则指对画面上色，包括起染、渲染、晕染等。

③平棊华子：这里的“平棊华子”，即在平棊版之下所贴施的华文图案。华子，可能是指小木作中所镶嵌的华版，抑或是指彩画中的花卉图像或华文图案。

④装画：似指不同等级的彩画做法，如五彩遍装、碾玉装、棱间装等。晕锦：似指用退晕、晕染等方法，绘制出的各种华锦、锦文等图案。

⑤描白地枝条华：似属古代绘画中“白描”的范畴，指在素地上用单色线条描绘树木或花卉的枝条，以形成装饰性的华文效果。

⑥装四出、六出锦：属于宋式彩画中“琐文”画法的一种。参见卷第十四《彩画作制度》“五彩遍装·琐文六品”条相关注释。

⑦上粉贴金出褫（chǐ）：贴金，一种衬底做法，是在画面中粘贴金箔。上粉贴金，疑指在粉线上贴金，大约类似于后世彩画中“沥粉贴金”的做法。“上粉贴金出褫”一语，在这里的意思不是很清楚，可能是指一种“上粉贴金”的做法。褫，剥夺，脱去。

【译文】

在五彩遍装彩画图案中间插以金色：

其描画、装染，4.4尺；其平棊华版之类，如果是雕造做法，即可以各自减去如上所给数之半。

图绘颜色并施以雕刻纹样的华版，1.8尺；

施以五彩遍装的亭子、廊屋、散舍之类，5.5尺；如果是殿宇、楼阁，则各自减去其数的1/5；如果是装画晕锦，就各自减去其数的1/10；如果是描白地枝条华做法，就各自增加其数的1/10；或者是琐文装四出、六出锦的彩画做法，与之相同。

如上各自计为1功。

若为上粉贴金出褫做法，每1尺，计为1.5功。

（青绿）

青绿碾玉[①]，红或抢金碾玉同[②]。亭子、廊屋、散舍之类，一十二尺；殿宇、楼阁各项，减数六分之一。

青绿间红、三晕棱间[③]，亭子、廊屋、散舍之类，二十尺；殿宇、楼阁各项，减数四分之一。

青绿二晕棱间[④]，亭子、廊屋、散舍之类，二十五尺；殿宇、楼阁各项，减数五分之一。

【注释】

①青绿碾玉：指以青绿两色为主的碾玉装彩画做法。关于“碾玉装”，参见卷第十四《彩画作制度》“总制度·衬地之法”条相关注释。

②红或抢金碾玉：似指在青绿碾玉图案的基础上，嵌入红或金色线条，以使其图案效果更加夺目。抢金，似指在器物上嵌金，以作为其表面装饰。碾玉，一般为青绿碾玉。

③青绿间红：这里的“青绿间红”，疑与卷第十四《彩画作制度》“杂间装·杂间装一般规则”条中提到的“间红青绿”有所关联，似指在青绿彩画中，间插以红色的做法。三晕棱间：疑指彩画作制度中“青绿叠晕棱间装”中的一种做法。参见卷第十四《彩画作制度》“青绿叠晕棱间装·青绿叠晕棱间装之制”条相关注释。

④青绿二晕棱间：似仍属“青绿叠晕棱间装”中的一种做法。

【译文】

青绿碾玉装，若红或抢金碾玉装，与之相同。其亭子、廊屋、散舍之类，12尺；若为殿宇、楼阁等诸项，则应减其数1/6计之。

青绿间红、三晕棱间装，其亭子、廊屋、散舍之类，20尺；若为殿宇、楼阁等诸项，则应以减其数的1/4计之。

青绿二晕棱间装，其亭子、廊屋、散舍之类，25尺；若为殿宇、楼阁等诸项，则应以减其数的1/5计之。

（解绿）

解绿画松、青绿缘道①，厅堂、亭子、廊屋、散舍之类，四十五尺；殿宇、楼阁，减数九分之一；如间红三晕②，即各减十分之二。

解绿赤白③，廊屋、散舍、华架之类④，一百四十尺；殿宇即减数七分之二；若楼阁、亭子、厅堂、门楼及内中屋各项⑤，减廊屋数七分之一；若间结华或卓柏⑥，各减十分之二。

【注释】

①解绿画松：指在解绿装的基础上，间以松文图案。解绿，以傅先生的推测，似可能为“解缘”之误，即勾勒名件边棱之缘道的意思。关于“解绿”，参见卷第十四《彩画作制度》“解绿装饰屋舍·枓栱、方桁等施解绿装”条相关注释。青绿缘道：用青、绿两色在房屋名件的边棱处勾勒缘道。

②间红三晕：在三晕棱间装彩画中，间插以红色华文图案，即是“间红三晕”的做法。这里的“三晕”，当指彩画作制度中的“三晕棱间装”做法。

③解绿赤白：指彩画作制度中的“杂间装”中的“解绿赤白装”做法。

④华架：疑指室外施设的花架等构筑物。

⑤内中屋：这里的“内中屋”意思不很清楚，未知是指皇宫大内之中的房屋、建筑组群中之房屋，还是指不同房屋的室内。暂以“房屋室内”理解。

⑥间结华：这里似指在解绿赤白彩画的基础上，间以华文的彩画绘制方法。卓柏：这里的“卓柏”，从其上下文可知，是指在解绿赤白画法的基础上，间以卓柏松文图案的彩画绘制方法。关于“卓柏装”，参见卷第十四《彩画作制度》“解绿装饰屋舍·枓栱、方桁等施解绿装”条相关注释。

【译文】

解绿画松文、青绿缘道做法，其厅堂、亭子、廊屋、散舍之类，45尺；若为殿宇、楼阁，则应以减其数的1/9计之；如果为间红三晕做法，就各自减其数的2/10计之。

解绿赤白做法，其廊屋、散舍、华架之类，140尺；若为殿宇，则应以减其数的2/7计之；如果是楼阁、亭子、厅堂、门楼及房屋室内各项，则应以减廊屋数的1/7计之；如果是采用间结华或卓柏做法，则各自减其数的2/10计之。

（丹粉赤白）

丹粉赤白①，廊屋、散舍、诸营、厅堂及鼓楼、华架之类②，一百六十尺；殿宇、楼阁，减数四分之一；即亭子、厅堂、门楼及皇城内屋，各减八分之一。

【注释】

①丹粉赤白：疑将房屋名件，在丹粉涂饰的基础上，做赤白亮色的解绿勾勒。丹粉，参见卷第十四《彩画作制度》“丹粉刷饰屋舍·丹粉刷饰屋舍之制”条相关注释。赤白，疑与宋式彩画“杂间装”中的“解绿赤白装”做法有所关联。

②诸营：当指宋时军队的营屋、军舍。与廊屋、散舍一样，军队营屋也属于等级较低的屋舍。

【译文】

以丹粉赤白刷饰做法，其廊屋、散舍、诸军营房、厅堂及鼓楼、华架之类，160尺；若为殿宇、楼阁，则应以减其数的1/4计之；如果是亭子、厅堂、门楼及皇城内屋等，则各自以减其数的1/8计之。

（刷土黄、白缘道）

刷土黄、白缘道①，廊屋、散舍之类，一百八十尺；厅堂、门楼、凉棚各项，减数六分之一；若墨缘道②，即减十分之一。

【注释】

①刷土黄、白缘道：指用土黄色或白色刷饰房屋名件的缘道。参见卷第十四《彩画作制度》“丹粉刷饰屋舍·丹粉刷饰屋舍之制”条相关注释。

②墨缘道：疑指卷第十四《彩画作制度》“丹粉刷饰屋舍·丹粉（土黄）刷饰之一般规则”条中提到的“若刷土黄解墨缘道者，唯以墨代粉刷缘道”之做法。

【译文】

刷饰土黄、白缘道做法，其廊屋、散舍之类，180尺；若为厅堂、门楼、凉棚等各项，则应以减其数的1/6计之；如果为墨缘道做法，即应以减其数的1/10计之。

（土朱刷）

土朱刷①，间黄丹或土黄刷②，带护缝、牙子抹绿同③。版壁、平闇、门、窗、叉子、勾阑、棵笼之类，一百八十尺；若护缝、牙子解染青绿者④，减数三分之一。

【注释】

①土朱刷：似为丹粉刷饰的做法之一。卷第十四《彩画作制度》“丹粉刷饰屋舍·丹粉（土黄）刷饰之一般规则”条载：“凡丹粉刷饰，其土朱用两遍，用毕并以胶水拢罩。”

②间黄丹：从上下文看，似为在土朱刷的基础上间插以黄丹色华文的做法。土黄刷：仍为丹粉刷饰的一种。卷第十四《彩画作制度》“丹粉刷饰屋舍·丹粉（土黄）刷饰之一般规则”条：“凡丹粉刷饰，其土朱用两遍，用毕并以胶水拢罩。若刷土黄则不用。”可知，与“土朱刷”的区别是：“土黄刷”不用以胶水拢罩。

③护缝、牙子抹绿：指将小木作中的护缝、牙子刷为绿色。

④护缝、牙子解染青绿：指将小木作中的护缝、牙子采用解染青绿做法。疑即在其护缝、牙子的边缘，勾以青绿之色，以做缘道。

【译文】

土朱刷饰做法，间插以黄丹或采用土黄刷饰做法，带以护缝、牙子抹绿做法者，与之相同。**若为版壁、平闇、门、窗、叉子、勾阑、棵笼子之类，180尺**，若是护缝、牙子采用解染青绿做法，则应以减其数的1/3计之。

（合朱刷）

合朱刷①：

格子②，九十尺；抹合绿方眼同③；如合绿刷毬文④，即减数六分之一；若合朱画松、难子、壸门解压青绿⑤，即减数之半；如抹合绿于障水版之上⑥，刷青地描染戏兽、云子之类⑦，即减数九分之一；若朱红染⑧，难子、壸门、牙子解染青绿⑨，即减数三分之一；如土朱刷间黄丹⑩，即加数六分之一。

平闇、软门、版壁之类，难子、壸门、牙头、护缝解染青绿。一百二十尺；通刷素绿同⑪；若抹绿⑫，牙头、护缝解染青华⑬，即减数四分之一；如朱红染，牙头、护缝等解染青绿，即减数之半。

槛面、勾阑，抹绿同。一百八尺；“万”字、勾片版、难子上解染青绿⑭，或障水版之上描染戏兽、云子之类，即各减数三分之一，朱红染同。

叉子，云头、望柱头五彩或碾玉装造⑮。五十五尺；抹绿者，加数五分之一；若朱红染者，即减数五分之一。

棵笼子，间刷素绿，牙子、难子等解压青绿。六十五尺；

乌头绰楔门⑯，牙头、护缝、难子压染青绿，棂子抹绿。一百尺；若高广一丈以上，即减数四分之一；如若土朱刷间黄丹者，加数二分之一。

抹合绿窗，难子刷黄丹，颊、串、地栿刷土朱。一百尺；

华表柱并装染柱头、鹤子、日月版⑰；须缚棚阁者，减数五分之一。

刷土朱通造⑱，一百二十五尺；

绿笥通造⑲，一百尺；

用桐油，每一斤；煎合在内。

右各一功。

【注释】

①合朱刷：似为宋式彩画解绿装饰屋舍做法之一。卷第十四《彩画作制度》“解绿装饰屋舍·科栱、方桁等施解绿装”条：“栱、梁等下面用合朱通刷。”这里的“合朱”，疑指一种经过调和的朱色。

②格子：当指小木作中的“格子门”。

③抹合绿方眼：指用合绿色刷抹方眼格子门的做法。

④合绿刷毬（qiú）文：指用合绿色刷抹毬文格子门的做法。

⑤合朱画松:指以合朱色绘松文图案。解压青绿:从上下文看,似指以青绿色勾勒小木作难子、壶门等的边缘。

⑥抹合绿:从上下文看,是在小木作障水版表面涂刷以合绿色。

⑦刷青地描染戏兽、云子:在小木作障水版表面涂刷以青色,再在这一衬底之上,描染表演性的兽类动物,或绘以云文。

⑧朱红染:以朱红色对名件表面所做的涂染。

⑨解染青绿:从上下文看,似指在朱红染的基础上,将名件边棱勾勒以青绿色缘道。

⑩如土朱刷间黄丹:原文"如土朱刷闲黄丹",傅注:改"闲(閑)"为"间(間)"。梁注本为"如土朱刷间黄丹"。

⑪通刷素绿:从上下文看,指将平阇、软门、版壁等名件通以素绿色涂刷。

⑫抹绿:似为与"通刷"相区别的一种彩绘方式,指在名件表面涂抹绿色,其名件边缘可能会做解染的处理。

⑬解染青华:从上下文看,似指在经过"抹绿"处理的小木作牙头、护缝的边棱处,用青色华文加以勾勒解染。

⑭"万"字:原文"萬字",傅注:改"萬"为"万",并注:"卍,四库本。"

⑮五彩或碾玉装造:从上下文看,这里是指叉子的云头与望柱头采用了五彩装或碾玉装的彩绘方式。

⑯乌头绰楔(chuò xiē)门:绰楔,指古时施设于门前两侧,用以彰显忠孝仁义之德的木柱。这里当指一种形式的乌头门。其典见《新五代史·李自伦传》:"其量地之宜,高其外门,门安绰楔,左右建台,高一丈二尺,广狭方正称焉,圬以白而赤其四角,使不孝不义者见之,可以悛心而易行焉。"

⑰华表柱并装染柱头、鹤子、日月版:其彩画作的做法及面积,似应是包括了其后紧接的"刷土朱通造,一百二十五尺"与"绿笥通造,一百尺"两种情况。鹤子,当指在华表柱柱头之上所立仙鹤

造型。日月版，华表柱古称“阀阅”，或称“诽谤木”，其柱头之上施以横版，即交午木，在宋时亦称“明版”。宋人曾慥《类说》卷三十六：“尧设诽谤木，则今华表也，以横木交柱头，亦曰交午木。”

⑱刷土朱通造：推测可能与“通刷土朱造”是一个意思，即将其名件外表，通刷以土朱之色。

⑲绿笥通造：疑即将名件表面通绘以绿笥图案。这里的“笥”，当指宋式彩画中的“笥文”。参见卷第十四《彩画作制度》“青绿叠晕棱间装·柱上施青绿叠晕棱间装”条相关注释。

【译文】

合朱色刷饰做法：

格子门，90尺；若抹合绿色方格眼，与之相同；如果为合绿刷饰毬文格子，就应以减其数的1/6计之；若为合朱画松文，或在难子、壸门上绘以解压青绿做法，就应以减去其数的一半计之；如果是抹合绿于障水版之上，或刷饰青地并描染戏兽、云子之类做法，就应以减其数的1/9计之；若为朱红染，或在难子、壸门、牙子上绘施以解染青绿做法，就应以减其数的1/3计之；如果是土朱刷饰并间插以黄丹色，就应以增加其数的1/6计之。

平阇、软门、版壁之类，或是在难子、壸门、牙头、护缝上施绘解染青绿做法。**120尺**；若其为通刷素绿做法，与之相同；如果是抹绿，或在牙头、护缝上施绘解染青华做法，就应以减其数的1/4计之；如果是朱红染，或在牙头、护缝等上施绘以解染青绿做法，就应以减去其数的一半计之。

槛面、勾阑，若用抹绿做法，与之相同。**108尺**；或在“万”字版、勾片版、难子上施绘以解染青绿做法，或在障水版之上描染戏兽、云子之类的做法，就应分别以减去其数的1/3计之，如果是朱红染做法，与之相同。

叉子，叉子之云头、望柱头为五彩或碾玉装造做法。**55尺**；其为抹绿做法者，则应以增加其数的1/5计之；如果为朱红染做法，就应以减去其数的1/5计之。

棵笼子，间刷以素绿色，其牙子、难子等施绘以解压青绿做法。**65尺**；

乌头绰楔门，若其牙头、护缝、难子施绘以压染青绿做法，其棂子采用抹绿做法。100尺；如果其高度与宽度在1丈以上，就应以减其数的1/4计之；如果采用土朱刷饰并间插以黄丹色，则应以增加其数的1/2计之。

抹合绿色窗，其难子上刷以黄丹，其立颊、腰串、地栿刷以土朱色。100尺；

华表柱并装染其柱的柱头、鹤子与日月版；如果在施工时须缚设棚阁，则应以减其数的1/5计之。

通刷土朱色做法，125尺；

通施绘以绿筍文做法，100尺；

用桐油，每1斤；包括对桐油的煎合等做法在内。

如上自“青绿”至“合朱刷”诸条下各项，依其所计数，分别计为1功。

砖作

【题解】

砖在房屋建造中的施用，在中国古代建筑的发展史上由来已久。但从建筑历史本身的发展来看，中国建筑中较大量使用砖筑墙体的一个转折时代，是从唐末至五代时期。例如，唐代皇家陵寝中，还主要以夯土墓穴为主，但五代时期一些地方割据统治者的墓穴，如前蜀王建墓，就几乎是用砖砌筑的了。

宋代都城的城垣，皇家的皇城、宫城，及宫殿建筑的台基、墙体等，比较唐代都城的城垣、皇城、宫城或宫殿建筑，使用砖的数量有了明显的增多；故而对砖的造作、加工、削斫、垒砌等都会产生相应的功限；不同尺寸的砖，其斫事、垒砌所计功限也有所不同；由此，让我们对宋代砖的不同尺寸型号会有一定的了解。

（斫事）

斫事[①]：

方砖：

二尺，一十三口；每减一寸，加二口。

一尺七寸，二十口；每减一寸，加五口。

一尺二寸，五十口。

压阑砖[2]，二十口。

右各一功。铺砌功，并以斫事砖数加之；二尺以下，加五分；一尺七寸，加六分；一尺五寸以下，各倍加；一尺二寸，加八分；压阑砖，加六分。其添补功，即以铺砌之数减半。

条砖，长一尺三寸，四十口，趄面砖加一分[3]。一功。垒砌功，即以斫事砖数加一倍[4]；趄面砖同，其添补者，即减创垒砖八分之五[5]。若砌高四尺以上者，减砖四分之一。如补换华头[6]，即以斫事之数减半。

粗垒条砖，谓不斫事者。长一尺三寸，二百口，每减一寸，加一倍。一功。其添补者，即减创垒砖数：长一尺三寸者，减四分之一；长一尺二寸，各减半；若垒高四尺以上，各减砖五分之一；长一尺二寸者，减四分之一[7]。

【注释】

①斫事：在砌筑施工之前，对所砌砖体做砍削、修斫的工作。

②压阑砖：铺施于房屋台基地面边缘的地面砖，其位置和作用与石作制度中的压阑石相类似。参见卷第十五《砖作制度》“用砖·殿阁、厅堂、亭榭、行廊、散屋等用砖”条相关注释。

③趄（qiè）面砖：当指卷第十五《砖作制度》“用砖之制·城壁用砖”条中提到的“走趄砖”与“趄条砖”。走趄砖，是指一种在宽度方向上，上下面不同，面狭底宽，侧面为倾斜状的楔形砖。趄条砖，则是指一种在长度方向上，上下面不同，顶面稍短，底面稍长

的砖。另有一种“牛头砖”,其左右两侧的厚度不同。未知这里是否是将这几种砖归在了“趄面砖”的范畴之下。

④垒砌功,即以斫事砖数加一倍:傅注:“即,衍文,据故宫本、四库本,删去。”即为“垒砌功,以斫事砖数加一倍”。暂从原文。

⑤创垒砖:疑与垒砌砖墙,或垒创砖砌体为同一个意思。创垒,疑指砖砌体的垒砌过程。

⑥华头:疑指其外露之表面雕镌有华文图案的条砖。

⑦长一尺二寸者,减四分之一:陈注:“其长,竹本。”依竹本,其文为“其长一尺二寸者,减四分之一”。依陈注。

【译文】

对砖做砍削、修斫等事:

方砖:

2尺,13口;每减1寸,则加2口。

1.7尺,20口;每减1寸,则加5口。

1.2尺,50口。

压阑砖,20口。

如上诸项各自计为1功。砖之铺砌所用功,都以做了砍削、修斫等事之砖的数量再做增加;2尺以下的砖,加0.5功;1.7尺的砖,加0.6功;1.5尺以下的砖,各自增加1倍;1.2尺的砖,增加0.8功;压阑砖,增加0.6功。其砖的添补所用功,则以铺砌之数减去一半计之。

条砖,长1.3尺,40口,趄面砖,增加0.1功。**计为1功。**垒砌所用功,即以经过砍削、修斫等事的砖数再增加1倍;趄面砖与之相同,其砖的添补所用功,就应以减去其砖创垒所用功的5/8计之。如果其砖的砌筑高度在4尺以上者,减去其砖创垒所用功的1/4计之。如果是修补更换砖雕华头,则以其华头修斫雕镌所用功的一半计之。

粗垒条砖,即对所垒条砖不加以砍削、修斫诸事。**其长1.3尺,200口,**其长度每减少1寸,其所计数增加1倍。**计为1功。**其砖的添补所用功,则以减除其创垒砖的数量而计之：若为长1.3尺的砖，则减其数的1/4计之；若为长1.2尺的砖，则各自以减去一半计之；若其创垒高度在4尺以上，则各自以减除砖数的1/5计之；长1.2尺的砖，则以减其砖数的1/4计之。

（事造剜凿）

事造剜凿[①]：并用一尺三寸砖。

地面斗八，阶基、城门坐砖侧头、须弥台坐之类同[②]。龙、凤、华样人物、壶门、宝瓶之类[③]；

方砖，一口；间窠毬文[④]，加一口半。

条砖，五口；

右各一功。

【注释】

①事造剜凿：疑指在砖筑砌体的垒造过程中，对砌体某一部位用砖的外形加以剜凿、修斫，以适应其砖所在位置的砌体外轮廓。

②阶基、城门坐砖侧头：疑指殿堂阶基顶面或城门顶面所铺砌之砖的侧面边棱。

③华样人物：似指包括华文或人物等造型在内的砖雕形式。宝瓶：指用砖修斫剜凿而成的外观如瓶状的装饰体，例如施于房屋翼角大角梁下的宝瓶，或施于房屋外墙转角处、房屋台基转角处的装饰性宝瓶等。

④间窠毬文：疑指在用方砖砌筑的砌体表面，间插以含有毬文图案装饰的团窠形式。

【译文】

对砖之外形做剜凿等事造处理：均使用1.3尺砖。

地面斗八，殿屋阶基、城门等之上以坐砖方式所砌筑的侧棱、须弥台座之类与之相同。用砖所剜凿雕镌的龙、凤及华样人物、壶门、宝瓶之类；

用方砖剜造，1口；若其中间插以团窠毬文，则应以增加1.5口计之。

用条砖剜造，5口；

如上诸项各自计为1功。

（透空气眼）

透空气眼①：

方砖，每一口：

神子②：一功七分。

龙、凤、华盆③，一功三分。

条砖：壶门，三枚半④，每一枚用砖四口⑤。一功。

【注释】

①透空气眼：疑指在砖砌体，包括砖筑墙体中，留出透空之气眼的做法。如在房屋外围护墙与其屋檐柱相合处，会在墙之外表面留出透空气眼，以保持其柱四周空气的流动，防止柱子过快发生糟朽。

②神子：未知这里的“神子”所指为何物，施于何处。《高僧传》卷一中提到唐开元时天竺高僧不空，在受诏祈雨时，“但设一绣坐，手颠旋数寸木神子，念咒掷之”，其“神子”指的是僧人施法时所用的法器。疑这里或亦指佛寺、道观中用砖修斫的某种做法器物。

③华盆：疑指有花卉造型及其下所托花盆的砖雕造型。亦有可能是指用砖砌筑的可以插种花卉的花盆。

④三枚半：从其后文所言每一枚用砖之数，则这里的“枚”非为条砖的量词，疑可能是指“壶门”。每一砖砌的装饰性壶门，称为一“枚”。

⑤每一枚用砖四口：原文“每一枚用砖百口”，陈注“百”字：“四，竹

本。”据竹本，其文似为“每一枚用砖四口”。从雕砌壶门所用砖的数量看，竹本似较合理，这里暂从陈先生所注。

【译文】

剜凿透空的气眼：

用方砖，每1口：

雕镌神子：1.7功。

雕镌龙、凤、华盆，1.3功。

用条砖：砌造壶门，3.5枚，每砌造1枚壶门用砖4口。计为1功。

（刷染砖甋、基阶之类）

刷染砖甋、基阶之类①，每二百五十尺，须缚棚阁者，减五分之一。一功。

甃垒井，每用砖二百口，一功。

淘井②：每一眼，径四尺至五尺，二功。每增一尺，加一功；至九尺以上，每增一尺，加二功。

【注释】

①刷染砖甋：似指在砖筑外墙、台基或屋顶所覆瓦顶上施以色彩的刷染，以表现其房屋的身份等级。如晚期南方寺院，常常将寺墙涂为褐黄色，以示与周围民居的区别，就是一个例子。基阶：从上下文看，这里是指对房屋的阶基亦加以刷染的做法。

②淘井：这里将“淘井”纳入“砖作”功限之中，或因其井为砖所砌筑。淘井过程中是否包括对井之修补，未可知。

【译文】

对砖砌体及屋顶所覆甋瓦等做刷染的处理，包括房屋基阶之类，每250尺，如果在施工时须缚以棚阁者，则减其数的1/5计之。计为1功。

甃垒井，每用砖200口，计为1功。

淘井：每1眼，其井径为4尺至5尺，计为2功。若其径每增加1尺，则应增加1功计之；若其径增至9尺以上，则其径每增加1尺，以增加2功计之。

窑作

【题解】

窑作所涉及的内容，更多是关于房屋建筑材料的，如砖、瓦及琉璃瓦件或装饰件的烧制做法及其所用功限。

砖瓦的制作，首先是从砖瓦坯开始的，这一步也包括了打造砖瓦坯的泥土，泥的拌和、晾晒，以及入窑、烧制与出窑等过程。

烧制琉璃瓦或琉璃青掍瓦，应在装窑之前，在瓦坯上涂以由不同原料合和而成的药料，并采用烧变的方式烧造。

坯的搬运与装载，与烧造其坯的窑址距离也有关系，若距离较远，则其在坯之烧作中所计的功限数占比就会比较高，这也多少反映出宋人在功限计算上的细致与科学。

（造砖坯）

造坯：

方砖：

二尺，一十口；每减一寸，加二口。

一尺五寸，二十七口；每减一寸，加六口；砖碇与一尺三寸方砖同①。

一尺二寸，七十六口；盘龙凤、杂华同②。

条砖：

长一尺三寸，八十二口；牛头砖同③；其趄面砖加十分之一。

长一尺二寸，一百八十七口；趄条并走趄砖同[④]。

压阑砖，二十七口；

右各一功。般取土末、和泥、事褫、曒曝、排垛在内[⑤]。

【注释】

①砖碇：其义略近用砖制作的柱础，或可用于廊柱、勾阑望柱之下。参见卷第十五《窑作制度》“砖·造砖坯”条相关注释。

②盘龙凤：指将拟烧制的砖坯模塑成有盘龙凤形象的浮雕造型，以形成施于特殊部位的砖雕形象。杂华：指将拟烧制的砖坯，雕镌诸种不同的华文图案，以作为墙面的装饰。

③牛头砖：砖名。参见卷第十五《窑作制度》“用砖·城壁用砖”条相关注释。

④趄条并走趄砖：砖名。参见卷第十五《窑作制度》“用砖·城壁用砖”条相关注释。

⑤般取土末：疑指在和泥之前，搬运用于制作砖坯之细土的工序。般取，即“搬取”。般，义同“搬”。事褫（chǐ）：疑指用泥制造砖坯过程中的“脱坯”工序。褫，脱离。曒（shài）曝：指在阳光下暴晒。曒，同“晒”。排垛：指将制成且晒干的砖坯排列成砖坯垛，以备入窑。

【译文】

造坯：

造方砖坯：

2尺，10口；其坯尺寸每减少1寸，则以增加2口计之。

1.5尺，27口；其坯尺寸每减少1寸，则以增加6口计之；造砖碇坯所计功限标准与1.3尺方砖所计功限标准相同。

1.2尺，76口；如果其方砖坯上雕以盘龙凤、杂华等，其所计数与之相同。

造条砖坯：

长1.3尺，82口；造牛头砖坯，其数与之相同；若造趄面砖坯，则其数在此基础上以增加1/10计之。

长1.2尺，187口；若造趄条砖坯包括走趄砖坯的，其数与之相同。

造压阑砖坯，27口；

如上诸项各计为1功。搬取细土、和泥、脱坯、在阳光下暴晒、排列砖坯垛等，亦包括在内。

（造瓪、瓪瓦坯）

瓪瓦，长一尺四寸，九十五口；每减二寸，加三十口；其长一尺以下者，减一十口。

瓪瓦：

长一尺六寸，九十口；每减二寸，加六十口；其长一尺四寸展样①，比长一尺四寸瓦减二十口。

长一尺，一百三十六口；每减二寸，加一十二口。

右各一功。其瓦坯并华头所用胶土②，即别计。

黏瓪瓦华头③，长一尺四寸，四十五口；每减二寸，加五口；其一尺以下者，即倍加。

拨瓪瓦重唇④，长一尺六寸，八十口；每减二寸，加八口；其一尺二寸以下者，即倍加。

黏镇子砖系⑤，五十八口；

右各一功。

【注释】

①展样：不很清楚这里的“展样”做何解，疑指其瓦在非叠压状态下铺开时的完整尺寸与式样。

②华头：疑指刻塑有华文图案的甋瓦瓦头，其瓦可能施于檐头部位。

③黏甋瓦华头：从字面上看，其雕有华文的甋瓦瓦头是在塑制好后，黏接到甋瓦端部的，而非一次模塑成的。

④拨瓪瓦重唇：当是在制成瓪瓦瓦坯之后，对拟制作重唇瓪瓦的瓪瓦端头加以造型处理的工序。瓪瓦重唇，即指重唇瓪瓦。参见卷第十五《窑作制度》“琉璃瓦等·造琉璃瓦等之制”条相关注释。

⑤镇子砖：可能是古代文人用于镇纸的专用砖。参见卷第十五《窑作制度》“砖·造砖坯”条相关注释。

【译文】

造甋瓦坯，长1.4尺，95口；其瓦尺寸每减少2寸，则以增加30口计之；若其瓦坯之长在1尺以下的，则以减少10口计之。

造瓪瓦坯：

长1.6尺，90口；其瓦尺寸每减少2寸，则以增加60口计之；若其坯为长1.4尺的展样瓦坯，则应以比长1.4尺的瓪瓦坯减少20口计之。

长1尺，136口；其瓦尺寸每减小2寸，则应以增加12口计之。

如上诸项各计为1功。造瓦坯与华头所用胶土之功限，应分别计之。

黏接甋瓦的华头，以其甋瓦长1.4尺，45口；其甋瓦尺寸每减小2寸，则以增加5口计之；若其甋瓦长度在1尺以下，其所计瓦口数应增加1倍。

拨制瓪瓦坯的重唇，以其瓪瓦长1.6尺，80口；其瓪瓦尺寸每减小2寸，则以增加8口计之；若其瓪瓦长度在1.2尺以下，其所计瓦口数应增加1倍。

黏镇子砖之类砖坯，58口；

如上诸项各自计为1功。

（造鸱兽等）

造鸱、兽等，每一只：

鸱尾，每高一尺，二功。龙尾，功加三分之一。

兽头：

高三尺五寸，二功八分，每减一寸，减八厘功。

高二尺，八分功。每减一寸，减一分功。

高一尺二寸，一分六厘八毫功。每减一寸，减四毫功。

套兽，口径一尺二寸，七分二厘功。每减二寸，减一分三厘功。

蹲兽，高一尺四寸，二分五厘功。每减二寸，减二厘功。

嫔伽，高一尺四寸，四分六厘功。每减二寸，减六厘功。

角珠[①]，每高一尺，八分功。

火珠[②]，径八寸，二功。每增一寸，加八分功；至一尺以上，更于所加八分功外，递加一分功；谓如径一尺，加九分功，径一尺一寸，加一功之类。

阀阅，每高一尺，八分功。

行龙、飞凤、走兽之类，长一尺四寸，五分功。

【注释】

①角珠：疑指宋式营造中屋顶瓦饰中的一个瓦制饰件，未知其施于何处，未知是否为宋式营造中施于房屋翼角脊所覆甋瓦之上、用以固定其瓦的滴当火珠。目前所知明清屋顶角脊瓦饰上未见到如此做法。

②火珠：这里的“火珠”，直径仅8寸，较前文所言“以径二尺为准”的火珠小了许多，但以之作为“滴当火珠”，尺寸似又偏大。

【译文】

造鸱、兽等坯，每1只：

鸱尾，每高1尺，计为2功。龙尾，其功以增加1/3计之。

造兽头坯：

高3.5尺，计为2.8功，其坯高度每减小1寸，则以减少0.08功计之。

高2尺，计为0.8功。其坯高度每减小1寸，则以减少0.1功计之。

高1.2尺，计为0.168功。其坯高度每减小1寸，则以减少0.004功计之。

造套兽坯，套兽口径1.2尺，计为0.72功。其口径每减少2寸，则以减少0.13功计之。

造蹲兽坯，高1.4尺，计为0.25功。其坯高度每减小2寸，则以减少0.02功计之。

造嫔伽坯，高1.4尺，计为0.46功。其坯高度每减小2寸，则以减少0.06功计之。

造角珠坯，其珠每高1尺，计为0.8功。

造火珠坯，其珠直径8寸，计为2功。若其径每增加1寸，则以增加0.8功计之；若其径增至1尺以上，则应在所加0.8功的基础之上，再递进增加0.1功；例如，其珠直径为1尺，则以增加0.9功计之，其珠直径为1.1尺，则以增加1功计之，诸如此类。

造乌头门等表柱上所施阀阅之坯，以其阀阅每高1尺，计为0.8功。

造行龙、飞凤、走兽之类坯，其长1.4尺，计为0.5功。

（用荼土掍甋瓦）

用荼土掍甋瓦[①]，长一尺四寸，八十口，一功。长一尺六寸瓪瓦同，其华头、重唇在内。余准此。如每减二寸，加四十口。

【注释】

①用荼土掍甋瓦：傅注：改“荼”为“茶”，并注：“茶，据故宫本、四库本改。”若改为“茶土”，则其文为“用茶土掍甋瓦”。荼，古与“涂”义近，但“荼土”不知做何解。掍，有“混合”“缘边”等义。

【译文】

用荼土掍甋瓦坯，其坯长1.4尺，80口，计为1功。其长为1.6尺的瓪瓦，用茶土混其坯时，用功所计数与之相同，其甋瓦所黏华头、瓪瓦所拨重唇等功，亦包括在内。其他相类用茶土混其坯者，亦以此为标准。如果其尺寸每减小2寸，则以增加40口计之。

（装素白砖瓦坯）

装素白砖瓦坯①，青掍瓦同②；如滑石掍③，其功在内。大窑计烧变所用芟草数④，每七百八十束曝窑⑤，三分之一。为一窑；以坯十分为率，须于往来一里外至二里，般六分⑥，共三十六功。递转在内。曝窑，三分之一。若般取六分以上，每一分加三功，至四十二功止。曝窑，每一分加一功，至一十五功止。即四分之外及不满一里者，每一分减三功，减至二十四功止。曝窑，每一分减一功，减至七功止。

【注释】

①素白砖瓦坯：指用泥土直接和造而成，未经任何表面涂料、釉料等涂抹的砖坯与瓦坯。

②青掍瓦：瓦名。参见卷第十五《窑作制度》“青掍瓦”条相关注释；并参见本卷“瓦作·斫事甋瓦口”条相关注释。

③滑石掍：似指在青掍瓦坯上掺滑石末。参见第十五《窑作制度》“青掍瓦”条相关注释。

④大窑：容量较大的窑。参见第十五《窑作制度》“垒造窑·垒造之制”条相关注释。芟（shān）草：芟除而来的杂草。参见卷第十五《窑作制度》“烧变次序”条相关注释。

⑤曝窑：可能是指专门用于烧制琉璃瓦及琉璃饰件的窑。参见第十五《窑作制度》“垒造窑·垒造之制”条相关注释。

⑥般：即“般运”，亦即“搬运”。参见本卷“窑作·造坯”“造砖坯”

条相关注释。

【译文】

向窑内搬装素白砖瓦坯，搬装青掍瓦与之相同；如果在搬装的青掍瓦坯中掺滑石末，其功亦包括在内。大窑应计入烧变所用的芟草之数，每780束若是曝窑，则其烧变所用的芟草之数以此数的1/3计之。为1窑；以装其坯总功为10分计之，若其坯在往来距离1里之外至2里，则其搬运所用功限占其10分中的6分，共计为36功。其中的递转等所用功包括在内。若是向曝窑之内搬装，则以上述之功的1/3计之。如果其搬取之功占到10分中的6分以上，则其每1分应增加3功计之，增至42功为止。若是曝窑，则其每1分增加1功计之，增至15功为止。若其搬运所用功限仅占其所用功之10分中的4分以下，以及其往来距离不满1里者，则其每1分应减3功计之，减至24功为止。若是曝窑，则其每1分减去1功计之，减至7功为止。

（烧变大窑）

烧变大窑[①]，每一窑：

烧变，一十八功。曝窑，三分之一。出窑功同。

出窑，一十五功。

烧变琉璃瓦等，每一窑，七功。合和、用药、般装、出窑在内[②]。

擣罗洛河石末[③]，每六斤一十两，一功。

炒黑锡[④]，每一料，一十五功。

垒窑[⑤]，每一坐：

大窑，三十二功。

曝窑，一十五功三分。

【注释】

①烧变大窑：关于“烧变”，参见卷第十五《窑作制度》“烧变次序”

条行文。关于“大窑”,参见卷第十五《窑作制度》“垒造窑·垒造之制”条相关注释。

②合和:这里的“合和”其义不详,可能是指调和用以涂抹在拟烧变琉璃瓦表面的药料与涂料。用药:卷第十五《窑作制度》“琉璃瓦等·造琉璃瓦等之制”条:“药以黄丹、洛河石和铜末,用水调匀。(冬月用汤。)”

③捣罗洛河石末:指将洛河石捣成粉末状。捣,捣碎。罗,意为用细密的罗筛筛其石末。洛河石末,是用以烧制琉璃青掍瓦的一种配药。

④炒黑锡:炒制黑锡。参见卷第十五《窑作制度》“琉璃瓦等·炒造黄丹阙”条相关注释。

⑤垒窑:即垒砌烧制砖瓦之窑。这里当指垒砌烧制琉璃青掍瓦的烧变之窑。

【译文】

烧变大窑,每1窑:

烧变,计为18功。若烧变曝窑,则以此数的1/3计之。若出窑,大窑与曝窑所计功相同。

出窑,15功。

烧变琉璃瓦等,每1窑,计为7功。其合和、用药、搬运、装载、出窑等所用功包括在内。

捣碎罗筛洛河石末,每6斤10两,计为1功。

炒黑锡,每炒1料,计为15功。

垒造烧变之窑,每1坐:

垒造大窑,计为32功。

垒造曝窑,计为15.3功。

卷第二十六　诸作料例一

石作　大木作小木作附　竹作　瓦作

【题解】

所谓“料例”，涉及的是有关房屋营造工程中工程用料之计算与准备等方面的问题，大概与现代施工中的“估工算料”在概念上比较接近：估工者，所关涉的是“功限”问题；算料者，所关涉的就是“料例”问题。

“料例”这一术语，最早似见于晚唐武宗朝，唐武宗（814—846）于开成五年（840）即位不久，即下“条流百官俸料制”，其诏曰：“诸道承乏官等，虽云假摄，当责课程。但沾一半料钱，不获杂给料例。自此手力纸笔，特委中书门下条流，贵在酌中，共为均济。”（《全唐文》卷七十六）此时，“料例”一词，似与官员日常俸禄与后勤杂给有关，并非是土木营造工程中所用之词。

北宋时期，“料例”一词已经与“工课”相联，具有与制造之“工”相关联的“料例”概念。如宋代欧阳修《乞条制都作院》中有：“及申三司于南北作坊检会工课料例，及于辖下抽拣工匠，令都作院依样打造次。”这里的“工课”，似与后来《法式》中所云“功限”亦有相通之处。

宋人苏辙所上奏文《请户部复三司诸案札子》中提到：“指挥未几，复以诸处修造，岁有料例，遂令般运堆积，以分出卖之计。臣不知将作见工几何，一岁所用几何。取此积彼，未用之间，有无损败，而遂为此计，本部虽知不便,而以工部之事,不敢复言。”显然,这时已将“料例”与土木营造之事关联在一起了。

宋时,“料例”一词已用于加工制造、土木营造乃至钱币铸造等诸多行业之用料计量。《法式》中设专卷详列料例,恰与这一时期社会上下关注“理财”之事的时代风气密切相关。两宋及元以后,“料例”一词似已不大见于官方文书,亦难见于世俗文本之中。

《法式》在以10卷的篇幅详列诸作“功限”的基础上,又给出了3卷篇幅,列出了诸作料例,足见《法式》在用工、用料之计量上的精密与细致。

《法式》中“诸作料例”部分的内容架构,与“诸作功限”部分的内容架构有着很大的不同。如果说功限部分大体上与《法式》中各种将作的制度性叙述,有着基本的对应关系,那么在料例上,这种关系就显得不那么直接了。但是在大致的顺序上,还是先谈及与基础或基座关联比较密切的石作,然后是大木作与小木作,之后再是可能用于墙面或其他辅助用途的竹作,最后才是覆盖屋顶所要用到的瓦作,即遵循从基础或基座,到屋身,再到屋顶这样一个基本的叙述逻辑。

石作

【题解】

石作,是对以石头为建筑材料的房屋内外各组成部位,如台基、踏阶,及各种与房屋有关的石质构件,如柱础、勾阑、碑碣等房屋名件的造作、加工与安卓。石作料例,顾名思义,就是对房屋建筑中的石材或石料进行加工、营造或安卓时可能发生的相关工序所需要之材料数的统计与计算。

与石作相关之料例中,部分涉及石料表面的处理,部分与石材之间的衔接与固定有关,部分则与其石造名件在安卓时所需要的相应材料,如石灰等的使用,有所关联。与石材的表面处理相关的料例,会用到蜡面、黄蜡以及木炭、细墨之类,而与石材的垒砌、衔接相关的料例,则会用到矿石灰、熟铁鼓卯、铁叶等材料。

蜡面[1]，每长一丈，广一尺：碑身，鳌坐同。

黄蜡[2]，五钱；

木炭[3]，三斤；一段通及一丈以上者，减一斤。

细墨[4]，五钱。

安砌，每长三尺，广二尺，矿石灰五斤[5]。赑屃碑一坐，三十斤；笏头碣，一十斤。

每段：

熟铁鼓卯[6]，二枚；上下大头各广二寸，长一寸；腰长四寸，厚六分；每一枚重一斤。

铁叶[7]，每铺石二重，隔一尺用一段。每段广三寸五分，厚三分。如并四造，长七尺；并三造，长五尺。

灌鼓卯缝，每一枚，用白锡三斤。如用黑锡，加一斤。

【注释】

①蜡面：据卷第三《壕寨及石作制度》"石作制度·造作次序·雕镌制度"条"如减地平钑，磨砻毕，先用墨蜡，后描华文钑造"推测，这里所说的"蜡面"可能是指先在石材表面所涂的墨蜡。参见其相关注释。

②黄蜡：《法式》中仅在此处提到"黄蜡"，未知其所言"黄蜡"是指黄蜡石、蜡石，抑或是指古人在石面雕镌时所涂与墨蜡作用相同的一种黄色蜡。《清稗类钞·工艺类·制铜版》提到："先将活版或木版、锌版等，压于黄蜡版，制成蜡版。"可知黄蜡在印刷制版工艺中的作用。未知两者指的是否是同一种材料。

③木炭："木炭"这种材料，在《法式》中先后出现在本卷"石作料例"与"彩画作料例"中。据《清稗类钞·物品类·木炭》提到："木炭，以树木密闭器中燃烧而成。质佳者，断面有光，击之作金声，烧时无烟，可供燃料，并滤水使之清洁，化学上又以为还原剂，为用极广。"

④细墨："细墨"在《法式》中亦先后出现在"石作料例"与"彩画作料例"中。"细墨"与"粗墨"相对，当是颗粒较为细密之墨。疑《法式》石作制度之"减地平级"做法，在表面所涂墨蜡，可能是细墨与黄蜡的混合物。

⑤矿石灰：作为一种建筑材料，"矿石灰"在《法式》中先后出现在"瓦作制度""石作料例"与"泥作料例"中，疑指的是石灰石经过高温煅烧后制成的生石灰，以作为房屋营造中的黏结材料使用。

⑥熟铁鼓卯：其在宋式营造中主要用于石作，是用熟铁材料以鼓卯形式将相邻两块石材拉结在一起的一种工艺。这种工艺也出现于古罗马石造建筑中。

⑦铁叶：当指一种薄铁皮。其在宋式营造中，主要用于石作与瓦作的屋顶结瓮做法中。

【译文】

蜡面，每长1丈，宽1尺：碑身，鳌坐所施蜡面，其所计长宽尺寸与之相同。

黄蜡，5钱；

木炭，3斤；1段石材其通长达到1丈以上者，所用木炭减1斤。

细墨，5钱。

安砌，每长3尺，宽2尺，用矿石灰5斤。赑屃碑1坐，用矿石灰30斤；笏头碣，用矿石灰10斤。

每段：

熟铁鼓卯，2枚；上下大头各广2寸，长1寸；腰长4寸，厚0.6寸；每1枚重1斤。

铁叶，每铺石2重，隔1尺用1段。每段宽3.5寸，厚0.3寸。如果都是四石造作，铁叶长7尺；都是三石造作，铁叶长5尺。

灌鼓卯缝，每1枚，用白锡3斤。若用黑锡，加1斤。

大木作小木作附

【题解】

大木作工程（在一定程度上说，也包括房屋营造中不可或缺的小木作工程），是中国古代房屋营造中最为重要的部分，其所使用材料的数量与加工，在整个房屋建造工程中所占的比重也最大。

宋代营造制度中，一般是将从自然中采伐的圆木加工成各种方木。房屋营造过程，则是将这些经过初加工的方木，进一步加工成为房屋中各种结构与建筑的相应名件。

尺寸较大的方木，一般优先用为房屋的立柱与梁栿，这属于房屋最重要的结构构架部分。与梁栿相关的各种槫、方以及具有承托作用的角梁、绰幕方等，也都在用料的长度与截面尺寸上有一定的要求。尺寸较小的木料，可用于房屋中的枓栱铺作以及房屋内外的小木作营造上。

正因为木作所需材料的重要性及其数量巨大，所以对方木的切割就变得十分重要与小心。对于不同的材料以及将要制作的不同名件，选择其所需的初始切割尺度，就成为一个十分谨慎而严肃的问题。不很严谨的切割尺寸，就会造成许多不必要的材料浪费。这也许就是《法式》作者对全条料及其剪截解割的相应尺寸做了十分细致的记录与规定的重要原因之一。

（用方木）

用方木①：

大料模方②，长八十尺至六十尺，广三尺五寸至二尺五寸，厚二尺五寸至二尺，充十二架椽至八架椽栿。

广厚方[③]，长六十尺至五十尺，广三尺至二尺，厚二尺至一尺八寸，充八架椽栿并檐栿、绰幕、大檐头[④]。

长方[⑤]，长四十尺至三十尺，广二尺至一尺五寸，厚一尺五寸至一尺二寸，充出跳六架椽至四架椽栿。

松方[⑥]，长二丈八尺至二丈三尺，广二尺至一尺四寸，厚一尺二寸至九寸，充四架椽至三架椽栿、大角梁、檐额、压槽方、高一丈五尺以上版门及裹栿版、佛道帐所用料槽、压厦版。其名件广厚非小松方以下可充者同。

【注释】

①方木：指由原木初加工而成的木方，其截面为矩形，依其木之长短与截面大小可以在房屋营造过程中，加工成为房屋中各种不同的大木作或小木作名件。

②大料模方：指用于加工房屋中主要承重梁栿的大型方木，其长度达到60～80尺，截面高2.5～3.5尺，厚为2～2.5尺，可用于大尺度梁栿的加工制作。关于"大料模方"条，陈注："一等材，每架九尺，八架七十二尺。五等材，十二架，([材厚]四寸四分)，长七十九尺二寸。"据陈先生解，若用一等材，每架间距9尺，合一等材150分°，八架椽栿，长72尺；五等材，每架间距6.6尺，合五等材150分°，十二架椽栿，长79.2尺。两者之间的梁栿皆可用大料模方加工制作。

③广厚方：指较"大料模方"尺寸稍小的方木，其长度在50～60尺，截面高厚比较高，其截面高2～3尺，厚1.8～2尺，结构刚性较好，适于制作文中提到的"八架椽栿并檐栿、绰幕、大檐额"等承重构件。

④大檐头：陈注：改“頭（头）”为“额”，即“大檐额”。从上下文看，似应从陈先生所改。

⑤长方：指较“广厚方”的尺寸更小一些的方木，其长度在30～40尺，截面高1.5～2尺，厚1.2～1.5尺，适于制作“出跳六架椽至四架椽栿”。

⑥松方：指较“长方”尺寸更小一些的方木，且应该是松木，其长度在23～28尺，截面高1.4～2尺，厚0.9～1.2尺，适于制作“四架椽至三架椽栿、大角梁、檐额、压槽方、高一丈五尺以上版门及裹栿版、佛道帐所用料槽、压厦版”等。

【译文】

用方木：

大料模方，长80尺至60尺，截面高3.5尺至2.5尺，厚2.5尺至2尺，可以用来加工制作房屋屋顶梁架中的十二架椽栿至八架椽栿。

广厚方，长60尺至50尺，截面高3尺至2尺，厚2尺至1.8尺，可以用来加工制作房屋屋顶梁架中的八架椽栿，和制作房屋中的檐栿、绰幕方、大檐额等。

长方，长40尺至30尺，截面高2尺至1.5尺，厚1.5尺至1.2尺，可以用来加工制作房屋屋顶梁架中其檐部有出跳构件的六架椽栿至四架椽栿。

松方，长28尺至23尺，截面高2尺至1.4尺，厚1.2尺至0.9尺，可以用来加工制作大木作中的四架椽栿至三架椽栿、大角梁、檐额、压槽方，或制作小木作中高1.5丈以上的版门及裹栿版，或制作佛道帐中所用的料槽、压厦版等。此外，其名件的截面高度与厚度，不是小松方以下可以充用加工者，与此相同。

（柱）

朴柱①，长三十尺，径三尺五寸至二尺五寸，充五间八架椽以上殿柱②。

松柱③，长二丈八尺至二丈三尺，径二尺至一尺五寸，就料剪截，充七间八架椽以上殿副阶柱或五间、三间八架椽至六架椽殿身柱④，或七间至三间八架椽至六架椽厅堂柱⑤。

【注释】

①朴柱：傅注："柟，误作'朴'，非柟木不能有此长、径。"又注："朴，正写作'樸'，营造中不见此等木材也。厚朴为曲材。"柟，木名。《尔雅·释木》："梅，柟。"北宋邢昺疏引孙炎云："荆州曰梅，扬州曰柟。"又："柟"同"楠"，木名。《广韵·覃韵》："柟，同'楠'。"《汉书·司马相如传上》："其北则有阴林巨树，楩柟豫章。"唐颜师古注："柟，音南，今所谓楠木。"

②殿柱：指宋式建筑中殿阁式或殿堂式房屋所用屋柱。

③松柱：指尺度与等级略小于殿柱的屋柱，其柱当为松木柱。

④殿副阶柱：指宋式建筑中殿阁式或殿堂式房屋副阶即其殿身周围之环廊所用柱。殿身柱：指宋式建筑中殿阁式或殿堂式房屋主体即其殿身所用柱。

⑤厅堂柱：指宋式建筑中厅堂式房屋中所用柱。

【译文】

朴柱，柱长30尺，柱径3.5尺至2.5尺，可以用来加工制作面广五开间、进深八架椽以上之殿阁式或殿堂式房屋的屋柱。

松柱，柱长28尺至23尺，柱径2尺至1.5尺，若就其料之尺寸做适当剪截，可以用来加工制作面广七开间、进深八架椽以上的殿阁式或殿堂式房屋之副阶的用柱，或加工制作面广五开间或三开间、进深八架椽至六架椽的殿阁式或殿堂式房屋的殿身用柱，或面广七开间至三开间、进深八架椽至六架椽的厅堂式房屋的屋柱。

（就全条料又剪截解割）

就全条料又剪截解割用下项①：

小松方②，长二丈五尺至二丈二尺，广一尺三寸至一尺二寸，厚九寸至八寸；

常使方③，长二丈七尺至一丈六尺，广一尺二寸至八寸，厚七寸至四寸；

官样方④，长二丈至一丈六尺，广一尺二寸至九寸，厚七寸至四寸；

截头方⑤，长二丈至一丈八尺，广一尺三寸至一尺一寸，厚九寸至七寸五分；

材子方⑥，长一丈八尺至一丈六尺，广一尺二寸至一尺，厚八寸至六寸；

方八方⑦，长一丈五尺至一丈三尺，广一尺一寸至九寸，厚六寸至四寸；

常使方八方⑧，长一丈五尺至一丈三尺，广八寸至六寸，厚五寸至四寸；

方八子方⑨，长一丈五尺至一丈二尺，广七寸至五寸，厚五寸至四寸。

【注释】

①全条料：指长度较长，但截面尺寸稍小的条状方木。用全条料可以加工制作出其下文所列出的小松方、常使方、官样方等方木类型。从长度与截面尺寸看，此条中所列条状方木，似乎是按照其长度与截面尺寸，从大到小，依序排列定名的。

②小松方：疑指相对于前文“松方”而言，尺寸较小的松木条方。

③常使方：似指较常使用的条状方木。

④官样方：疑指全条料方木中的标准方，似可以其方的长度与截面尺寸为标准，将不同长度与截面尺寸的全条料方木区分为不同的类型，以便于加工制作房屋名件时使用。

⑤截头方：全条料中的一种。似指一种在尺寸上与官样方比较接近，但比官样方标准稍大一些的条状方木。

⑥材子方：全条料中的一种。似指一种与官样方尺寸较为接近，但比官样方长度略小，截面稍大的条状木方。疑其在使用上比较容易与大木作制度中不同等级的材栔尺度相契合，故称“材子方”。

⑦方八方：尺寸上小于官样方的一种方木，未知其截面是否为“八边形”。

⑧常使方八方：尺寸小于常使方，但在房屋营造中较常使用的方木。疑指一种截面尺寸略小的“方八方”，仍未知其截面是否为“八边形”。

⑨方八子方：疑指一种截面尺寸较“常使方八方”更小一些的“方八方”。

【译文】

就方木中的全条料又可以进一步剪截解割用为如下诸项方木：

小松方，长25尺至22尺，截面高1.3尺至1.2尺，厚9寸至8寸；

常使方，长27尺至16尺，截面高1.2尺至8寸，厚7寸至4寸；

官样方，长20尺至16尺，截面高1.2尺至0.9尺，厚7寸至4寸；

截头方，长20尺至18尺，截面高1.3尺至1.1尺，厚9寸至7.5寸；

材子方，长18尺至16尺，截面高1.2尺至1尺，厚8寸至6寸；

方八方，长15尺至13尺，截面高1.1尺至9寸，厚6寸至4寸；

常使方八方，长15尺至13尺，截面高8寸至6寸，厚5寸至4寸；

方八子方，长15尺至12尺，截面高7寸至5寸，厚5寸至4寸。

竹作

【题解】

竹作，主要是指竹子构件的加工与制作。与木材料例的相关规则一样，作为自然材料的竹材，在开始加工制作之前，也要依据其粗细与长短，以及其质地、色泽等，做出相应的等级分类。

经过分类的不同竹条，在很大程度上，也像经过初步加工的方木一样，是为房屋营造中的不同竹作提供相应的初始材料的。

与木作不同的是，竹作最重要的选择，应该在于首先着眼于那些优质的、可以剥离出非常细致而精密的竹篾的竹条，以用来编织房屋室内外经常用到的诸如细綦文簟、雀眼网等，或用来造作竹笍索等具有绑缚功能的竹制品。

等级稍低的竹材，或可用于编造障日篛、芦蕟等，或可用于造作房屋的屋顶营造中常常用到的竹笆等。此外，如编道、竹栅等的造作，可以采用品质更为粗糙一些的竹条。

（色额等第）

色额等第[①]：

上等：每径一寸，分作四片，每片广七分。每径加一分，至一寸以上，准此计之；中等同。其打笆用下等者[②]，只推竹造[③]。

漏三[④]，长二丈，径二寸一分，系除梢实收数，下并同。

漏二，长一丈九尺，径一寸九分；

漏一，长一丈八尺，径一寸七分；

中等：

大竿条[⑤]，长一丈六尺，织簟，减一尺；次竿头竹同。径一寸五分；

次竿条，长一丈五尺，径一寸三分；

头竹，长一丈二尺，径一寸二分；

次头竹，长一丈一尺，径一寸。

下等：

笪竹[6]，长一丈，径八分；

大管[7]，长九尺，径六分；

小管，长八尺，径四分。

【注释】

①色额等第：这里似指按竹材的不同颜色、质地、数量及尺寸大小等加以等级区分之意。色额，有种类、数量等义。等第，有等级区分义。

②打笆：与卷第十二《竹作制度》中的“造笆”“织笆”等意思相同。参见卷第十二《竹作制度》“造笆”条相关注释。

③只推竹造：若将“推竹”理解为名词，则未知是指什么竹。这里的“推”似当理解为一动词，从上下文猜测，其意似为“只推整竹造的做法”。

④漏三：这里的“漏三”，及下文的“漏二”“漏一”，都是指不同色额等第之上等竹的几种竹材类型。“漏”字之义在这里不是很明晰，猜测其指每日十二时辰的不同时间点，但如何与竹材发生联系，未可知。

⑤大竿条：自“大竿条”至下文的“次竿头竹”“次竿条”“头竹”“次头竹”，都是指不同色额等级之中等竹的几种竹材类型。

⑥笪（dá）竹：笪，指一种用较粗竹篾编成，其形状类似竹席一样的织物，可铺在地上用以晾晒谷物；则“笪竹”可能是指用于编造笪的等级较低的竹材。笪竹，及下文提到的“大管”“小管”，都是指

不同色额等第之下等竹的几种竹材类型。

⑦大管：与竹相关联的“大管”“小管”，本指不同种类的竹制乐器，这里则指某种可以用于房屋营造等的下等竹材品类。

【译文】

竹作中所用竹材的色额等第：

上等竹材：其竹直径每1寸，分作4片，每片宽0.7寸。若其竹直径每增加0.1寸，增加值达到1寸以上时，仍以这一标准计算；中等竹的做法与之相同。如果是打造竹笆用下等竹时，就应只用整竹编造了。

漏三竹，其长2丈，竹径2.1寸，其长度与竹径是除去竹梢后实际所得之数，以下亦与之相同。

漏二竹，其长1.9丈，竹径1.9寸；

漏一竹，其长1.8丈，竹径1.7寸；

中等竹材：

大竿条，其长1.6丈，若用以织簟，减其长1尺；若用次竿头竹，亦与之相同。竹径1.5寸；

次竿条竹，其长1.5丈，竹径1.3寸；

头竹，其长1.2丈，竹径1.2寸；

次头竹，其长1.1丈，竹径1寸。

下等竹材：

笪竹，其长1丈，竹径0.8寸；

大管竹，其长9尺，竹径0.6寸；

小管竹，其长8尺，竹径0.4寸。

（织簟等）

织细棊文素簟[①]，织华或龙、凤造同[②]。每方一尺，径一寸二分竹一条。衬簟在内[③]。

织粗簟，假棊文簟同[④]。每方二尺，径一寸二分竹一条八分[⑤]。

织雀眼网[⑥]，每长一丈，广五尺。以径一寸二分竹；

浑青造[⑦]，一十一条；内一条作贴；如用木贴，即不用；下同。

青白造[⑧]，六条。

笍索[⑨]，每一束，长二百尺，广一寸五分，厚四分。以径一寸三分竹；

浑青叠四造[⑩]，一十九条；

青白造，一十三条。

【注释】

①细棊（qí）文素簟（diàn）：当指用细竹篾编织的没有华文等装饰的竹席。关于"棊文簟"，参见卷第十二《竹作制度》"地面棊文簟"条相关注释。簟，指竹席。

②龙、凤造：指在席簟中，通过不同颜色的竹篾编织出龙、凤等华文造型。

③衬簟：疑指在竹簟内加衬垫的意思。唐元稹《竹簟》诗中有"竹簟衬重茵，未忍都令卷"句，可知古人在竹簟内可能会加有多层的衬垫。

④假棊文簟：簟名。参见卷第十二《竹作制度》"障日篛等簟"条相关注释；另参见卷第二十四《诸作功限一》"竹作·织簟"条相关注释。

⑤径一寸二分竹一条八分：其意不甚明确。疑是指将一条直径为1.2寸的竹子，分为8份，用以编织粗簟。

⑥雀眼网：防止鸟雀飞入或停留筑巢的竹网。参见卷第十二《竹作制度》"护殿檐雀眼网"条相关注释。

⑦浑青造：用浑青篾编织的雀眼网。参见卷第十二《竹作制度》"护

殿檐雀眼网”条相关注释。

⑧青白造：用青白篾编织的簟或障日篛。参见卷第十二《竹作制度》“障日篛等簟”条相关注释。另参见卷第二十四《诸作功限一》“竹作·织雀眼网”条相关注释。

⑨笍索：竹制的绳索。参见卷第十二《竹作制度》“竹笍索”条相关注释。另参见卷第二十四《诸作功限一》“竹作·笍索”条相关注释。

⑩浑青：指竹作制度中的“浑青篾”。参见卷第十二《竹作制度》“护殿檐雀眼网”条相关注释。叠四造：当指竹篾编织的一种方式。

【译文】

织细棊文素簟，在其簟上织以华文或龙、凤造型等与之相同。每方1尺，用直径为1.2寸的竹子一条。其衬簟用材也包括在内。

织粗簟，织假棊文簟与之相同。每方2尺，用直径1.2寸竹1条，并将其分为8份编织之。

织雀眼网，每长1丈，宽5尺。以直径1.2寸竹造；

浑青造，11条；内中一条做竹贴用；如果用木贴，即不用；以下相同。

青白造，6条。

笍索，每1束，长200尺，宽1.5寸，厚0.4寸。以直径1.3寸竹造；

浑青叠四造，19条；

青白造，13条。

(障日篛等)

障日篛①，每三片，各长一丈，广二尺：

径一寸三分竹，二十一条；劈篾在内②。

芦蕟③，八领。压缝在内④。如织簟造⑤，不用。

每方一丈：

打笆[⑥]，以径一寸三分竹为率，用竹三十条造。一十二条作经，一十八条作纬，钩头、搀压在内。其竹，若瓪瓦结瓷，六椽以上，用上等；四椽及瓪瓦六椽以上，用中等；瓪瓦两椽，瓪瓦四椽以下，用下等。若阙本等[⑦]，以别等竹比折充。

【注释】

①障日篛（tà）：指遮阳光的竹编席子。参见卷第十二《竹作制度》"障日篛等簟"条相关注释。

②劈篾：指劈分竹篾的工序，即用竹刀将竹子分片并渐次对半等分，以劈成可用于编织的单根篾丝。参见卷第二十四《诸作功限一》"竹作·织簟"条相关注释。

③芦蕟（fà）：疑指用芦苇编织的一种席篛。蕟，指古人所说的一种草名。

④压缝：指所覆芦蕟领与领之间的接缝，亦用芦蕟遮压之。

⑤织簟造：指织造竹簟或障日篛的一种编织方法。

⑥打笆：制作竹笆。参见卷第十二《竹作制度》"造笆"条相关注释，并参见卷第二十四《诸作功限一》"竹作·障日篛等"条相关注释。

⑦阙（quē）：缺少。

【译文】

障日篛，每3片，各长1丈，宽2尺：

直径1.3寸竹，21条；劈篾的数量包括在内。

芦蕟，8领。其领与领之间所施压缝包括在内。如为织簟造，则不用压缝。

每方1丈：

打造竹笆，以径1.3寸竹为标准，用竹30条造。其中12条作经，18条作纬，钩头、搀压包括在内。其所用竹，如果其笆用于房屋屋顶的瓪瓦结瓷，若其屋进深在6个椽架以上，用上等竹；如果其屋进深在4个椽架，以及若用瓪瓦结瓷，其屋进深在6个椽架以上，用中等竹；若其屋覆以瓪瓦，进深2个椽架，或其屋覆以瓪瓦，进深4个椽架以下，则用下等竹材。如果没有所需用的本等竹，可以用其他等级的竹材类比折合抵数而用之。

（编道、竹栅）

编道[①]**：以径一寸五分竹为率，用二十三条造。**榥并竹钉在内[②]。阙[③]，以别色充。若照壁中缝及高不满五尺[④]，或栱壁、山斜、泥道[⑤]，以次竿或头竹、次竹比折充[⑥]。

竹栅[⑦]**，以径八分竹一百八十三条造。**四十条作经、一百四十三条作纬编造。如高不满一丈，以大管竹或小管竹比折充。

【注释】

①编道：疑指卷第十二《竹作制度》中的“隔截壁桯内竹编道”。参见卷第十二《竹作制度》“隔截编道”条相关注释。

②榥（huàng）：疑指在竹编道中所施的横向竹条。竹钉：疑指在竹编道中用以固定其榥的竹制钉。

③阙（quē）：缺少。

④照壁中缝：这里的“照壁”，当指照壁版，如殿内照壁版，疑其中缝可能采用竹编道形式。

⑤栱壁：指房屋檐下阑额之上，枓栱之间所施的竹编道式栱眼壁。山斜：指九脊式或出际式屋顶两山檐下的竹编道式三角形山墙墙面。泥道：指在两柱之间的中缝，即泥道缝上所施的竹制编道。

⑥或头竹、次竹比折充：陈注：“次头，竹本。”即其文为“或头竹、次头竹比折充”。

⑦竹栅：竹制隔断。参见卷第十二《竹作制度》“竹栅”条相关注释。

【译文】

造隔截编道：以直径1.5寸的竹子为标准，用23条竹造。其编道中所施棍并竹钉，亦包括在内。如果缺乏这一标准的竹子，即以别色竹子充用。如果施于照壁的中缝处，或施为高度不满5尺的隔截编道，或在栱眼壁、屋两山檐口之下所施山斜墙、柱中缝所施泥道版壁，则以标准稍低之次竿条或头竹、次头竹等类比折合抵数而用之。

造竹栅，以直径为0.8寸的竹子183条造作。其中40条作经、143条作纬编造。如果竹栅高度不满1丈，则以大管竹或小管竹类比折合抵数而用之。

（夹截）

夹截①：

中箔②，五领③；搀压在内④。

径一寸二分竹，一十条。劈篾在内⑤。

搭盖凉棚，每方一丈二尺：

中箔，三领半；

径一寸三分竹，四十八条；三十二条作椽⑥，四条走水⑦，四条裹唇⑧，三条压缝⑨，五条劈篾；青白用⑩。

芦蕟，九领。如打笆造，不用。

【注释】

①夹截：其意思不甚明了，未知是否是指“隔截编道”。参见卷第二十四《诸作功限一》“竹作・障日篛等”条相关注释。

②中箔（bó）：这里可能是指一种竹编的席箔，其作用或可用于室内外空间的分隔或夹截。箔，指用竹篾、芦苇或秫秸等编织而成的帘子或器具。

③五领：当是指5领中箔。领，一般是指竹席等的量词，

④搀压：似指中箔的领与领之间相互叠压的部分，称为“搀压”。

⑤劈篾：劈解竹篾。参见卷第二十四《诸作功限一》“竹作·织簟”条相关注释。

⑥作椽：指凉棚屋顶上所施竹椽。

⑦走水：疑指凉棚屋顶四周所施用以排雨水的竹制天沟。

⑧裹唇：疑指施于凉棚屋顶的檐口部位，可以遮护其棚檐口边缘的竹编形式。

⑨压缝：疑指凉棚屋顶缝隙处所施的竹编压缝。

⑩青白用：当与卷第十二《竹作制度》中所言“以青白篾相杂用”意思相同。参见卷第十二《竹作制度》“障日篛等簟”条相关注释。

【译文】

编造夹截：

用中箔，5领；其领与领之间的搀压包括在内。

用直径1.2寸竹，10条。劈篾的数量包括在内。

搭盖凉棚，以其棚每方1.2丈：

用中箔，3.5领；

用直径1.3寸竹，48条；其中32条做棚顶之椽，4条做棚顶排水天沟，4条用于檐口裹唇，3条用来做棚顶压缝，5条用以劈篾；其篾采用青白篾杂用方式。

用芦蕟，9领。如果采用打笆造做法，则不用芦蕟。

瓦作

【题解】

房屋营造中的瓦作，主要出现在房屋屋顶的造作之上。其所关涉的材料，不仅包括不同长宽尺寸的瓪瓦、瓪瓦，而且包括垒屋脊所用的线道瓦、大当沟瓦、小当沟瓦等不同类型与用途的瓦。其屋顶覆瓦的瓦陇间距，也与所用甋瓦或瓪瓦的长度尺寸等有所关联。

房屋屋顶结瓷，需要用到石灰、泥土、麦麸等铺垫性、黏接性材料。《法式》瓦作料例中关于这一部分材料，也给出了一些相应的数据。同时，高等级房屋的屋顶瓦饰性装饰名件，也属于房屋瓦作所用材料的重要组成部分。

除了在铺设瓪瓦、瓪瓦时用到的纯石灰、矿灰之外，在屋顶覆瓦及屋顶瓦脊的垒砌与处理上所用到的墨煤、灰泥、麦麸、紫土、抹柴栈或版、笆、箔等材料，在施用量上也依据其所覆盖之屋顶面积而有一定的规则。

至于与屋瓦及脊饰安卓有关的龙尾、铁索、火珠、滴当子、兽头、嫔伽等，以及在等级较高房屋中用到琉璃瓦时需施用的麻捣、常使麻等，在本节中都给出了相应的施用数量。这对于了解宋代屋顶的覆瓦情况及做法、屋顶脊饰或瓦饰之安卓与固定所需施用的材料及用量有直接的意义。

（瓦作）

用纯石灰①：谓矿灰②。下同。

【注释】

①纯石灰：意为纯净的石灰。卷第十三《瓦作制度》“用瓦·瓦下铺衬”条提到“次以纯石灰施瓷”，可知纯石灰可用于房屋屋顶施瓷施工。参见该条相关注释。

②矿灰：卷第十三《瓦作制度》中未提到“矿灰”，这里明确了宋时人所称“矿灰”，似乎即指纯石灰。但卷第二十七《诸作料例二》“泥作·石灰”条有：“石灰，三十斤；（非殿阁等，加四斤；若用矿灰，减五分之一。）”则矿灰又与纯石灰有所区别。《天工开物·燔石》：“凡石灰，经火焚炼为用。……灼火燔之。最佳者曰矿灰。”古人似将“矿灰”看作最好的石灰。

【译文】

在房屋营造中施用纯石灰：也可称为“矿灰”。如下与之相同。

（结瓷）

结瓷[①]，每一口：

瓪瓦，一尺二寸，二斤。即浇灰结瓷用五分之一[②]。每增减一等，各加减八两；至一尺以下，各减所减之半。下至垒脊条子瓦同[③]。其一尺二寸瓪瓦，准一尺瓪瓦法。

仰瓪瓦，一尺四寸，三斤。每增减一等，各加减一斤。

点节瓪瓦[④]，一尺二寸，一两。每增减一等，各加减四钱。

【注释】

①结瓷：原文"结瓦"，梁注本改为"结瓷"。傅注：改"瓦"为"瓷"。参见卷第十三《瓦作制度》"结瓷·瓪瓦"条相关注释。

②浇灰结瓷：当与卷第十三所言"浇灰下瓦"义同。参见卷第十三《瓦作制度》"用瓦·瓦下铺衬"条相关注释。

③垒脊条子瓦：据卷第十三《瓦作制度》，宋式屋脊一般是由当沟瓦、线道瓦、垒脊瓦、合脊瓪瓦四类瓦垒砌而成。这里的"条子瓦"可能是指其中的线道瓦、垒脊瓦。

④点节瓪（tǒng）瓦：疑指屋顶瓪瓦的施工工序，如卷第十三《瓦作制度》"用瓦·瓦下铺衬"提到"用泥以灰点节缝者"，就是用泥施瓷瓪瓦，需要用灰点其瓪瓦的接缝处。

【译文】

屋顶结瓷，每1口：

瓪瓦，1.2尺，用灰2斤。即浇灰结瓷用1/5。其瓦等第每增加或减少一等，则各自增加或减少8两；其瓦尺寸至1尺以下，则各减少其所应减少数的一半。下至垒脊条子瓦，与之相同。如果是1.2尺的瓪瓦，则采用与1尺瓪瓦相同的做法。

仰瓪瓦，1.4尺，用灰3斤。其瓦等第每增加或减少一等，则各自增加或减少1斤。

点节瓶瓦，1.2尺，用灰1两。其瓦等级每增加或减少一等，则各自增加或减少4钱。

（垒脊）

垒脊：以一尺四寸瓪瓦结瓷为率。

大当沟[1]，以瓶瓦一口造。每二枚，七斤八两[2]。每增减一等，各加减四分之一。线道同。

线道[3]，以瓶瓦一口造二片。每一尺，两壁共二斤[4]。

条子瓦[5]，以瓶瓦一口造四片。每一尺，两壁共一斤。每增减一等，各加减五分之一。

泥脊白道[6]，每长一丈，一斤四两。

用墨煤染脊[7]，每层，长一丈，四钱。

用泥垒脊，九层为率，每长一丈：

麦麸[8]，一十八斤；每增减二层，各加减四斤。

紫土[9]，八担，每一担重六十斤，余应用土并同；每增减二层，各加减一担。

小当沟[10]，每瓪瓦一口造，二枚。仍取条子瓦二片。

燕颔或牙子版[11]，每合角处，用铁叶一段。殿宇，长一尺，广六寸；余长六寸，广四寸。

【注释】

①大当沟：瓦名。参见卷第十三《瓦作制度》“结瓷·瓶瓦”条相关注释。

②七斤八两：古人以十六两为一斤，这里的“七斤八两”，即七斤半。

③线道：当指宋式屋顶垒屋脊中所使用的线道瓦。参见卷第十三

《瓦作制度》“垒屋脊·垒屋脊之制”条相关注释。

④两壁:疑指屋脊的两个侧壁。

⑤条子瓦:又称“垒脊条子瓦”。参见上条注。

⑥泥脊白道:即在合脊瓪瓦之下以白石灰涂抹的泥道。参见卷第十三《瓦作制度》“垒屋脊·垒屋脊之制”条相关注释。

⑦用墨煤染脊:卷第十三《泥作制度》“用泥”条中提到,和石灰泥,“如青灰内,若用墨煤或粗墨者,不计数”,其墨煤是用以和青灰泥的。这里的“用墨煤染脊”,则似乎只是对已垒好之脊加以涂染。

⑧麦䴬(yì):麦壳。参见卷第十三《泥作制度》“用泥”条相关注释。

⑨紫土:似指一种特殊的土壤类型,由紫红色砂岩与页岩发育而来,因其中含有结晶氧化铁及锰化合物等,故呈紫色。疑宋时将其用于垒屋脊工程。

⑩小当沟:指宋式屋脊中用小当沟瓦所垒砌的部分。关于“小当沟瓦”,参见卷第十三《瓦作制度》“垒屋脊·垒屋脊之制”条相关注释。

⑪燕颔:即燕颔版。参见卷第十三《瓦作制度》“结宽·燕颔版与狼牙版”条相关注释。牙子版:未知这里的“牙子版”与卷第十三《瓦作制度》中提到的“狼牙版”是什么关系。疑二者可能是指同一名件。牙子版若与狼牙版相类,可参见卷第十三《瓦作制度》“结宽·燕颔版与狼牙版”条相关注释。

【译文】

垒砌屋脊:以长度为1.4尺的瓪瓦做屋顶结宽的做法为标准。

砌造大当沟瓦,大当沟瓦采用1口瓪瓦之宽度砌造。每用2枚大当沟瓦,其所用灰的重量为7斤8两。其所用瓦等级每增加或减少一等,其用灰重量各自在此基础上增加或减少1/4。垒砌线道瓦时用灰的重量及增减做法与之相同。

垒砌屋脊线道瓦,用瓪瓦1口分为2片垒造。其线道每长1尺,屋脊两侧壁共用灰2斤。

垒砌屋脊条子瓦，用瓪瓦1口分为4片垒造。其条子瓦每长1尺，屋脊两侧壁共用灰1斤。其所用瓦的等级每增加或减少一等，其所用灰的重量应各自增加或减少1/5。

合脊瓪瓦下所施石灰白道，其脊每长1丈，用石灰1斤4两。

用墨煤涂染屋脊，每染1层，其脊每长1丈，用墨煤4钱。

用泥垒砌屋脊，以垒砌9层瓦为标准，每长1丈：

用麦麸，18斤；其所垒砌之瓦每增加或减少2层，所用麦麸各自增加或减少4斤。

用紫土，8担，每1担的重量为60斤，其他所当施用之土的重量亦与之相同；其所垒砌之瓦每增加或减少2层，其所用紫土或其他用土需各自增加或减少1担。

垒砌小当沟，每以1口瓪瓦之宽度砌造，采用瓪瓦2枚垒造。仍可用2片条子瓦垒造。

屋脊所施燕颔版或牙子版，每至屋脊合角之处，应施用铁叶1段。若为殿宇之脊，其所用铁叶长1尺，宽6寸；若为其他房屋之脊，则所用铁叶长6寸，宽4寸。

（结宽）

结宽①，以瓪瓦长，每口搀压四分②，收长六分。其解挢剪截③，不得过三分。

合溜处尖斜瓦者④，并计整口⑤。

【注释】

①结宽：原文“结瓦”，梁注本改为“结宽”。傅注：改“瓦”为“宽”。

②搀压：本卷“竹作”一节中，在屋顶铺笪式有搀压做法，似指中笪的领与领之间相互叠压的部分。这里的“搀压”似指瓪瓦在施宽时的上下叠压做法。

③解挢（jiǎo）剪截：关于“解挢”，参见卷第十三《瓦作制度》“结宽·瓪瓦”条相关注释。因“解挢”相当于“审瓦”，故“剪截”就

是在解挢之后，对拟用之瓦加以修斫。

④合溜处：指其瓪瓦承担了排雨水的作用。尖斜瓦：似指铺施五脊或九脊屋顶的屋瓦至翼角处，或铺施攒尖屋顶的屋瓦至宝顶下时，因其处狭窄，故其瓪瓦多斫为尖斜状施宽之。

⑤整口：这里是指一整片瓪瓦。

【译文】

屋顶结宽时，根据瓪瓦尺寸长度，每1口瓪瓦上下叠压其瓦之长的4/10，所留出的长度为其瓦的6/10。对瓪瓦进行解挢与剪截，不得超过其瓦长度的3/10。

瓪瓦起排雨水作用之处，若需要施用经过修斫的尖斜瓪瓦，也都一并按照整瓦的瓦口计算。

（布瓦陇）

布瓦陇①，每一行依下项：

瓶瓦：以仰瓪瓦为计。

长一尺六寸，每一尺②；

长一尺四寸，每八寸；

长一尺二寸，每七寸；

长一尺，每五寸八分；

长八寸，每五寸；

长六寸，每四寸八分。

瓪瓦③：

长一尺四寸，每九寸；

长一尺二寸，每七寸五分。

【注释】

①布瓦陇：其意与卷第十三《瓦作制度》"结瓷·甋瓦"条中提到的"匀分陇行，自下而上"相类。参见卷第十三《瓦作制度》"结瓷·甋瓦"条相关注释。

②长一尺六寸，每一尺：梁注："如用长一尺六寸瓪瓦，即每一尺为一行（一陇）。"陈注："此为甋瓪瓦结瓦（瓷），即瓪瓦长一尺六者，亦每陇长一尺，用一口。下同。"此处译文宜从梁注。

③瓪瓦：陈注："此为散瓪瓦结瓦（瓷）。"

【译文】

分布瓦陇，每一行依下项：

甋瓦：以仰瓪瓦的分行为标准。

长1.6尺，每1尺[为一行。下同]；

长1.4尺，每8寸；

长1.2尺，每7寸；

长1尺，每5.8寸；

长8寸，每5寸；

长6寸，每4.8寸。

瓪瓦：

长1.4尺，每9寸；

长1.2尺，每7.5寸。

（结瓷）

结瓷①，每方一丈：

中箔②，每重，二领半。压占在内。殿宇、楼阁，五间以上，用五重；三间，四重；厅堂，三重；余并二重。

土，四十担。系甋、瓪结瓷；以一尺四寸瓪瓦为率；下舶、㧕同。每增一等，加一十担；每减一等，减五担；其散瓪瓦，各减半。

麦麸[③]，二十斤。每增一等，加一斤；每减一等，减八两；散瓪瓦，各减半。如纯灰结瓷，不用；其麦䴷同。

麦䴷[④]，一十斤。每增一等，加八两；每减一等，减四两；散瓪瓦，不用。

泥篮[⑤]，二枚。散瓪瓦，一枚。用径一寸三分竹一条，织造二枚。

系箔常使麻[⑥]，一钱五分。

抹柴栈或版、笆、箔[⑦]，每方一丈：如纯灰于版并笆、箔上结瓷者，不用。

土，二十担；

麦䴷，一十斤。

【注释】

①结瓷：原文“结瓦”，梁注本改为“结瓷”。傅注：改“瓦”为“瓷”，并注：“瓷。下同。”

②中箔：一种竹编的席箔。参见本卷“竹作·夹截”条相关注释。

③麦麸（yì）：即麦壳。参见卷第十三《泥作制度》“用泥”条相关注释。

④麦䴷（juān）：即麦秸。参见卷第十三《泥作制度》“用泥”条相关注释。

⑤泥篮：提运泥的篮子。参见卷第二十五《诸作功限二》“瓦作·安卓”条相关注释。

⑥系箔常使麻：关于“系箔”，参见卷第二十五《诸作功限二》“瓦作·安卓”条相关注释。“常使麻”与本卷前文提到的“常使方”“常使方八方”用词相类，当指在屋顶系箔中比较常用的麻。

⑦抹柴栈：“瓦下铺衬”所用的材料。参见卷第二十五《诸作功限二》“瓦作·安卓”条相关注释。

【译文】

结窝，以其屋顶面积每方1丈：

用中箔，每重，用2.5领。包括叠压所占部分在内。若是殿宇、楼阁式房屋，5个开间以上，用5重箔；3个开间，用4重箔；若是厅堂式房屋，用3重箔；除殿阁、厅堂之外的其余房屋，都采用2重箔做法。

用土，40担。如果是甋、瓪结窝；以1.4尺的瓪瓦为标准；其下所施蒴、䴬亦与之相同。其瓦等第每增加一等，则增加10担；其瓦等第每减少一等，则减少5担；若是采用散瓪瓦结窝，则各自减少一半。

麦䴬，20斤。其瓦等第每增加一等，则增加1斤；其瓦等第每减少一等，则减少8两；若是采用散瓪瓦结窝，则各自减少一半。如果是用纯灰结窝，则可不施用麦䴬；其麦蒴也是一样。

麦蒴，10斤。其瓦等第每增加一等，则增加8两；其瓦等第每减少一等，则减少4两；若是采用散瓪瓦结窝，则两者皆不用。

运送灰泥的泥篮子，2枚。若采用散瓪瓦结窝，1枚。其篮采用直径1.3寸竹1条，织造2枚。

系箔常使麻，1钱5分。

抹柴栈或版、笆、箔，以其屋顶面积每方1丈：如果使用纯灰于版并笆、箔上结窝，则不用。

土，20担；

麦蒴，10斤。

（安卓）

安卓：

鸱尾，每一只：以高三尺为率，龙尾同。

铁脚子[①]，四枚，各长五寸；每高增一尺，长加一寸。

铁束[②]，一枚，长八寸；每高增一尺，长加二寸。其束子大头广二寸，小头广一寸二分为定法。

抢铁[3]**，三十二片，长视身三分之一**[4]；每高增一尺，加八片；大头广二寸，小头广一寸为定法。

拒鹊子[5]**，二十四枚**，上作五叉子，每高增一尺，加三枚。**各长五寸。**每高增一尺，加六分。

安拒鹊等石灰，八斤；坐鸱尾及龙尾同；每增减一尺，各加减一斤。

墨煤[6]**，四两**；龙尾[7]，三两；每增减一尺，各加减一两三钱；龙尾，加减一两；其琉璃者，不用。

鞠[8]**，六道，各长一尺**；曲在内，为定法；龙尾同；每增一尺，添八道；龙尾，添六道；其高不及三尺者，不用。

柏桩[9]**，二条**，龙尾同；高不及三尺者，减一条。**长视高，径三寸五分。**三尺以下，径三寸。

【注释】

①铁脚子：固定鸱尾的构件。参见卷第十三《瓦作制度》"用鸱尾"条相关注释。

②铁束：固定鸱尾的构件，又称"铁束子"。参见卷第十三《瓦作制度》"用鸱尾"条相关注释。

③抢铁：固定鸱尾的构件。参见卷第十三《瓦作制度》"用鸱尾"条相关注释。

④长视身三分之一：指抢铁取鸱尾本身高度的1/3为其长度尺寸。

⑤拒鹊子：傅注：改"拒鹊子"为"拒鹊叉子"，并注："'叉'字应增。"参见卷第十三《瓦作制度》"用鸱尾"条相关注释。译文从改。

⑥墨煤：卷第十三《泥作制度》"用泥"条中提到，和石灰泥，"如青

灰内，若用墨煤或粗墨者，不计数”，其墨煤是用以和青灰泥的。这里提到的“墨煤”，其作用与之相同。

⑦龙尾：构件名。参见卷第十三《瓦作制度》“用鸱尾”条相关注释。

⑧鞠（jū）：又称“铁鞠”。参见卷第十三《瓦作制度》“用鸱尾”条相关注释。

⑨柏桩：又称“柏木桩”。参见卷第十三《瓦作制度》“用鸱尾”条相关注释。

【译文】

屋顶诸名件安卓：

鸱尾，每1只：以其高3尺为标准，龙尾也是一样。

铁脚子，4枚，各长5寸；若鸱尾或龙尾的高度每增高1尺，则其铁脚子长度增加1寸。

铁束子，1枚，其长8寸；若鸱尾或龙尾的高度每增高1尺，则其铁束子的长度增加2寸。铁束子的大头宽2寸，小头宽1.2寸，这一尺寸为绝对尺寸。

抢铁，32片，抢铁的长度是鸱尾或龙尾本身高度的1/3；若其鸱尾或龙尾的高度每增加1尺，则其所用抢铁数量增加8片；其抢铁的大头宽2寸，小头宽1寸，这一尺寸为绝对尺寸。

拒鹊叉子，24枚，其上分作五叉子，若鸱尾或龙尾的高度每增加1尺，则其拒鹊叉子的数量增加3枚。**每一拒鹊叉子长5寸。**若鸱尾的高度每增加1尺，则其拒鹊叉子的长度增加0.6寸。

施安拒鹊叉子等所用石灰，8斤；安坐鸱尾及龙尾所用石灰与之相同；若其鸱尾及龙尾的高度每增加或减少1尺，则分别增加或减少1斤。

墨煤，4两；若用于龙尾，3两；若其鸱尾的高度每增加或减少1尺，则各自增加或减少1两3钱；若是龙尾的高度如此增减，则增加或减少1两；如果所安卓之鸱尾及龙尾为琉璃造，则不施用墨煤。

安卓鸱尾所用铁鞠，6道，各自的长度为1尺；其弯曲的长度计算在内，此尺寸为绝对尺寸；在龙尾上施以铁鞠，与之相同；如果其鸱尾高度每增加1尺，则增添8道铁鞠；若是龙尾做相应增高，则增添6道铁鞠；如果鸱尾及龙尾的高度不足3尺，则不必施用铁鞠。

安卓鸱尾所用柏桩，2条，安卓龙尾所用与之相同；其高度不足3尺的，则减少1条。**柏桩的长度依鸱尾的高度而定，其桩的直径为3.5寸。**若其鸱尾的高度在3尺以下，则其桩的直径为3寸。

（龙尾）

龙尾：

铁索[①]，二条；两头各带独脚屈膝[②]；其高不及三尺者，不用。

一条长视高一倍，外加三尺；

一条长四尺。每增一尺，加五寸。

【注释】

①铁索：又称“襻脊铁索”。参见卷第十三《瓦作制度》“用鸱尾”条相关注释。

②两头各带独脚屈膝：傅注：“‘膝’应作‘戌’。岂金屈戌，俗称‘屈膝耶’。”又注：“故宫本、四库本、张本均作‘膝’。”晋人记载三国曹魏铜雀三台，中有：“上作阁道，如浮桥，连以金屈戌，画以云气龙虎之势。施则三台相通，废则中央悬绝也。”据明人钱希言撰《戏瑕》：“余曾见古金屈戌，长可尺余，广象楣棱小杀，镂兽形若饕餮状，绝细巧，衔双环，意即古之金铺耶。……《西汉书》，元寿元年，孝元殿门铜龟蛇铺首鸣，铺首即金铺也。”则“金屈戌”类如古代大门上的铺首。又元人陶宗仪撰《南村辍耕录》：“今人家窗户设铰具，或铁或铜，名曰环纽，即古金铺之遗意。北方谓之屈戌，其称甚古。梁简文诗：‘织成屏风金屈戌。’李商隐诗：‘锁香金屈戌。’李贺诗：‘屈膝铜铺锁阿甄。’‘屈膝’当是‘屈戌’。”

则“屈戌”似为金属所制之铰具或环纽，与《法式》中所言“屈膝”之义十分贴近。屈戌，一般是指带两脚的小金属环，钉在门窗边框，或箱柜正面，用以挂锁或钌铞等。从上文的文义，似应从傅注所改。

【译文】

安卓龙尾：

用襻脊铁索，2条；其铁索两头分别带有独脚屈戌；若其龙尾高度不足3尺，则不用铁索。

铁索中的一条，长度取其龙尾高度的1倍，在此基础上再另外增加3尺长；

铁索中的另一条，长4尺。其龙尾高度每增加1尺，则这条铁索的长度增加5寸。

（火珠）

火珠①，每一坐：以径二尺为准②。

柏桩③，一条，长八尺；每增减一等，各加减六寸，其径以三寸五分为定法。

石灰，一十五斤；每增减一等，各加减二斤。

墨煤，三两；每增减一等，各加减五钱。

【注释】

①火珠：构件名。参见卷第十三《瓦作制度》“用兽头等”条相关注释。

②以径二尺为准：傅注：改“准”为“率”，即“以径二尺为率”。

③柏桩：与安卓鸱尾及龙尾时的情况一样，其火珠下施以柏木桩。参见本卷“瓦作·安卓”条相关注释。

【译文】

施安火珠,每1坐:以其火珠直径2尺为基准。

其火珠下所施柏桩,1条,桩长8尺;其火珠等级每增加或减少一等,则其桩长各自增加或减少6寸,其柏桩直径为3.5寸,这一尺寸为绝对尺寸。

用石灰,15斤;其火珠等级每增加或减少一等,则各自增加或减少2斤。

用墨煤,3两;其火珠等级每增加或减少一等,则各自增加或减少5钱。

(兽头、滴当子、嫔伽、蹲兽)

兽头,每一只:

铁钩[①],一条;高二尺五寸以上,钩长五尺;高一尺八寸至二尺,钩长三尺;高一尺四寸至一尺六寸,钩长二尺五寸;高一尺二寸以下,钩长二尺。

系颙铁索[②],一条,长七尺。两头各带直脚屈膝;兽高一尺八寸以下,并不用。

滴当子[③],每一枚:以高五寸为率。

石灰,五两,每增减一等,各加减一两。

嫔伽,每一只:以高一尺四寸为率。

石灰,三斤八两,每增减一等,各加减八两;至一尺以下,减四两。

蹲兽,每一只:以高六寸为率。

石灰,二斤,每增减一等,各加减八两。

【注释】

①铁钩:构件名,用法待考。参见卷第十三《瓦作制度》"用兽头等"条相关注释。

②系顋（sāi）铁索：似指系于屋顶瓦饰兽头两侧腮帮处的铁索。顋，其义与“腮”同。

③滴当子：当指“滴当火珠”。参见卷第十三《瓦作制度》“用兽头等”条相关注释。

【译文】

屋顶瓦饰兽头，每1只：

用铁钩，1条；若兽头高度在2.5尺以上，其钩长5尺；若兽头高度在1.8尺至2尺，其钩长3尺；若兽头高度在1.4尺至1.6尺，其钩长2.5尺；若兽头高度在1.2尺以下，其钩长2尺。

系兽头两顋的铁索，1条，长7尺。其铁索两头各带直脚屈戌；若兽头高度在1.8尺以下，则不必施用。

滴当子，每1枚：以其高5寸为基准。

用石灰，5两，用瓦等第每增加或减少一等，则各自增加或减少1两。

嫔伽，每1只：以其高1.4尺为基准。

用石灰，3斤8两，用瓦等第每增加或减少一等，则各自增加或减少8两；若嫔伽高度在1尺以下，则所用石灰减少数为4两。

蹲兽，每1只：以其高6寸为基准。

用石灰，2斤，用瓦等第每增加或减少一等，则各自增加或减少8两。

（石灰、琉璃瓦）

石灰，每三十斤，用麻捣一斤①。

出光琉璃瓦②，每方一丈，用常使麻③，八两。

【注释】

①麻捣：指在灰泥中加入麻丝。参见卷第十三《泥作制度》“用泥”条相关注释。

②出光琉璃瓦：所谓“出光琉璃瓦”，疑指一种表面有光泽的“光面琉璃瓦”。这里的“琉璃瓦”与明清建筑中所用的琉璃瓦，在材料与形式上已经十分接近。

③常使麻：疑指系箔常使麻。参见本卷“瓦作·布瓦陇·结瓷”条相关注释。

【译文】

石灰，每30斤，用麻捣1斤。

出光琉璃瓦，每施铺琉璃瓦面积方1丈，用系箔常使麻，8两。

卷第二十七　诸作料例二

泥作　彩画作　砖作　窑作

【题解】

本卷的行文所述，主要涉及宋式营造中的泥作、彩画作、砖作、窑作等的详细用料情况，即料例。其行文中所给出的诸作料例中详细的材料特征与所用之料的数量关系，使我们对宋代营造中所用灰泥、彩画颜料、砖的烧造、窑的垒造等诸多信息，特别是一些具有较重要技术含量的相关配料与配比信息，以及宋代营造中的一些特殊做法，有了更为直接与真切的了解。

由文中所透露出的更进一步的信息可以了解到，仅仅泥作中的石灰一项，就有红石灰、黄石灰、青石灰、白石灰的不同配方，也可略窥宋代墙体在使用石灰的等级与色彩上的一些细节信息。

彩画颜料的配制，对于今人了解五彩斑斓的宋代建筑彩画是如何完成的，也具有十分重要的参考意义。至于砖的样号及其在各种需求下的使用，不同等级与质量之瓦的烧制，对于今日建筑学、色彩学、材料学等方面，也有着一定的参考意义。

泥作

【题解】

这里的“泥作”指的是灰泥，而非用单纯的黏土所和制的泥。泥作中的料例，也以其所施用的位置与作用而分为不同的等级。等级较高的灰泥，应当是用于室内墙壁或寺观殿堂内的画壁之上的，其泥不仅要细腻，还要有较强的整体性与韧性，以在确保其墙面平整光洁的前提下还要保持耐久，不会发生龟裂或出现表面裂纹的现象。故其料例的配比，就显得十分重要。

墙面，作为房屋的一个重要视觉平面，其表面的色彩感觉也十分重要。一个基本的原则是，在平整光洁的前提下，其墙面不可过于鲜艳，不宜有明显刺目的反光现象，故在一定程度上，使其墙面保持某种程度的灰度，是一个十分重要的处理手段。宋式营造中，在不同色相的灰泥如红石灰、赤土、黄石灰、白石灰等的拌合配比中，有时会加入适量的墨煤或粗墨，这其中很可能隐含了当时的泥瓦匠人，要求在墙面色彩光亮的基础上保持适当的灰度这一信息。这种采用某种技术手段使得建筑较大体量或面积的表面在光洁靓丽中透显出某种适度灰的做法，在世界传统建筑史上是一种比较常见的做法。

从这一角度观察，早在11世纪时的中国古代工匠，在建筑色彩的感觉与把握上，已经具有了相当的修养与技巧。

(石灰)

每方一丈：

红石灰[①]：干厚一分三厘；下至破灰同。

石灰，三十斤；非殿阁等，加四斤；若用矿灰[②]，减五分之一。下同。

赤土[③],二十三斤;

土朱[④],一十斤。非殿阁等,减四斤。

黄石灰[⑤]:

石灰,四十七斤四两;

黄土[⑥],一十五斤十二两[⑦]。

青石灰[⑧]:

石灰,三十二斤四两;

软石炭[⑨],三十二斤四两。如无软石炭,即倍加石灰之数;每石灰一十斤,用粗墨一斤或墨煤十一两[⑩]。

白石灰[⑪]:

石灰,六十三斤。

【注释】

①红石灰:这里的"红石灰",疑与卷第十三《泥作制度》"用泥"条中的"合红灰"类同,其做法是:"每石灰一十五斤,用土朱五斤。"

②矿灰:当指"矿石灰",疑即"纯石灰"。参见卷第十三《泥作制度》"用泥"条相关注释。

③赤土:从字面意义看,当指红土。又一说,"赤土"是指焙烧过的黏土。

④土朱:作为颜料,土朱当指土红色。若指药材,土朱,或称"代赭石",亦可称为"须丸""血师""铁朱"等。其原料似出自赤铁矿矿石。

⑤黄石灰:这里的"黄石灰"疑与卷第十三《泥作制度》"用泥"条中的"合黄灰"类同,其做法是:"每石灰三斤,用黄土一斤。"

⑥黄土:指其色呈黄的土壤。一般是指在地质时代的第四纪,以风

力搬运的黄色粉土沉积物。中国华北的黄土高原是黄土较为集中的地区。

⑦一十五斤十二两：陈注：于“十二两”前增“一”，其注：“一十（二两）。”傅注：改为“一十五斤一十二两”。

⑧青石灰：这里的“青石灰”可能与卷第十三《泥作制度》“用泥”条中的“合青灰”类同，其做法是：“用石灰及软石炭各一半。如无软石炭，每石灰一十斤用粗墨一斤，或墨煤一十一两，胶七钱。”但该卷“垒射垜”中，又特别提到“青石灰”：“当面以青石灰，白石灰，上以青灰为缘泥饰之。”未知这里的“青石灰”与“青灰”有什么不同。

⑨软石炭：可能是泥煤。参见卷第十三《泥作制度》“用泥”条相关注释。

⑩粗墨：疑指颗粒较粗的墨。其成分可能是烟灰墨。墨煤：疑为煤的一种。将其磨成粉末状，可用于绘画或房屋彩绘。如宋方回的诗句中有：“世人好图画，山水及动植。墨煤与粉绘，轴而挂之壁。”

⑪白石灰：指没有掺杂其他材料的石灰，石灰的本色为白。

【译文】

施用石灰每1丈见方的面积：

施用红石灰：其干厚为0.13寸；下面到“破灰”各项，所用灰的干厚皆与之相同。

石灰，30斤；如果不是殿阁类等房屋，应增加4斤用之；如果用矿灰，则应减少其基数的1/5用之。下面诸项与之相同。

赤土，23斤；

土朱，10斤。如果不是殿阁类等房屋，应减少4斤用之。

施用黄石灰：

石灰，47斤4两；

黄土，15斤12两。

施用青石灰：

石灰，32斤4两；

软石炭，32斤4两。如果没有软石炭，则应将所用石灰的数量增加一倍；每用石灰10斤，则应用粗墨1斤或墨煤11两。

施用白石灰：

石灰，63斤。

（破灰）

破灰[①]：

石灰，二十斤；

白蔑土[②]，一担半；

麦麸[③]，一十八斤。

细泥[④]：

麦麸，一十五斤；作灰衬，同；其施之于城壁者，倍用；下麦䴷准此[⑤]。

土，三担。

粗泥[⑥]：中泥同[⑦]。

麦䴷，八斤；搭络及中泥作衬[⑧]，并减半。

土，七担。

【注释】

①破灰：即指破灰泥。参见卷第十三《泥作制度》“用泥”条相关注释。

②白蔑土：似指一种土，具体不详。参见卷第十三《泥作制度》“用泥”条相关注释。

③麦麸（yì）：麦壳。参见卷第十三《泥作制度》“用泥”条相关注释。

④细泥：由本条行文可知，“细泥”指用麦麸（可能是麦壳）与土合和的较为细密的灰泥，主要用于泥壁的灰衬。

⑤麦䴷（juān）：麦秸。参见卷第十三《泥作制度》“用泥”条相关注释。

⑥粗泥：由本条行文可知，“粗泥”指用麦䴷（可能是麦秸）与土合和的泥粒稍粗的灰泥。

⑦中泥：粗细介于细泥与粗泥之间的泥。参见卷第十三《泥作制度》“用泥”条相关注释。

⑧搭络：用粗泥将墙面填补找平。参见卷第十三《泥作制度》“画壁”条相关注释。

【译文】

合制破灰：

石灰，20斤；

白蔑土，1.5担；

麦麸，18斤。

合和细泥：

麦麸，15斤；如果其泥用作灰衬，与之相同；如果其泥施之于城壁之上，其所掺麦麸应增加一倍用之；下面的麦䴷，也以此为标准。

土，3担。

合和粗泥：合和中泥与之相同。

麦䴷，8斤；用粗泥搭络找平，以及用中泥作衬时，所用麦䴷数都应减少一半用之。

土，7担。

（沙泥画壁）

沙泥画壁①：

沙土、胶土、白蔑土②，各半担。

麻捣[3]，九斤；栱眼壁同；每斤洗净者，收一十二两。

粗麻，一斤；

径一寸三分竹，三条。

【注释】

①沙泥画壁：当即卷第十三《泥作制度》"画壁"条所说的"画壁"。其壁较平正，且墙面韧性较好，可用以绘制壁画。

②胶土：营作画壁时用到的一种土，亦称"黏土"，可被用作烧制砖瓦的原材料。

③麻捣：碎麻。参见卷第十三《泥作制度》"用泥"条相关注释。

【译文】

营作沙泥画壁：

沙土、胶土、白蔑土，各0.5担。

麻捣，9斤；若营作栱眼壁，用麻捣数与之相同；将每斤麻捣洗净后，所余数为12两。

粗麻，1斤；

直径为1.3寸竹，3条。

（垒石山）

垒石山[1]：

石灰，四十五斤；

粗墨，三斤。

【注释】

①垒石山：用灰泥叠石垒筑假山。参见卷第二十五《诸作功限二》"泥作·诸泥作功"条相关注释。

【译文】

垒造石假山：

石灰，45斤；

粗墨，3斤。

（泥假山）

泥假山①：

长一尺二寸，广六寸，厚二寸砖，三十口；

柴，五十斤；曲堰者②。

径一寸七分竹，一条；

常使麻皮③，二斤；

中箔④，一领；

石灰，九十斤；

粗墨，九斤；

麦麸，四十斤；

麦䴬，二十斤；

胶土，一十担。

【注释】

①泥假山：疑指用灰泥模塑而出的假山形式。参见卷第二十五《诸作功限二》“泥作·诸泥作功”条相关注释。

②曲堰（yàn）：曲折的围堰。这里可能是借指用以营作泥假山的柴，其形态弯曲。堰，较为低矮的挡水构筑物，用以提高来水之上游的水位。

③常使麻皮：似指在宋代营造中较为常用的麻皮。麻皮，指一种一

年生的草本植物，其皮层富含纤维，可用以泥塑假山。另，麻皮也指一种药材。

④中箔（bó）：可能是指一种竹编的席箔。参见卷第二十六《诸作料例一》“竹作·夹截”条相关注释。

【译文】

造作泥假山：

长1.2尺，宽6寸，厚为2寸的砖，30口；

柴，50斤；其柴应使用外形如曲堰的。

直径为1.7寸竹，1条；

常使麻皮，2斤；

中箔，1领；

石灰，90斤；

粗墨，9斤；

麦麸，40斤；

麦䅌，20斤；

胶土，10担。

（壁隐假山）

壁隐假山[①]：

石灰，三十斤；

粗墨，三斤。

【注释】

①壁隐假山：在墙壁上隐约模塑出的类似浮雕形式的假山。参见卷第二十五《诸作功限二》“泥作·诸泥作功”条相关注释。

【译文】

在墙壁上模塑假山：

石灰，30斤；

粗墨，3斤。

（盆山）

盆山[①]，每方五尺：

石灰，三十斤；每增减一尺，各加减六斤。

粗墨，二斤。

【注释】

①盆山：一种假山形式。参见卷第二十五《诸作功限二》"泥作·诸泥作功"条相关注释。

【译文】

泥塑盆山，其山平面面积每5尺见方：

石灰，30斤；其面积每增加或减少1尺见方，则各自增加或减少6斤。

粗墨，2斤。

（立灶）

每坐：

立灶：用石灰或泥，并依泥饰料例约计[①]；下至茶炉子准此。

突[②]，每高一丈二尺，方六寸，坯四十口；方加至一尺二寸，倍用。其坯系长一尺二寸，广六寸，厚二寸；下应用砖、坯，并同。

垒灶身，每一斗[③]，坯八十口。每增一斗，加一十口。

【注释】

①并依泥饰料例约计：原文“并依泥饰料例纽计”，梁注本改为“并依泥饰料例约计”。陈注：“约?”傅熹年注：“故宫本、张本作‘纽’。四库本作‘细’。”暂从梁注本。

②突：即烟突。参见卷第十三《泥作制度》“立灶”条相关注释。

③每一斗：这里的“每一斗”，当指其灶上所用锅的容量。参见卷第十三《泥作制度》：“皆以锅口径一尺为祖加减之。（锅径一尺者一斗；每增一斗，口径加五分，加至一石止。）”

【译文】

垒造每1坐立灶；

立灶：用石灰或泥，并依据泥饰的料例做一大略计算；以下至茶炉子，做法以此为准。

烟突，每高1.2丈，方6寸，用坯40口；若其方增加到1.2尺，则用坯量增加1倍。所用者应是长1.2尺，宽6寸，厚2寸之坯；以下所用砖、坯，也都与之相同。

垒砌其灶的灶身，以其锅容量每1斗，用坯80口。其容量每增加1斗，则增加用坯10口。

（釜灶）

釜灶[①]：以一石为率[②]。

突，依立灶法。每增一石，腔口直径加一寸[③]；至十石止。

垒腔口坑子罨烟[④]，砖五十口。每增一石，加一十口。

【注释】

①釜灶：锅灶。参见卷第十三《泥作制度》“釜镬灶”条相关注释。

②以一石（dàn）为率：这里的“釜灶”，是以其灶上所施之釜锅的容量为大小计量标准的。石，古代容积单位。1石等于10斗。

③腔口：釜镬之内有灶腔，灶腔的口部即为腔口。

④坑子：这里的"坑子"其义不详，未知是"腔口坑子"，还是"腔口"与"坑子"。罨（yǎn）烟：未知"腔口坑子罨烟"所指为一物，还是分别指称"腔口""坑子""罨烟"三物。疑为后者，故暂从之。罨，同"掩"，有覆盖义。

【译文】

垒造釜灶：以其釜容量1石为标准。

烟突，依据立灶中烟突的做法。其釜容量每增加1石，则釜之腔口的直径增加1寸；至其釜容量达10石为止。

垒砌釜之腔口、坑子及罨烟，用砖50口。其釜容量每增加1石，则用砖量增加10口。

（坐甑）

坐甑①：

生铁灶门；依大小用；镬灶同②。

生铁版，二片，各长一尺七寸，每增一石，加一寸。广二寸，厚五分。

坯，四十八口。每增一石，加四口。

矿石灰③，七斤。每增一口④，加一斤。

【注释】

①坐甑（zèng）：放置甑的炉灶。甑，古代炊具的一种，可以为瓦制，亦可以为铁制，属蒸食器物类。

②镬（huò）灶：可以安置大锅的炉灶。镬，古代用于烹煮食物的大锅。

③矿石灰：疑即矿灰。参见卷第十三《泥作制度》"用泥"条相关注释。

④每增一口：这里的"每增一口"其义不详。未知是每增加一口甑，

或是“每增一石”之误。从前后文看，疑可能是后者，暂按“每增一石”理解。

【译文】

垒造坐甑：

生铁灶门；依其甑的大小施用；镬灶与之相同。

生铁版，2片，各长1.7尺，其甑容量每增加1石，则其版之长增加1寸。宽2寸，厚0.5寸。

坯，48口。其甑容量每增加1石，则其坯数量增加4口。

矿石灰，7斤。其甑容量每增加1石，则其矿石灰用量增加1斤。

（镬灶）

镬灶：以口径三尺为准。

突，依釜灶法。斜高二尺五寸，曲长一丈七尺，驼势在内①。自方一尺五寸，并二垒砌为定法②。

砖，一百口。每径加一尺，加三十口。

生铁版，二片，各长二尺，每径长加一尺，加三寸。广二寸五分，厚八分。

生铁柱子，一条，长二尺五寸，径三寸。仰合莲造；若径不满五尺不用。

【注释】

①驼势：疑指镬灶之烟突的弯曲部分。

②并二垒砌：砖砌体的一种砌筑方法，将两砖前后相并垒砌，以确保所砌砖壁厚度。

【译文】

镬灶：以其灶口的口径3尺为标准。

烟突，依照釜灶烟突的做法。其烟突斜高2.5尺，突之曲长1.7丈，其烟突的弯曲部分包括在这一长度内。烟突自身截面尺寸为1.5尺见方，通身均采用将其砖并二垒砌的做法，这一做法为镬灶烟突垒造的标准做法。

砖，100口。其灶口口径每增加1尺，则其砖用量应增加30口。

生铁版，2片，各长2尺，其灶口口径每增加1尺，其版长度增加3寸。宽2.5寸，厚0.8寸。

生铁柱子，1条，长2.5尺，柱子直径3寸。采用仰合莲造形式；如果其灶口口径不满5尺，则不用生铁柱子。

（茶炉子）

茶炉子[①]：以高一尺五寸为率。

燎杖[②]，用生铁或熟铁造。八条，各长八寸，方三分。

坯，二十口。每加一寸，加一口。

【注释】

①茶炉子：指古人专门用以烧煮茶水的茶炉。

②燎（liáo）杖：疑即今人所称之“炉箅子”中的铁条。

【译文】

垒造茶炉子：以其炉高1.5尺为标准。

燎杖，用生铁或熟铁造。8条，各长8寸，其杖截面方0.3寸。

坯，20口。其炉高度每增加1寸，则增加用坯1口。

（垒坯墙）

垒坯墙：

用坯每一千口，径一寸三分竹，三条。造泥篮在内。

阇柱每一条[①]，长一丈一尺，径一尺二寸为准，墙头在外。中箔，一领。

石灰，每一十五斤，用麻捣一斤。若用矿灰，加八两；其和红、黄、青灰[②]，即以所用土朱之类斤数在石灰之内。

泥篮，每六椽屋一间[③]，三枚。以径一寸三分竹一条织造。

【注释】

①阇（àn）柱：指被包砌在坯墙之内，能够起到房屋结构支撑作用的木柱。

②红、黄、青灰：分别指红石灰、黄石灰、青石灰。

③每六椽屋一间：这里的"一间"，是指进深为六步椽架之房屋的每一开间，在其墙体垒砌过程中，所需使用泥篮的数量。如果是进深六椽，面广三间之屋，则需9枚泥篮，以此类推。房屋进深增加，其所需泥篮数亦有所增加。

【译文】

垒造土坯墙：

用坯每1000口，用直径1.3寸竹，3条。编织泥篮所用竹包括在内。

墙内所施阇柱每1条，以其柱长1.1丈，柱径1.2尺为标准，墙头出所施柱暴露在外。用中箔，1领。

石灰，每用石灰15斤，应用麻捣1斤。如果用矿灰，则其用麻捣数增加8两；如果合和红、黄、青石灰，则诸色之灰皆以红石灰用土朱之类所需斤数，加入其所合和的石灰之内。

泥篮，每进深6步椽架的房屋1开间，用3枚。以直径1.3寸竹1条织造。

彩画作

【题解】

对于中国古代木构建筑而言，彩画的作用不仅是为其房屋提供外在的装饰美，更重要的作用有以下几点：

其一，具有区别房屋等级的作用，这对于传统中国这样一个古代礼制社会，具有标明某种社会等级秩序的意义。一般的色彩，是不允许施用在普通百姓的房屋之上的，一些特殊的色彩，如黄色、红色、紫色，甚至金色等，只能施用于统治阶层的宫殿建筑，或佛道寺观的殿堂中。

其二，要为房屋，特别是高等级的重要木构殿阁、厅堂建筑的木结构外表，提供某种保护性措施。虽然彩画用料主要是用各色颜料来涂饰木构件的表面，但是从保护的角度而言，仅仅有表面的色彩，不太可能完全实现对木构件材料的防雨、防腐蚀等功能。因此，在表面所涂的色彩之下，古人在木构材料的防雨水、防渗漏等方面做了诸多的尝试。如宋式房屋木构件表面会涂以具有防水功能的桐油。同时，在颜色原料中加入石灰、白土等，以及诸多粉质材料或某些带有药物性质的颜料，在一定程度上，也实现了对木构材质的保护需要。

至明清时代的高等级大木结构中，在柱子周围打以底灰，裹以麻刀灰，则是在宋式彩画基础上对彩画保护功能的进一步加强与提升。

颜料的配制中，除了各种矿物颜料之外，还会用到一些中药类的制品，如雌黄、藤黄、槐华等。描绘彩画，需要先做衬地，即所谓“衬色之法”。其衬地中，需要用到铅粉、紫粉，可能还包括定粉、土朱等，以及相应颜料的合和制品。宋代彩画作中所用各种材料，可以帮助我们在一定程度上了解古人在艺术创作中可能用到的颜料及其配制。

（应刷染木植）

应刷染木植[①]，每面方一尺，各使下项：栱眼壁各减五分之一；雕木华版加五分之一；即描华之类，准折计之[②]。

定粉[③]，五钱三分；

墨煤，二钱二分八厘五毫；

土朱，一钱七分四厘四毫；殿宇、楼阁，加三分；廊屋、散舍，减二分。

白土[④]，八钱；石灰同。

土黄，二钱六分六厘；殿宇、楼阁，加二分。

黄丹[⑤]，四钱四分；殿宇、楼阁，加二分；廊屋、散舍，减一分。

雌黄[⑥]，六钱四分；合雌黄、红粉，同。

合青华[⑦]，四钱四分四厘；合绿华同[⑧]。

合深青[⑨]，四钱；合深绿及常使朱红、心子朱红、紫檀并同[⑩]。

合朱，五钱；生青、绿华、深朱、红，同。

生大青[⑪]，七钱；生大青、浮淘青、梓州熟大青绿、二青绿[⑫]，并同。

生二绿[⑬]，六钱；生二青同[⑭]。

常使紫粉[⑮]，五钱四分；

藤黄[⑯]，三钱；

槐华[⑰]，二钱六分；

中绵胭脂[⑱]，四片；若合色，以苏木五钱二分[⑲]，白矾一钱三分煎合充[⑳]。

描画细墨，一分；

熟桐油，一钱六分。若在暗处不见风日者，加十分之一。

【注释】

①应刷染木植：指需要在其表面做彩画或涂料刷饰的木制名件。

②即描华之类，准折计之：陈注：改“折”为“析”。

③定粉：又称作“铅粉”。参见卷第十四《彩画作制度》“炼桐油”条相关注释。

④白土：白色的土质衬底材料。参见卷第十四《彩画作制度》“总制度·衬地之法”条相关注释。

⑤黄丹：矿物名。参见卷第十四《彩画作制度》“总制度·调色之法”条相关注释。

⑥雌黄：矿物名。参见卷第十四《彩画作制度》“总制度·调色之法”条相关注释。

⑦合青华：疑将其他原料与青华相合而成的一种颜料。将生青或层青先捣细后，用汤淘出浮在上面的土、石、含有杂质的水等不用，再研磨使极细，以汤淘澄，分色轻重，分别倒入容器中，先取出水内色淡者，就称为“青华”。参见卷第十四《彩画作制度》“总制度·取石色之法”条行文。

⑧绿华：凡色之极细而淡者皆谓之“华”，用石绿以上条注所说之法，先取出水内色淡者，即为绿华。参见卷第十四《彩画作制度》“总制度·调色之法”条行文。

⑨深青：当指大青。卷第十四《彩画作制度》“总制度·取石色之法”条：“其下色最重者，谓之大青。”

⑩深绿：当指大绿。卷第十四《彩画作制度》“总制度·取石色之法”条：“其下色最重者，谓之大青；（石绿谓之大绿。）”常使朱红：疑指宋时较常用到的朱红色。朱红，为红色中的一种，其色似介乎红色和橙色间。心子朱红：未详心子朱红的材料来源或颜色特征，疑其施用于彩画构图的中心部位，如所谓“华心”部位，色泽与一般朱红有所区别。紫檀：紫檀色。参见卷第十四《彩画作制度》“解绿装饰屋舍·枓栱、方桁等施解绿装”条相关注释。并同：原文“并用”，梁注本改为“并同”。陈注：改“用”为“同”。

⑪生大青：疑指经研擣淘澄而出，但未加调制的生青。关于“生青”，参见卷第十四《彩画作制度》“总制度·取石色之法”条相关注释。

⑫生大青、浮淘青：陈注：改“生大青”之“青”为“绿”。傅注：改“生大青、浮淘青”为“生大绿、浮淘青”，并注：“绿，据故宫本、四库本改。”暂从原文。梓州：路名。治所在今四川三台。隋设梓州，因梓潼水而得名，后更名为新城郡。唐复称梓州，曾称梓潼郡。北宋时设梓州路，后改为潼川府路。熟大青绿：疑为将加工好的生大青、生大绿加以调制后得出的颜色。二青绿：疑指“二青”“二绿”。卷第十四《彩画作制度》“总制度·取石色之法”：“又色渐深者，谓之二青；（石绿谓之二绿。）”

⑬生二绿：疑指研擣淘制而出，未加调制的二绿。

⑭生二青：疑指研擣淘制而出，未加调制的二青。

⑮常使紫粉：可能是指宋时彩绘中较常用到的紫粉。关于“紫粉”，参见卷第十四《彩画作制度》“总制度·衬色之法”条相关注释。

⑯藤黄：颜料名。参见卷第十四《彩画作制度》“总制度·调色之法”条相关注释。

⑰槐华：即槐花。参见卷第十四《彩画作制度》“总制度·衬色之法”条相关注释。

⑱中绵胭脂：未知“中绵胭脂”与“绵燕支”是否有所关联。或是指称一种与胭脂颜色相近的颜料。胭脂，亦称“腮红”，是古代女性较常使用的化妆品。古人制作胭脂的主要原料为红蓝花，又名“红花”，原产埃及，经中亚传入中国，“胭脂”二字系匈奴语所称“红蓝花”的音译。古时妇女妆面的胭脂分为两种：一是以丝绵蘸红蓝花汁制成，称“绵燕支”；一是加工成小而薄的片，名“金花燕支”。南北朝时，人们在这种红色化妆品中加入牛髓、猪胰等物，成为一种稠密润滑的脂膏，“燕支”亦被称为“胭脂”。

⑲苏木：药用豆科植物，在制作药材时，一般采用苏木的干燥心材。这里疑是将药材用于颜料调制之中。

⑳白矾：一种含结晶水的硫酸钾和硫酸铝复盐。这里是指将白矾应用于颜料的调制之中。

【译文】

拟在其表面作刷饰涂染的木名件，以其件表面的每1尺见方，应分别施使如下诸项：如果是在栱眼壁面上，则诸项分别减少1/5用之；若是在雕木华版上，则诸项分别增加1/5用之；如果是描华之类做法，则可由如下标准折计推算而出。

定粉，5钱3分；

墨煤，2钱2分8厘5毫；

土朱，1钱7分4厘4毫；若是用于殿宇、楼阁之上，则在此基础上增加3分；若是用于廊屋、散舍之上，则应减少2分。

白土，8钱；石灰与之相同。

土黄，2钱6分6厘；若是用于殿宇、楼阁之上，则在此基础上增加2分。

黄丹，4钱4分；若是用于殿宇、楼阁之上，则在此基础上增加2分；若是用于廊屋、散舍之上，则应减少1分。

雌黄，6钱4分；若用合雌黄、红粉，与之相同。

合青华，4钱4分4厘；若用合绿华，与之相同。

合深青，4钱；若用合深绿及常使朱红、心子朱红、紫檀，都与之相同。

合朱，5钱；若用生青、绿华、深朱、红，与之相同。

生大青，7钱；若用生大青、浮淘青、梓州熟大青绿、二青绿，都与之相同。

生二绿，6钱；若用生二青，与之相同。

常使紫粉，5钱4分；

藤黄，3钱；

槐华，2钱6分；

中绵胭脂，4片；如果用合色做法，以苏木5钱2分，白矾1钱3分煎合，亦可充用。

描画细墨，1分；

熟桐油，1钱6分。如果是在暗处没有风，也得不到阳光照射的地方，则增加1/10。

（应合和颜色）

应合和颜色，每斤，各使下项：

合色：

绿华：青华减定粉一两，仍不用槐华、白矾。

定粉，一十三两；青黛①，三两；槐华②，一两；白矾，一钱。

朱：

黄丹，一十两；常使紫粉，六两。

绿：

雌黄，八两；淀③，八两。

红粉④：

心子朱红，四两；定粉，一十二两。

紫檀：

常使紫粉，一十五两五钱；细墨⑤，五钱。

草色⑥：

绿华：青华减槐华、白矾。

淀，一十二两；定粉，四两；槐华，一两；白矾，一钱。

深绿：深青即减槐华、白矾。

淀，一斤；槐华，一两；白矾，一钱。

绿：

淀，一十四两；石灰，二两；槐华，二两；白矾，二钱。

红粉：

黄丹，八两；定粉，八两。

衬金粉⑦：

定粉，一斤；土朱，八钱。颗块者。

【注释】

①青黛（dài）：自爵床科植物马蓝与蓼科植物蓼蓝及十字花科植物菘蓝的叶或茎叶经过提取加工而获得的干燥粉末、团块或颗粒，青黑色，可入药。

②槐华：原文“槐花”，梁注本改为“槐华”。陈注：改“花”为“华”。下文“青华减槐华”“深青即减槐华”中的“槐华”与之同。槐华，即槐花，指豆科槐属植物的花及花蕾。这里所说的槐树，当指国槐。其花为淡黄色，可用于烹调，也可作中药或颜料。

③淀：傅注：改“淀”为“靛”，并注：“靛，下同。当查古本《本草》有无‘淀’字。”又注：“故宫本、四库本、张本，均作‘淀’。”暂从原文。

④红粉：系由水银、火硝、白矾等几种材料混合调制而成，其化学成分应是氧化汞与硝酸汞的混合物，其形式为橙红色片状结晶，或可研为极细粉末。可以用作颜料。

⑤细墨：古人用松烟制墨，细墨相对于粗墨而言，似指颗粒较为细腻之墨，其成分仍可能是烟灰墨。

⑥草色：图案草底的颜色。参见卷第十四《彩画作制度》“总制度·彩画之制”条相关注释。

⑦衬金粉：这里的“衬金粉”，可能有两种理解：一是用作衬地的金粉，二是以其粉用来衬托彩画中的金色。若是前者，则房屋营造中所用金粉，当非真金粉末，可能是铜、锌及其合金研磨而成的细粉，亦称“青铜粉”“黄铜粉”“铜金粉”等。若是后者，则其衬粉可能是由其他材料合和而成的。

【译文】

拟调制需要合和而成的颜色，每调制1斤，分别使用如下诸项：

合色：

绿华：如青华，则应减少定粉1两，仍无须掺加槐华、白矾。

定粉，13两；青黛，3两；槐华，1两；白矾，1钱。

朱：

黄丹，10两；常使紫粉，6两。

绿：

雌黄，8两；淀，8两。

红粉：

心子朱红，4两；定粉，12两。

紫檀：

常使紫粉，15两5钱；细墨，5钱。

草色：

绿华：若青华，则减用槐华、白矾。

淀，12两；定粉，4两；槐华，1两；白矾，1钱。

深绿：若深青，即减用槐华、白矾。

淀，1斤；槐华，1两；白矾，1钱。

绿：

淀，14两；石灰，2两；槐华，2两；白矾，2钱。

红粉：

黄丹，8两；定粉，8两。

衬金粉：

定粉，1斤；土朱，8钱。应使用有颗块形式者。

（应使金箔）

应使金箔，每面方一尺，使衬粉四两[①]，颗块土朱一钱。

每粉三十斤，仍用生白绢一尺②，滤粉。木炭一十斤，熁粉③。绵半两。描金④。

应煎合桐油，每一斤：

松脂、定粉、黄丹，各四钱；

木扎⑤，二斤。

应使桐油，每一斤，用乱丝四钱⑥。

【注释】

①衬粉：指卷第十四《彩画作制度》“总制度·衬色之法”中提到的“青：以螺青合铅粉为地”“绿：以槐华汁合螺青、铅粉为地”“红：以紫粉合黄丹为地”中的铅粉、紫粉。

②生白绢：古人所用的一种白色薄型的丝织品，亦称其为“缟素”。“缟”与“素”本身都属于白色生绢之类的丝织品，故也可称其为“生白绢”。

③熁（xié）粉：用木炭烤制其粉。熁，烤。

④描金：陈注：“揾，竹本。”傅注：改“描金”为“揾金”。描，为描画之意；揾，为擦或按压。从字义上讲，因是“应使金箔”条，故“揾金”似与“金箔”之义更合。此处暂从原文。

⑤木扎：陈注：“札。”札，指小而薄的木片；扎，则为动词；故较大可能，这里应从“木札”。译文从注。

⑥乱丝：当指纷乱但可以成团的蚕丝，用以在木材表面涂擦桐油。

【译文】

拟在彩绘中施使金箔时，其木制名件表面面积每1尺见方，应使用衬粉4两，颗块状的土朱1钱。每施用衬粉30斤，还应使用生白绢1尺，用以过滤衬粉。并用木炭10斤，用于烧烤衬粉。及用绵半两。用以描贴金箔。

若拟煎合桐油，每1斤：

用松脂、定粉、黄丹，各为4钱；

用木札，2斤。

若拟施使桐油，每1斤，则用乱丝4钱。

砖作

【题解】

砖，作为房屋建筑材料，在中国古代有着悠久的历史。但砖之较大规模的使用，是在五代以后，宋代时砖已经比较广泛地使用到殿堂的阶基、屋墙、城墙，以及作为围墙之水门的卷辇水窗等工程中。

砖墙，在现代概念中，一般分为清水砖墙与混水砖墙。清水砖墙是将墙面暴露在外的，故其砌造会比较整齐严谨。古代建筑中，也有相应的概念，故其墙体的外壁，可能为细垒的做法，须用外壁斫磨砖；而其墙的内侧，即里壁，则可能采用粗垒的方式，只用粗砖垒造，并不十分关注其砖壁的外观严密整齐。

砌造砖墙，或甃砌水井、砌造卷辇水窗等，需要用到将砖黏接为一体的灰。不像现代人使用水泥砂浆，古人除了用泥之外，标准稍高的房屋，是用石灰或矿灰调制的灰泥砌筑的。房屋的阶基或墙体砌筑完成后，为了使得墙体的表面看起来色调同一整洁，有时还需要用墨煤或灰加以涂刷，涂刷砖砌体的表面则需要用到苕帚。其所用墨煤、矿灰、石灰及运送灰泥的泥篮、涂刷阶基或墙体表面的苕帚等，都需要计入工程用料。

（铺垒、安砌）

应铺垒、安砌，皆随高、广指定合用砖等第，以积尺计之。若阶基、慢道之类，并二或并三砌，应用尺三条砖[①]，细垒者[②]，外壁斫磨砖每一十行[③]，里壁粗砖八行填后[④]。其隔减、砖甋[5]，及楼阁高窎[6]，或行数不及者，并依此增减计定。

【注释】

①尺三条砖：指长度为1.3尺的条砖。关于“条砖”，参见卷第十五《砖作制度》“用砖·殿阁、厅堂、亭榭、行廊、散屋等用砖”条相关注释。

②细垒：与“粗垒”相对应，指砖砌体的细致垒砌方式，多指房屋外墙的垒砌。

③外壁斫磨砖：指砌筑于房屋外墙表面的经过斫磨的砖。其墙称为“清水砖墙”，明清时代官式建筑的外墙所采用的磨砖对缝砌筑方式，疑与这里所说的“外壁斫磨砖”有某种相近之处。

④里壁粗砖：指砌筑于房屋墙体之内侧的砖，其砖的砌筑方式较为简单，不必对砖进行斫磨，也不必十分注意砖缝的相互对应，与晚近所称的“混水砖墙”的砌筑方式较为接近。

⑤隔减：梁思成先生对“隔减”有注，参见卷第十五《砖作制度》“墙下隔减”条相关注释。梁先生亦对“隔减”一词的本义做了推测：“由于隔减的位置和用砖砌造的做法，又考虑到华北黄土区墙壁常有盐碱化的现象，我们推测‘隔减’的‘减’字很可能原来是‘碱’字。在一般土墙下，先砌这样一段砖墙以隔碱，否则‘隔减’两个字很难理解。由于‘碱（鹼）’笔画太繁，当时的工匠就借用同音的‘减’字把它‘简化’了。”砖甋：砌砖时所用模子。参见卷第十五《砖作制度》“井”条相关注释。

⑥高窎（diào）：高远。梁注：“窎，音鸟或音吊，深远也。”

【译文】

拟铺垒、安砌砖砌体时，都要随其砌体的高度、宽度指定适合其处所用之砖的等第，以所砌尺寸的高宽之数，累而计算其用砖数量。如果是殿堂阶基、慢道之类，应采用二砖并砌或三砖并砌的方式砌造，应使用长度为1.3尺的条砖，并加以仔细垒筑，其砌体外壁表面所用经过斫磨的砖每10行，其砌体里壁则用未经斫磨的粗砖8行填补其壁之表面的里侧。如果是砌筑墙下隔减、造作砖瓶，以及营造的楼阁形体高远，抑或其所砌筑的砖行之数达不到时，都可以按照这一规则，对其用砖数做适当增加或减少的推算与确定。

(卷辇河渠)

应卷辇河渠，并随圜用砖；每广二寸，计一口；覆背卷准此[①]。其缴背[②]，每广六寸，用一口。

【注释】

①覆背卷：用砖铺砌覆盖于卷辇水窗之上，亦即砖筑拱券拱背之上的砖券层。

②其缴背：原文“其绕背”，梁注本改为“其缴背”。傅注：改“绕”为“缴”，并注：“缴，《法式》十五‘砖作制度’作‘缴’。”

【译文】

拟于河渠之上砌筑卷辇水窗做法，其砖券都要随其水窗圜势施用其砖；每宽2寸，计用砖1口；铺砌覆盖于卷辇水窗拱背之上的砖券也以此为标准。其砖券上所施砌的缴背层，每宽6寸，计用砖1口。

(安砌所须矿灰)

应安砌所须矿灰，以方一尺五寸砖，用一十三两。每增减一寸，各加减三两[①]。其条砖，减方砖之半；压阑[②]，于二尺方砖之数，减十分之四。

【注释】

①各加减三两：其中之“三”，陈注：“二，竹本”。暂从原文。

②压阑：指房屋基座沿其阶沿处所铺砌的压阑砖。

【译文】

拟砌筑施安砖时所应使用的矿灰，以1.5尺见方的砖，用13两计。其砖见方尺寸每增加或减少1寸，则各自增加或减少3两。如果所砌为条砖，则其所用灰量减少到方砖所用灰量的一半；如果是铺施压阑砖，则以2尺见方的方砖所用灰量为基数，减去这一基数的4/10用之。

（墨煤刷、灰刷）

应以墨煤刷砖甋、基阶之类①，每方一百尺，用八两。

应以灰刷砖墙之类②，每方一百尺，用一十五斤。

应以墨煤刷砖甋、基阶之类，每方一百尺，并灰刷砖墙之类，计灰一百五十斤，各用苕帚一枚。

【注释】

①基阶：指殿阁式房屋的殿阶基及其踏阶，以及其他房屋的台基与登台踏阶。

②灰：指涂刷于墙体表面的灰，应是指矿灰或石灰。

【译文】

拟用墨煤涂刷砖甋或房屋台基、踏阶之类时，其拟涂刷的面积每100尺见方，用墨煤8两。

拟用石灰或矿灰涂刷砖墙表面之类时，其拟涂刷的面积每100尺见方，用灰15斤。

拟用墨煤涂刷砖甋或房屋台基、踏阶之类时，其拟涂刷的面积每100尺见方，以及拟用石灰或矿灰涂刷砖墙表面之类时，若其所用灰量每计150斤时，各自使用苕帚1枚。

（甃垒井所用盘版）

应甃垒井所用盘版[1]，长随径，每片广八寸，厚二寸。每一片：

常使麻皮，一斤；

芦蕟[2]，一领；

径一寸五分竹，二条。

【注释】

①应甃（zhòu）垒井所用盘版：原文“应甃垒并所用盘版”，梁注本改为“应甃垒井所用盘版”。陈注：“‘并’应作‘井’。”傅注：改“并”为“井”，并注：“井，误‘并’。”盘版，即甃砌井时所用的“底盘版”，参见卷第十五《砖作制度》“井”条原文。

②芦蕟（fà）：似指以芦苇编的粗席。参见卷第十五《砖作制度》“井”条相关注释。

【译文】

拟甃垒井所用的底盘版，其版的长度随其盘径而定，每片版宽8寸，厚2寸。铺砌每1片盘版：

常使麻皮，1斤；

芦蕟，1领；

直径为1.5寸的竹，2条。

窑作

【题解】

中国古代建筑，本以自然材料为主，包括了自然生长的木材、竹材以及天然的土石材料。但从远古时代，我们的祖先就会用土烧制各种陶制的器物，渐渐地也学会了烧制砖瓦。至南北朝时期，随着琉璃瓦的传入，古代建筑中使用琉璃瓦件逐渐增多，工匠们也对琉璃瓦的烧制技术十分谙熟。

烧制房屋营造中使用的最大量的砖、瓦及琉璃瓦件，包括屋顶装饰件，都需要窑作。窑作本身的材料，仍需要用到土坯或砖。而在烧制砖瓦之前，最重要的材料则是制造砖、瓦的坯件。

烧制砖瓦所需要的燃料，即这里提到的茭草，则是窑作工程中不可或缺的。其计量方式是按“束”。

烧制琉璃瓦，除了瓦坯及燃料之外，重要的是在瓦坯上所涂的药料。各种药料的配制，是烧制琉璃瓦的重要技术信息。这里给出的宋代琉璃瓦所配每种药料的分量，精确到了极其细密的程度，或也使我们对古人在技术上的精益求精有了一个新的认识。

（砖）

烧造用茭草[①]：

砖，每一十口：

方砖：

方二尺，八束[②]。每束重二十斤，余茭草称“束”者，并同。每减一寸，减六分[③]。

方一尺二寸，二束六分。盘龙、凤、华并砖碇同[④]。

条砖：

长一尺三寸，一束九分。牛头砖同[⑤]；其趄面即减十分之一[⑥]。

长一尺二寸，九分。走趄并趄条砖[⑦]，同。

压阑砖[⑧]：长二尺一寸，八束。

【注释】

①芟(shān)草:用于烧窑的干草。参见卷第十五《窑作制度》"烧变次序"条相关注释。

②方二尺,八束:原文"方二丈,八束",梁注本改为"方二尺,八束"。陈注:改"丈"为"尺"。傅注:"尺,误丈。"又注:"故宫本、四库本均作'尺'。"

③减六分:从上下文看,这里的"分",可能是"束"的构成单位,疑1束为10分。故"减六分"可能是从8束中减去6分,其烧制所需用的芟草数为7束4分。

④砖碇:一种尺寸不是很大,但厚度较厚的方砖。参见卷第十五《窑作制度》"砖·条砖"条相关注释。

⑤牛头砖:一种异型砖,其左右两侧的厚度不同。参见卷第十五《砖作制度》"用砖·城壁用砖"条相关注释。

⑥趄(qiè)面:指趄面砖。参见卷第二十五《诸作功限二》"砖作·斫事"条相关注释。

⑦走趄并趄条砖:走趄砖及趄条砖。参见卷第十五《砖作制度》"用砖·城壁用砖"条相关注释。

⑧压阑砖:傅注:"故宫本、四库本无'砖'字。"

【译文】

窑作烧造砖瓦等所用芟草:

砖,每10口:

方砖:

2尺见方,用芟草8束。每束重20斤,其余芟草凡称"束"者,都是一样。其砖之见方尺寸每减1寸,则其所用芟草减少6分。

1.2尺见方,2束6分。若烧制盘龙、凤、华文以及砖碇等,所用之数亦与之相同。

条砖:

长1.3尺，1束9分。牛头砖与之相同；若是趄面砖，则应减少其数的1/10用之。

长1.2尺，9分。走趄砖以及趄条砖，与之相同。

压阑砖：长2.1尺，8束。

（瓦）

瓦：

素白[1]，每一百口：

瓪瓦：

长一尺四寸，六束七分。每减二寸，减一束四分。

长六寸，一束八分。每减二寸，减七分。

瓪瓦：

长一尺六寸，八束。每减二寸，减二束。

长一尺，三束。每减二寸，减五分。

青掍瓦[2]：以素白所用数加一倍。

【注释】

①素白：指素白瓦，即普通砖瓦，由素白窑烧制而出。关于“素白窑”，参见卷第十五《窑作制度》“烧变次序”条相关注释。

②青掍（hùn）瓦：瓦名。参见卷第十五《窑作制度》“青掍瓦”条相关注释。

【译文】

烧造瓦：

素白瓦，每100口：

瓪瓦：

长1.4尺，用芟草6束7分。其瓦长度每减少2寸，所用芟草减少1束4分。

长6寸，1束8分。其瓦长度每减少2寸，所用茭草减少7分。

瓪瓦：

长1.6尺，8束。其瓦长度每减少2寸，所用茭草减少2束。

长1尺，3束。其瓦长度每减少2寸，所用茭草减少5分。

烧造青棍瓦：以烧造素白瓦所用茭草之数，再增加1倍用之。

（诸事件）

诸事件[①]，谓鸱、兽、嫔伽、火珠之类；本作内余称事件者准此。每一功，一束。其龙尾所用茭草，同鸱尾。

琉璃瓦并事件，并随药料，每窑计之。谓曝窑[②]。大料[③]分三窑折大料同。一百束，折大料八十五束，中料[④]分二窑小料同。一百一十束，小料一百束[⑤]。

棍造鸱尾[⑥]，龙尾同。每一只，以高一尺为率，用麻捣，二斤八两。

青棍瓦：

滑石棍[⑦]：

坯数[⑧]：

大料，以长一尺四寸甋瓦，一尺六寸瓪瓦，各六百口。华头重唇在内[⑨]。下同。

中料，以长一尺二寸甋瓦，一尺四寸瓪瓦，各八百口。

小料，以甋瓦一千四百口，长一尺，一千三百口，六寸并四寸，各五十口[⑩]。瓪瓦一千三百口。长一尺二寸，一千二百口，八寸并六寸，各五十口。

柴药数：

大料：滑石末[11]，三百两；羊粪，三筻；中料，减三分之一，小料，减半。浓油[12]，一十二斤；柏柴，一百二十斤；松柴，麻籸[13]，各四十斤。中料，减四分之一；小料，减半。

荼土掍[14]：长一尺四寸甋瓦，一尺六寸瓪瓦，每一口，一两[15]。每减二寸，减五分[16]。

【注释】

①诸事件：指本条下所列的诸项工艺过程中所用材料。

②曝窑：可能是专门用于烧制琉璃瓦及琉璃饰件的窑。参见卷第十五《窑作制度》“垒造窑·垒造之制”条、卷第二十五《诸作功限二》“窑作·装素白砖瓦坯”条相关注释。

③大料：似指在琉璃瓦或青掍瓦的烧制过程中，因其瓦尺寸较大，所用药料量亦大，故称“大料”。大料主要用于长1.4尺甋瓦或长1.6尺瓪瓦。

④中料：似指在琉璃瓦或青掍瓦的烧制过程中，因其瓦尺寸较为适中，所用药料量亦较适中，故称“中料”。中料主要用于长1.2尺甋瓦或长1.4尺瓪瓦。

⑤小料：似指在琉璃瓦或青掍瓦烧制过程中，因其瓦尺寸较小，所用药料量亦少，故称“小料”。小料主要用于长1尺甋瓦或长1.2尺瓪瓦。

⑥掍造鸱尾：疑指在鸱尾坯边缘掍以青黑釉色烧制而成。掍，有缘边义。

⑦滑石掍：似指在青掍瓦坯上掺滑石末。参见卷第十五《窑作制度》“青掍瓦”条、卷第二十五《诸作功限二》“窑作·装素白砖瓦坯”条相关注释。

⑧坯数：梁注：“这里所列坯数，是适用于下文的柴药数的大、中、小

料的坯数。”

⑨华头重唇：疑指华头及重唇两种做法。关于“华头”，参见卷第二十五《诸作功限二》“窑作·造甂、瓪瓦坯”条相关注释。关于“重唇”，参见卷第二十五《诸作功限二》“窑作·造甂、瓪瓦坯”条相关注释。

⑩各五十口：梁注：“‘五千口’，各本均作‘五十口’，按比例，似应为五千口。”下文“瓪瓦”之“各五十口”，亦与此同。译文从此。

⑪滑石末：疑指中药中所用的滑石散，或与今人所称的滑石粉相类。其为硅酸镁盐类矿物滑石，主要成分为含水硅酸镁，粉碎研磨经盐酸处理水洗后干燥而成，呈白色或类白色，微细、无砂性粉末状。

⑫浓油：古人将浓油用作烧制琉璃瓦的药料，亦用作制作火器的药料。如《武经总要·火药法》中提到：“黄蜡、松脂、清油、桐油、浓油同熬成膏。”可知，浓油非桐油、松脂，亦非清油。未知在这里指的是什么油。

⑬麻糁（shēn）：一般是指芝麻经过榨油后所余的渣滓。

⑭荼土掍：傅注：“荼，故宫本、四库本。”参见卷第二十五《诸作功限二》“窑作·用荼土掍甂瓦”条相关注释。

⑮每一口，一两：梁注：“一两什么？没有说明。”

⑯减五分：这里的“分”，应是指古代重量单位。以10厘为1分，10分为1钱，10钱为1两，则5分相当于0.5钱。

【译文】

如下诸项事件，即所谓烧制鸱尾、兽头、嫔伽、火珠之类；在本作内，其余所称“事件”者，也都以此为准。**每1功，用茭草1束。**其烧制龙尾所用茭草，与鸱尾所用之量相同。

烧制琉璃瓦诸相关事件，都应随药料，以每窑分别计算。即所谓曝窑。**大料**如果分为三窑，所折算的大料与之相同。**100束，折算大料85束，中料**如果分为二窑，其小料与之相同。**110束，折算小料100束。**

掍造鸱尾，掍造龙尾与之相同。每1只，以其高度1尺为标准，用麻捣，2斤8两。

青掍瓦：

滑石掍：

坯数：

大料，以长1.4尺瓪瓦，1.6尺瓪瓦，各600口。华头重唇做法包括在内。下同。

中料，以长1.2尺瓪瓦，1.4尺瓪瓦，各800口。

小料，以瓪瓦1400口，长1尺，1300口，长6寸并4寸，各5000口。瓪瓦1300口。长1.2尺，1200口，长8寸并6寸，各5000口。

柴药数：

大料：滑石末，300两；羊粪，3篓；中料，减其用量的1/3，小料，减其用量的一半。浓油，12斤；柏柴，120斤；松柴，麻籸，各40斤。中料，减其用量的1/4；小料，减其用量的一半。

茶土掍：长1.4尺瓪瓦，1.6尺瓪瓦，每1口，1两。其长度每减少2寸，则减5分。

（造琉璃瓦并事件）

造琉璃瓦并事件：

药料：每一大料；用黄丹二百四十三斤[①]。折大料，二百二十五斤；中料，二百二十二斤；小料，二百九斤四两。每黄丹三斤，用铜末三两[②]，洛河石末一斤[③]。

用药，每一口：鸱、兽、事件及条子[④]，线道之类，以用药处通计尺寸折大料。

大料，长一尺四寸瓪瓦，七两二钱三分六厘。长一尺六寸瓪瓦，减五分。

中料，长一尺二寸甋瓦，六两六钱一分六毫六丝六忽。长一尺四寸瓪瓦，减五分。

小料，长一尺甋瓦，六两一钱二分四厘三毫三丝二忽。长一尺二寸瓪瓦，减五分。

药料所用黄丹阙，用黑锡炒造⑤。其锡，以黄丹十分加一分，即所加之数，斤以下不计。每黑锡一斤，用蜜驼僧二分九厘⑥，硫黄八分八厘⑦，盆硝二钱五分八厘⑧，柴二斤一十一两，炒成收黄丹十分之数⑨。

【注释】

①黄丹：用铅、硫黄、硝石等合炼而成，主要成分为纯铅加工而成的四氧化三铅。可入药，古人亦将之用于琉璃瓦件烧制中。

②铜末：似为煅铜时打落的铜屑，用水淘净后，再用酒入砂锅内炒作，之后，研成粉末状。古人亦将其用为琉璃瓦件烧制中的药料。

③洛河石末：洛河石捣成的粉末。参见卷第二十五《诸作功限二》"窑作·烧变大窑"条相关注释。

④条子：指条子瓦。参见卷第二十五《诸作功限二》"瓦作·打造甋瓪瓦口"条相关注释。

⑤黑锡：主要指铅。参见卷第十五《窑作制度》"琉璃瓦等·炒造黄丹阙"条相关注释。

⑥蜜驼僧：指一种由铅生成的氧化性矿物质，呈红色，为晶体状，其质重而形软，有油脂光泽感，自唐代由波斯传入中国。古人也将之作为琉璃瓦件烧制中的药料。

⑦硫黄：由天然硫黄矿加工而成。

⑧盆硝：又称"芒硝"。参见卷第十五《窑作制度》"琉璃瓦等·炒造黄丹阙"条相关注释。

⑨炒成收黄丹十分之数：似指用黑锡炒造时，将所列几种药料炒成之后，取与10分黄丹相对应之分量的药料，作为黄丹药料进行配制。

【译文】

烧造琉璃瓦并相应的药料配制事项：

药料：每1大料；用黄丹243斤。折大料，225斤；折中料，222斤；折小料，209斤4两。每用黄丹3斤，则用铜末3两，并用洛河石末1斤。

用药，每1口瓦件：如鸱尾、兽头、其相应事项及条子瓦，线道瓦之类，都要以在其瓦件应用药处所通计的尺寸折成大料计算。

大料，长1.4尺甋瓦，7两2钱3分6厘。长1.6尺瓪瓦，减其量的5分用之。

中料，长1.2尺甋瓦，6两6钱1分6毫6丝6忽。长1.4尺瓪瓦，减其量的5分用之。

小料，长1尺甋瓦，6两1钱2分4厘3毫3丝2忽。长1.2尺瓪瓦，减其量的5分用之。

如果药料中所用的黄丹缺失，可以用黑锡炒造。其锡，即以黄丹10分加1分，即所加之数，斤以下的不计入其中。每黑锡1斤，用蜜驼僧2分9厘，硫黄8分8厘，盆硝2钱5分8厘，柴2斤11两，炒成后收取相当于黄丹10分的数用之。

卷第二十八　诸作用钉料例 诸作用胶料例　诸作等第

诸作用钉料例

用钉料例　用钉数　通用钉料例

诸作用胶料例

诸作等第

【题解】

除了石作、大木作、小木作、砖作、竹作、泥作、瓦作等与房屋营造直接有关的材料估算方式之外，《法式》作者还给出了一些似乎并不起眼，却在营造过程中不可或缺的材料的料例信息。例如用钉料例、用胶料例。此外，关于用料，可能还涉及其所用料的品位等第等问题，故本卷中还特别列出了"诸作等第"这一话题。

用钉，主要见于大木作、小木作、雕木作，但在竹作、瓦作、泥作中也会出现用钉的情况。钉的形式与功能也相当多样。

至于用胶的问题，虽然只是一种辅助性的配料，但在一定程度上，也可能会起到十分重要的作用。例如小木作榫卯处，若施用了胶，则其榫卯的坚固程度显然会有明显的提高。其他部位的用胶，无非也是希望将不同的材料更为紧固地连接在一起。

关于“诸作等第”问题，似乎与“料例”部分的行文内容关联不是很大，但其文所言的“等第”，所指确实是与材料的品第有所关联的，或亦可能与对材料的加工难度有所关联。这一节虽然很短小，其中关于宋式营造中的材料使用与加工等方面的信息，对今天的古建筑修缮与保护仍然具有十分现实的价值与意义。

诸作用钉料例

【题解】

现代人常常提起的“中国古代木构建筑不会用到一根钉子”的说法，其实是一种以讹传讹的误解。以木料为主要构材的中国古代营造，在许多地方都可能需要借助钉子的特殊功用。房屋以及小木作的一些附属性部件，如屋顶的椽子，椽子上所施的屋面望板，檐口处的大、小连檐，以及重要建筑物的屋瓦等，都需要通过钉子来将其固定在房屋的主体结构上。小木作中，如平棊版、门窗的背版以及木贴、难子等，在与相应的构件相接时，钉子也是不可或缺的重要材料。

在石作或泥作中，偶然也会借用钉子将表面的石块，如井底盘或墙面的灰泥，固定在地基上或一个更为强固的结构物上。至于竹作或雕木作中，用到钉子的情况，应该也是不难想象的。

用钉料例

大木作：

椽钉①，长加椽径五分②。有余分者从整寸，谓如五寸椽用七寸钉之类。下同。

角梁钉，长加材厚一倍。柱碛同。

飞子钉，长随材厚。

大、小连檐钉，长随飞子之厚。如不用飞子者，长减椽径之半。

白版钉[③]，长加版厚一倍。平闇遮椽版同。

搏风版钉，长加版厚两倍。

横抹版钉[④]，长加版厚五分。隔减并襻同[⑤]。

【注释】

①椽（chuán）钉：用以将屋顶之上所施的椽子固定在屋顶诸平槫或橑檐方之上的钉子。

②长加椽径五分：梁注："这'五分'是'十分之五''椽径之半'，而不是绝对尺寸。"

③白版：梁注："白版可能是用在檐口上的板条，其准确位置和做法待考。"

④横抹版：未知是什么名件，施于何处。

⑤隔减并襻（pàn）同：原文"隔减并攀同"，梁注本改为"隔减并襻同"。傅注：改"攀"为"襻"，并注："襻，故宫本、四库本。"隔减，指墙下隔减。这里的"襻"，未知是指槫下襻间，还是水槽口襻，抑或是别的什么用以拉结补缀性的木构件。

【译文】

大木作：

椽子用钉，其钉的长度是在椽子直径长度的基础上再增加0.5寸。如果其所推计的长度有余分者，应从其整寸之数，也就是说，如果是5寸的椽子，就施用7寸的钉之类。如下情况与之相同。

角梁用钉，其钉的长度是在其屋所用材断面高度尺寸的基础上再增加其材1倍的尺寸。柱礩所用钉的长度与之相同。

飞子用钉，其钉的长度与其屋所用材的断面厚度尺寸相同。

大、小连檐用钉，其钉的长度依飞子的厚度而定。如果不施用飞子，其钉的长度应取其屋所用椽子直径长度的一半。

白版用钉，其钉的长度是在白版厚度的基础上再增加1倍。屋内平闇上所施遮椽版的用钉长度与之相同。

搏风版用钉，其钉的长度是在搏风版厚度的基础上再增加版厚的两倍。

横抹版用钉，其钉的长度是在横抹版厚度的基础上再增加0.5寸。窗下隔减和襻所用钉的长度与之相同。

小木作：

凡用钉，并随版木之厚。如厚三寸以上，或用签钉者①，其长加厚七分。若厚二寸以下者，长加厚一倍；或缝内用两入钉者②，加至二寸止。

【注释】

①签钉：疑指竹签钉。卷第十二《竹作制度》“隔截编道”条：“每经一道用竹三片，（以竹签钉之。）”

②两入钉：两头尖的钉子。

【译文】

小木作：

凡在小木作中用钉，钉的长度都应依其版木的厚度而定。如其版木厚度在3寸以上，或是用竹签钉，钉的长度都应在其版木厚度的基础上再增长0.7寸。如果其版木的厚度在2寸以下，则钉的长度应在其版木厚度的基础上再增长1倍；或者在版木的缝内施用两入钉，钉长可增加至2寸为止。

雕木作：

凡用钉，并随版木之厚。如厚二寸以上者，长加厚五分，至五寸止。若厚一寸五分以下者，长加厚一倍；或缝内用两入钉者，加至五寸止。

【译文】

雕木作：

凡在雕木作中用钉，钉的长度都应依其版木的厚度而定。如果其版木厚为2寸以上，则钉的长度在其版木之厚的基础上再增长0.5寸，钉的长度增至5寸为止。如果其版木的厚度在1.5寸以下，则钉的长度是在其版木厚度的基础上增加1倍；或者在版木之缝内施用两入钉，钉长可增加至5寸为止。

竹作：

压笆钉①，长四寸。

雀眼网钉②，长二寸。

【注释】

①压笆钉：将栈笆或笆箔固定在屋顶、棚顶等之上时所用的钉子。疑其钉可能是竹签钉。卷第十三《瓦作制度》“结宽·燕颔版与狼牙版”条：“先于栈笆或箔上约度腰钉远近，横安版两道，以透钉脚。”

②雀眼网钉：指在护殿阁檐枓栱雀眼网上下木贴上所施之钉。

【译文】

竹作：

固定栈笆或笆箔所用钉，其长4寸。

护殿阁檐枓栱雀眼网上下木贴上所施之钉，长2寸。

瓦作[1]：

甋瓦上滴当子钉[2]，如高八寸者，钉长一尺；若高六寸者，钉长八寸；高一尺二寸及一尺四寸嫔伽，并长一尺二寸甋瓦同[3]。或高三寸及四寸者，钉长六寸。高一尺嫔伽并六寸华头甋瓦同，并用本作葱台长钉[4]。

套兽长一尺者，钉长四寸；如长六寸以上者，钉长三寸；月版及钉箔同[5]。若长四寸以上者，钉长二寸。燕颔版牙子同[6]。

【注释】

①瓦作：原文“瓦作”，傅注：改“瓦”为“瓩”，即“瓩作”。

②滴当子：当指卷第十二《旋作制度》“佛道帐上名件”条中提到的“滴当火珠”，似将佛道等帐之腰檐或九脊小帐之屋檐上，所覆瓦之檐口处的滴水瓦当斫为火珠形式。

③并长一尺二寸：原文“并长一尺二尺”，梁注本改为“并长一尺二寸”。陈注：“‘尺’应作‘寸’。”

④葱（cōng）台长钉：疑指“勾阑上葱台钉”。参见卷第十二《旋作制度》“殿堂等杂用名件”条相关注释。

⑤月版：疑为在踏道圜桥子之下，两颊之间，连梯之内所施的底版。钉箔：疑指将笆箔固定在屋顶等处。

⑥燕颔版牙子：指施于燕颔版外的装饰性木牙子。

【译文】

瓦作：

甋瓦上滴当子所施钉，如其滴当子高度为8寸，则钉的长度为1尺；若其滴当子高度为6寸，则钉的长度为8寸；如果是高度在1.2尺及1.4尺的嫔伽，则两者所用钉的长度皆与长为1.2尺的甋瓦所用钉的长度相同。或者，其滴当子高为3寸及4寸，钉的长度为6寸。如果是高度在1尺的嫔伽，以及高度为6

寸的华头甋瓦,则所用钉的长度亦与之相同,这种长度的钉子,也可以作为其本作的葱台长钉而用。

如果套兽的长度为1尺,则其所用钉的长度为4寸;如果套兽之长在6寸以上,则其所用钉的长度为3寸;月版及钉箔中所用钉的长度与之相同。若套兽的长度在4寸以上,则其所用钉的长度为2寸。燕颔版牙子所用钉的长度与之相同。

泥作:

沙壁内麻华钉①,长五寸。造泥假山钉同②。

砖作:

井盘版钉③,长三寸。

【注释】

①沙壁内麻华钉:将麻华固定在沙泥画壁之上,即所谓"披麻"时所施用之钉。麻华,疑指较为细散的麻丝,可钉在墙面已略呈干燥状态的衬泥上。

②造泥假山钉:疑为在施造泥假山的过程中,将常使麻皮或中箔等固定在假山结构之上时所施用之钉。

③井盘版钉:将水井底盘版连接在一起并加以固定时所施用之钉。

【译文】

泥作:

沙泥画壁内用以固定麻华的所用钉,钉长5寸。造作泥假山时的所用钉与之相同。

砖作:

用以将水井下的底盘版连接在一起并加以固定的所用钉,钉长3寸。

用钉数

【题解】

本卷特别提出了诸作的“用钉数”，这本身就是一个很有意思的问题。在房屋营造中无论大木作、小木作，还是雕木作、旋作，甚至竹作、瓦作、泥作都会涉及用钉的问题，可知古代营造中的用钉数，应该是一个不小的数字。钉主要为铁制品，无论在民用器具，还是在军事武器方面，在那个时代应该是相对不那么充分的，故其数量的控制显然是一个重要问题。

对于处于不同位置上的不同构件，其用钉数既要不因虚多而造成浪费，又要保证构件之间相互连接的紧密性与坚固性，因此按照怎样的钉距频率确定用钉数，其实是个十分技术性的问题。《法式》作者给出的各种情况下用钉数的钉距与数量，如实反映了宋人在这方面的周密思虑与娴熟技术。

大木作：

连檐①，随飞子椽头，每一条；营房隔间同②。

大角梁，每一条；续角梁，二枚；子角梁，三枚。

托槫③，每一条；

生头，每长一尺；搏风版同④。

搏风版，每长一尺五寸；

横抹⑤，每长二尺；

右各一枚。

飞子，每一条；襻槫同⑥。

遮椽版，每长三尺，双使；难子⑦，每长五寸，一枚。

白版⑧，每方一尺；

槫枓[9],每一只;

隔减,每一出入角[10];襻[11],每条同。

右各二枚。

椽,每一条;上架三枚,下架一枚。

平闇版,每一片;

柱碇,每一只;

右各四枚。

【注释】

①连檐:当指檐口处与飞子或椽头相接的小连檐与大连檐。参见卷第五《大木作制度二》"檐·飞子与飞魁、结角解开与交斜解造"条,相关注释。

②营房隔间同:从下文"随椽隔间用"推测,这里的"同"疑是"用"字之误,其句当为"营房隔间用",其意似为,凡营房,每隔一间,施用一条连檐。译文从注。

③托槫(tuán):傅注:改"槫"为"膊",并注:"膊,'槫'字疑误。"若从傅先生改,称"托膊",其意或与筑造夯土墙时所用的"膊版""膊椽"同。译文从傅注。

④生头,每长一尺;搏风版同:梁注:"与次行矛盾,指出存疑。"生头,指屋槫等的上皮所施生头木。

⑤横抹:未详其位置与用途,似施于仓廒、库屋之中。

⑥襻槫:从字面看,似指施于屋槫之下的襻间。关于"襻间",参见卷第五《大木作制度二》"梁·屋内彻上明造"条相关注释。

⑦难子:这里的"难子",疑指缠施于遮椽版四周的细木方条。

⑧白版:参见卷第八《小木作制度三》"井亭子·井亭子檐口、屋盖、厦两头诸名件"条相关注释。梁注:"白版可能是用在檐口上的

板条，其准确位置和做法待考。”

⑨槫科：陈注：“搏，竹本。”据竹本则为“搏科”，似仍不通。疑即“槫科”，其意似指屋槫下所施之枓。译文从注。

⑩出入角：房屋屋顶的转角部位，其房屋向外凸出的外转角，称为“出角”，房屋向内凹入的内转角，称为“入角”。

⑪襻：未知这里的“襻”是什么构件，施于何处。襻，可以指屋槫之下的“襻间”，水槽端部的“口襻”，或屋顶鸱尾处所施的“襻脊铁索”。

【译文】

大木作用钉数：

大、小连檐，随飞子与椽头，每1条；若营房，则隔间施用。

大角梁，每1条；续角梁，2枚；子角梁，3枚。

托槫，每1条；

生头木，每长1尺；搏风版与之相同。

搏风版，每长1.5尺；

横抹，每长2尺；

如上诸项各自用钉1枚。

飞子，每1条；襻槫与之相同。

遮椽版，每长3尺，使用双份；难子，每长5寸，1枚。

白版，每1尺见方；

槫下所施枓，每1只；

窗下隔减，每一出入角；襻，每条与之相同。

如上诸项各自用钉2枚。

椽，每1条；上架3枚，下架1枚。

平闇版，每1片；

柱碛，每1只；

如上诸项各自用钉4枚。

小木作：

门道立、卧秩，每一条；平棊华，露篱，帐、经藏猴面等榥之类同[①]；帐上透栓、卧榥，隔缝用；井亭大连檐，随椽隔间用[②]。

乌头门上如意牙头，每长五寸；难子、贴络牙脚、牌带签面并福、破子窗填心、水槽底版、胡梯促踏版、帐上山华贴及福、角脊、瓦口、转轮经藏钿面版之类同[③]；帐及经藏签面版等[④]，隔榥用；帐上合角并山华络牙脚、帐头福[⑤]，用二枚。

钩窗槛面搏肘[⑥]，每长七寸；

乌头门并格子签子桯[⑦]，每长一尺；格子等搏肘、版引檐，不用；门簪、鸡栖、平棊、梁抹瓣、方井亭等搏风版、地棚地面版、帐经藏仰托榥、帐上混肚方、牙脚帐压青牙子、壁藏料槽版、签面之类同[⑧]；其裹栿[⑨]，随水路两边，各用。

破子窗签子桯[⑩]，每长一尺五寸；

签平棊桯[⑪]，每长二尺；帐上榑同。

藻井背版，每广二寸，两边各用；

水槽底版罨头，每广三寸；

帐上明金版[⑫]，每广四寸；帐、经藏厦瓦版，随椽隔间用。

随福签门版[⑬]，每广五寸；帐并经藏坐面，随榥背版；井亭厦瓦版，随椽隔间用，其山版，用二枚。

平棊背版，每广六寸；签角蝉版[⑭]，两边各用。

帐上山华蕉叶，每广八寸；牙脚帐随榥钉，顶版同。

帐上坐面版，随榥每广一尺；

铺作，每料一只；

帐并经藏车槽等涩、子涩、腰华版，每瓣。壁藏坐壶门、牙头同；车槽坐腰面等涩、背版，隔瓣用；明金版，隔瓣用二枚。

右各一枚。

乌头门抢柱，每一条；独扇门等伏兔、手栓、承拐楅同[15]；门簪、鸡栖、立牌牙子、平棊护缝、斗四瓣方、帐上桩子、车槽等处卧棍、方子、壁帐马衔、填心、转轮经藏辋、颊子之类同[16]。

护缝，每长一尺；井亭等脊、角梁、帐上仰阳，隔枓贴之类同。

右各二枚。

七尺以下门楅，每一条；垂鱼、钉槫头版、引檐跳椽、勾阑华托柱、叉子、马衔、井亭搏脊、帐并经藏腰檐抹角栿、曲剜椽子之类同[17]。

露篱上屋版，随山子版，每一缝；

右各三枚。

七尺至一丈九尺门楅，每一条，四枚。平棊楅、小平棊枓槽版、横钤、立旌、版门等伏兔、槫柱、日月版、帐上角梁、随间栿、牙脚帐格棍、经藏井口棍之类同[18]。

二丈以上门楅，每一条，五枚。随圜桥子上促踏版之类同。

斗四并井亭子上枓槽版[19]，每一条；帐带、猴面棍、山华蕉叶、钥匙头之类同[20]。

帐上腰檐鼓坐、山华蕉叶枓槽版[21]，每一间；

右各六枚。

截间格子槫柱[22]，每一条，一十二枚。上面八枚，下面四枚[23]。

斗八上枓槽版[24]，每片，一十枚。

小斗四、斗八、平棊上并勾阑、门窗、雁翅版、帐并壁藏天宫楼阁之类[25]，随宜计数。

【注释】

①平綦（qí）华：这里可能指的是“平綦华子”，即在平綦版之下所贴施的华文图案。参见卷第二十五《诸作功限二》“彩画作·五彩”条相关注释。帐、经藏猴面等榥：傅注：改“帐”为“枨”，并注：“枨，故宫本‘帐’上有‘枨’字，‘帐’或系‘枨’之误。”以本条所用单位为“每一条”，则“帐”难以用“条”计，而“枨”则与正文之“每一条”合。但若结合下文之“经藏猴面等榥之类”语，则又似指其“榥”，或是指“帐”等上之“榥”，而“榥”与“每一条”是相合的。故仍存疑。

②随椽隔间用：原文“随椽隔间同”，梁注本改为“随椽隔间用”，参考下文多次出现“随椽隔间用”句，故应从梁本。

③牌带：指牌匾两旁下垂之牌带。签面：可能是指在牌带前部签以带有装饰华文的面版。签，疑为动词。破子窗填心：疑指其所开之窗洞的填心，即其窗格扇，采用了破子棂窗的形式。破子窗，当指破子棂窗。参见卷第六《小木作制度一》“破子棂窗·造破子棂窗之制”条相关注释。

④帐：当指壁帐、牙脚帐、九脊小帐或佛道帐。经藏：指壁藏或转轮经藏。签：这里的“签”似为动词，即在诸种帐或经藏之上，签以面版的做法。

⑤山华络牙脚：指在房屋两山山华上贴络牙脚形装饰。络，有贴络义。帐头楅（bī）：施于诸种帐之帐头部位的横向木条。

⑥钩窗槛面搏肘：指施于阑槛面版处用于钩窗启闭的转轴。钩窗槛面，指钩窗下所施阑槛面版；这里的“搏肘”，指钩窗内侧的转轴。

⑦签：梁注：“签，在这里是动词。”

⑧格子等搏肘：指格子门或窗等两侧所施的肘版。搏肘，疑即指小木作中的“肘版”。鸡栖：指版门上所安的“鸡栖木”。参见卷第二十《小木作功限一》“版门·双扇版门”条相关注释。梁抹瓣：

疑仍指角梁，抑或是指抹角梁，或递角梁。梁抹，一般指房屋转角处所施的角梁。其“瓣”，或有抹角之“边”义。签面：这一术语在《法式》全文中，仅见于此处。以“签”有“缝合”“标记”等义。签面，或指经过修弥、签缀的表面；抑或，以前文所引将“签切”理解为“剜切”之释，则“签面”疑指经过剜凿的表面；未能尽详。

⑨裹栿（fú）：指裹栿版。

⑩破子窗签子桯（tīng）：疑指在破子棂窗的两侧所签缀的子桯。

⑪签平棊桯：疑指在平棊格下签缀以平棊桯。

⑫帐上明金版：或指佛道帐等的帐坐、帐顶所施明金版。参见卷第九《小木作制度四》“佛道帐·帐坐·帐坐”条相关注释。

⑬随楅签门版：这是在《法式》全文中仅见于此处的一个术语。其义似有随其门之楅签以门板，即将门版签钉在门楅之上的意思。

⑭签角蝉版：据卷第八《小木作制度三》“斗八藻井”：“八角井：于方井铺作之上施随瓣方，抹角勒作八角。（八角之外，四角谓之角蝉。）”则“签角蝉版”似指斗八藻井的八角之外的方井四角所签施的顶版。

⑮承拐楅：据卷第六《小木作制度一》“软门·门之启闭构件”：“凡软门内或用手栓、伏兔，或用承柺楅。”“承拐楅”即“承柺楅”，应是用以承托并固定这一柱门柺的横木条（楅）。

⑯立牌牙子：这也是《法式》全文中仅见于此处的一个术语。可能是指其牌的牌带或牌舌上所施的“牙子”状装饰版。“立牌”，疑指竖置的牌。斗四瓣方：似指斗四方形，即其平面为四边形的方形结构。似有可能是指斗四藻井。帐上桩子：疑指牙脚帐、九脊小帐或佛道帐上所施的短木方。壁帐马衔：其位置、形式与作用不很清楚。参见卷第十《小木作制度五》“壁帐·壁帐一般”条相关注释。转轮经藏辋：转轮经藏上所施挂之轮辋。卷第十一《小木作制度六》“转轮经藏·转轮”条：“其轮七格，上下各劄辐

挂辋；每格用八辋，安十六辐，盛经匣十六枚。”颊子：这里所指，当是“转轮经藏辋颊子”。参见卷第九《小木作制度四》“佛道帐·牙脚帐·帐身诸名件”条相关注释。

⑰钉槫头版：指搏风版。卷第五《大木作制度二》“搏风版”条：“造搏风版之制：于屋两际出槫头之外安搏风版。”引檐跳椽：在房屋檐口处为承托版引檐所施出跳之椽。卷第六《小木作制度一》“版引檐·版引檐诸名件”条：“凡版引檐施之于屋垂之外。跳椽上安阑头木、挑斡，引檐与小连檐相续。”华托柱：疑为仅施于殿前折槛之盆唇下的短柱。参见卷第八《小木作制度三》“勾阑·单勾阑诸名件”条相关注释。曲剜椽子：似指小木作经帐或经藏的腰檐等处所施与抹角梁相接的翼角椽子，其椽子形体经过曲剜，以产生起翘曲面感。

⑱随间栿：帐身逐间所施的横向木方，类如大木作中的大梁。

⑲斗四：疑指亭子屋顶结构中所施的“斗四方井”做法。

⑳钥匙头：指钥匙头版。参见卷第九《小木作制度四》“佛道帐·腰檐·腰檐”条相关注释。

㉑帐上腰檐鼓坐：指佛道帐等的腰檐之上所施的平坐。

㉒截间格子槫柱：指房屋室内截间版帐之格子两侧所施的立柱。参见卷第六《小木作制度一》“截间版帐·造截间版帐之制”条相关注释。

㉓每一条，一十二枚。**上面八枚，下面四枚**：原文：“截间格子槫柱，每一条。（上面八枚，下面四枚。）”梁注本改为：“截间格子槫柱，每一条，一十二枚。（上面八枚，下面四枚。）”并注：“各本均无‘一十二枚’四字，显然遗漏，按小注数补上。”傅注：“‘上面八枚’为正文。”据傅先生，其文应是：“截间格子槫柱，每一条，上面八枚。（下面四枚。）”两种修改，皆有道理，其意义亦无差异。从梁先生所改。

㉔斗八：指斗八藻井。

㉕小斗四、斗八：这里的“斗八”，指小斗八藻井。卷第八《小木作制度三》“小斗八藻井·造小斗八藻井之制”：“造小藻井之制：共高二尺二寸。其下曰八角井，径四尺八寸；其上曰斗八，高八寸。”这里的“八角井”，若采用方井形式，即可称“小斗四”。

【译文】

小木作：

门道两侧所施立柣与卧柣，每1条；平棊版上所贴施的华文，露篱，各种帐与经藏上所施的猴面等榥之类与之相同；帐上所施透栓、卧榥，皆隔缝施用；井亭屋顶上所施大连檐，随其檐之椽隔间施用。

乌头门上所施如意牙头，每长5寸；所缠施之难子、所贴络之牙脚、牌带上的签面以及榅、破子棂窗的填心版、水槽的底版、胡梯的促版与踏版、各种帐上之山华版所施贴及榅、腰檐及帐顶的角脊、瓦口、转轮经藏上所施钿面版之类与之相同；各种帐及经藏的签面版等，间隔其卧榥或立榥施用；各种帐上的合角并山华版上所贴络的牙脚、帐头所施榅，皆用钉2枚。

钩窗槛面上所施搏肘，每长7寸；

乌头门并格子门上所签子桯，每长1尺；格子门等上所施搏肘、屋顶上所施版引檐，不用施钉；门簪、鸡栖木、平棊、屋梁的抹瓣、方井亭等的搏风版、地棚的地面版、各种帐及经藏上所施的仰托榥、帐上所施的混肚方、牙脚帐上所施的压青牙子、壁藏料槽版及签面之类，与之相同；其梁栿上所施裹栿版，随水路两边，各自施用。

破子棂窗上所签子桯，每长1.5尺；

室内平棊上所签平棊桯，每长2尺；各种帐上所施槫与之相同。

藻井背版，每宽2寸，两边各自施用；

水槽底版与罨头版，每宽3寸；

各种帐上所施明金版，每宽4寸；各种帐及经藏上所施厦瓦版，应随椽隔间施用。

随榅所签的门版，每宽5寸；各种帐并经藏的坐面，随其榥所施的背版；井亭上的厦瓦版，皆随椽隔间施用，其山版，用钉2枚。

平綦背版，每宽6寸；斗八藻井上所签角蝉版，两边各自施用。

帐顶之上所施山华蕉叶版，每宽8寸；牙脚帐上所施者，随其棍所用钉，顶版与之相同。

各种帐上所施坐面版，随棍每宽1尺；

铺作，每枓1只；

各种帐并经藏之车槽等涩、子涩、腰华版，每瓣；壁藏坐下所施壶门、牙头与之相同；车槽坐腰面等涩、背版，应隔瓣施用；明金版，则隔瓣施用2枚。

如上诸项各用钉1枚。

乌头门抢柱，每1条；独扇门等上所施伏兔、手栓、承拐楅与之相同；门簪、鸡栖木、立牌牙子、平綦护缝、斗四瓣方、帐上桩子、车槽等处所施卧棍、方子、壁帐马衔木、填心、转轮经藏上所挂轮辋、颊子之类与之相同。

护缝，每长1尺；井亭子等屋顶上的脊、角梁，各种帐上所施仰阳版，隔枓贴之类与之相同。

如上诸项各用钉2枚。

七尺以下门楅，每1条；搏风版下所施垂鱼、钉榑头版、引檐跳椽、勾阑上所施华托柱、叉子、马衔木、井亭上所施搏脊、各种帐并经藏之腰檐抹角栿、及其处所施的曲剜椽子之类与之相同。

露篱顶上所施屋版，随山子版，每1缝；

如上诸项各用钉3枚。

7尺至1.9丈门楅，每1条，4枚。平綦上所施楅、小平綦之枓槽版、横钤、立旌、版门等上所施伏兔、榑柱，乌头门上所施日月版、各种帐上所施角梁、随间栿、牙脚帐上所施格棍、经藏所施井口棍之类与之相同。

2丈以上的门楅，每1条，用钉5枚。随圜桥子上的促踏版之类与之相同。

斗四及井亭子上的枓槽版，每1条；其上帐带、猴面棍、山华蕉叶、钥匙头之类与之相同。

各种帐上之腰檐上所施鼓坐、山华蕉叶枓槽版，每1间；

如上诸项各用钉6枚。

截间版帐之格子两侧所施槫柱，每1条，12枚。上面8枚，下面4枚。

斗八藻井上的料槽版，每片，10枚。

小斗四、斗八藻井、平棊上以及勾阑、门窗、雁翅版、各种帐以及壁藏上所施天宫楼阁之类，皆应随宜计数。

雕木作：

宝床，每长五寸；脚并事件，每件三枚。

云盆[①]，每长广五寸；

右各一枚。

角神安脚[②]，每一只；膝窠[③]，四枚；带，五枚；安钉，每身六枚。

扛坐神，力士同。每一身；

华版，每一片；如通长造者，每一尺一枚；其华头系贴钉者，每朵一枚；若一寸以上，加一枚。

虚柱，每一条钉卯；

右各二枚。

混作真人、童子之类，高二尺以上，每一身；二尺以下，二枚。

柱头、人物之类，径四寸以上，每一件；如三寸以下，一枚。

宝藏神臂膊[④]，每一只；腿脚，四枚；襜[⑤]，二枚；带，五枚；每一身安钉，六枚。

鹤子腿[⑥]，每一只；每翅，四枚；尾，每段，一枚；如施于华表柱头者，加脚钉，每只四枚。

龙、凤之类，接搭造[⑦]，每一缝；缠柱者，加一枚；如全身作浮动者，每长一尺，又加二枚[⑧]；每长增五寸，加一枚。

应贴络，每一件；以一尺为率，每增减五寸，各加减一枚，减至二枚止。

椽头盘子，径六寸至一尺，每一个；径五寸以下，三枚[9]。

右各三枚。

【注释】

①云盆：疑指宝床上如盆状的装饰物，其盆上雕为云气状。参见卷第二十四《诸作功限一》“雕木作·混作”条相关注释。

②角神安脚：疑指房屋转角大角梁之下所施角神的膝下所施安之脚部。抑或指帐坐腰内所施角神下安装之脚。关于“角神”，参见卷第二十四《诸作功限一》“雕木作·混作”条相关注释。

③膝窠（kē）：即膝盖。这里指房屋中所雕造之角神的膝盖。

④宝藏神：其与角神在雕刻做法上属于同一个类型。参见卷第二十四《诸作功限一》“雕木作·混作”条相关注释。

⑤襜（chān）：围裙。这里指房屋中所雕造之宝藏神的衣袍或裙裾。

⑥鹤子腿：指房屋装饰中所雕造之鹤子的腿部。关于“鹤子”，参见卷第二十四《诸作功限一》“雕木作·混作”条相关注释。

⑦接搭造：意同“接搭用”。参见卷第六《小木作制度一》“地棚·地棚诸名件”条相关注释。

⑧每长一尺，又加二枚：原文“每长二尺，又加二枚”，梁注本改为“每长一尺，又加二枚”。陈注：改“二尺”为“一尺”，并注：“一，丁本。”傅注：改“二尺”为“一尺”，并注：“‘一尺’，四库本作‘一尺’，待考。”又补注：“如每长增五寸加一枚，则以一尺为是。”从改。

⑨径五寸以下，三枚：陈注：改“三枚”为“二枚”，并注：“二，竹本。”从上下文看，似应从陈所改。译文从改。

【译文】

雕木作：

宝床，每长5寸；床脚并相应雕造事件，每件用钉3枚。

云盆，其盆的长度与宽度尺寸，每5寸；

如上各用钉1枚。

角神之下所安脚，每1只；角神膝窠，4枚；角神之带，5枚；所施安钉数，角神之每身用钉6枚。

须弥坐下所施扛坐神，其下所施力士与之相同。每1身；

华版，每1片；如其版为通长造者，每1尺用钉1枚；其华头若系贴钉者，每朵用钉1枚；若其贴长度在1寸以上，则增加1枚。

虚柱，每1条钉卯；

如上诸项各用钉2枚。

以混作方式雕造的真人、童子之类，其高度在2尺以上，每1身；高度在2尺以下者，用钉2枚。

所雕造的柱头、人物之类，其直径在4寸以上，每1件；如果其直径在3寸以下，用钉1枚。

所雕造之宝藏神的臂膊，每1只；其神的腿脚，4枚；其神所披裹之襜裙，2枚；其神所配之带，5枚；每一宝藏神之身所安钉数，6枚。

所雕造之鹤子的腿部，每1只；其鹤子的每翅，4枚；鹤子的尾部，每段，1枚；如果其鹤子施于华表柱头上者，应加脚钉，每只4枚。

所雕造的龙、凤之类，如果是接搭造做法，每1缝；其龙、凤为缠柱形式者，增加1枚；如果其龙、凤全身作浮动造型者，每长1尺，又应增加2枚；其长度每增加5寸，增加1枚。

应贴络的部分，每1件；以1尺为基准，每增加或减少5寸，各增加或减少1枚，直到减至2枚为止。

檐口处所施椽头盘子，盘子直径为6寸至1尺，每1个；若其盘子直径在5寸以下，用钉2枚。

如上诸项各用钉3枚。

竹作：

雀眼网贴，每长二尺，一枚。

压竹笆[①]，每方一丈，三枚。

瓦作：

滴当子嫔伽[②]，甋瓦华头同。每一只；

燕颔或牙子版[③]，每长二尺；

右各一枚。

月版[④]，每段，每广八寸，二枚。

套兽，每一只，三枚。

结瓷铺笣系转角处者[⑤]，每方一丈，四枚。

泥作：

沙泥画壁披麻，每方一丈，五枚。

造泥假山，每方一丈，三十枚。

砖作：

井盘版，每一片，三枚。

【注释】

①压竹笆：就是将事先编织好的竹笆覆压于屋椽之上，以起到屋面版的作用。竹笆，相当于用竹片编成的望板。

②滴当子嫔伽：滴当子，指施于檐口部位之屋瓦上的滴当火珠。滴当子嫔伽，疑是将滴当子之上的火珠部位制成如嫔伽式人物的造型，以增加檐口处的装饰效果。这里也有可能是分别指“滴当子”与“嫔伽”，两者都是施于房屋檐口及转角部位的装饰瓦件。

③燕颔或牙子版：指燕颔版与狼牙版。参见卷第十三《瓦作制度》“结瓷·燕颔版与狼牙版”条相关注释。梁注：“燕颔版和狼牙

版，在清代称'瓦口'。版的一边按瓦陇距离和仰瓪瓦的弧线斫造，以承檐口的仰瓦。"

④月版：疑指施于小木作佛道帐踏道圜桥子之下的两颊之间，连梯之内的底版。

⑤结窊铺箔：原文"结瓦铺箔"，梁注本改为"结窊铺箔"。傅注：改"瓦"为"窊"，即"结窊铺箔"。

【译文】

竹作：

护殿檐雀眼网所施贴，其每长2尺，用钉1枚。

屋椽上施压竹笆，以其笆每1丈见方，用钉3枚。

瓦作：

檐口处所施滴当子并嫔伽，其处所施甋瓦华头与之相同。每1只；

檐口施瓦处所用燕颔版或牙子版，每长2尺；

如上诸项各用钉1枚。

佛道帐踏道圜桥子下所施月版，每段，以其每宽8寸，用钉2枚。

翼角角梁处所施套兽，每1只，用钉3枚。

屋顶结窊铺箔，若系房屋转角处者，以其每1丈见方，用钉4枚。

泥作：

在沙泥画壁施以披麻，以其壁每1丈见方，用钉5枚。

施造泥假山，以其山面积每方1丈，用钉30枚。

砖作：

井底所施井盘版，每1片，用钉3枚。

通用钉料例[①]

每一枚：

葱台头钉[②]，长一尺二寸，盖下方五分，重一十一两；长一尺一寸，盖下方四分八厘，重一十两一分；长一尺，盖下方四分六厘，重八两五钱。

猴头钉[3]，长九寸，盖下方四分，重五两三钱；长八寸，盖下方三分八厘，重四两八钱。

卷盖钉[4]，长七寸，盖下方三分五厘，重三两；长六寸，盖下方三分，重二两；长五寸，盖下方二分五厘，重一两四钱；长四寸，盖下方二分，重七钱。

圜盖钉[5]，长五寸，盖下方二分三厘，重一两二钱；长三寸五分，盖下方一分八厘，重六钱五分；长三寸，盖下方一分六厘，重三钱五分。

拐盖钉[6]，长二寸五分，盖下方一分四厘，重二钱二分五厘；长二寸，盖下方一分二厘，重一钱五分；长一寸三分，盖下方一分，重一钱；长一寸，盖下方八厘，重五分。

葱台长钉[7]，长一尺，头长四寸，脚长六寸，重三两六钱；长八寸，头长三寸，脚长五寸，重二两三钱五分；长六寸，头长二寸，脚长四寸，重一两一钱。

两入钉[8]，长五寸，中心方二分二厘，重六钱七分；长四寸，中心方二分，重四钱三分；长三寸，中心方一分八厘，重二钱七分；长二寸，中心方一分五厘，重一钱二分；长一寸五分，中心方一分，重八分。

卷叶钉[9]，长八分，重一分，每一百枚重一两。

【注释】

①通用钉料例：房屋营造中所用各种钉子的料例。关于本条行文，

梁注："各版仅各种钉的名称印作正文，以下的长和方的尺寸和重量都印作小注。由于小注里所说的正是'料例'的具体内容，是主要部分，所以这里一律改作正文排印。"从改。

②葱台头钉：疑指卷第十二《旋作制度》中提到的"勾阑上葱台钉"。参见卷第十二《旋作制度》"殿堂等杂用名件"条相关注释。

③猴头钉：宋代营造中所用的一种钉子形式，疑其钉帽轮廓略近猴头形式。

④卷盖钉：宋代营造中所用的一种钉子形式，其钉帽为卷盖形式。

⑤圜盖钉：宋代营造中所用的一种钉子形式，其钉帽为圜盖形式。

⑥拐盖钉：宋代营造中所用的一种钉子形式，其钉帽为拐盖形式。自葱台头钉至拐盖钉，这几种钉子在尺寸与重量上呈渐次变小的递减层次，当施用于房屋营造中的不同部位。

⑦葱台长钉：疑为上文提到的勾阑上葱台钉的一种。

⑧两入钉：两头尖的钉子。

⑨卷叶钉：宋代营造中所用的一种钉子形式，疑与卷盖钉有相近之处，可能其钉帽如卷叶状。这种钉子的尺寸较小，似为宋代房屋营造中较为大量使用的钉子。

【译文】

通用钉料例

每1枚：

葱台头钉，若长1.2尺，钉盖之下方0.5寸，其重11两；若钉长1.1尺，钉盖之下方0.48寸，其重10两1分；若钉长1尺，钉盖之下方0.46寸，其重8两5钱。

猴头钉，若长9寸，钉盖之下方0.4寸，其重5两3钱；若长8寸，钉盖之下方0.38寸，其重4两8钱。

卷盖钉，若长7寸，钉盖之下方0.35寸，其重3两；若长6寸，钉盖之下方0.3寸，其重2两；若长5寸，钉盖之下方0.25寸，其重1两4钱；若长

4寸，钉盖之下方0.2寸，其重7钱。

圜盖钉，若长5寸，钉盖之下方0.23寸，其重1两2钱；若长3.5寸，钉盖之下方0.18寸，其重6钱5分；若长3寸，钉盖之下方0.16寸，其重3钱5分。

拐盖钉，若长2.5寸，钉盖之下方0.14寸，其重2钱2分5厘；若长2寸，钉盖之下方0.12寸，其重1钱5分；若长1.3寸，钉盖之下方0.1寸，其重1钱；若长1寸，钉盖之下方0.08寸，其重5分。

葱台长钉，若长1尺，其钉头长4寸，钉脚长6寸，其重3两6钱；若长8寸，其钉头长3寸，钉脚长5寸，其重2两3钱5分；若长6寸，其钉头长2寸，钉脚长4寸，其重1两1钱。

两入钉，若长5寸，钉之中心方0.22寸，其重6钱7分；若长4寸，钉之中心方0.2寸，其重4钱3分；若长3寸，钉之中心方0.18寸，其重2钱7分；若长2寸，钉之中心方0.15寸，其重1钱2分；若长1.5寸，钉之中心方0.1寸，其重8分。

卷叶钉，其长0.8寸，重1分，每100枚重1两。

诸作用胶料例

【题解】

用胶或其他具有胶黏性材料做一些黏接的工作，在古代房屋营造中，也是比较常见的一种现象。比如在小木作或雕木作中，使用鳔胶将两个木制件加以黏接，如将两块木版拼合在一起，或在构件所出卯上用胶，以将卯更紧密地与其卯口结合在一起等，都是比较容易理解的做法。

在房屋营造中的瓦作或泥作中采用黏接的方式也是比较常见的做法，只是其黏接所使用之材料的成分，与小木作中的黏接材料已经有了很大的不同。

在宋代的彩画作以及砖作中，也有使用胶的做法。彩画作中使用胶，是为了使颜料更好且更耐久地黏接在木制构件的表面。砖作中的黏接材料与方式,大体上与瓦作和泥作中的黏接材料与黏接做法是相近的。

小木作:雕木作同。

每方一尺:入细生活①,十分中三分用鳔②;每胶一斤,用木札二斤煎③;下准此。

缝,二两。

卯,一两五钱。

瓦作④:

应使墨煤;每一斤,用一两。

泥作:

应使墨煤;每一十一两,用七钱。

【注释】

①入细生活:疑指进入房屋营造中较为细致且其所用材料较为生新的活计。

②鳔(biào):这里指鳔胶,或用鳔胶将两件物体黏接在一起。

③用木札二斤煎:煎熬1斤鳔胶,需用木札2斤。这里的“木札”,应是作为煎熬鳔胶的燃料。

④瓦作:傅注:改“瓦”为“庖”。

【译文】

用于小木作:用于雕木作者与之相同。

其作面积每方1尺:若遇到精细生新的活计,每制10分胶中掺用3分鳔煎熬之;每制胶1斤,应用木札2斤煎之;如下煎熬所用木札,亦以此为准。

版缝,用胶2两。

榫卯,用胶1两5钱。

用于瓦作：

掺用应使墨煤；每1斤，用胶1两。

用于泥作：

掺用应使墨煤；每11两，用胶7钱。

彩画作：

应使颜色每一斤[1]，用下项：抛窨在内[2]。

土朱，七两；

黄丹，五两；

墨煤，四两；

雌黄，三两；土黄、淀、常使朱红、大青绿、梓州熟大青绿、二青绿、定粉、深朱红、常使紫粉同。

石灰，二两。白土、生二青绿、青绿华同。

合色：

朱；

绿；

右各四两。

绿华，青华同。二两五钱。

红粉；

紫檀；

右各二两。

草色：

绿，四两。

深绿，深青同。三两。

绿华；青华同。

红粉；

右各二两五钱。

衬金粉，三两。用鏢。

煎合桐油，每一斤，用四钱。

砖作：

应用墨煤，每一斤，用八两。

【注释】

①应使颜色每一斤：原文“应颜色每一斤”，梁注本改为“应使颜色每一斤”。傅注：在“颜色”二字前增“使”字，并注：“使，四库本。”

②扰窨（yìn）：在这里未知是否指颜料调制过程中的一道工序，存疑。窨，有封闭、窨藏等意思。

【译文】

用于彩画作：

若应施用颜色每1斤，需用如下诸项：其扰窨的工作亦包括在内。

土朱，用胶7两；

黄丹，用胶5两；

墨煤，用胶4两；

雌黄，用胶3两；土黄、淀、常使朱红、大青绿、梓州熟大青绿、二青绿、定粉、深朱红、常使紫粉，用胶量与之相同。

石灰，用胶2两。白土、生二青绿、青绿华，用胶量与之相同。

用于合色：

朱；

绿；

如上诸项分别用胶4两。

绿华，青华同。用胶2两5钱。

红粉；

紫檀；

如上诸项分别用胶2两。

草色：

绿，用胶4两。

深绿，深青与之相同。用胶3两。

绿华；青华与之相同。

红粉；

如上诸项分别用胶2两5钱。

衬金粉，用胶3两。须用鳔胶。

煎合桐油，每1斤，用胶4钱。

砖作：

应使用墨煤，每1斤，用胶8两。

诸作等第

【题解】

古代中国社会是一个等级化的社会，其房屋、车马、器具、服饰无疑都有着等级上的区别，任何不合当时社会规则的僭越，都会受到相应的处罚，房屋建造上与之相关的问题尤其突出。

本节文字对宋代房屋营造中，从石作、大木作、小木作，到混作、旋作、竹作、瓦作、泥作、彩画作、窑作等，都做了具体的规定。但从其行文看，这里所说的等第，似乎并不局限于基于房屋使用者身份等级差别而造成的房屋造型，及其各个部分做法上的等第差别，多少也包含了其加工或制作工艺上，从精细到粗放之做法上的等第差别。

从诸作等第差别，或也多少折射出了宋代房屋营造中诸种做法之等级差别与当时社会所存在的身份等级差别之间的某种内在联系。

石作：

镌刻混作、剔地起突及压地隐起华或平钑华[①]。混作，谓螭头或勾阑之类。

右为上等。

柱础、素覆盆；阶基望柱、门砧、流盃之类[②]，应素造者同。

地面；踏道、地栿同。

碑身；笏头及坐同。

露明斧刃卷辇水窗[③]；

水槽。井口、井盖同。

右为中等。

勾阑下螭子石；闇柱碇同[④]。

卷辇水窗拽后底版[⑤]。山棚锃脚同[⑥]。

右为下等。

【注释】

①混作：其意类如“圆雕”。参见卷第十二《雕作制度》“混作”条相关注释。剔地起突：梁注：“即今所谓‘浮雕’。”参见卷第三《壕寨及石作制度》“石作制度·造作次序”条相关注释。压地隐起：梁注：“‘压地隐起’也是浮雕，但浮雕题材不由石面突出，而在磨斫平整的石面上，将图案的地凿去，留出与石面平的部分，加工雕刻。”参见卷第三《壕寨及石作制度》“石作制度·造作次序”条相关注释。平钑（sà）：这里指减地平钑。参见卷第三《壕寨及石作制度》“石作制度·造作次序”条相关注释。

②阶基望柱：指殿阶基之四周阶沿处所施安的勾阑望柱。阶基，指殿阶基，即殿阁式房屋的基座。流盃（bēi）：为举行修禊礼仪或为文人雅集时饮酒赋诗而造的石制流觞曲池。参见卷第三《壕寨及石作制度》“石作制度·流盃渠”条相关注释。

③露明斧刃：将斧刃石表面的斧刃纹路露于其石材的表面，即称“露明斧刃”做法。斧刃，指斧刃石。参见卷第三《壕寨及石作制度》“石作制度·卷輂水窗”条相关注释。

④闇（àn）柱碇：指隐于墙内之柱的柱础。闇柱，指隐于房屋墙体之内的屋柱。碇，指柱础。

⑤卷輂（jú）水窗拽后底版：似指卷輂水窗在河渠两岸斜分四摆手处底部铺砌的石版。拽后底版，指在流盃渠或卷輂水窗营造中满铺于其水底地面之上的底层石版。

⑥山棚锭（zhuó）脚：指“山棚锭脚石”。参见卷第三《壕寨及石作制度》“石作制度·山棚锭脚石”条相关注释。

【译文】

石作等第：

镌刻混作、剔地起突华及压地隐起华或减地平钑华。这里的“混作”，指的是螭头或勾阑之类。

如上诸项列为上等。

柱础、素覆盆；殿阶基上所施勾阑望柱、门砧石、流盃渠之类，如果应为素造者，与之相同。

地面石；踏道石、石地栿与之相同。

碑身；笏头碣及碑坐与之相同。

露明斧刃石做法的卷輂水窗；

水槽。水井之井口、井盖与之相同。

如上诸项列为中等。

勾阑下所施螭子石；屋墙内所施闇柱柱础与之相同。

卷拳水窗之河渠两侧四摆手所施拽后底版。山棚锃脚石与之相同。

如上诸项列为下等。

大木作：

铺作枓栱；角梁、昂、杪、月梁，同。

绞割展拽地架①。

右为上等。

铺作所用槫、柱、栿、额之类②，并安椽；

枓口跳③绞泥道栱或安侧项方及用把头栱者④，同。所用枓栱。华驼峰、楷子、大连檐、飞子之类⑤，同。

右为中等。

枓口跳以下所用槫、柱、栿、额之类，并安椽；

凡平闇内所用草架栿之类。谓不事造者⑥；其枓口跳以下所用素驼峰、楷子、小连檐之类，同。

右为下等。

【注释】

①绞割展拽：这里似指对房屋地架组成构件的绞割与展拽。参见卷第十七《大木作功限一》“铺作每间用方桁等数·单栱偷心造铺作”条相关注释。地架：梁注：“地架是什么？大木作制度、功限、料例都未提到过。”从字义及上下文推测，“地架”可能是指构成房屋基本支撑结构的屋柱与阑额、内额等。在地架之上，则依序施以铺作枓栱与屋架梁栿，以及槫、椽、望板等屋顶结构。

②铺作所用槫、柱、栿、额之类：梁注：“‘铺作所用’四个字过于简略。这里所说的不是铺作本身，而应理解为‘有铺作枓栱的殿

堂，楼阁等所用的槫、柱、栿、额之类'。"

③枓口跳：最为简单的枓栱形式之一。参见卷第四《大木作制度一》"栱·泥道栱"条相关注释。

④绞泥道栱：疑指与泥道栱相交的出跳华栱或其他出挑构件。侧项方：疑指"侧项额"。参见卷第十九《大木作功限三》"常行散屋功限"条相关注释。把头栱：疑指枓栱制度中的"把头绞项作"做法。参见卷第十七《大木作功限一》"楼阁平坐补间铺作用栱、枓等数·把头绞项作每缝用栱、枓等数"条相关注释。

⑤华驼峰：雕镌有装饰性华文的驼峰。关于"驼峰"，参见卷第五《大木作制度二》"梁·屋内彻上明造"条相关注释。楷（tà）子：疑指"合楷"。参见卷第五《大木作制度二》"侏儒柱·造叉手之制"条相关注释。

⑥谓不事造者：傅注：在"造"字之前增"斫"，并注："疑脱'斫'字。"即其文为"谓不事斫造者"。

【译文】

大木作等第：

各种铺作中所用枓栱；角梁、昂、杪、月梁，与之相同。

修斫绞割与安装展拽房屋地架。

如上诸种列为上等。

在枓栱铺作之中所用的槫、柱、栿、额之类，并在其上安装屋椽；

枓口跳与泥道栱相绞接或安装侧项方，以及施用把头绞项栱等做法，与之相同。其所用枓栱。包括有华文雕镌的驼峰、楷子、大连檐、飞子之类，与之相同。

如上诸项列为中等。

枓口跳以下所用槫、柱、栿、额之类，并在其上安装屋椽；

凡在平闇之内所用草架栿之类。也就是说那种不事斫造的梁栿；其枓口跳以下所施用的素驼峰、楷子、小连檐之类，与之相同。

如上诸项列为下等。

小木作：

版门、牙、缝、透栓、垒肘造[①]；

格子门：阑槛、钩窗，同。

毬文格子眼；四直方格眼，出线，自一混，四撺尖以上造者[②]，同。

桯，出线造；

斗八藻井；小斗八藻井同。

叉子；内霞子、望柱、地栿、衮砧[③]，随本等造；下同。

棂子，马衔同。海石榴头[④]，其身，瓣内单混、面上出心线以上造；

串，瓣内单混、出线以上造；

重台勾阑；井亭子并胡梯，同。

牌带贴络雕华；

佛、道帐。牙脚、九脊、壁帐、转轮经藏、壁藏，同。

右为上等。

乌头门；软门及版门、牙、缝，同。

破子窗；井屋子同。

格子门：平棊及阑槛、钩窗，同。

格子，方绞眼[⑤]，平出线或不出线造；

桯，方直、破瓣、撺尖[⑥]；素通混或压边线造，同。

栱眼壁版；裹栿版、五尺以上垂鱼、惹草，同。

照壁版，合版造；障日版同。

搊帘竿，六混以上造；

叉子：

棂子，云头、方直出心线或出边线、压白造[⑦]；

串，侧面出心线或压白造；

单勾阑，撮项蜀柱、云栱造。素牌及棵笼子，六瓣或八瓣造[8]，同。

右为中等。

版门，直缝造；版棂窗、睒电窗，同。

截间版帐；照壁障日版，牙头、护缝造，并屏风骨子及横钤、立旌之类[9]，同。

版引檐；地棚并五尺以下垂鱼、惹草，同。

擗帘竿，通混、破瓣造；

叉子；拒马叉子同。

棂子，挑瓣云头或方直笏头造[10]；

串，破瓣造；托枨或曲枨[11]，同。

单勾阑，料子蜀柱、青蜓头造[12]。棵笼子，四瓣造[13]，同。

右为下等。

【注释】

①透栓：在门版之内，横向穿通全部肘版、身口版和副肘版以固定各条板材之间的连接的木条。参见卷第六《小木作制度一》"版门·门砧、门关与透栓"条相关注释。垒肘造：未知这里的"垒肘造"，是如何将版门肘版垒叠在一起的。肘，指版门的门肘版。

②撺尖：横直构件相交处，以斜角相交的，叫做"撺尖"。参见卷第七《小木作制度二》"格子门·四斜毬文格眼"条相关注释。

③霞子：疑指地霞。参见卷第二十一《小木作功限二》"叉子"条相关注释。衮（gǔn）砧：石制的可以在地面上移动的方形"柱础"。参见卷第八《小木作制度三》"叉子·叉子一般"条相关注释。

④海石榴头：宋代营造中，叉子上所施棂子端头的一种造型做法。卷第八《小木作制度三》“叉子·叉子诸名件”条：“棂子：其首制度有三：一曰海石榴头，二曰挑瓣云头，三曰方直笏头。”并参见卷第二十一《小木作功限二》“叉子”条相关注释。

⑤方绞眼：可能就是没有任何混、线的最简单的方直格眼。参见卷第七《小木作制度二》“格子门·四直方格眼”条相关注释。

⑥破瓣：梁注：“边或角上向里刻入作‘L’正角凹槽的，叫做‘破瓣’。”参见卷第七《小木作制度二》“格子门·四斜毬文格眼”条相关注释。

⑦压白造：压白，其意不详，疑指小木作中的压边做法。清代房屋的门窗营造中有所谓“压白”做法，指的是取某种趋吉避凶的尺寸数字，当与宋代营造中的“压白”无所关联。

⑧六瓣或八瓣造：这里指棵笼子的平面为六边形或八边形。

⑨屏风骨子：指小木作中的截间屏风骨、照壁屏风骨或四扇屏风骨。参见卷第六《小木作制度一》“照壁屏风骨”条相关行文及注释。

⑩挑瓣云头：原文“跳瓣云头”，梁注本改为“挑瓣云头”。陈注：改“跳”为“挑”。傅注：改“跳”为“挑”。

⑪托枨（chéng）：疑指承托托辐牙子的枨杆。参见卷第十一《小木作制度六》“转轮经藏·转轮诸名件”条、卷第二十一《小木作功限二》“叉子”条相关注释。曲枨：具体形状、位置及用法不很明确。参见卷第六《小木作制度一》“露篱·造露篱之制”条、卷第二十一《小木作功限二》“叉子”条相关注释。

⑫青蜓头造：傅注：改“蜓”为“蜓”，即“青蜓头造”。并注：“蜓，故宫本、四库本。”译文从改。

⑬四瓣造：这里指棵笼子的平面为四边形。

【译文】

小木作等第：

版门、版门上所施牙脚版、护缝版、透栓、版门垒肘造等做法；

格子门：阑槛、钩窗，与之相同。

毬文格子眼；四直方格眼，出线，自其所出线条为一混及四撺尖以上的做法者，与之相同。

其桯，为出线造做法；

斗八藻井；小斗八藻井与之相同。

叉子；叉子内所施地霞、望柱、地栿、衮砧，皆随其叉子本等制造；如下与之相同。

叉子中所施棂子，马衔木与之相同。棂子头为海石榴头，其棂身，为瓣内单混、面上出心线以上造做法者；

串，其瓣内为单混、出线以上造做法；

重台勾阑；井亭子以及胡梯，与之相同。

牌带之上贴络雕华做法；

佛、道帐。其牙脚帐、九脊小帐、壁帐、转轮经藏、壁藏，与之相同。

如上诸项列为上等。

乌头门；软门及版门、门上所施牙脚版、护缝版，与之相同。

破子棂窗；井屋子与之相同。

格子门：平綦及阑槛、钩窗，与之相同。

其格子，为方绞眼，平出线或不出线造做法；

其桯，为方直、破瓣、撺尖做法；素通混或压边线造做法，与之相同。

栱眼壁版；裹栿版、五尺以上垂鱼、惹草，与之相同。

照壁版，合版造做法；障日版与之相同。

擗帘竿，六混以上造做法；

叉子：

其叉子的棂子，为云头、方直出心线或出边线、压白造做法；

叉子中所施串，其串侧面出心线或压白造做法；

单勾阑，用撮项蜀柱、云栱造做法。素牌及棵笼子，其棵笼子为六瓣或八瓣造做法，与之相同。

如上诸项列为中等。

版门，直缝造做法；版棂窗、睒电窗，与之相同。

截间版帐；照壁障日版，牙头版、护缝版造做法，并屏风骨子及横钤、立旌之类，与之相同。

版引檐；地棚并五尺以下垂鱼、惹草，与之相同。

擗帘竿，其竿为通混、破瓣造做法；

叉子；拒马叉子与之相同。

其叉子的棂子，为挑瓣云头或方直笏头造做法；

叉子中所施串，为破瓣造做法；其叉子中所施托枨或曲枨，与之相同。

单勾阑，用料子蜀柱、蜻蜓头造做法。棵笼子，四瓣造做法者，与之相同。

如上诸项列为下等。

凡安卓，上等门、窗之类为中等，中等以下并为下等[①]。其门并版壁、格子，以方一丈为率，于计定造作功限内，以加功二分作下等[②]。每增减一尺，各加减一分功。乌头门比版门合得下等功限加倍。破子窗[③]，以六尺为率，于计定功限内，以五分功作下等。每增减一尺，各加减五厘功。

【注释】

①上等门、窗之类为中等，中等以下并为下等：梁注："应理解为：门窗之类，造作工作算作上等的，它的安卓工作就按中等计算；造作在中等以下的，安卓一律按下等计。"

②以加功二分作下等：傅注：在"加"字前增"一"，即"以一加功二分作下等"，并注："一，据故宫本、四库本改。"

③破子窗：指破子棂窗。参见卷第六《小木作制度一》"破子棂窗·破子棂窗一般"条相关注释。

【译文】

凡是安卓工程，若上等的门、窗之类，其安卓工作列为中等，中等以下者，若安卓皆列为下等。其门及版壁、格子门，都是以面积1丈见方为标准，在计算确定的所用造作功限之内，以每增加用功量0.2功者，列为下等。但若其尺寸每增加或减少1尺，应各自增加或减少0.1功计之。乌头门比版门应该所得的下等功限，需要增加1倍计之。破子棂窗，以其6尺为标准，于其计算确定所用的功限之内，以0.5功列作下等。若其高度每增加或减少1尺，则应各自增加或减少0.05功计之。

雕木作：

混作：

角神；宝藏神同。

华牌[①]，浮动神仙、飞仙、升龙、飞凤之类[②]；

柱头，或带仰覆莲荷，台坐造龙、凤、师子之类；

帐上缠柱龙；缠宝山或牙鱼，或间华[③]；并扛坐神、力士、龙尾、嫔伽，同。

半混[④]：

雕插及贴络写生牡丹华、龙、凤、师子之类；宝床事件同。

牌头；带、舌，同。华版；

椽头盘子，龙、凤或写生华；勾阑寻杖头同。

槛面勾阑同。云栱，鹅项、矮柱、地霞、华盆之类同[⑤]；中、下等准此。剔地起突，二卷或一卷造；

平綦内盘子，剔地云子间起突雕华、龙、凤之类；海眼版、水地间海鱼等，同。

华版：

海石榴或尖叶牡丹，或写生，或宝相，或莲荷；帐上欢门、车槽、猴面等华版及裹栿、障水、填心版、格子、版壁、腰内所用华版之类，同；中等准此。

剔地起突，卷搭造[6]；透突起突造[7]。

透突洼叶间龙、凤、师子、化生之类[8]；

长生草或双头蕙草[9]，透突龙、凤、师子、化生之类。

右为上等。

混作帐上鸱尾；兽头、套兽、蹲兽，同。

半混：

贴络鸳鸯、羊、鹿之类；平綦内角蝉并华之类同[10]。

槛面勾阑同。云栱、洼叶平雕[11]；

垂鱼、惹草，间云、鹤之类；立標、手把飞鱼同[12]。

华版，透突洼叶平雕长生草或双头蕙草，透突平雕或剔地间鸳鸯、羊、鹿之类。

右为中等。

半混：

贴络香草、山子、云霞；

槛面；勾阑同。

云栱，实云头；

“万”字勾片，剔地；

叉子，云头或双云头；

锭脚壶门版，帐带同。造实结带或透突华叶；

垂鱼、惹草，实云头；

团窠莲华[13]；伏兔莲荷及帐上山华蕉叶版之类[14]，同。

毬文格子，挑白⑮。

右为下等。

【注释】

①华牌：装饰有华文的牌匾或牌带。

②浮动神仙：雕镌在牌匾或牌带上的，具有动感的神仙造型。

③间华：间插以华文图案的雕作形式。

④半混：非完全的混作。参见卷第二十四《诸作功限一》“雕木作·半混”条相关注释。

⑤鹅项：施于承托勾阑寻杖的云形托栱之下，起承托云栱作用的弯曲状短柱。矮柱：或指没有出望柱头的一种望柱形式。参见卷第二十一《小木作功限二》“勾阑·重台勾阑”条相关注释。

⑥卷搭造：似指将花卉造型雕为卷绕或披搭的形式。参见卷第二十四《诸作功限一》“雕木作·半混”条相关注释。

⑦透突起突造：陈注“造”字：“同，竹本。”即“透突起突同”。

⑧透突洼叶：梁注：“‘透突’可能是指花纹的一些部分是镂透的，比较接近‘四周皆备’。也可以说是突起很高的高浮雕。”另关于“洼叶”，梁注：“平卷叶和洼叶的具体样式和它们之间的差别，都不清楚。从字面上推测，洼叶可能是平铺的叶子，叶的阳面（即表面）向外；不卷起，有表无里；而平卷叶则叶是翻卷的，‘表里分明’，但是极浅的浮雕，不像起突的卷叶那样突起，所以叫‘平卷叶’。但这也只是推测而已。”

⑨双头蕙草：当指雕木作中所雕斫的蕙草的一种造型。关于“蕙草”，参见卷第三《壕寨及石作制度》“石作制度·造作次序”条相关注释。

⑩角蝉：在正方形内抹去四个等腰三角形而形成等边八角形，抹去的部分就叫做“角蝉”。参见卷第八《小木作制度三》“斗八藻

井·八角井”条相关注释。

⑪平雕：卷第十二《雕作制度》“剔地洼叶华”条中所引梁先生对“平雕透突”所作注：“平雕透突的具体做法也只能按文义推测，可能是华文并不突出到结构面之外，而把‘地’压得极深，以取得较大的立体感的手法。”或可作为理解“平雕”的一个参考。

⑫立桥（tiàn）：垂直的门关。参见卷第二十《小木作功限一》“版门·双扇版门诸名件”条相关注释。手把飞鱼：未知其造型如何。参见卷第二十四《诸作功限一》“雕木作·垂鱼、惹草”条相关注释。

⑬团窠（kē）莲华：原文“榑科莲华”，梁注本改为“团窠莲华”。陈注：“团窠？”傅注：改“榑料”为“团窠”。

⑭伏兔莲荷：疑指伏兔荷叶。参见卷第二十四《诸作功限一》“雕木作·垂鱼、惹草”条相关注释。

⑮挑白：其是怎样的做法不很清楚。参见卷第二十四《诸作功限一》“雕木作·毬文格子挑白”条相关注释。

【译文】

雕木作等第：

混作：

角神；宝藏神与之相同。

雕有华文之牌，其上所雕浮动神仙、飞仙、升龙、飞凤之类；

柱头，其上或带有仰覆莲荷造型，以及台座造式的龙、凤、狮子之类；

诸种帐上所雕造的缠柱龙；缠宝山或牙鱼，或间以华文；以及扛坐神、力士、龙尾、嫔伽，与之相同。

半混作：

雕插华以及贴络写生牡丹华，与龙、凤、狮子之类造型；宝床上诸项雕造事件与之相同。

牌头；牌带、牌舌，与之相同。华版；

椽头盘子，其上所雕龙、凤或写生华；勾阑寻杖头与之相同。

槛面勾阑与之相同。云栱，鹅项、矮柱、地霞、华盆之类与之相同；列入中、下等者，以此为准。剔地起突，二卷或一卷造做法；

平綦内盘子，剔地云子间所插起突雕华、龙、凤之类；海眼版、水地间海鱼等，与之相同。

华版：

海石榴华或尖叶牡丹华，或写生华，或宝相华，或莲荷；诸种帐上所施欢门、车槽、猴面等华版以及裹栿版、障水版、填心版、格子门、版壁、腰内所用华版之类，与之相同；列入中等者，以此为准。

剔地起突，卷搭造做法；透突起突造。

透突洼叶间以龙、凤、狮子、化生之类；

长生草或双头蕙草，透突雕以龙、凤、狮子、化生之类。

如上诸项列为上等。

混作帐上鸱尾；兽头、套兽、蹲兽，与之相同。

半混：

贴络鸳鸯、羊、鹿之类；平綦内的角蝉并华文之类与之相同。

槛面勾阑同。云栱、洼叶平雕；

垂鱼、惹草，间以云、鹤之类；立標、手把飞鱼与之相同。

华版，采用透突洼叶平雕做法所雕长生草或双头蕙草，及透突平雕或剔地间以鸳鸯、羊、鹿之类。

如上诸项列为中等。

半混：

贴络香草、山子、云霞；

槛面；勾阑同。

云栱，实云头；

“万”字勾片，剔地做法；

叉子，其棂端为云头或双云头；

锭脚壶门版，帐带与之相同。造实结带或透突华叶；

垂鱼、惹草，实云头；

团窠莲华；伏兔莲荷及帐上山华蕉叶版之类，与之相同。

毬文格子门，挑白做法。

如上诸项列为下等。

旋作：

宝床所用名件。揞角梁宝瓶、栌铃①，同。

右为上等。

宝柱②；莲华柱顶、虚柱莲华并头瓣③，同。

火珠④。滴当子、椽头盘子、仰覆莲胡桃子、葱台钉并盖钉筒子，同。

右为中等。

栌料；

门盘浮沤⑤。瓦头子、钱子之类⑥，同。

右为下等。

【注释】

①揞（zhī）：支持。参见卷第十二《旋作制度》"殿堂等杂用名件"条相关注释。栌铃："栌铃"一词在《法式》中仅见于此。疑指"角铃"或"大铃"。参见卷第十二《旋作制度》"佛道帐上名件"条相关注释。

②宝柱：指佛道帐上所施"宝柱子"。参见卷第十二《旋作制度》"佛道帐上名件"条相关注释。

③虚柱莲华并头瓣：疑指"虚柱莲华钱子"与"虚柱莲华胎子"。参见卷第十二《旋作制度》"佛道帐上名件"条、卷第二十四《诸作

功限一》“旋作·佛道帐等名件”条相关注释。

④火珠：佛教建筑装饰构件。卷第十二《旋作制度》“佛道帐上名件”条相关注释。

⑤门盘浮沤：指贴络门盘浮沤。参见卷第十二《旋作制度》“佛道帐上名件”条、卷第二十四《诸作功限一》“旋作·佛道帐等名件”条相关注释。

⑥瓦头子：似是与滴当火珠对应的勾头瓦当。参见卷第十二《旋作制度》“佛道帐上名件”条相关注释。钱子：即瓦钱子。参见卷第十二《旋作制度》“佛道帐上名件”条相关注释。

【译文】

旋作等第：

宝床上所用名件。搘角梁宝瓶、栌铃，与之相同。

如上诸项列为上等。

佛道帐上宝柱；莲华柱顶、虚柱莲华并头瓣，与之相同。

火珠。滴当子、椽头盘子、仰覆莲胡桃子、蕙台钉并盖钉筒子，与之相同。

如上诸项列为中等。

栌料；

门盘浮沤。瓦头子、瓦钱子之类，与之相同。

如上诸项列为下等。

竹作：

织细棊文簟，间龙、凤或华样。

右为上等。

织细棊文素簟；

织雀眼网，间龙、凤、人物或华样。

右为中等。

织粗簟；假棊文簟同①。

织素雀眼网；

织笆。编道竹栅，打篛、笍索、夹载盖棚②，同。

右为下等。

【注释】

①假棊文簟（diàn）：非严格棊文图案的竹席。参见卷第十二《竹作制度》"障日篛等簟"条、卷第二十四《诸作功限一》"竹作·织簟"条相关注释。

②打篛（tà）：疑指打造障日篛。关于"篛"，参见卷第十二《竹作制度》"地面棊文簟"条、"障日篛等簟"条相关注释。笍（ruì）索：竹绳。参见卷第十二《竹作制度》"竹笍索"条、卷第二十四《诸作功限一》"竹作·笍索"条相关注释。夹载盖棚：这一术语在《法式》中仅出现于此处。《法式》行文中先后提到了山棚、地棚及房屋修缮时所搭造的"棚架"。这里较大可能是指卷第二十四《诸作功限一》"竹作·障日篛等"条行文中提到的"搭盖凉棚"。夹载，疑与该条行文中提到的"夹截"有所关联。若如此，则这里的"夹载"疑为"夹截"之误，其文当为"夹截盖棚"。译文从注。

【译文】

竹作等第：

织细棊文簟，间插以龙、凤或华文图样。

如上诸项列为上等。

织细棊文素簟；

织护殿檐雀眼网，间插以龙、凤、人物或华文图样。

如上诸项列为中等。

织粗簟；织假棊文簟，与之相同。

织素护殿檐雀眼网；

织笆。编道竹栅，打篛、编竻索、以夹截竹的做法搭盖凉棚，与之相同。

如上诸项列为下等。

瓦作：

结瓮殿阁、楼台[①]；

安卓鸱、兽事件；

斫事琉璃瓦口[②]。

右为上等。

甋瓪结瓮厅堂、廊屋[③]；用大当沟、散瓪结瓮、摊钉行垅同[④]。

斫事大当沟[⑤]。开剜燕颔、牙子版[⑥]，同。

右为中等。

散瓪瓦结瓮；

斫事小当沟并线道、条子瓦[⑦]；

抹栈、笆、箔[⑧]。混染黑脊、白道、系箔，并织造泥篮[⑨]，同。

右为下等。

【注释】

①结瓮殿阁：原文"结瓦殿阁"，梁注本改为"结瓮殿阁"。傅注：改"结瓦"为"结瓮"。

②斫事：修斫、造作。琉璃瓦口：指在房屋檐口处为琉璃瓦瓦当与滴水所做的瓦口子。瓦口，指"瓦口子"。参见卷第八《小木作制度三》"井亭子·井亭子檐口、屋盖、厦两头诸名件"条相关注释。

③甋瓪结瓮厅堂：原文"甋瓪结瓦厅堂"，梁注本改为"甋瓪结瓮厅堂"。傅注：改"结瓦"为"结瓬"，并注："瓬，故宫本。"其后原文

“散瓪瓦结瓦”，梁注本为“散瓪瓦结宽”，傅注：“瓩，故宫本。”

④摊钉行垅：意为将瓦陇做合理分布，再按其瓦大小与距离，分布所施用瓦钉的位置与数量。

⑤大当沟：疑指大当沟瓦。参见卷第十三《瓦作制度》“结宽·瓪瓦”条相关注释。

⑥开剜：指对房屋名件做开凿、剜凿等的造型加工。

⑦小当沟：小当沟瓦。参见卷第十三《瓦作制度》“结宽·瓪瓦”条相关注释。

⑧抹栈、笆、箔：均为瓦下铺衬所用的材料。参见卷第二十五《诸作功限二》“瓦作·安卓”条相关注释。

⑨混染黑脊：原文“混染黑脊”，傅注：改“混”为“泥”，即“泥染黑脊”。未知所据。白道：在线道瓦之上，以及合脊瓪瓦之下所施的一道白石灰，称“白道”。参见卷第十三《瓦作制度》“垒屋脊·垒屋脊之制”条相关注释。系箔：为屋顶瓦下铺衬的一道工序，指将苇箔或荻箔，固定于房屋屋顶的屋瓦之下。卷第十三《瓦作制度》“用瓦·瓦下铺衬”条：“其只用泥结宽者，亦用泥先抹版及笆、箔，然后结宽。”大致说明了笆、箔与屋瓦的关系。

【译文】

瓦作等第：

屋顶结宽的殿阁与楼台；

其屋顶上安卓鸱、兽等瓦饰构件；

修斫造作屋檐处的琉璃瓦口。

如上诸项列为上等。

以瓪瓪做屋顶结宽的厅堂、廊屋；用大当沟、散瓪结宽、摊钉行垅等做法，与之相同。

修斫造作屋脊处的大当沟。开剜燕颔版、牙子版，与之相同。

如上诸项列为中等。

以散瓪瓦做屋顶结宽；

修斫造作屋脊处的小当沟并线道瓦、条子瓦；

为瓦下铺衬施抹栈、笆、箔等。混染黑屋脊、白道、系箔，并织造施工中所用泥篮，与之相同。

如上诸项列为下等。

泥作：

用红灰；黄、白灰同。

沙泥画壁；被篾①，披麻同②。

垒造锅鑊灶③；烧钱炉、茶炉④，同。

垒假山。壁隐山子同⑤。

右为上等。

用破灰泥⑥；

垒坯墙。

右为中等。

细泥；粗泥并搭乍中泥作衬同。

织造泥篮。

右为下等。

【注释】

①被篾：黏贴竹篾。

②披麻：钉麻华。参见卷第二十五《诸作功限二》“泥作·诸泥作功”条相关注释。

③锅鑊（huò）灶：即釜鑊灶。指釜灶与鑊灶两种炉灶。参见卷第十三《泥作制度》“釜鑊灶”条相关注释。

④烧钱炉：用于烧供奉性纸钱的焚烧炉。参见卷第二十五《诸作功限二》“泥作·用坯”条相关注释。

⑤壁隐山子：即壁隐假山。参见卷第二十五《诸作功限二》“泥作·诸泥作功”条相关注释。

⑥破灰泥：施用于墙体表面的灰泥。参见卷第十三《泥作制度》“用泥”条相关注释。

【译文】

泥作等第：

施用红灰；施用黄灰、白灰，与之相同。

沙泥画壁；在灰泥中施以被篾，或在画壁表面披盖麻篾，与之相同。

垒造锅镬灶；垒造烧钱炉、茶炉，与之相同。

垒造泥假山。垒造壁隐假山，与之相同。

如上诸项列为上等。

用掺了白蔑土与麦麸的破灰泥；

用土坯垒造墙体。

如上诸项列为中等。

施抹细泥；施抹粗泥并搭乍中泥做其衬，与之相同。

织造运送灰泥的泥篮。

如上诸项列为下等。

彩画作：

五彩装饰[①]；间用金同[②]。

青绿碾玉[③]。

右为上等。

青绿棱间[④]；

解绿赤白及结华[⑤]；画松文同[⑥]。

柱头、脚及槫画束锦[7]。

右为中等。

丹粉赤白[8]；刷土黄同[9]。

刷门、窗。版壁、叉子、勾阑之类，同。

右为下等。

【注释】

①五彩装饰：即五彩遍装。参见卷第十四《彩画作制度》“五彩遍装·五彩遍装之制”条相关注释。

②间用金：指“五彩间金”做法。参见卷第二十五《诸作功限二》“彩画作·五彩”条相关注释。

③青绿碾玉：以青绿两色为主的碾玉装彩画做法。参见卷第二十五《诸作功限二》“彩画作·青绿”条相关注释。

④青绿棱间：青绿棱间装或青绿叠晕棱间装的彩画。参见卷第十四《彩画作制度》“总制度·衬地之法”条相关注释。

⑤解绿赤白：指“解绿赤白装”做法。参见卷第二十五《诸作功限二》“彩画作·解绿”条相关注释。结华：指解绿间结华。参见卷第十四《彩画作制度》“解绿装饰屋舍·枓栱、方桁等施解绿装”条、卷第二十五《诸作功限二》“彩画作·解绿”条相关注释。

⑥画松文：指“解绿画松文”做法。参见卷第二十五《诸作功限二》“彩画作·解绿”条相关注释。

⑦画束锦：在《法式》全书行文中，“画束锦”这一术语仅见于此。从字面上理解，当指在柱头、柱脚及彻上露明造室内屋槫上，绘以束锦图案的彩画做法。

⑧丹粉赤白：疑指在丹粉涂饰的基础上，做赤白亮色的解绿勾勒。参见卷第二十五《诸作功限二》“彩画作·丹粉赤白”条相关注释。

⑨刷土黄同：原文为“刷土黄丹”，梁注本改为“刷土黄同”。从上下文分析，梁先生所改与上下文叙述逻辑更相契合。

【译文】

彩画作等第：

用五彩遍装彩画做房屋室内外装饰；五彩间用金做法，与之相同。

青绿碾玉装。

如上诸项列为上等。

青绿棱间装；

解绿赤白装及解绿间结华做法；解绿画松文做法，与之相同。

在柱头、柱脚及彻上露明造室内屋槫上，绘以束锦图案。

如上诸项列为中等。

用丹粉赤白做法刷饰屋舍；刷土黄做法，与之相同。

刷饰门、窗。刷饰版壁、叉子、勾阑之类，与之相同。

如上诸项列为下等。

砖作：

镌华[①]；

垒砌象眼、踏道。须弥华台坐同[②]。

右为上等。

垒砌平阶、地面之类[③]；谓用斫磨砖者[④]。

斫事方、条砖。

右为中等。

垒砌粗台阶之类；谓用不斫磨砖者。

卷荦、河渠之类。

右为下等。

【注释】

①镌华：疑指“华砖”或在砖面所施“杂华”。关于“华砖”，参见卷第十五《砖作制度》“慢道”条相关注释。关于“杂华”，参见卷第二十五章《诸作功限二》“窑作·造砖坯”条相关注释。

②须弥华台坐：指镌刻有华文图案的砖筑须弥坐形式。

③垒砌平阶：在《法式》行文中，“平阶”一词仅见于此。似为用砖垒砌登临房屋基座或殿阶基顶面的踏阶。

④斫磨砖：指对拟垒砌的砖进行预先的斫磨修整，以使其所砌筑的砌体能够严丝合缝。

【译文】

砖作等第：

镌刻有华文的华砖；

垒砌踏阶之象眼、踏道。垒砌须弥华台座，与之相同。

如上诸项列为上等。

垒砌踏阶的阶道、铺砌地面砖之类；这里说的是用经过斫磨修整之砖所垒砌的踏阶与地面。

修斫打磨方砖与条砖。

如上诸项列为中等。

垒砌较为粗放的房屋台阶之类；这里说的是用未经斫磨修整之砖垒砌的房屋台阶。

垒砌卷荤水窗、垒筑砖砌河渠之类。

如上诸项列为下等。

窑作：

鸱、兽；行龙、飞凤、走兽之类，同。

火珠。角珠、滴当子之类[1]，同。

右为上等。

瓦坯；黏绞并造华头[②]，拨重唇[③]，同。

造琉璃瓦之类；

烧变砖、瓦之类。

右为中等。

砖坯；

装窑。垒荦窑同[④]。

右为下等。

【注释】

①角珠：屋顶的一个瓦制饰件。参见卷第二十五《诸作功限二》“窑作·造鸱兽等”条相关注释。

②黏绞并造华头：原文为“黏較并造华头”，梁注本改为“黏绞并造华头”。其原文“黏較”未解其意，亦未知“黏绞”在这里做什么讲。卷第二十五《诸条作功限二》“窑作·造甋、瓪瓦坯”条有“黏甋瓦华头”句，其相关注释或可作为参考。

③拨重唇：指拨瓪瓦重唇。参见卷第二十五《诸条作功限二》“窑作·造甋、瓪瓦坯”条相关注释。

④垒荦窑同：傅注：“‘荦’字疑衍，或为‘垒造窑同’。”又补注：“故宫本、四库本、张本，均作‘荦’。”其意思可能是指所垒砖窑为“卷荦”形式。

【译文】

窑作等第：

烧造鸱、兽；烧造行龙、飞凤、走兽之类，与之相同。

烧造火珠。烧造角珠、滴当子之类，与之相同。

如上诸项列为上等。

造作瓦坯；黏造瓶瓦华头，拨瓪瓦重唇，与之相同。

造琉璃瓦之类；

烧变砖、瓦之类。

如上诸项列为中等。

砖坯；

装窑。垒砌卷拳式砖瓦窑，与之相同。

如上诸项列为下等。

卷第二十九　总例图样
壕寨制度图样　石作制度图样

总例图样

圆方方圆图

壕寨制度图样

景表版等第一

水平真尺第二

石作制度图样

柱础角石等第一

踏道螭首第二

殿内斗八第三

勾阑门砧第四

流盃渠第五

【题解】

自卷二十九至卷三十四，作者用了6卷篇幅，给出了包括壕寨、石作、大木作、小木作、雕木作及彩画作等宋代匠作制度图样。尽管这些图样在历代誊摹传抄过程中，可能掺杂了后世藏书者的理解与笔法，但现存早期版本中所存图形，至迟也应是出自明人手笔，其时间亦有数百年之久。且若我们相信其图虽经数代描摹，但其图样所本仍可能来自宋代原著所附图稿，则可以推测这6卷与宋代房屋营造密切相关的图样，在很大程度上仍保留了相当充分的宋代房屋营造图形信息。从这一角度看，这些图样更显弥足珍贵。

卷二十九中囊括了总例、壕寨与石作三方面图样，恰与《法式》卷二末尾“总例”及卷三《壕寨及石作制度》内容相合。总例中提及房屋营造中经常遇到的圆中求方、方中求圆做法；壕寨制度中所述景表版、望筒及房屋施工时所用水平、水平景表、真尺等形式，在这一卷中都给出了真切图形。

这一卷中有关石作制度的图样尤其丰富，其中不仅给出了不同造型与华文的柱础、殿阶基角柱、角石、螭首、踏道，房屋基座上所施单勾阑、重台勾阑，以及地栿、门砧石等的式样与做法，还给出了包括剔地起突、压地隐起、减地平钑等雕镌工艺图形。此外，其中还包括一些造型或构图十分复杂的构件图形，如不同造型的勾阑望柱头、望柱坐、缠柱云龙，或殿堂内地面心斗八图案，以及反映古代文人雅趣的石造“国”字或“风”字形流盃渠做法等，这些都使我们对宋代各种石造构件的丰富造型与雕镌图案，有了一个十分形象的了解。

总例图样

圆方方圆图

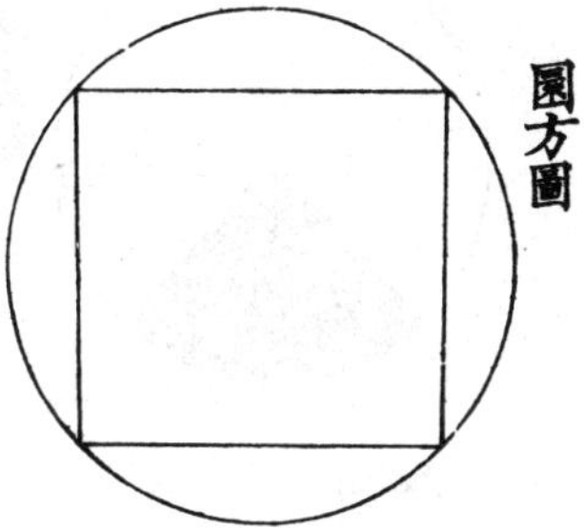

图29-1　圆方图

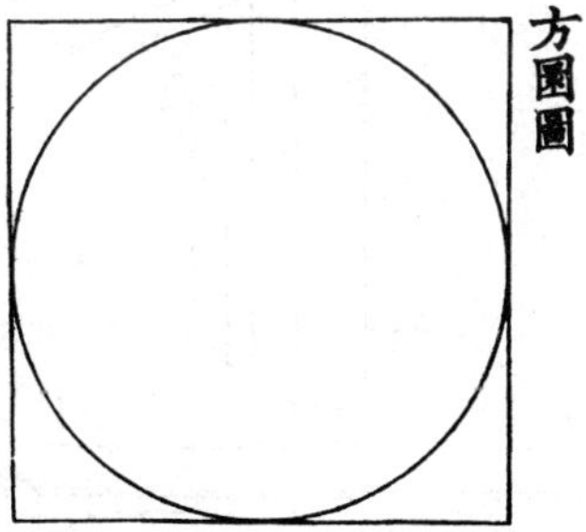

图29-2　方圆图

壕寨制度图样

景表版等第一

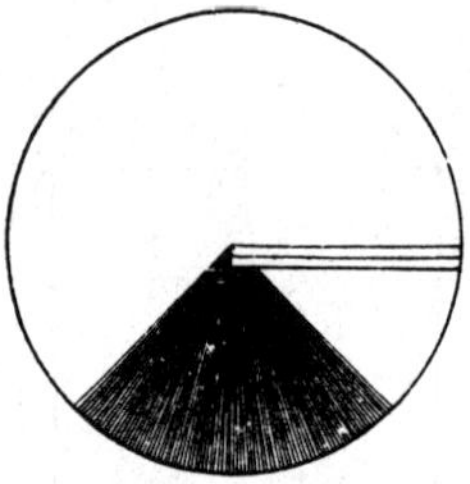

图29-3　景表版

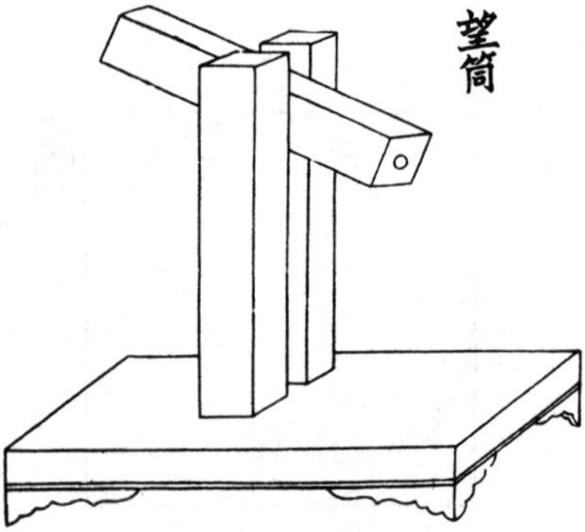

图29-4　望筒

水池景表

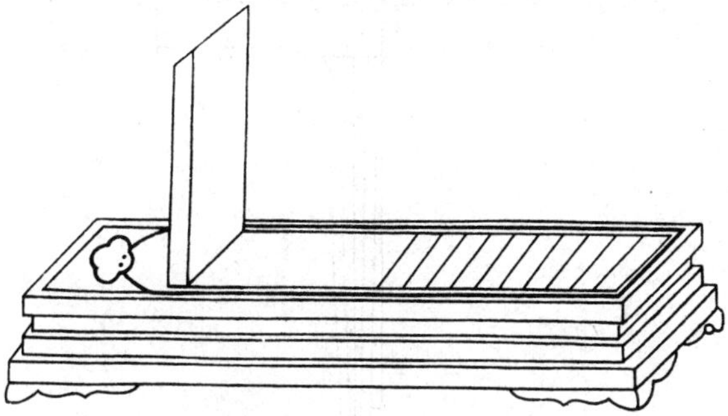

图29-5　水池景表

水平真尺第二

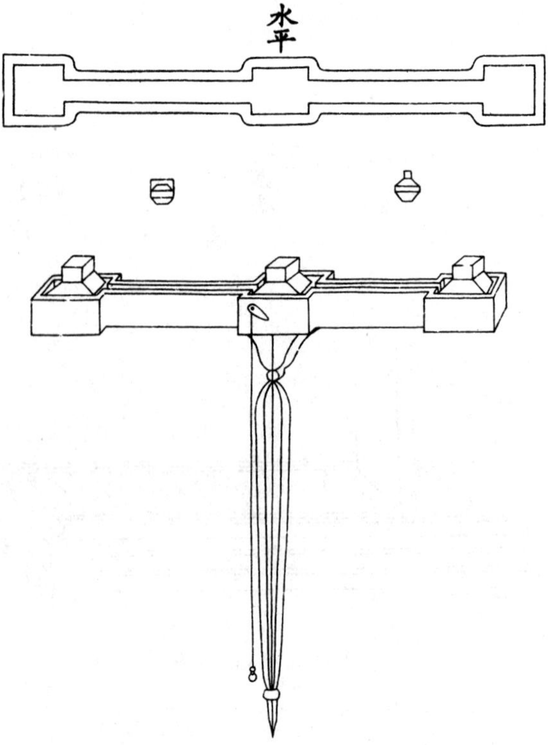

图29-6　水平

真尺

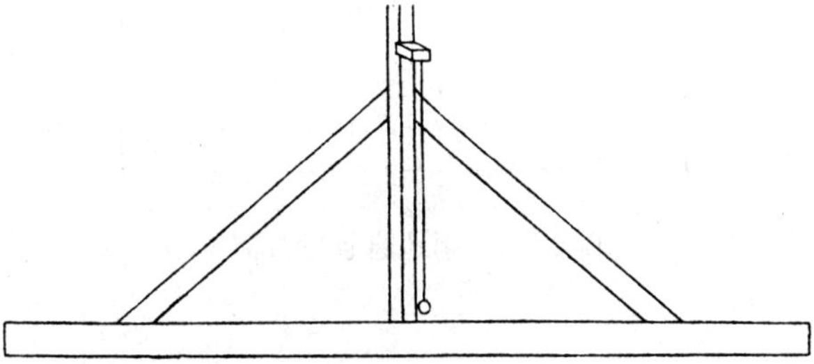

图29-7　真尺

石作制度图样

柱础角石等第一

柱础

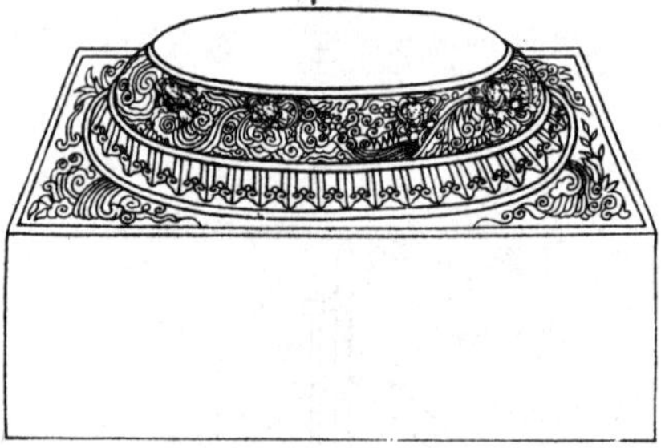

图29-8　剔地隐起海石榴华

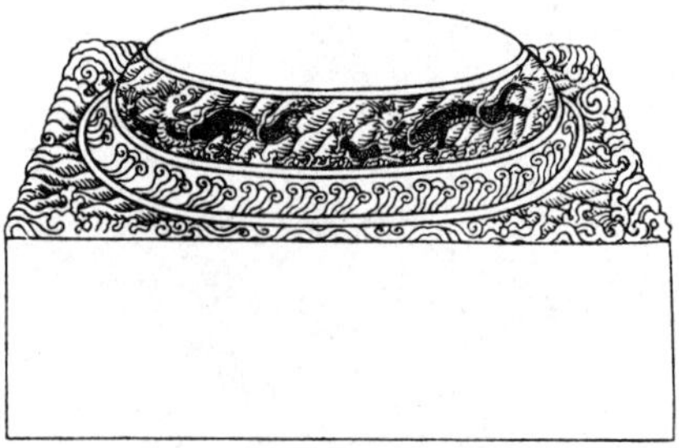

图29-9　龙水

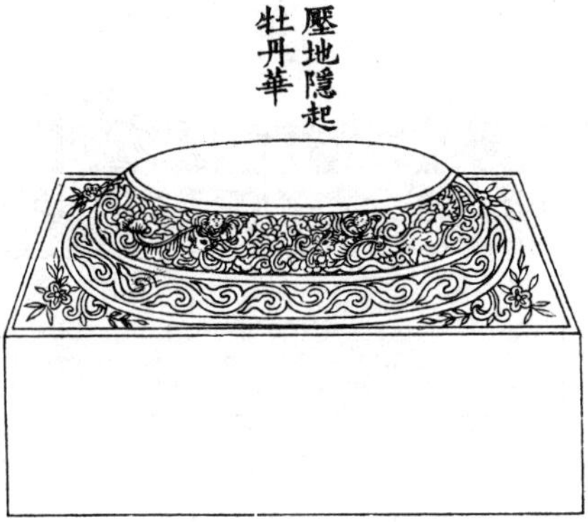

图29-10　压地隐起牡丹华

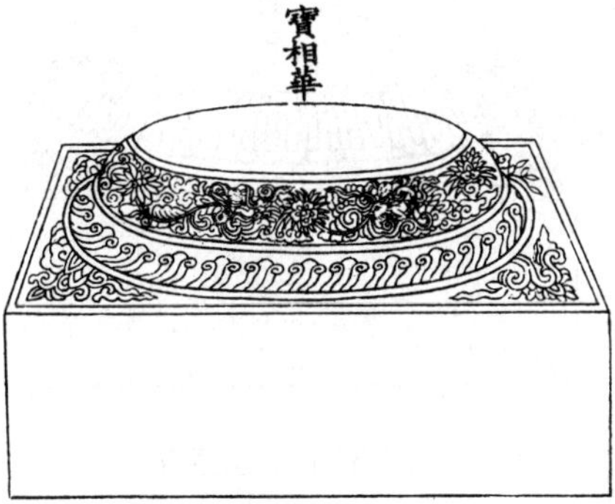

图29-11　宝相华

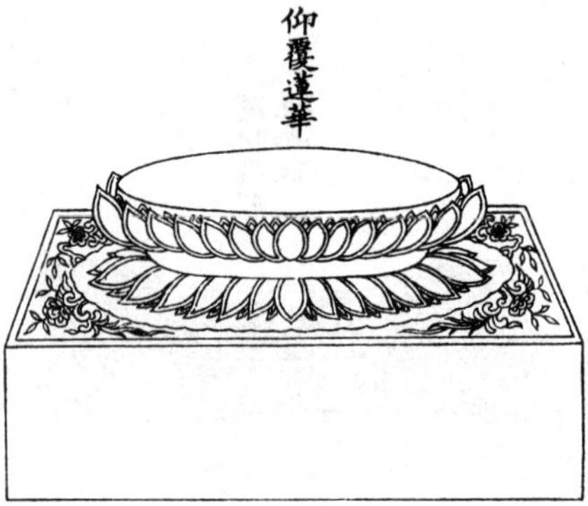

图29-12　仰覆莲华

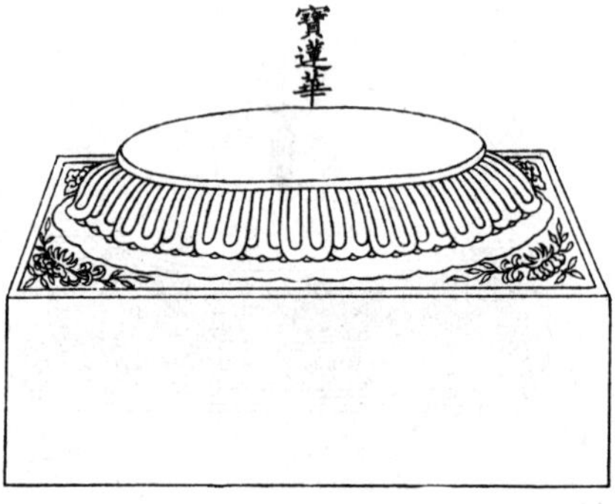

图29-13　宝莲华

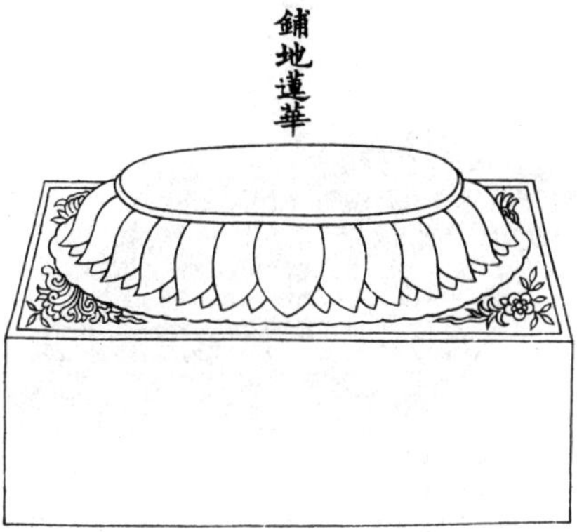

图29-14　铺地莲华

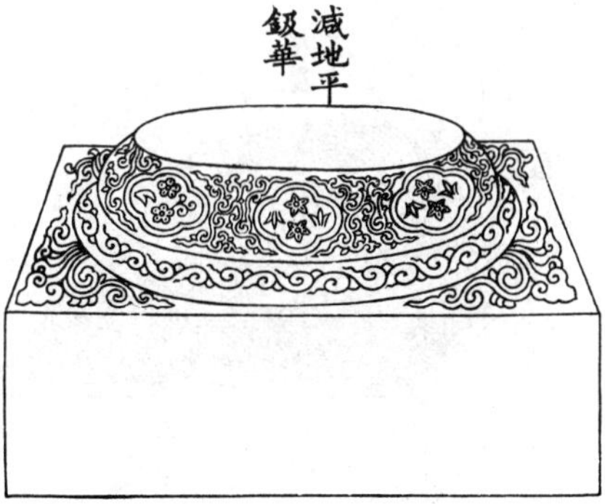

图29-15　减地平钑华

角石

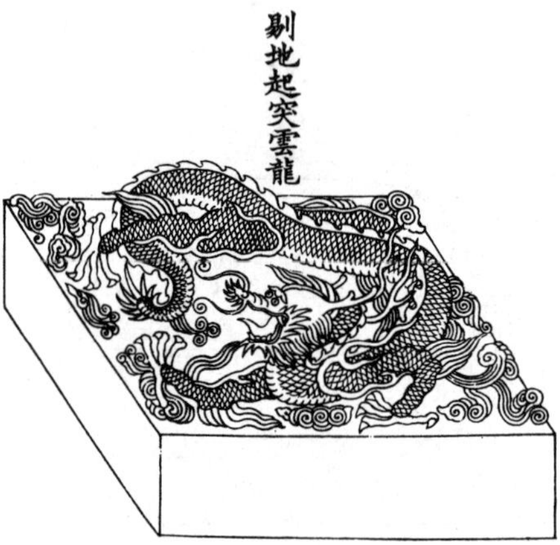

图29-16　剔地起突云龙

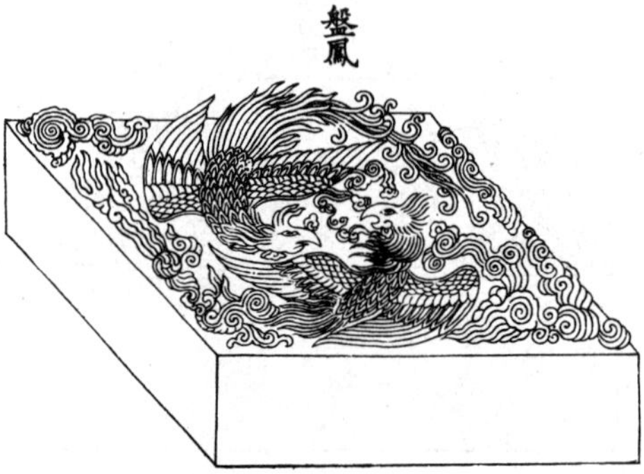

图29-17　盘凤

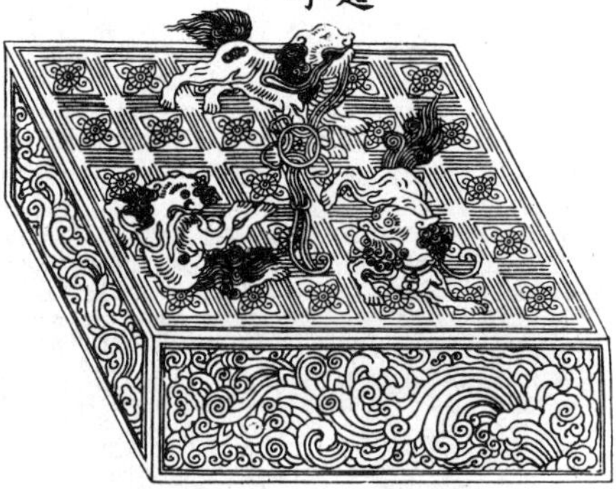

图29-18　剔地起突狮子

图29-19　压地隐起海石榴华

階基疊澁坐角柱

图29-20　阶基叠涩坐角柱

角柱

图29-21　剔地起突云龙

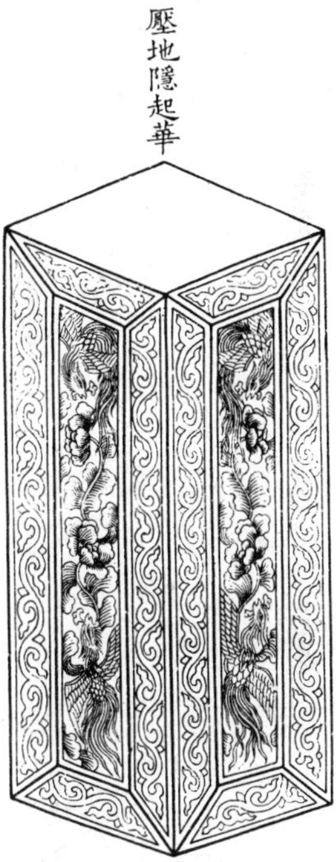

图29-22　压地隐起华

压阑石

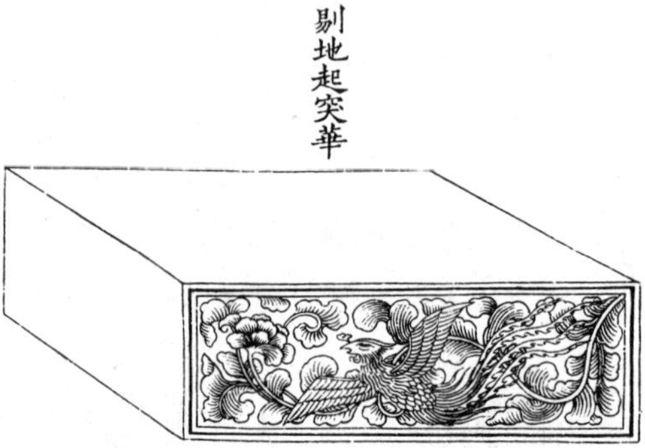

图29-23　剔地起突华

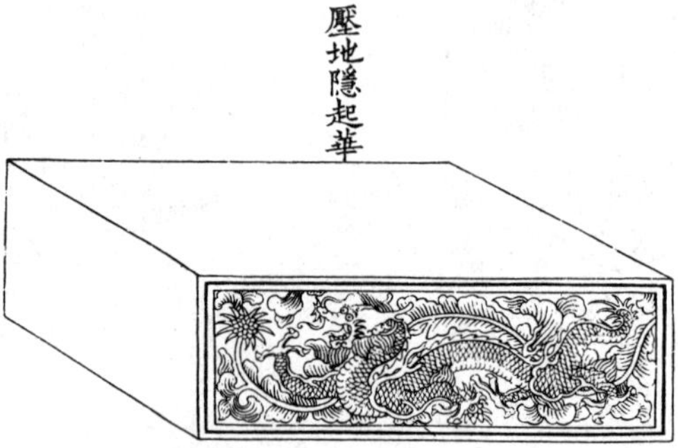

图29-24　压地隐起华

踏道螭首第二

踏道

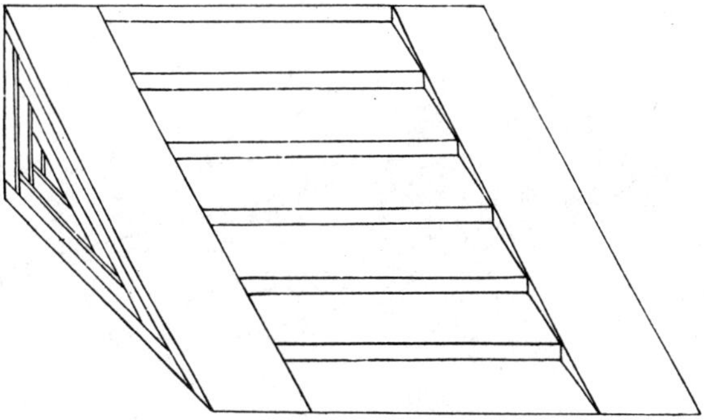

图29-25　踏道

螭首

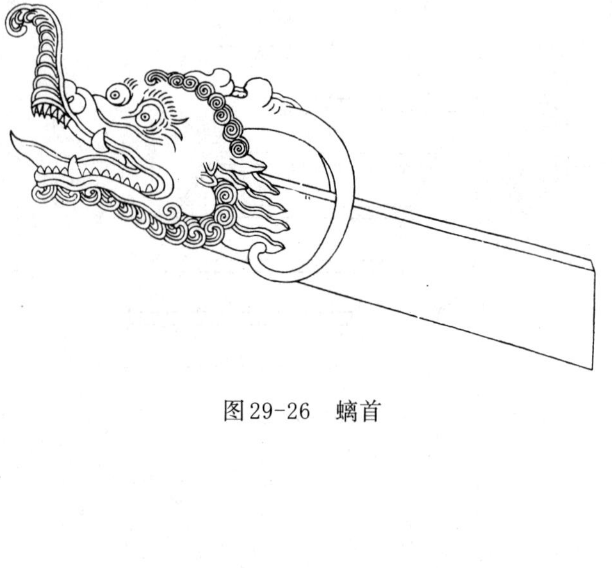

图29-26　螭首

殿内斗八第三

图29-27　殿堂内地面心斗八

勾阑门砧第四

重臺鉤闌

图29-28　重台勾阑

單鉤闌

图29-29　单勾阑

望柱

图29-30　减地平钑华

图29-31　剔地起突缠柱云龙

图29-32　压地隐起华

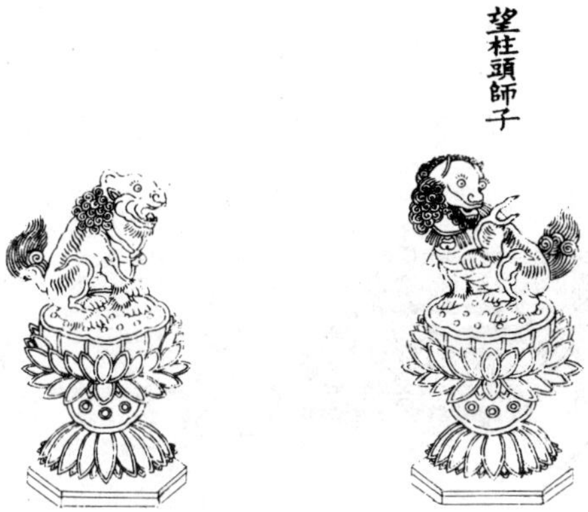

图 29-33　望柱头狮子

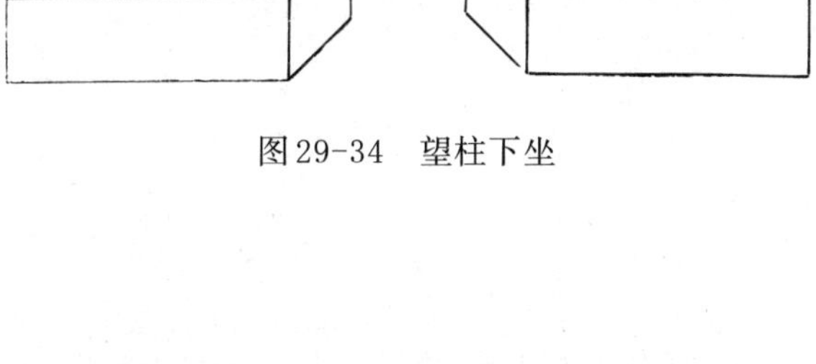

图 29-34　望柱下坐

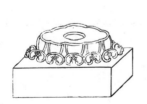

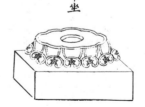

門砧

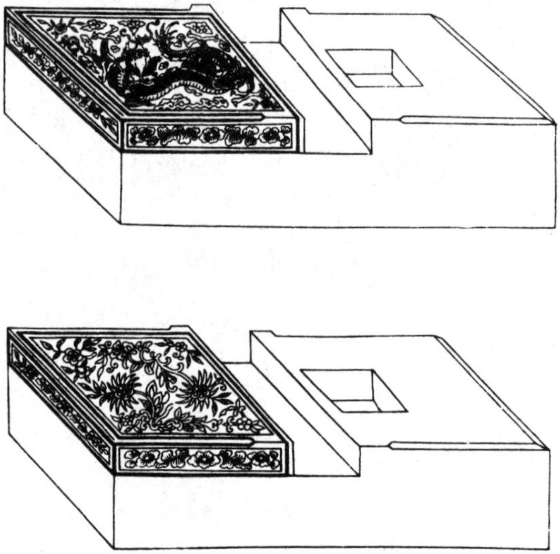

图29-35 门砧

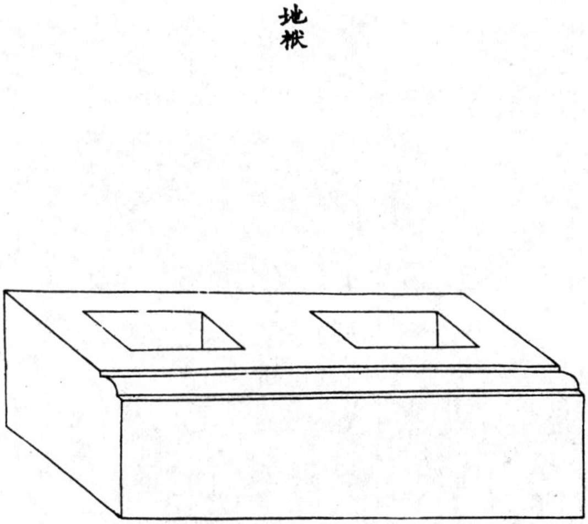

图29-36　地栿

流盃渠第五

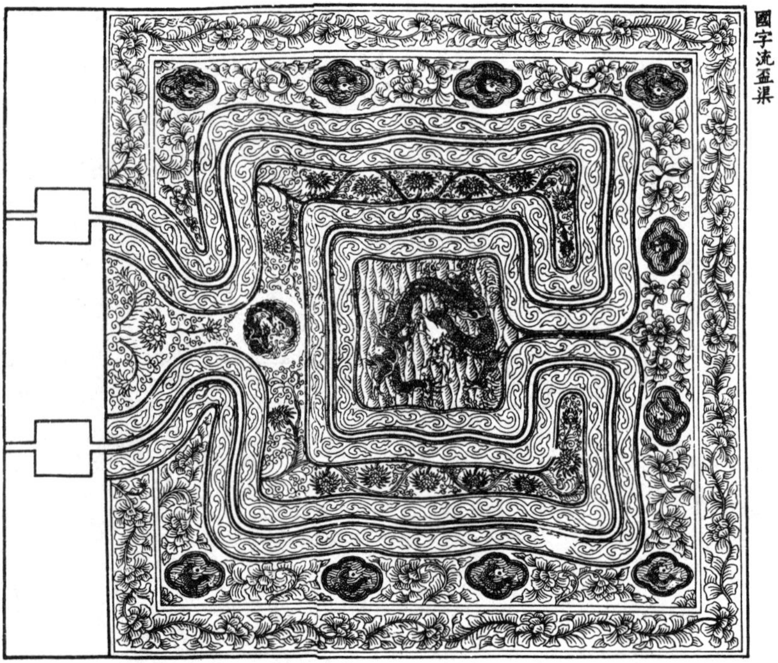

图29-37 “国”字流盃渠

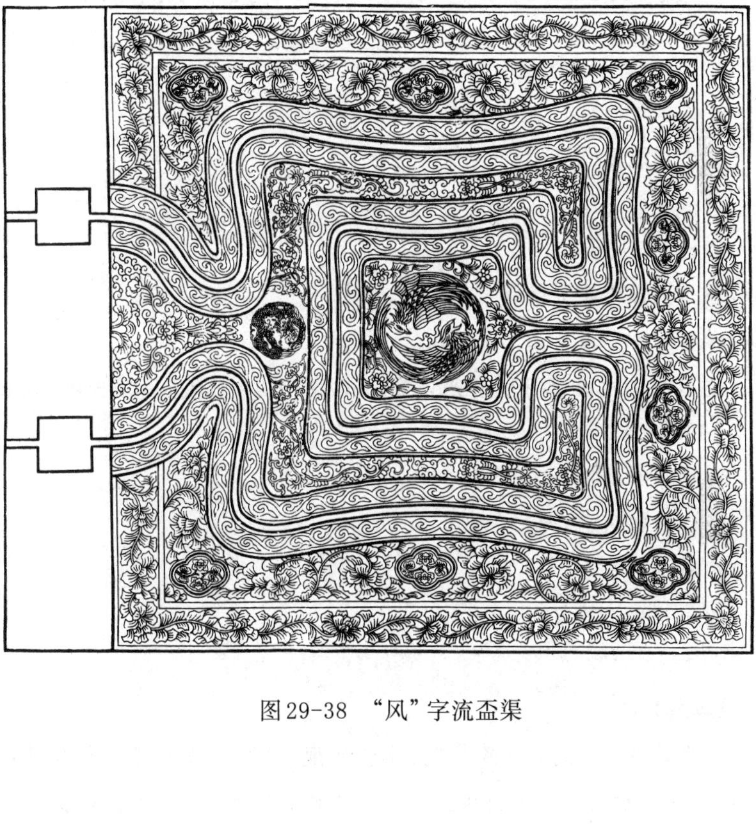

图29-38　“风”字流盃渠

卷第三十　大木作制度图样上

大木作制度图样上

栱枓等卷杀第一

梁柱等卷杀第二

下昂上昂出跳分数第三

举折屋舍分数第四

绞割铺作栱昂枓等所用卯口第五以五铺作名件卯口为法，其六铺作以上并随跳加长

梁额等卯口第六

合柱鼓卯第七

槫缝襻间第八

铺作转角正样第九

【题解】

本卷涉及《法式》卷第四《大木作制度一》与卷第五《大木作制度二》行文中所述及的有关枓栱、梁柱、屋顶举折等部分的做法图样。但在这里，作者并不是将图样与《法式》大木作制度行文章节一一对应。从图样内容看，“大木作制度图样上”关注的主要是大木作诸名件的做法，特别是那些以文字或图形难以表现的大木构件中比较隐蔽处的一些做法，如不同构件间相互连接处的榫头、卯口等做法，当然，也包括将铺作

中枓、栱、昂等绞割在一起的各种卯口，或将梁栿、阑额、屋内额等拉接在一起的各种卯口，甚至《法式》行文中未提及的那些带有某种特殊技术的拼合柱之内部各部分相互联结的榫卯形式与做法等。

本卷图样中还包括一些技术性较强的做法，特别是一些需要做曲面形式处理的部位，如各种枓的枓欹曲面或各种栱的栱头曲面，以及月梁与梭柱等构件的表面轮廓曲面等。这些部位都需要做不同形式的卷杀处理。

此外，本卷图样中还给出了屋顶举折做法，特别是亭榭斗尖屋顶的举折做法样例。难能可贵的是，这种宋式亭榭斗尖屋顶的举折做法，在实际建造中久已失传，且无实际案例可考。这里给出的图样，能够比较充分地将《法式》行文中叙述的相关做法表现出来。与屋顶举折有所关联的槫缝、襻间等做法，在本卷中也给出了清晰的图样表现。

枓栱铺作的组合方式也是一个技术难题，且转角铺作的做法尤为复杂。本卷中给出了多种不同形式的转角铺作正样做法图形，使得人们对宋代房屋枓栱中的转角铺作做法，可以有较为真切的了解。

大木作制度图样上

栱枓等卷杀第一

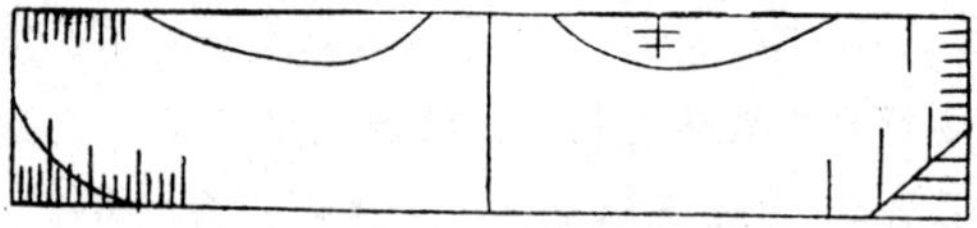

图30-1　华栱

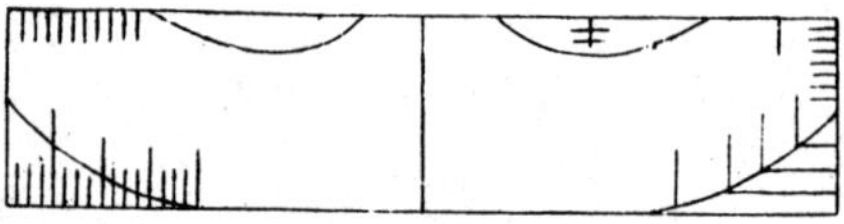

图30-2　泥道栱

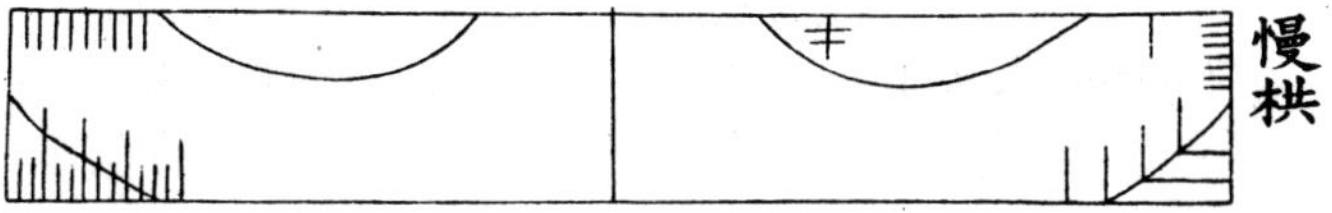

图30-3　慢栱

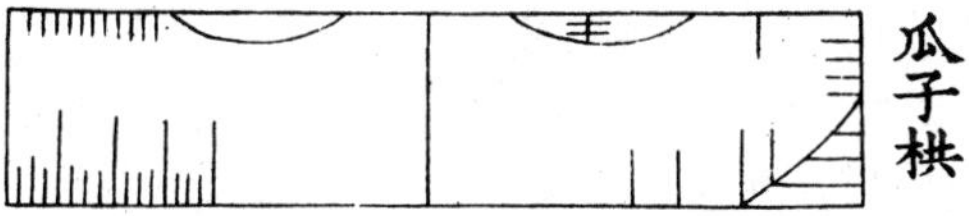

图30-4　瓜子栱

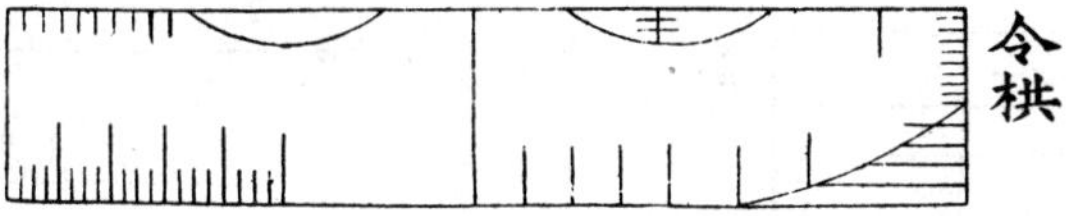

图30-5　令栱

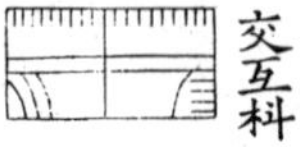

图30-6　交互枓

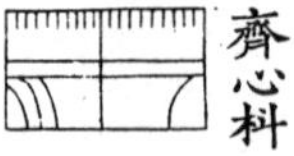

图30-7　齐心枓

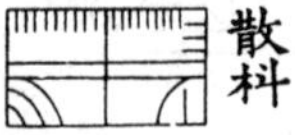

图30-8　散枓

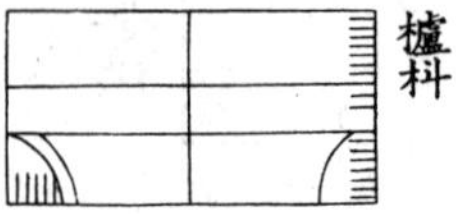

图30-9　栌枓

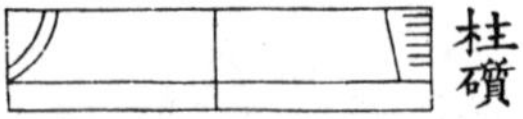

图30-10　柱礩

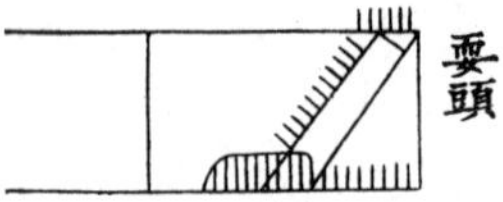

图30-11　耍头

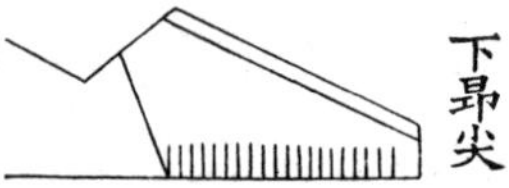

图30-12　下昂尖

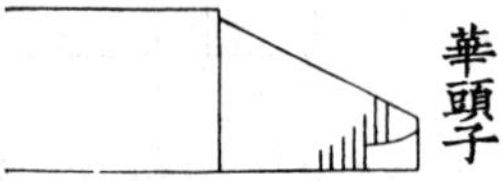

图30-13　华头子

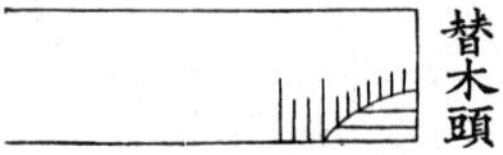

图30-14　替木头

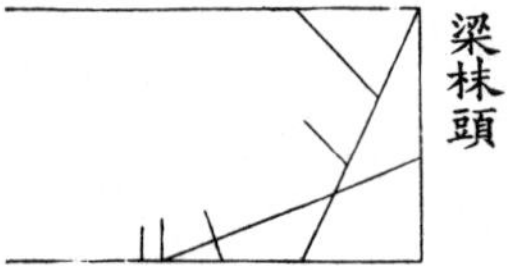

图30-15　梁栿头

梁柱等卷杀第二

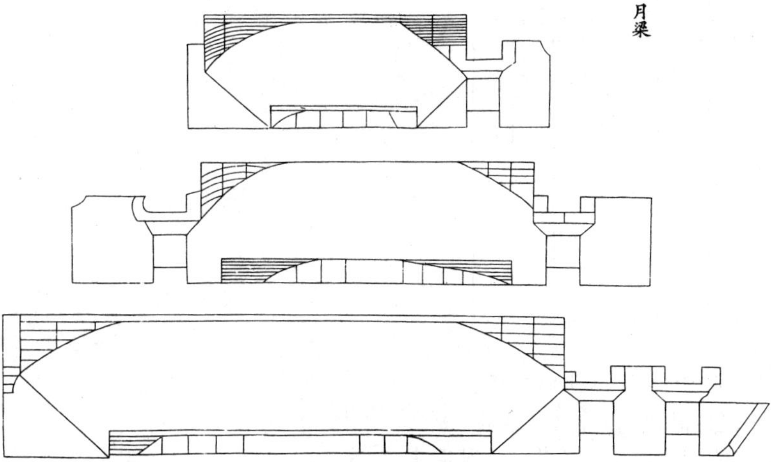

图30-16　月梁

额肚并柱样

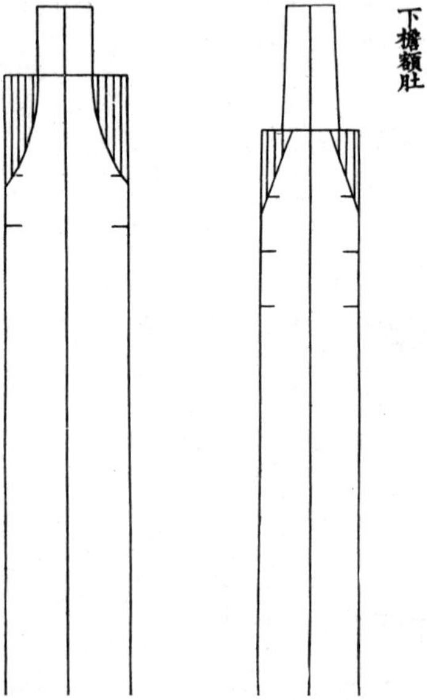

图30-17　下檐额肚

注:原图如此。其“额肚”曲线呈向内凹式与其义不符。参见梁注本此图,其“额肚”曲线呈向外凸式。(如右图)

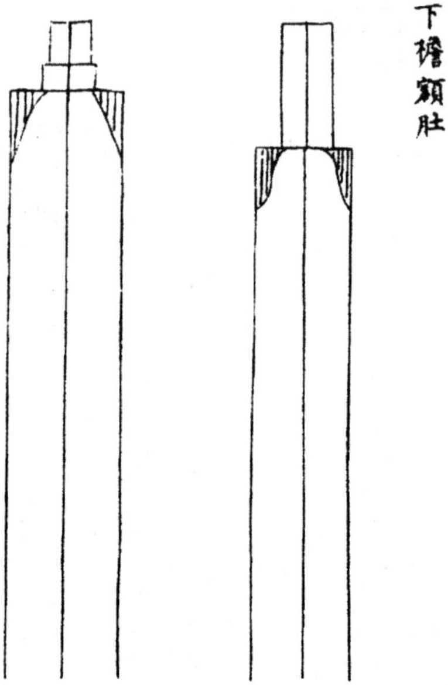

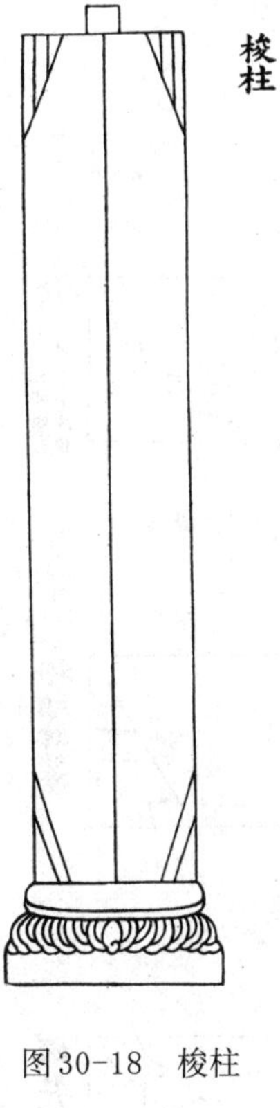

图30-18　梭柱

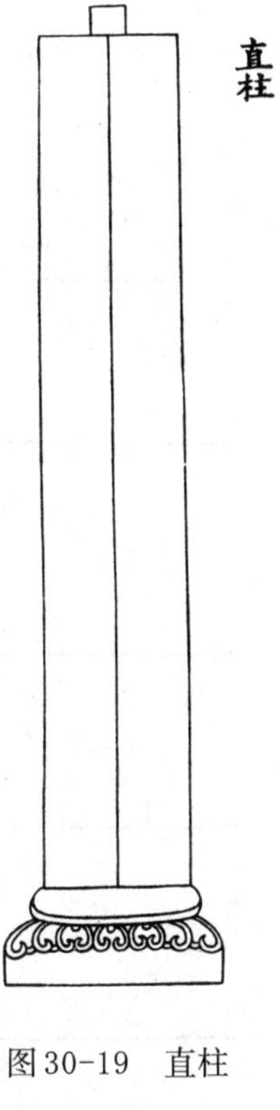

图30-19　直柱

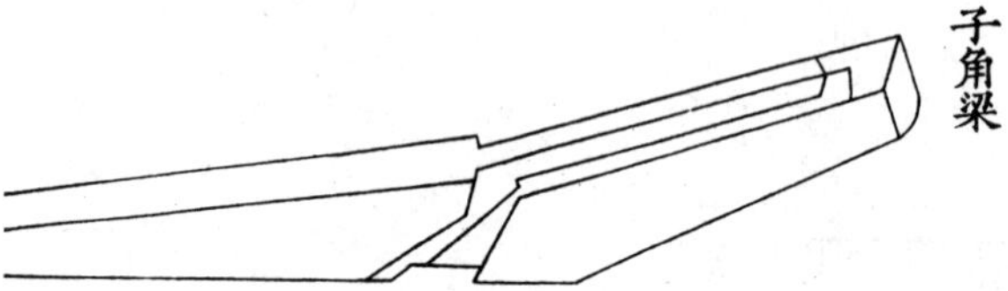

图30-20　子角梁

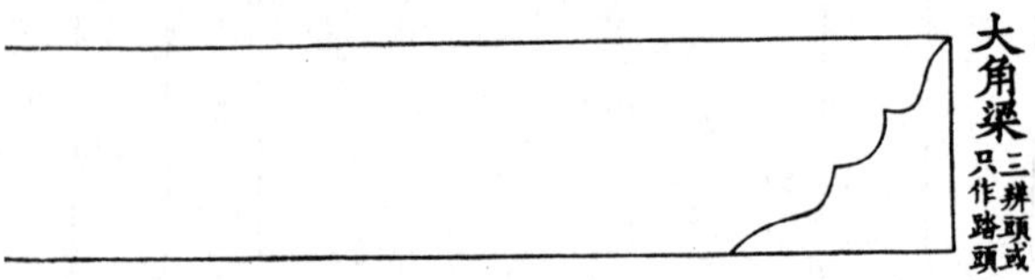

图30-21　大角梁三辨（瓣）头或只作踏头

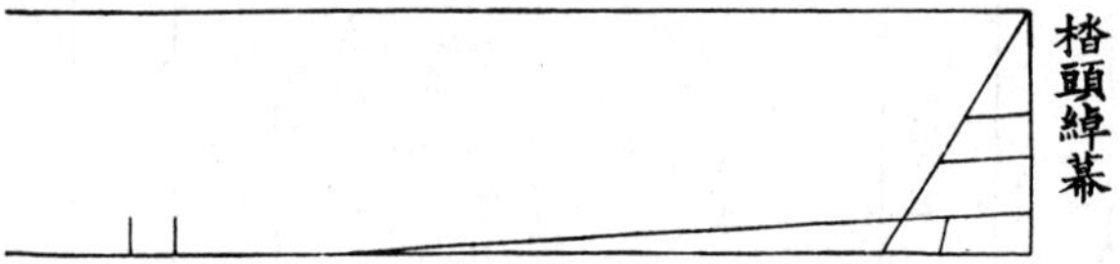

图30-22　楷头绰幕

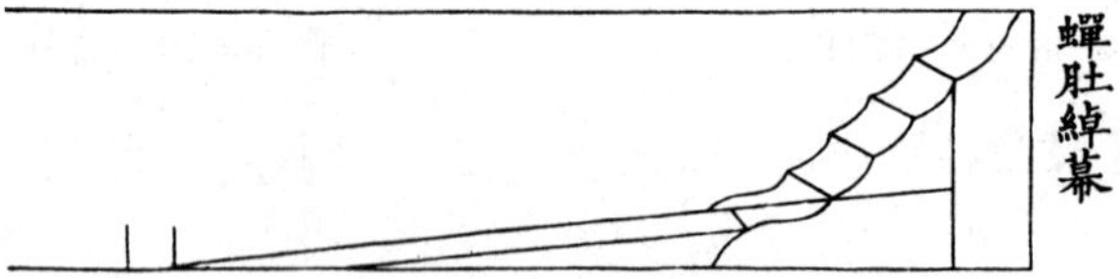

图30-23　蝉肚绰幕

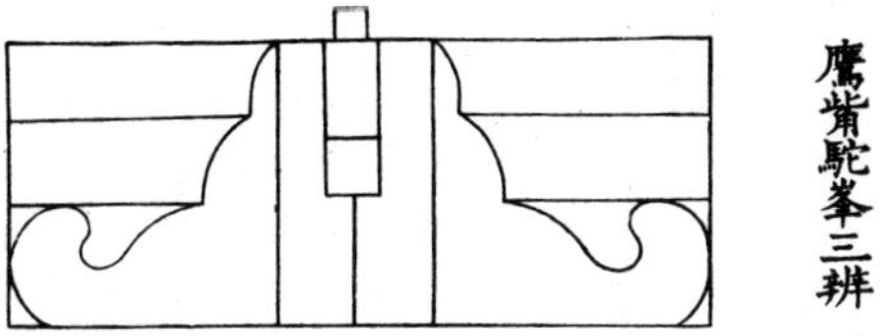

图30-24　鹰嘴驼峰三辨（瓣）

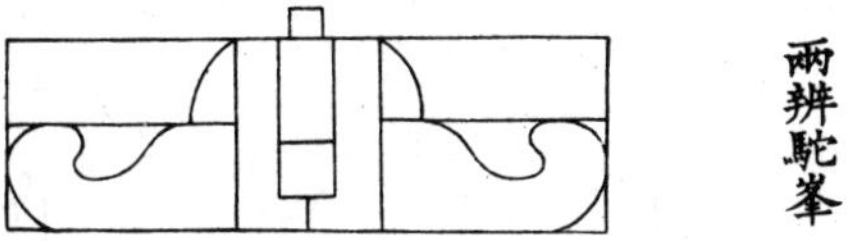

图30-25　两辨（瓣）驼峰

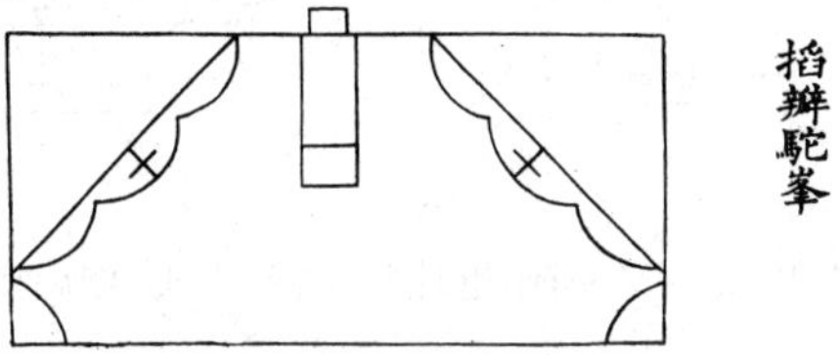

图30-26　掐瓣驼峰

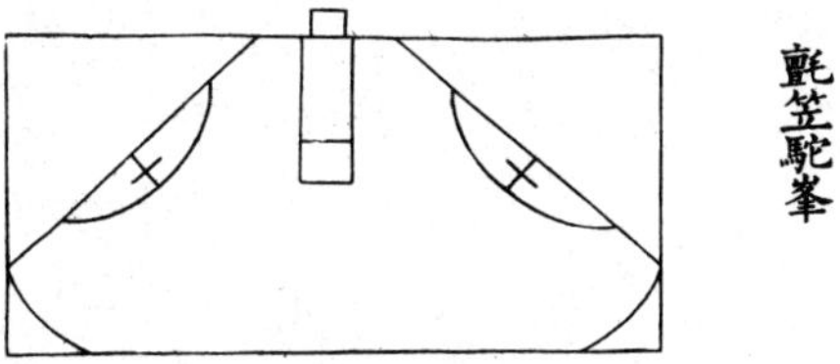

图30-27　毡笠驼峰

下昂上昂出跳分数第三

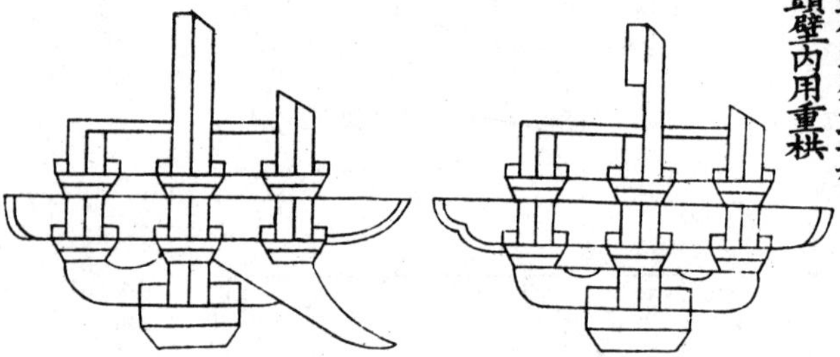

图30-28　四铺作里外并一杪，卷头，壁内用重栱

下昂侧样

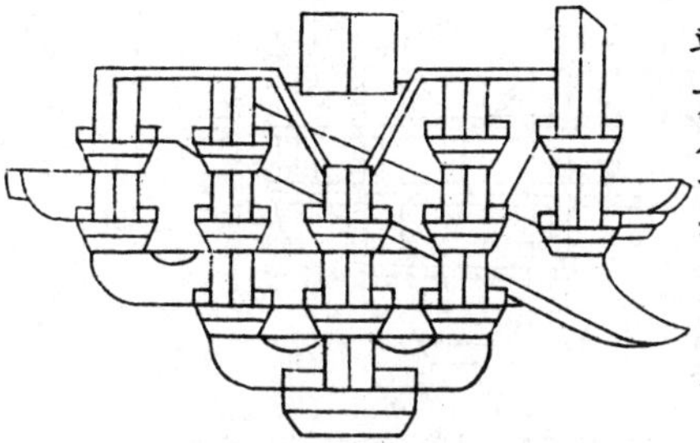

五鋪作重栱出單杪單下昂裏
轉五鋪作重栱出两杪並計心

图 30-29　五铺作重栱出单杪单下昂，
里转五铺作重栱出两杪，并计心

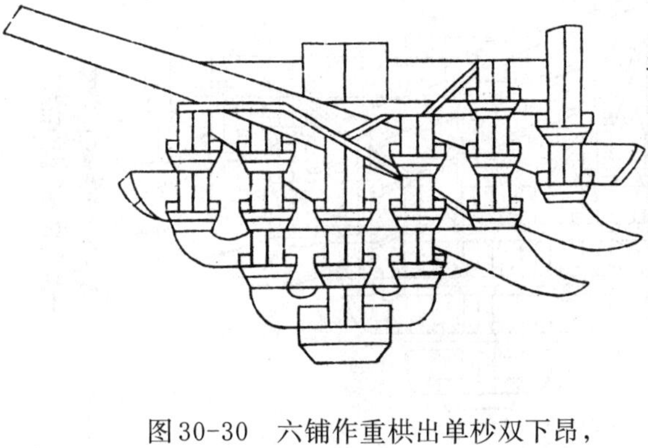

六鋪作重栱出單杪雙下昂裏
轉五鋪作重栱出两杪並計心

图 30-30　六铺作重栱出单杪双下昂，
里转五铺作重栱出两杪，并计心

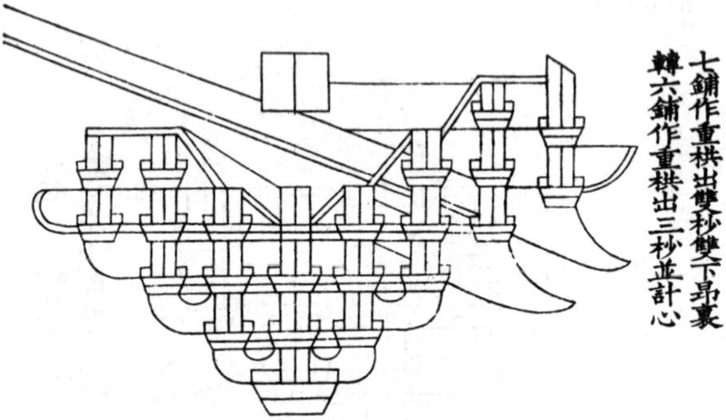

七鋪作重栱出雙杪雙下昂裏
轉六鋪作重栱出三杪並計心

图30-31　七铺作重栱出双杪双下昂，
里转六铺作重栱出三杪，并计心

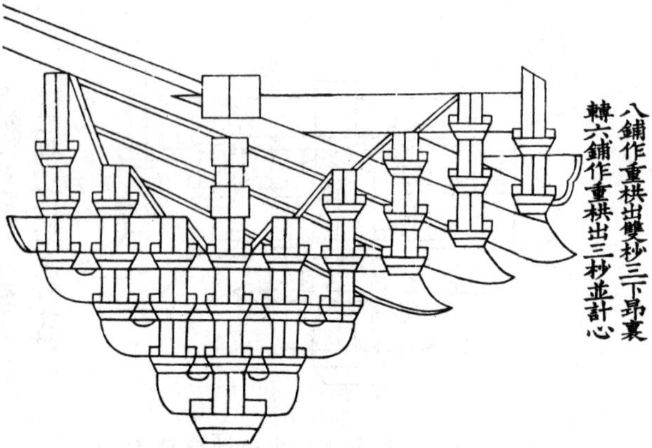

八鋪作重栱出雙杪三下昂裏
轉六鋪作重栱出三杪並計心

图30-32　八铺作重栱出双杪三下昂，
里转六铺作重栱出三杪，并计心

上昂侧样

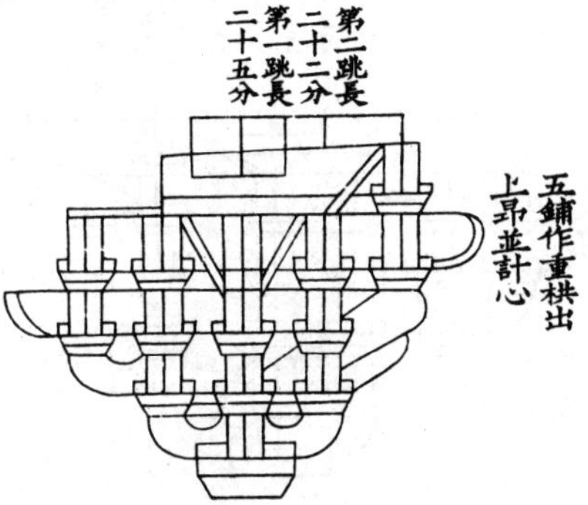

图30-33　五铺作重栱出上昂,并计心

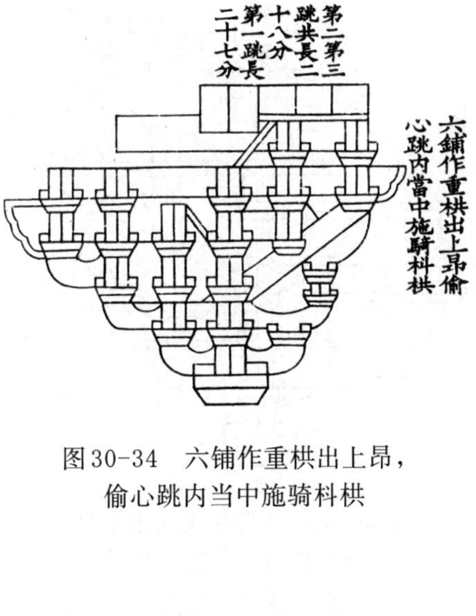

图30-34　六铺作重栱出上昂，
偷心跳内当中施骑枓栱

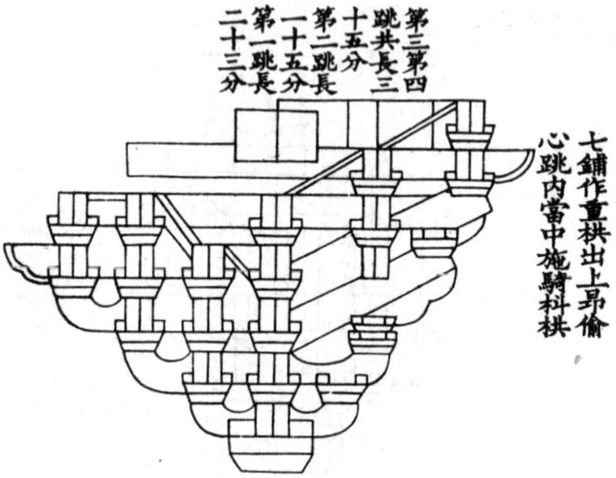

图30-35　七铺作重栱出上昂，
偷心跳内当中施骑枓栱

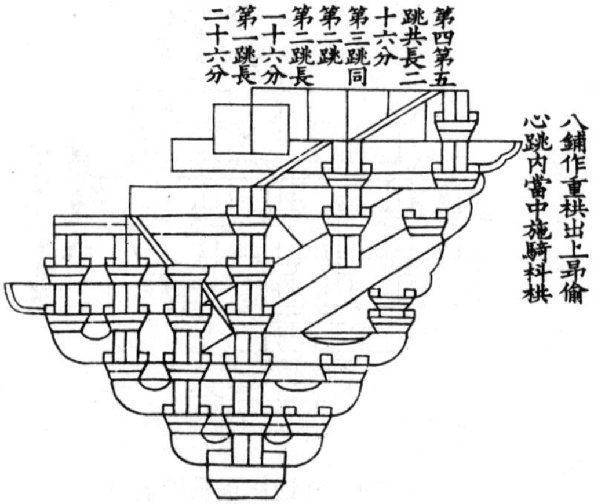

图30-36　八铺作重栱出上昂，
偷心跳内当中施骑枓栱

举折屋舍分数第四

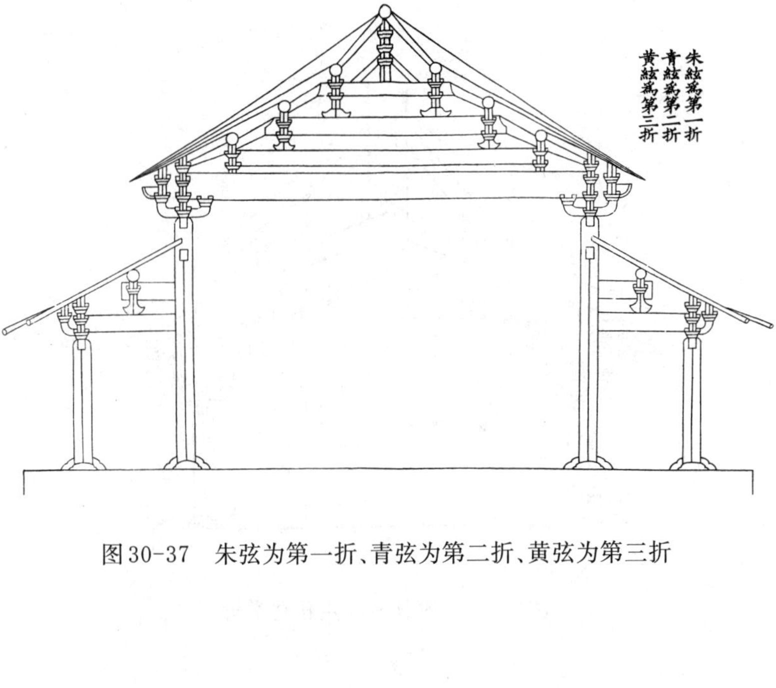

图30-37　朱弦为第一折、青弦为第二折、黄弦为第三折

亭榭鬬尖用瓪瓦舉折

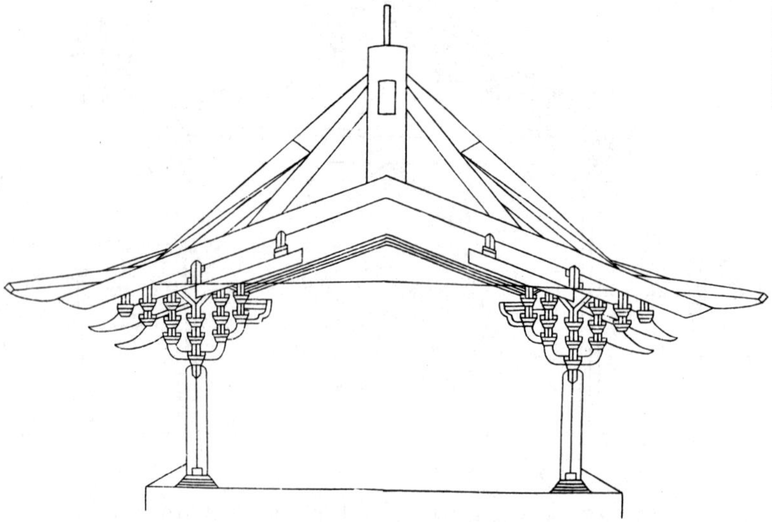

图30-38　亭榭斗尖用瓪瓦举折

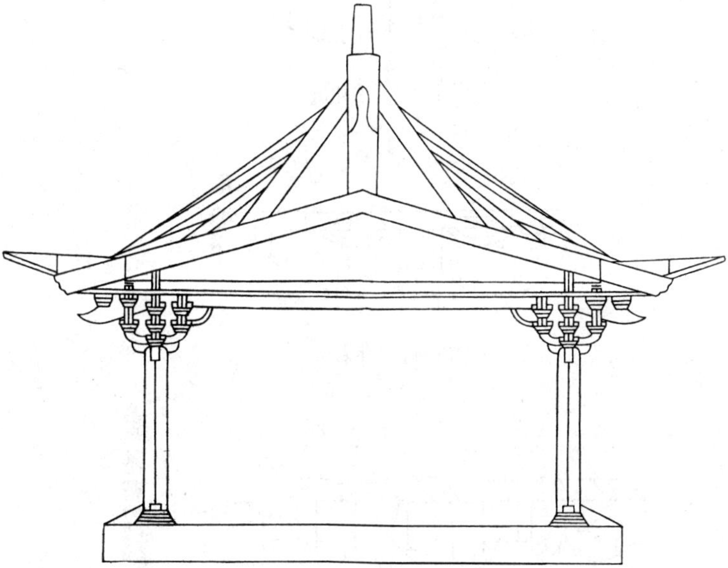

亭榭鬭尖用瓪瓦舉折

图30-39 亭榭斗尖用瓪瓦举折

绞割铺作栱昂枓等所用卯口第五

以五铺作名件卯口为法，其六铺作以上并随跳加长

图30-40 华栱足材

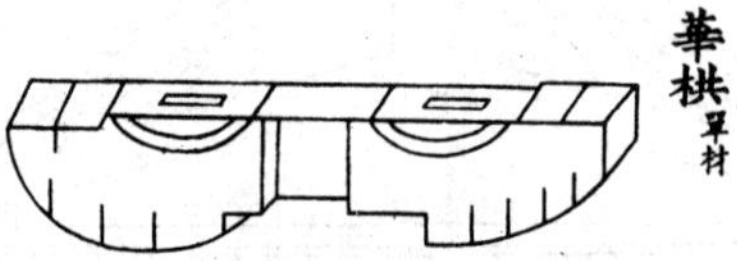

图30-41 华栱单材

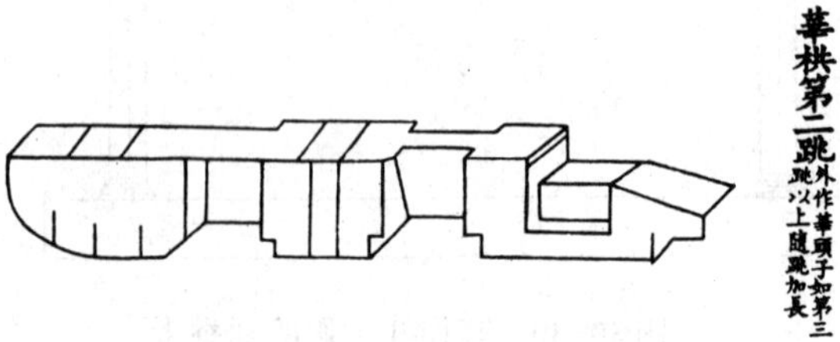

图30-42 华栱第二跳

外作华头子，如第三跳以上，随跳加长

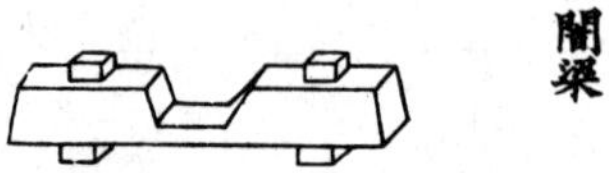

图30-43 闇梁（栔）

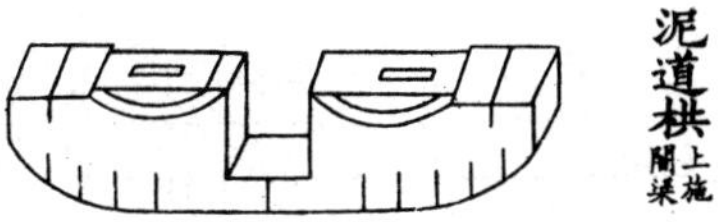

图30-44　泥道栱上施闸梁（栔）

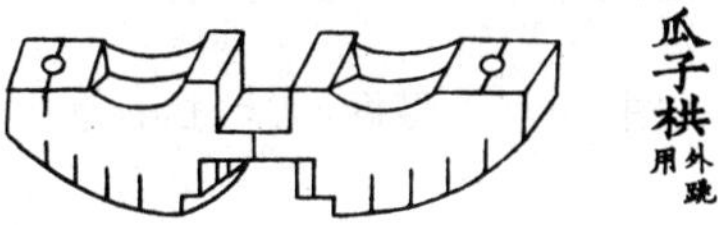

图30-45　瓜子栱外跳用

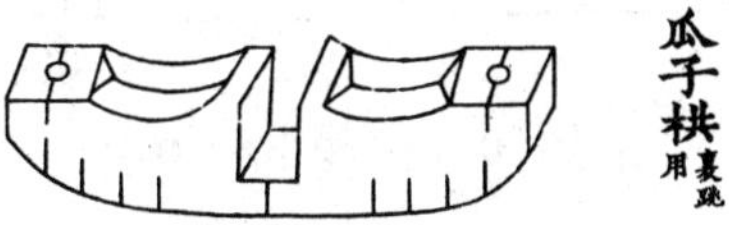

图30-46　瓜子栱里跳用

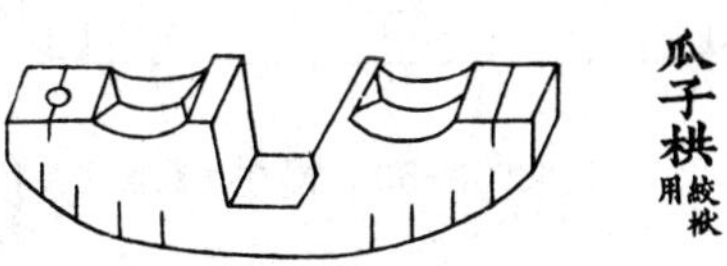

图30-47　瓜子栱绞栿用

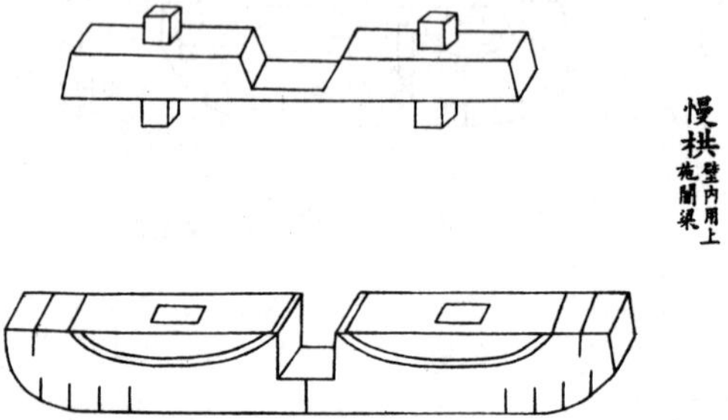

图30-48　慢栱壁内用，上施阑梁（栔）

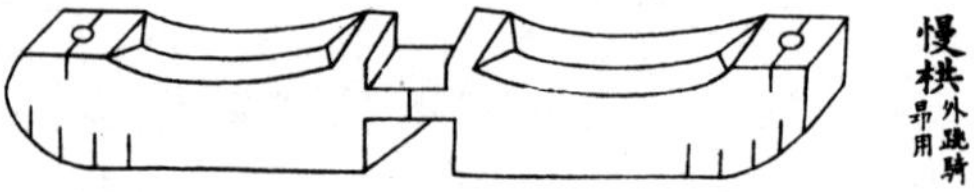

图30-49　慢栱外跳骑昂用

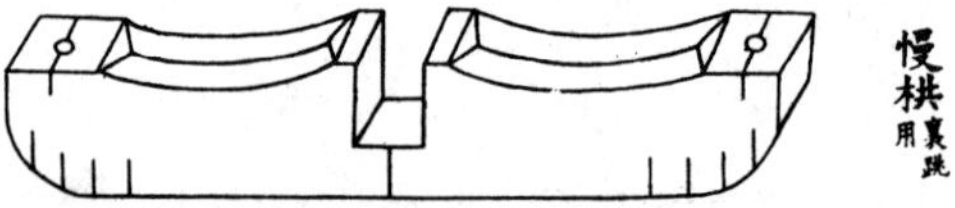

图30-50　慢栱里跳用

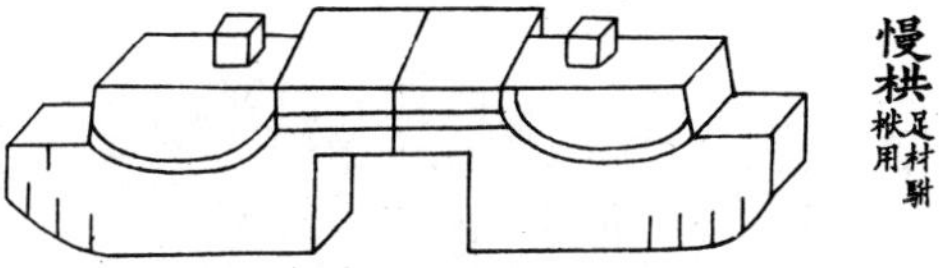

图30-51　慢栱足材骈（骑）栿用

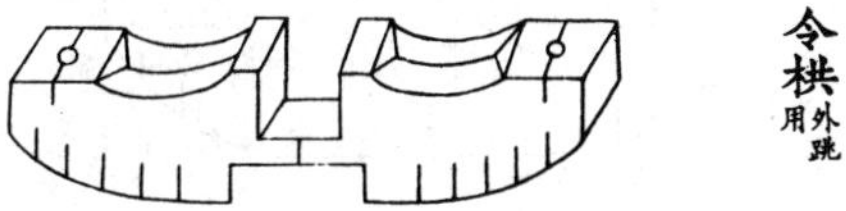

图30-52　令栱外跳用

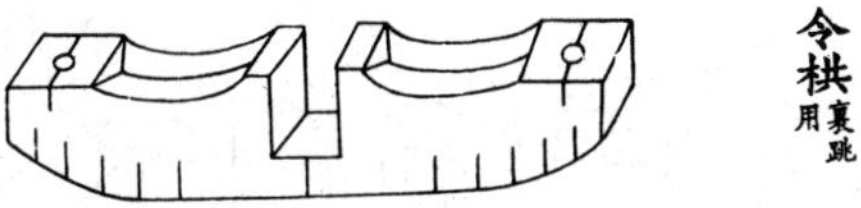

图30-53　令栱里跳用

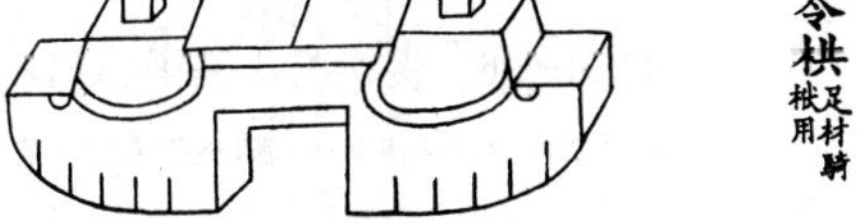

图30-54　令栱足材骑栿用

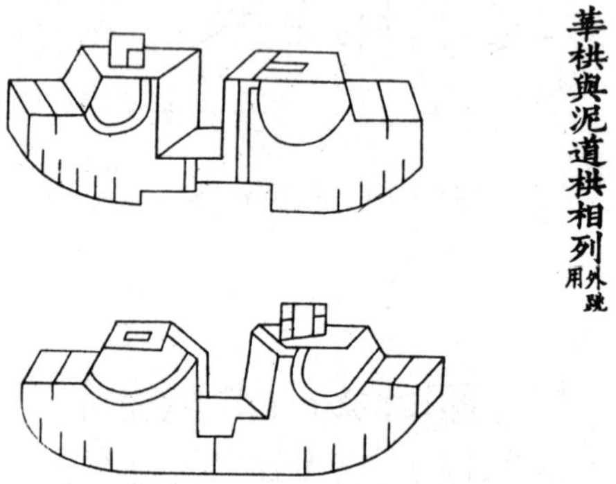

图30-55　华栱与泥道栱相列外跳用

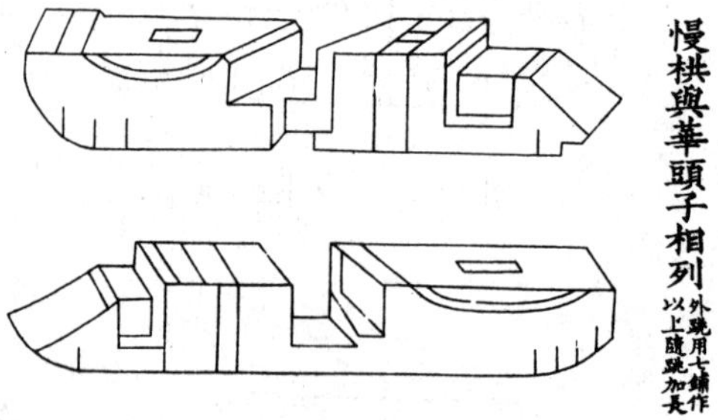

图30-56　慢栱与华头子相列

外跳用，七铺作以上随跳加长

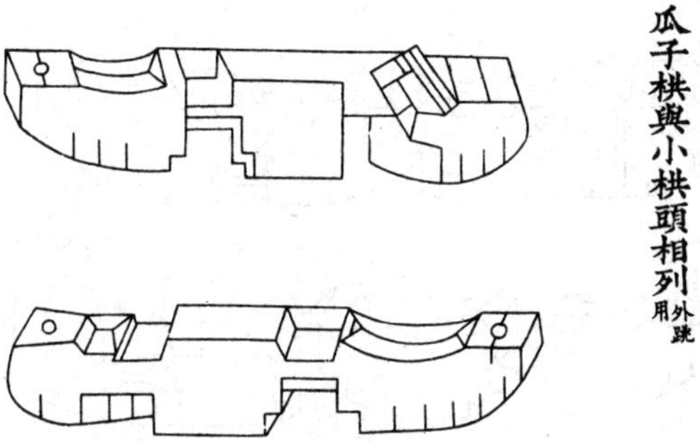

图30-57　瓜子栱与小栱头相列外跳用

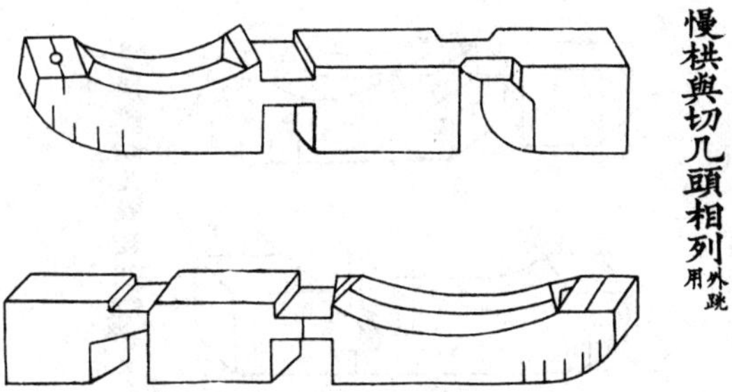

图30-58　慢栱与切几头相列外跳用

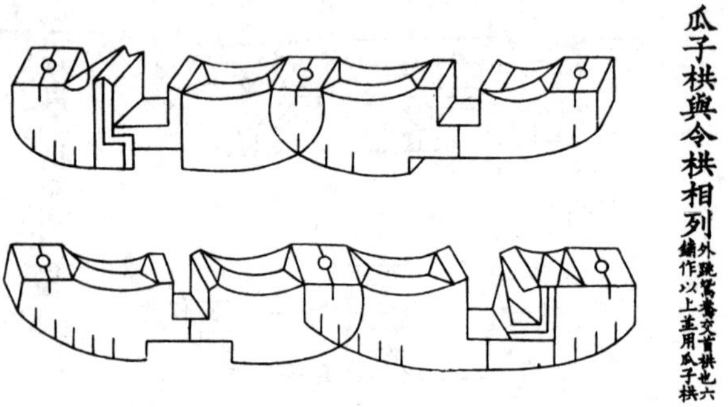

瓜子栱與令栱相列
外跳鴛鴦交首栱也六鋪作以上並用瓜子栱

图30-59　瓜子栱与令栱相列

外跳鸳鸯交首栱也，六铺作以上并用瓜子栱

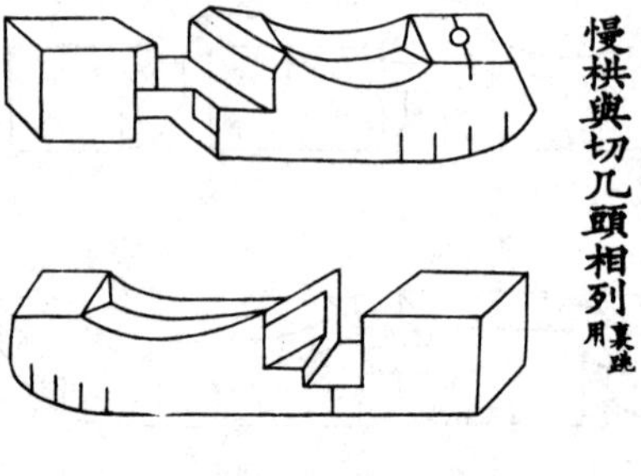

图30-60　慢栱与切几头相列里跳用

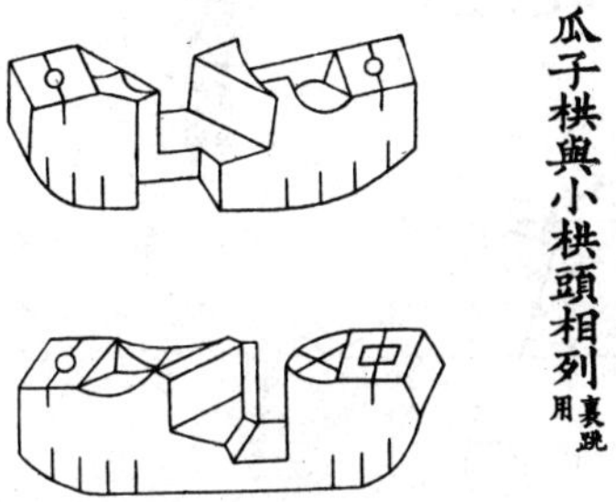

图30-61　瓜子栱与小栱头相列里跳用

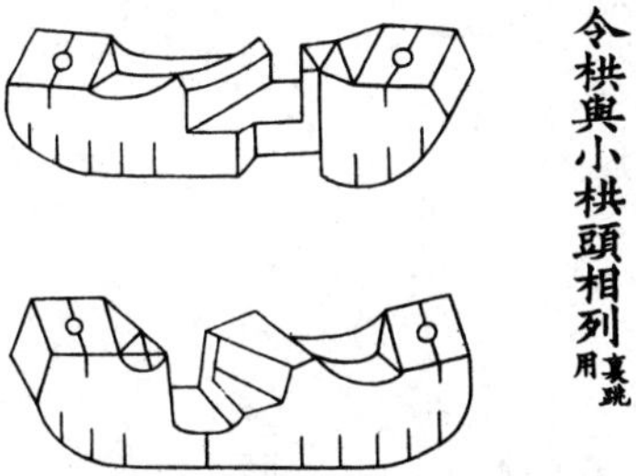

图30-62　令栱与小栱头相列里跳用

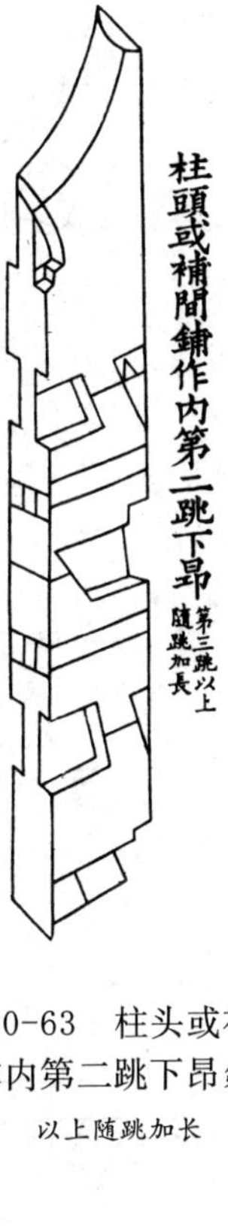

图30-63　柱头或补间铺作内第二跳下昂第三跳以上随跳加长

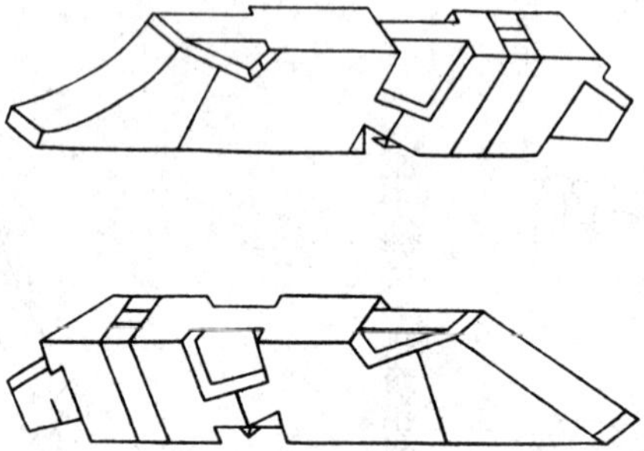

图30-64　合角下昂

角内用，六铺作以上随跳加长

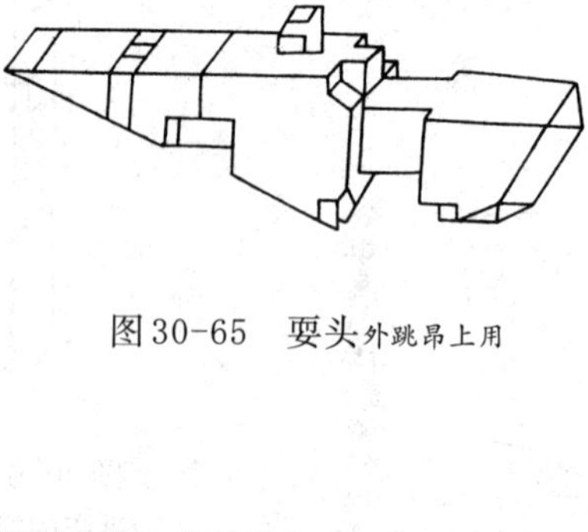

图30-65　耍头外跳昂上用

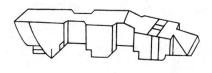

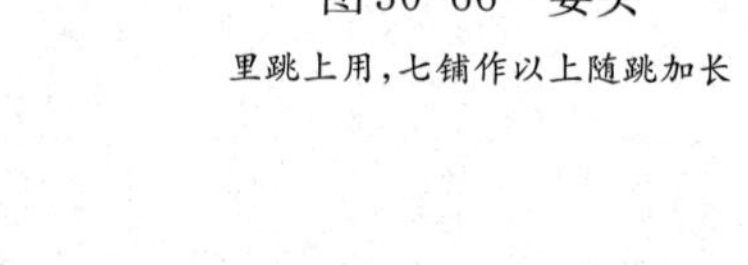

图30-66　耍头

里跳上用，七铺作以上随跳加长

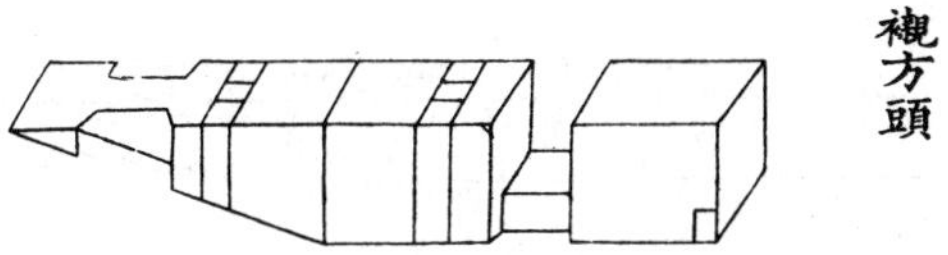

图30-67　衬方头

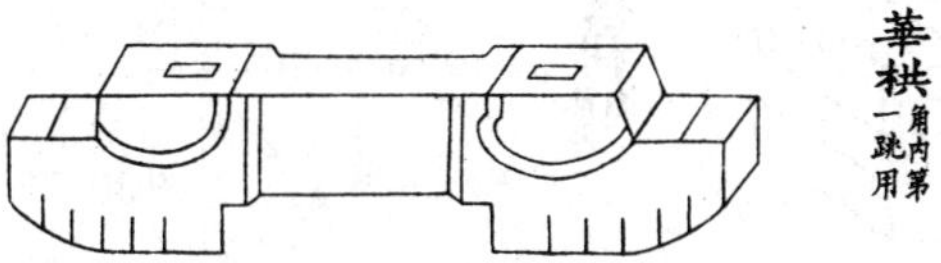

图30-68　华栱角内第一跳用

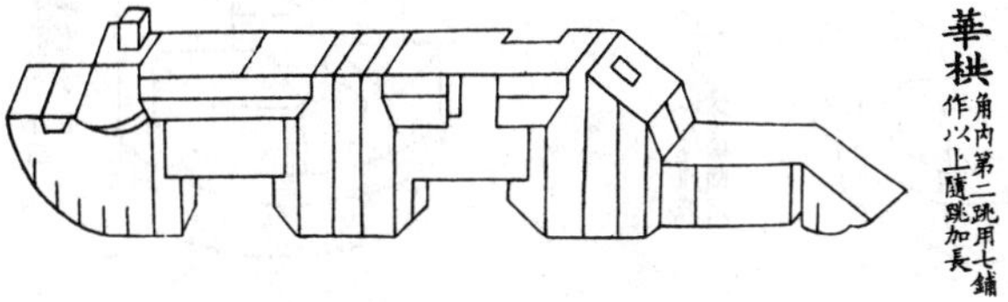

图30-69　华栱角内第二跳用，七铺作以上随跳加长

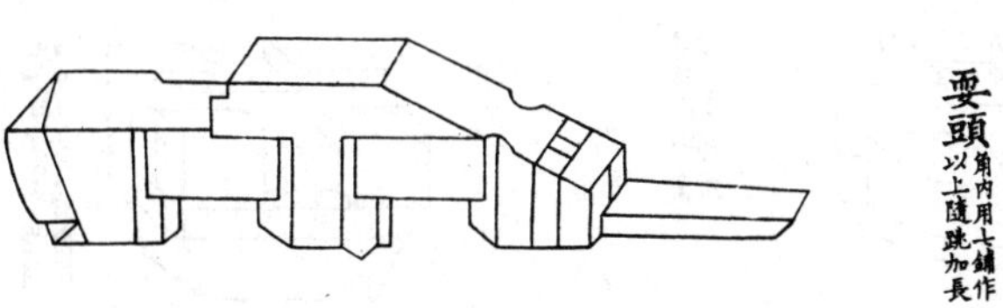

图30-70　耍头角内用，七铺作以上随跳加长

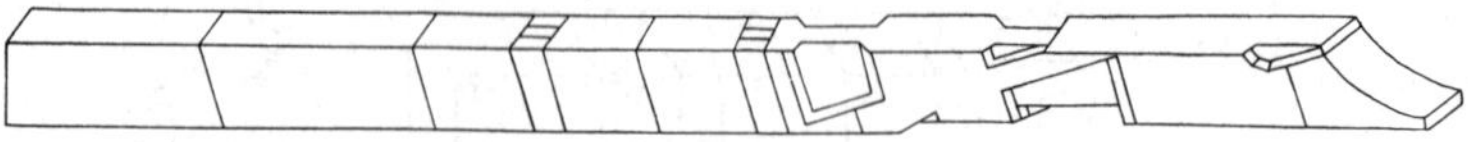

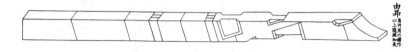

图30-71　由昂角内用，六铺作以上随跳加长

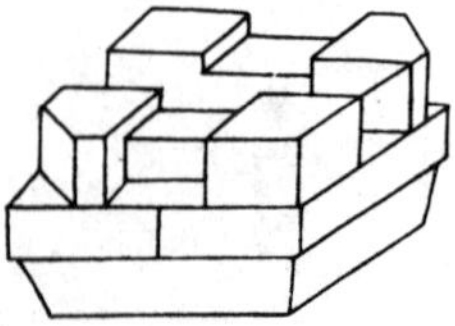

图30-72　方栌枓角内用

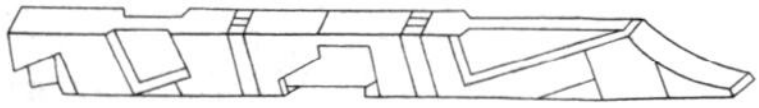

图30-75　下昂
角内用，六铺作以上同由昂

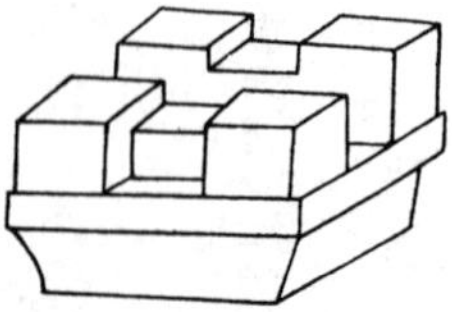

图30-73　方栌枓柱头或补间用

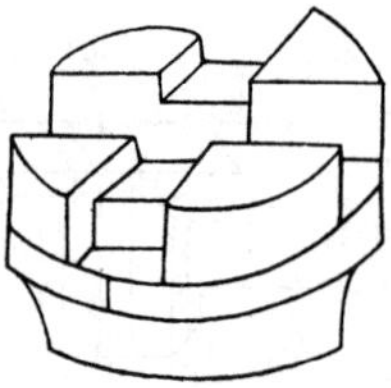

图30-76　圆栌枓柱头用

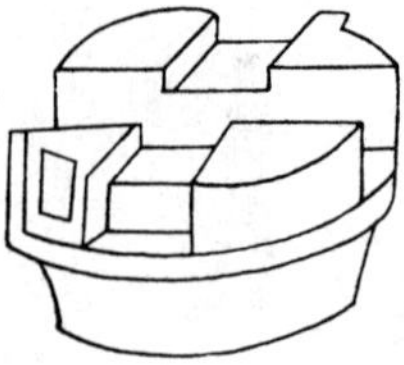

图30-74　圆栌枓角内用

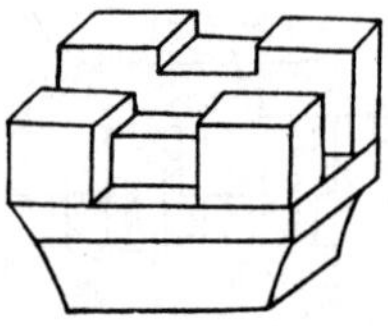

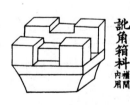

图30-77　讹角箱枓补间内用

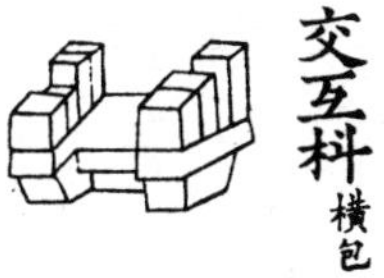

图30-78　交互枓

横包

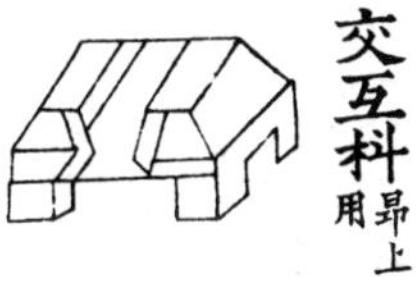

图30-79　交互枓

昂上用

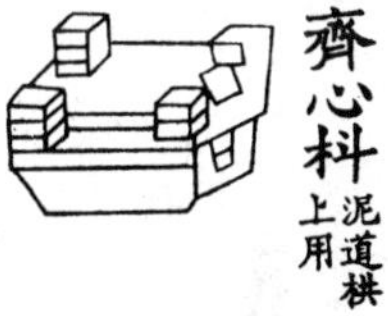

图30-80　齐心枓

泥道栱上用

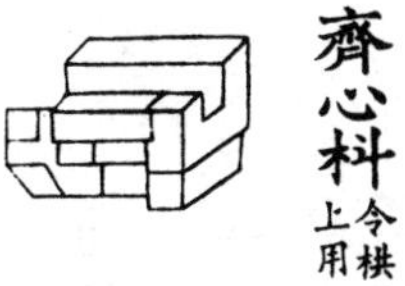

图30-81　齐心枓

令栱上用

图30-82　齐心枓

泥道栱上用

图30-83　平盘枓

昂上用

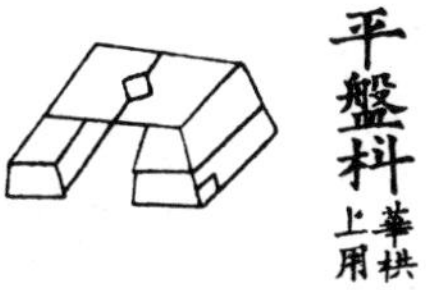

图30-84　平盘枓

华栱上用

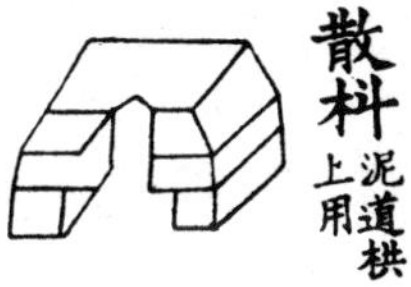

图30-85　散枓

泥道栱上用

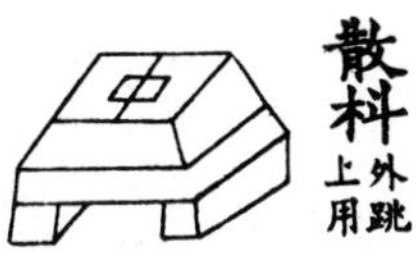

图30-86　散枓

外跳上用

梁额等卯口第六

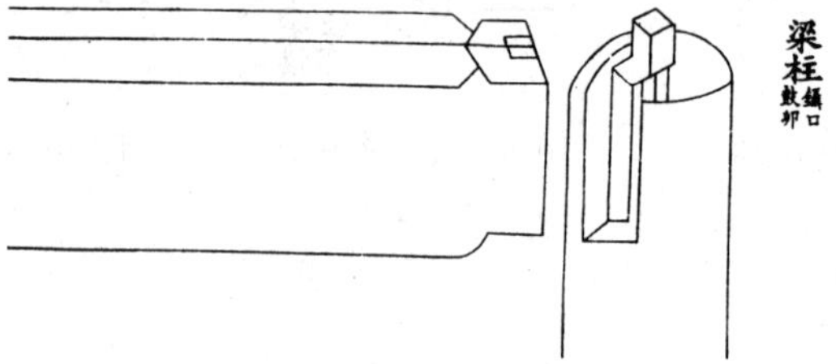

图30-87　梁柱镊口鼓卯

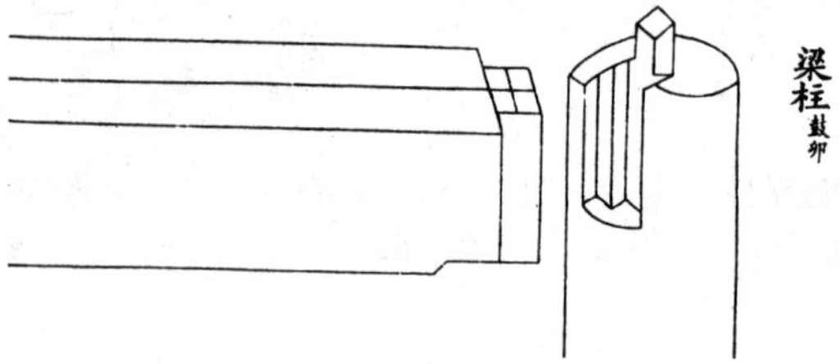

图30-88　梁柱鼓卯

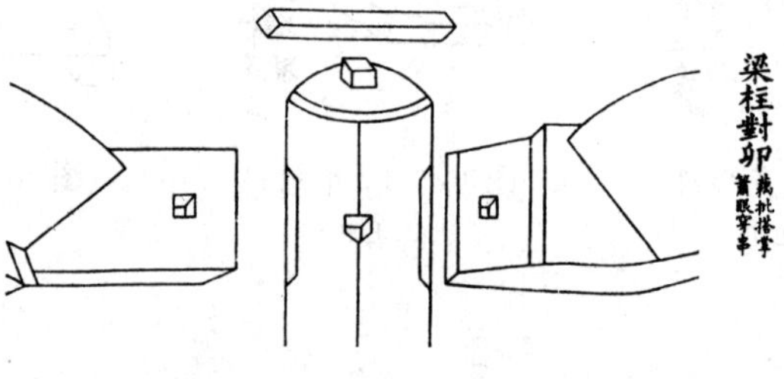

图30-89　梁柱对卯藕批搭掌、箫眼穿串

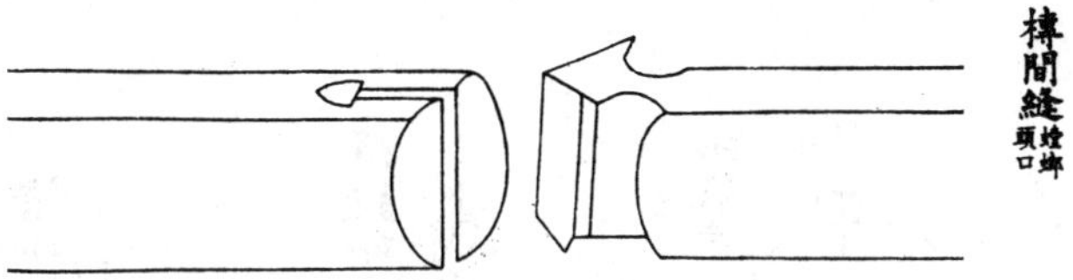

图30-90　榑间缝螳螂头口

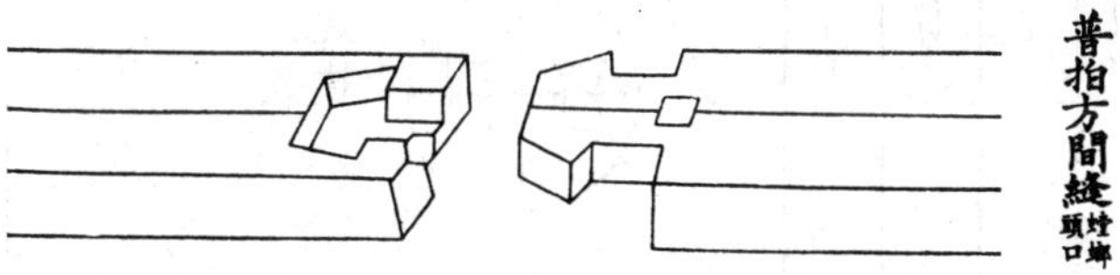

图30-91　普拍方间缝螳螂头口

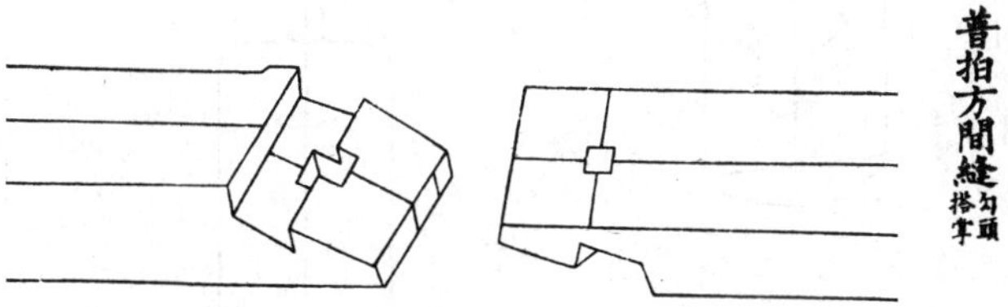

图30-92　普拍方间缝勾头搭掌

合柱鼓卯第七

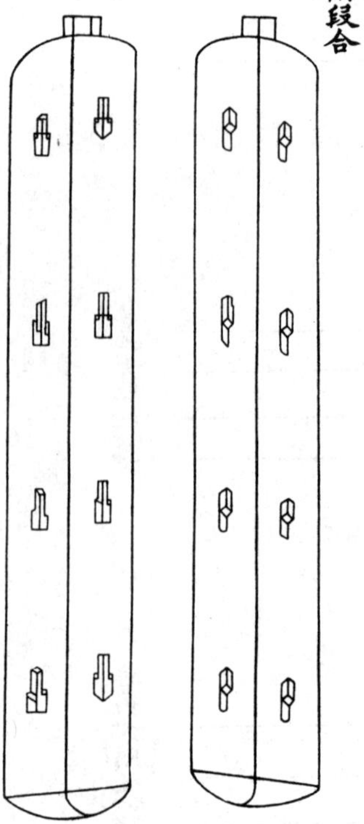

图 30-93　两段合

图 30-94
暗鼓卯

图 30-95
儹楔

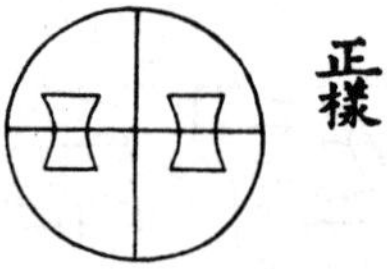

图 30-96　正样

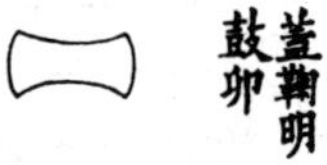

图 30-97　盖鞠明鼓卯

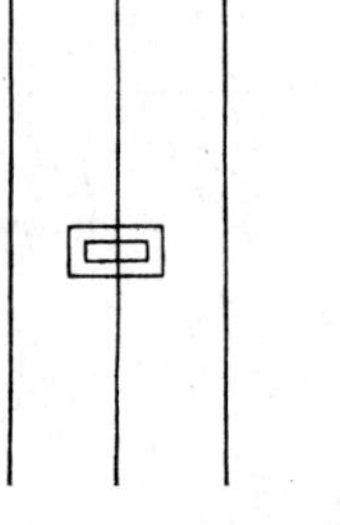

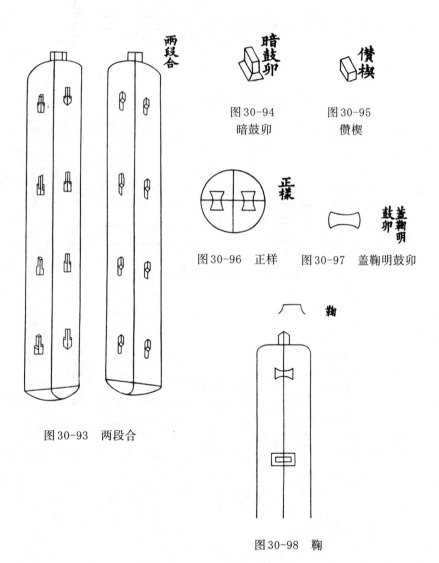

图 30-98　鞠

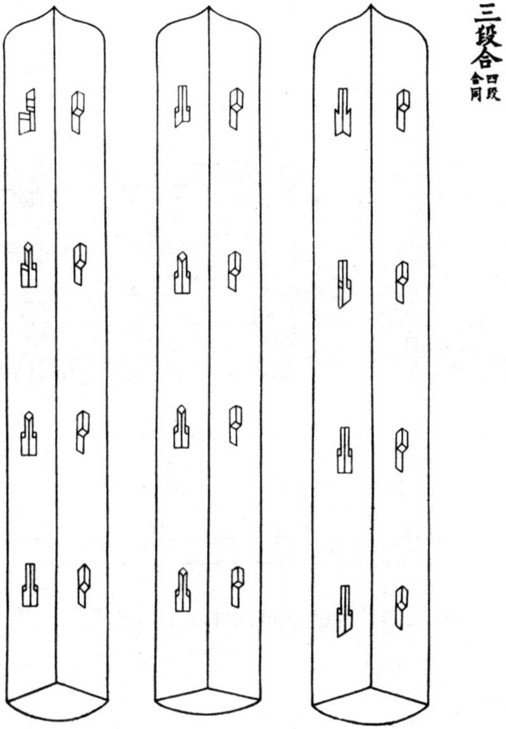

图30-99　三段合四段合同

槫缝襻间第八

图30-100　两材襻间、单材襻间、捧节令栱、实拍襻间

铺作转角正样第九

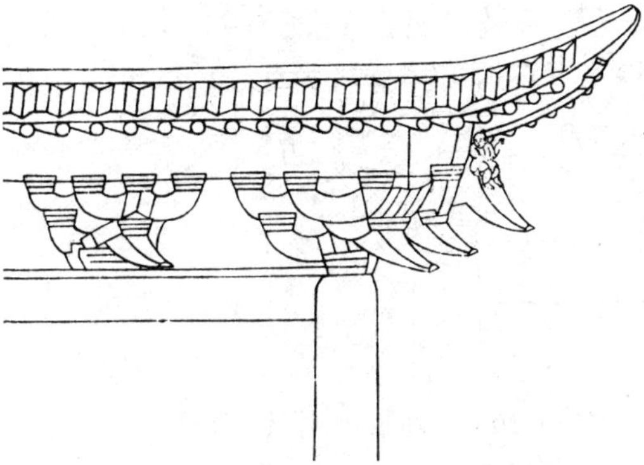

殿閣亭榭等轉角正樣四
鋪作壁内重栱插下昂

图30-101　殿阁亭榭等转角正样
四铺作壁内重栱插下昂

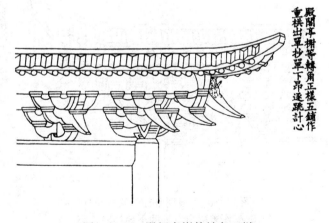

殿閣亭榭等轉角正樣五鋪作
重栱出單抄單下昂逐跳計心

图30-102　殿阁亭榭等转角正样
五铺作重栱出单杪单下昂逐跳计心

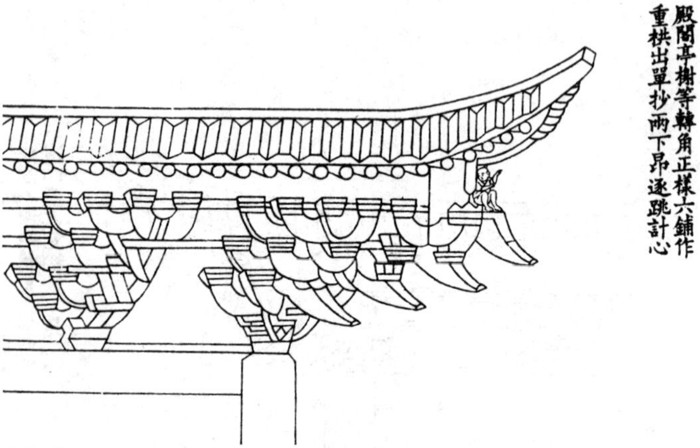

图30-103　殿阁亭榭等转角正样
六铺作重栱出单杪两下昂逐跳计心

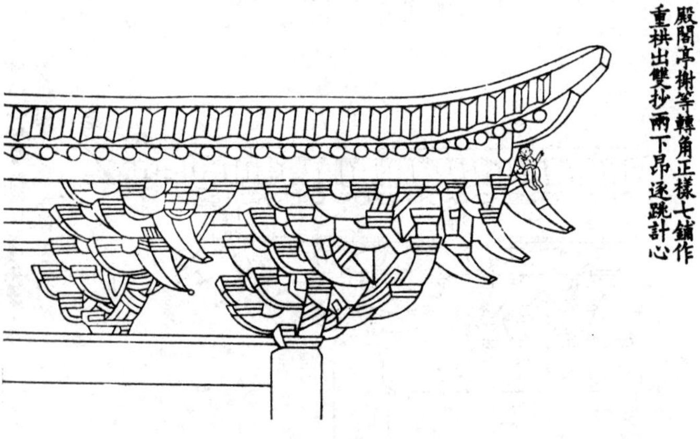

图30-104　殿阁亭榭等转角正样
七铺作重栱出双杪两下昂逐跳计心

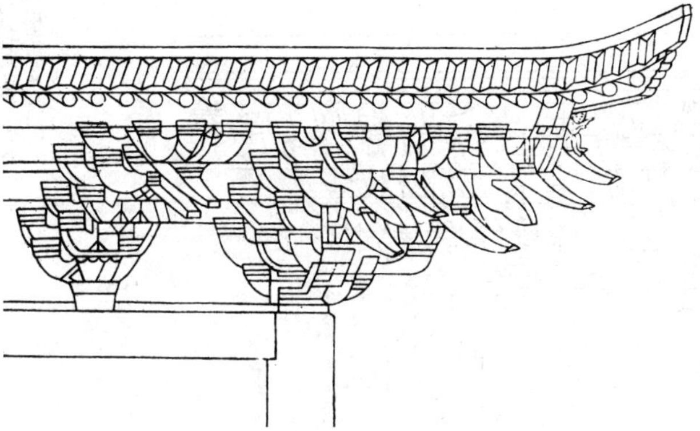

图30-105　殿阁亭榭等转角正样
八铺作重栱出双杪三下昂逐跳计心

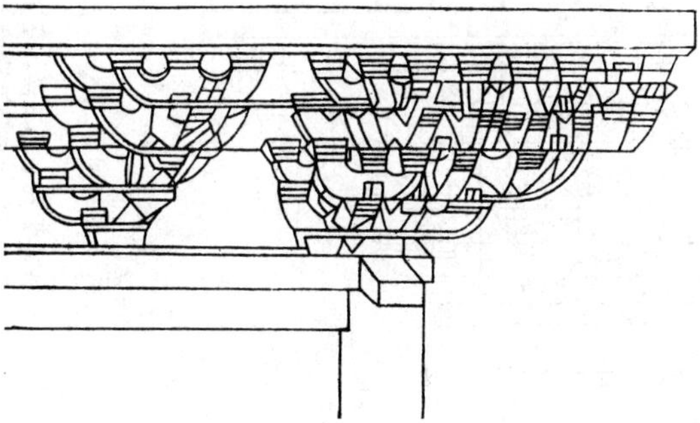

图30-106　楼阁平坐转角正样
六铺作重栱出卷头并计心

樓閣平坐轉角正樣七鋪作重栱出卷頭並計心

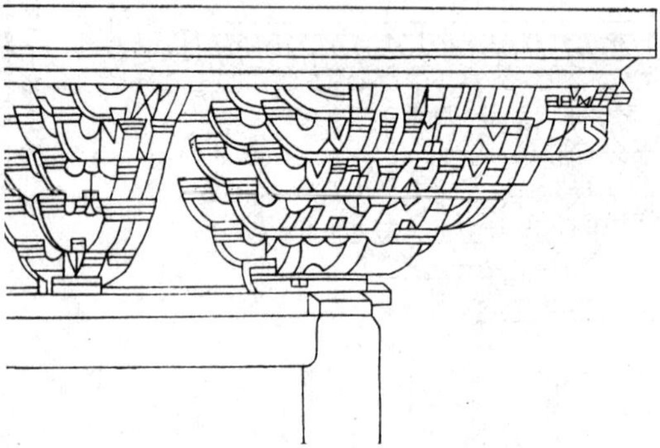

图30-107　楼阁平坐转角正样
七铺作重栱出卷头并计心

樓閣平坐轉角正樣七鋪作重栱出上昂偷心跳内當中施騎枓栱

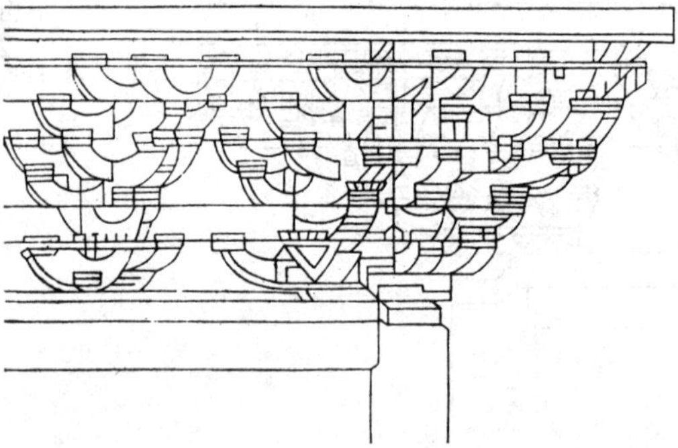

图30-108　楼阁平坐转角正样
七铺作重栱出上昂偷心跳内当中施骑枓栱

卷第三十附　大木作制度图样上

大木作制度图样上

栱枓等卷杀第一

梁柱等卷杀第二

下昂上昂出跳分数第三

举折屋舍分数第四举折今名步架举架

绞割铺作栱昂枓等所用卯口第五

梁额等卯口第六

合柱鼓卯第七

槫缝襻间第八

铺作转角正样第九

【题解】

朱启钤先生委托陶湘先生于1925年出版的陶版《法式》中，添加了两个《法式》原版中没有的部分，这两个部分与世传《法式》原书卷第三十与卷第三十一两卷图样的篇幅大体相同，且分别附在了原书卷第三十与卷第三十一之后。

这两部分附加的图样，是陶湘先生为了帮助读者理解《法式》大木作中所表述的内容，委托当时的清代官工匠师，参照《法式》文本与图样，按照自己的理解，重新绘制，并用红笔附加了详细的说明。如陶湘先生在他为陶本《法式》出版所撰“识语”中说的:“今北京宫殿建于明永乐年间,地为金元故址,而规模实宋代遗制。八百年来,工用相传,名式不无变更;稽诸会典事例,工部档案,均有源流可溯。惟图式缺如,无凭实验,爰倩京都承办官工之老匠师贺新赓等,就现今之图样,按法式第三十、三十一两卷大木作制度名目详绘,增坿并注今名于上,俾与原图对勘,觇其同异,观其会通,既可作依仿之模型,且以证名词之沿革。”

依陶先生所言,这两部分附加的图样,是参照清代工匠熟知的当时屋木营造做法,按照《法式》卷第三十与卷第三十一两卷大木作制度目录,重新详加绘制,并在其图上附以清代大木作制度的术语名称。他这样做似乎有两个目的:一是为了帮助读者初步了解《法式》大木作制度的内容,或借助清代大木结构术语,对宋式大木作制度有所了解;二是通过在图样的各部分附加清代木构建筑术语,或可帮助读者了解中国古代木构建筑各个不同组成部分名词术语随时代发生的变化沿革。

与《法式》卷第三十中的内容一样,卷第三十附中列出了与卷第四《大木作制度一》的内容大体相合的8个方面的图样,分别是:

1.栱枓等卷杀第一;

2.梁柱等卷杀第二;

3.下昂上昂出跳分数第三;

4.举折屋舍分数第四;

5.绞割铺作栱昂枓等所用卯口第五;

6.梁额等卯口第六;

7.合柱鼓卯第七;

8.铺作转角正样第九。

这些标题,与《法式》卷第三十的图录几乎一致,其中所附图样,除了个别不同之外,也几乎是与《法式》卷第三十所附图样一一对应的,在画法上,也有诸多相似之处。依笔者的理解,陶先生所请的匠师,是希望依据他所了解的清式建筑各部件的做法与形式,再现《法式》卷第三十所给出的那些大木作构件图样及其构造与做法，并附以相应的清代建筑术语，这在当时显然也是帮助读者理解宋代大木作制度诸名件、构造及其做法的唯一有效途径。无论如何，陶先生邀请清代官工匠师所特别附加的这些图，应该可以被理解为是20世纪的中国人，对宋《营造法式》这部千年古籍中所内涵奥秘的最初探索。

栱料等卷杀第一

科科相传规矩，以料口尺寸为定论。如料口即栱昂中之口。一寸，应定瓜栱长六寸二分，万栱应长九寸二分，厢栱应长七寸二分。此三种栱子用于柱外，为外拽单彩（踩）瓜栱、外拽单彩（踩）万栱、外拽厢栱，此不称单彩（踩）者，仅此一种，无他分别，只分里外。俱以料口二份定高。单彩（踩）者，应除去一升，底六分，应定高一寸四分，以料口一份，定厚一寸。

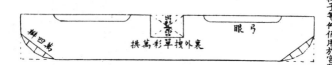

栱斗等卷殺第一

斗科相傳規矩以斗口尺寸爲定論如斗口即栱昂中之口一寸應定瓜拱長六寸二分萬拱應長九寸二分廂拱應長七寸二分此三種拱子用於柱外爲外拽單彩瓜拱外拽單彩萬拱外拽廂拱此不稱單彩者僅此一種無他分別只分裏外俱以斗口二份定高單彩者應除去一升底六分應定高一寸四分以斗口一份定厚一寸〇柱內裏拽單彩各拱子相同外拽尺寸〇正心瓜拱正心萬拱在柱中者長同單彩惟按二斗口定高二寸以斗口一寸應加三分定厚一寸三分〇此五種拱子勿論三彩五彩起至十一彩止僅用此五種拱子而已惟分別裏外拽頭層二層名稱庶免相混以上拱子等件係用於宮殿正面〇柱中心正身上之側面斗科統謂之出彩料件〇坐斗以斗口二份定高二寸以三份定長三寸以斗口一寸加三分定進深一寸三分〇出彩頭二層上下翹頭出彩頭二層上下昂及耍頭撑頭俱以斗口二份定高二寸以斗口一份定厚一寸槽桁椀定長厚同出彩料高以舉架定之說見後出彩各料以幾彩幾拽架定長〇拽架以斗口一寸三份定之每拽架應寬三寸〇螞蚱頭六分頭蘇葉頭等以一拽架定長〇正心枋同正心拱子裏外拽枋同單彩拱子定高厚以面闊定長〇瓜三萬四廂五言之以分定拱灣之瓣也起二回三搭拉十而定昂嘴之斜垂也以升腰二份三份定之餘仿此

图30附-1　里外厢栱

图30附-2　里外拽单彩万栱

图30附-3　里外拽单彩瓜栱

柱内里拽单彩(跴)各栱子相同外拽尺寸。

正心瓜栱、正心万栱,在柱中者。长同单彩(跴),惟按二料口定高二寸,以料口一寸应加三分定厚一寸三分。

此五种栱子,勿论三彩(跴)、五彩(跴)起,至十一彩(跴)止,仅用此五种栱子而已,惟分别里外拽,头层、二层名称,庶免相混。以上栱子等件系用于宫殿正面。

柱中心正身上之侧面料科,统谓之出彩(跴)料件。

坐料,以料口二份定高二寸,以三份定长三寸,以料口一寸加三分定进深一寸三分。

出彩(跴)头二层上下翘头,出彩(跴)头二层上下昂及耍头、撑头,俱以料口二份定高二寸,以料口一份定厚一寸。槽桁椀定长厚同出彩(跴)料,高以举架定之。说见后。出彩(跴)各料,以几彩(跴)几拽架定长。

拽架以料口一寸三份定之,每拽架应宽三寸。

蚂蚱头、六分头、麻叶头等,以一拽架定长。

正心枋同正心栱子,里外拽枋同单彩(跴)栱子定高厚,以面阔定长。

瓜三、万四、厢五言之,以分定栱湾之瓣也,起二回三搭拉十而定昂嘴之斜垂也,以升腰二份三份定之。余仿此。

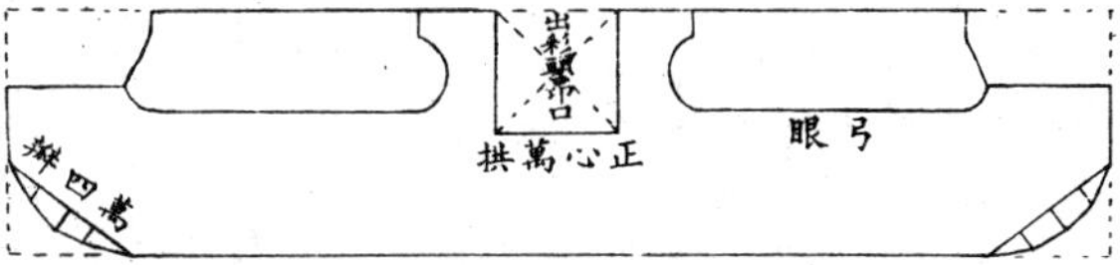

图30附-4　正心万栱

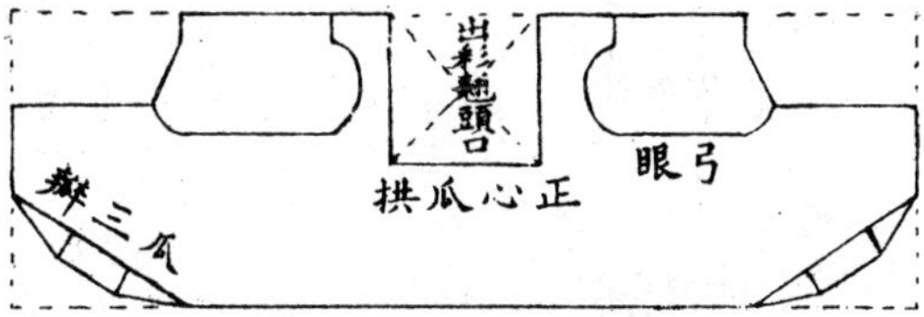

图30附-5　正心瓜栱

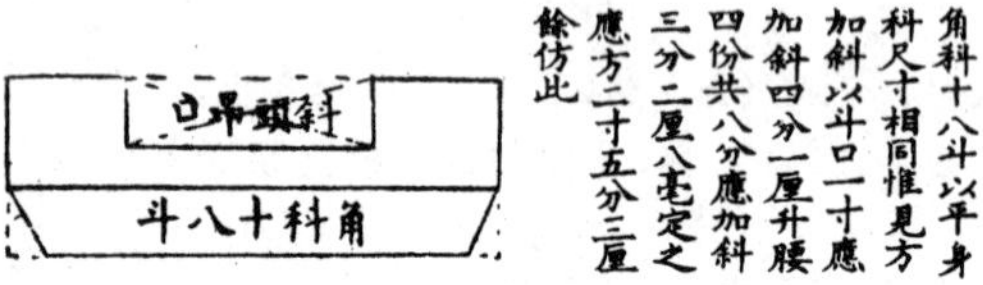

图30附-6　角科十八枓　角科十八枓以平身科尺寸相同，惟见方加斜，以枓口一寸应加斜四分一厘，升腰四份，共八分，应加斜三分二厘八毫定之，应方二寸五分三厘。余仿此。

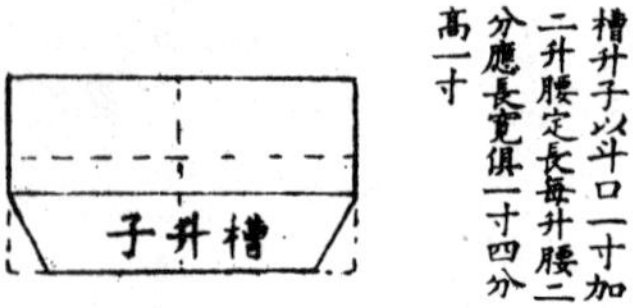

图30附-7　槽升子　槽升子，以枓口一寸加二升腰定长，每升腰二分，应长宽俱一寸四分，高一寸。

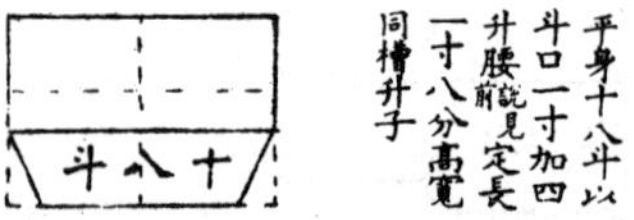

图30附-8　十八枓　平身十八枓，以枓口一寸加四升腰说见前。定长一寸八分，高宽同槽升子。

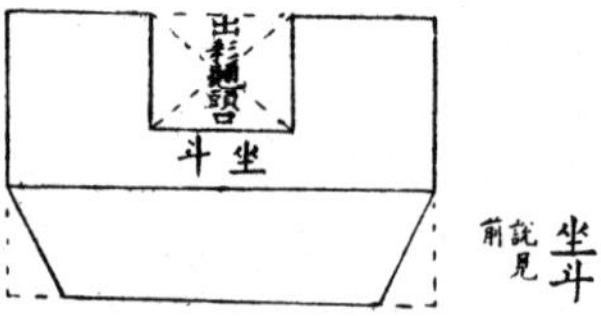

图30附-9　坐枓

坐枓说见前。

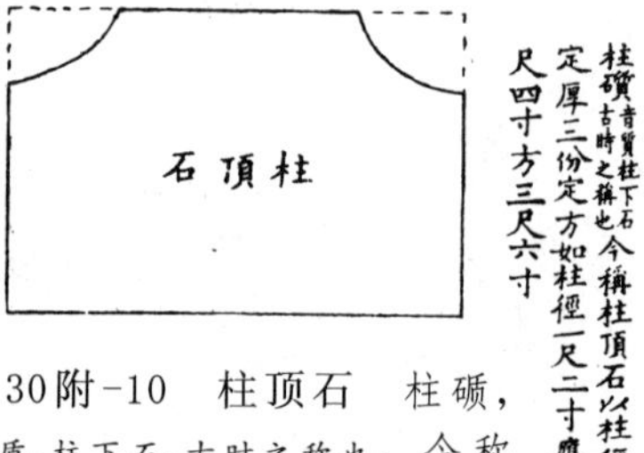

图30附-10　柱顶石　柱礩，音质，柱下石，古时之称也。今称“柱顶石”。以柱径二份定厚、三份定方，如柱径一尺二寸，应厚二尺四寸，方三尺六寸。

耍頭上下昂及六分頭以出彩料拽架定說見前〇替木頭以柱內卯榫定之如卯寬三寸卯即柱中之眼勿論已透未透皆謂之卯應厚二寸九分稍減小以便穿入也以口二份定高六寸兩頭用釘向上釘之〇三岔頭大者用於箍頭枋以枋至角柱上頂卯榫十字通出頭仍同枋身大小相同者謂大三岔頭枋身以柱徑定之如柱徑八寸即寬八寸每尺收三寸定厚五寸五分〇小者由柱卯內穿出向外露之榫說見前用此謂之小三岔頭餘仿此

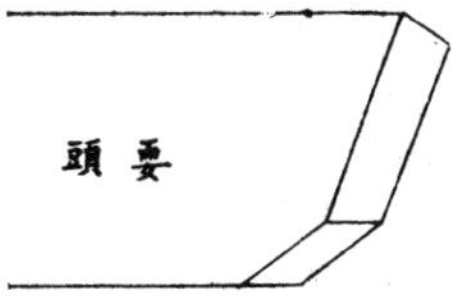

图30附-11　耍头　耍头，上下昂及六分头以出彩料拽架定。说见前。

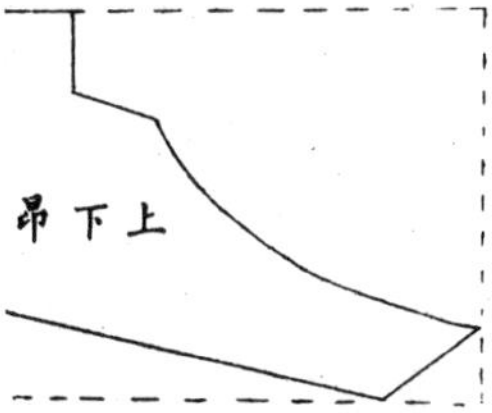

图30附-12　上下昂

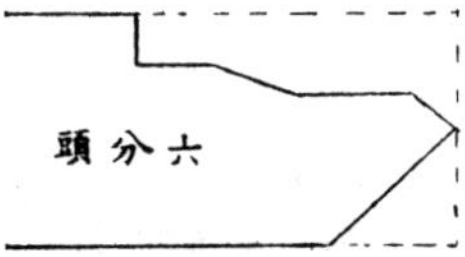

图30附-13　六分头

图30附-14　替木头　替木头，以柱内卯榫定之。如卯宽三寸，卯即柱中之眼，勿论已透未透，皆谓之“卯”。应厚二寸九分，稍减小以便穿入也。以口二份定高六寸。两头用钉向上钉之。

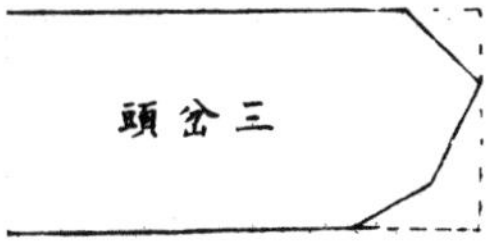

图30附-15　三岔头　三岔头，大者用于箍头枋。以枋至角柱上顶卯榫十字通出头，仍同枋身大小相同者，谓“大三岔头”。枋身以柱径定之，如柱径八寸即宽八寸，每尺收三寸，定厚五寸五分。

小者由柱卯内穿出向外露之榫，说见前。用此谓之“小三岔头”。余仿此。

梁柱等卷杀第二

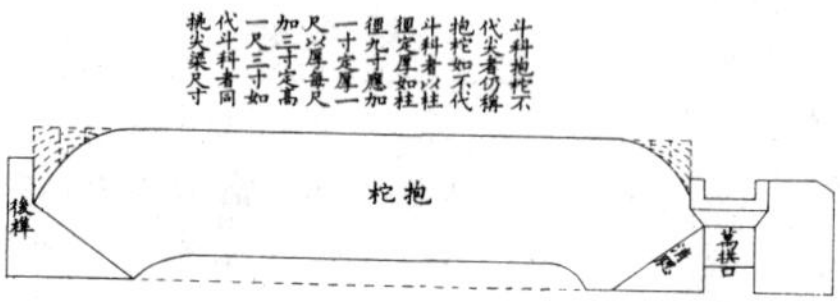

图30附-16　**抱柁**　枓科抱柁不代（带）尖者，仍称“抱柁”。如不代（带）枓科者，以柱径定厚。如柱径九寸应加一寸定厚一尺，以厚每尺加三寸，定高一尺三寸。如代（带）枓科者，同挑尖梁尺寸。

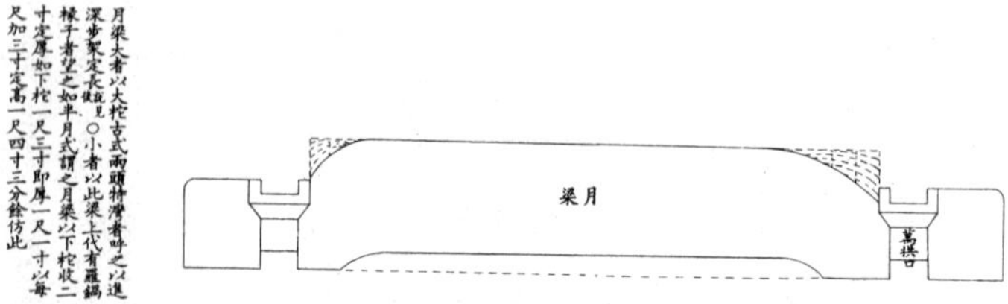

图30附-17　**月梁**　月梁大者，以大柁古式两头特湾者呼之，以进深步架定长。说见后。

小者，以此梁上代（带）有罗锅椽子者望之，如半月式，谓之“月梁”。以下柁收二寸定厚，如下柁一尺三寸，即厚一尺一寸。以每尺加三寸，定高一尺四寸三分。余仿此。

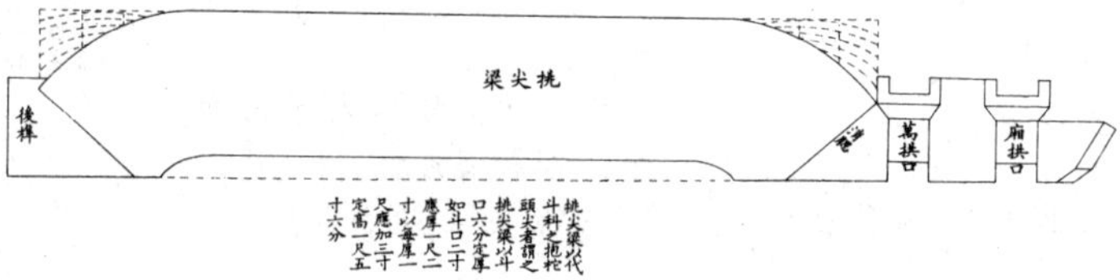

图30附-18　**挑尖梁**　挑尖梁，以代（带）枓科之抱柁头尖者，谓之“挑尖梁”。以枓口六分定厚，如枓口二寸应厚一尺二寸。以每厚一尺应加三寸，定高一尺五寸六分。

额枋并柱样

额枋，以枓口六份定高。如枓三寸，应高一尺八寸。以每尺减三寸定厚，应厚一尺二寸六分。

卯榫，以每枋一尺十分之三定厚，应厚五寸四分，高同枋身尺寸。余仿此。

額枋并柱樣

額枋以斗口六份定高如斗三寸應高一尺八寸以每尺減三寸定厚應厚一尺二寸六分○卯榫以每枋一尺十分之三定厚應厚五寸四分高同枋身尺寸餘倣此

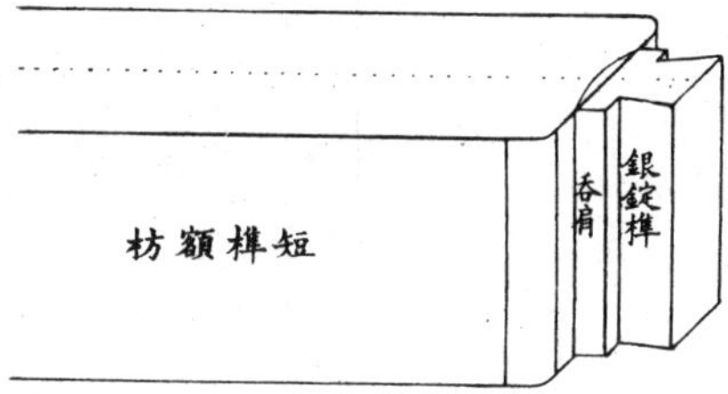

图30附-19　短榫额枋

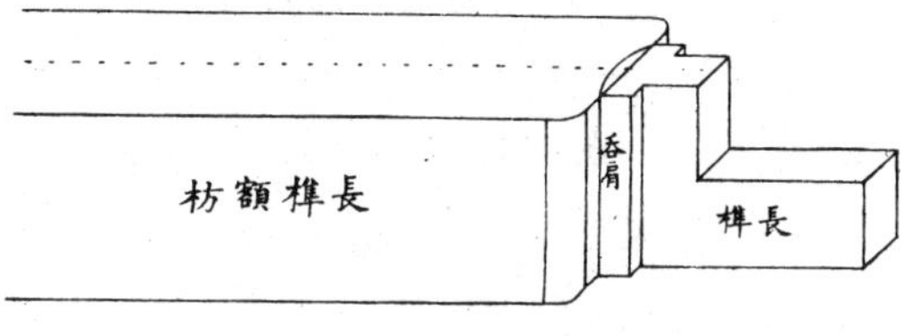

图30附-20　长榫额枋

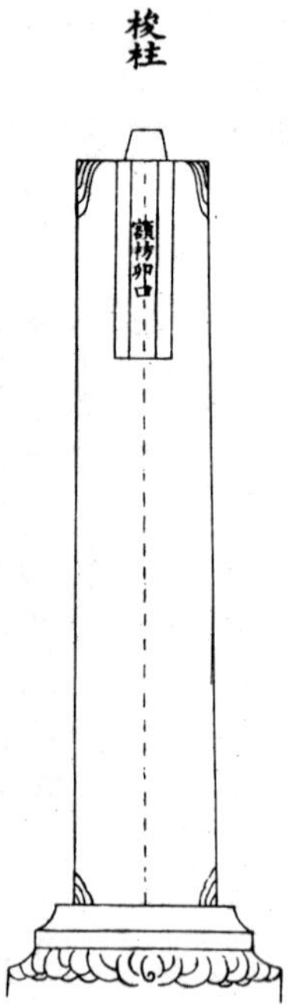
梭柱
額枋卯口

图30附-21　梭柱

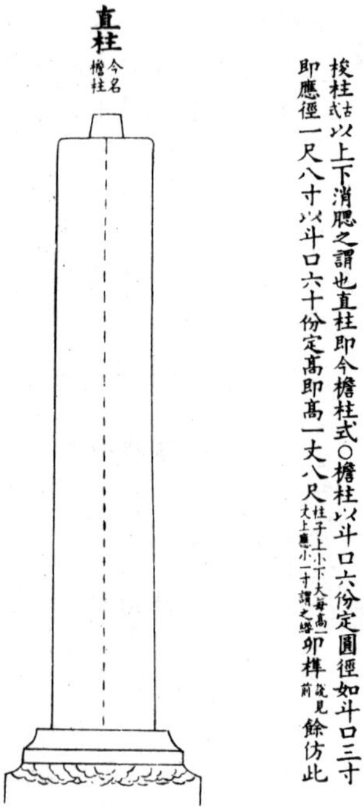
直柱
今名檐柱
梭柱古式以上下消腮之謂也直柱即今檐柱式○檐柱以斗口六份定圓徑如斗口三寸
即應徑一尺八寸以斗口六十份定高即高一丈八尺柱子上小下大每高一丈上應小一寸謂之𦈏卯榫說見前餘仿此

图30附-22　直柱今名“檐柱”

梭柱，古式。以上下消腮之谓也。直柱即今檐柱式。

檐柱，以枓口六份定圆径。如枓口三寸，即应径一尺八寸。以枓口六十份定高，即高一丈八尺。柱子上小下大，每高一丈，上应小一寸，谓之“𦈏”。卯榫说见前。余仿此。

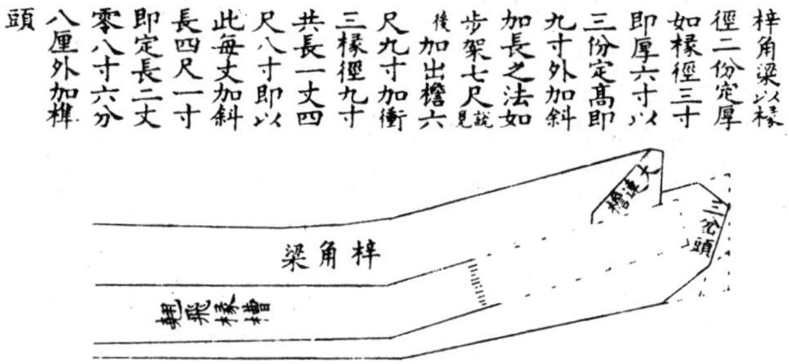
梓角梁以椽
徑二份定厚
如椽徑三寸
即厚六寸以
三份定高即
九寸外加斜
加長之法如
步架七尺見說
後加出檐六
尺九寸加衝
三椽徑九寸
共長一丈四
尺八寸即以
此每丈加斜
長四尺一寸
即定長二丈
零八寸六分
八厘外加榫
頭
梓角梁
檐椽飛翹

图30附-23　梓（子）角梁　梓（子）角梁以椽径二份定厚。如椽径三寸，即厚六寸。以三份定高，即九寸外加斜加长之法。如步架七尺，说见后。加出檐六尺九寸，加冲三椽径九寸，共长一丈四尺八寸，即以此每丈加斜长四尺一寸，即定长二丈零八寸六分八厘，外加榫头。

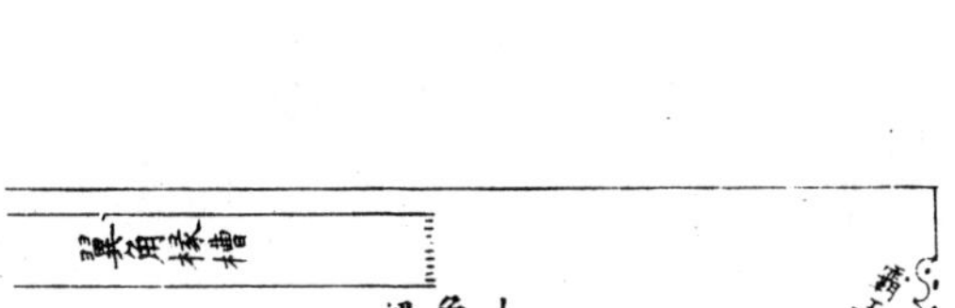
大角梁高厚同梓角梁定長應退減一翹飛椽頭斜長三尺二寸四分三厘再
退減二斜椽徑八寸四分六厘共斜長一丈六尺七寸七分九厘外加後榫
大角梁
檐椽角翹

图30附-24　大角梁　大角梁高厚同梓（子）角梁。定长应退减一翘，飞椽头斜长三尺二寸四分三厘，再退减二斜椽径八寸四分六厘，共斜长一丈六尺七寸七分九厘，外加后榫。

檐头博缝，以步架出檐加举说见后。定长。如步架五尺，出檐三尺六寸，外加头当一檐径二寸五分，共通长八尺八寸五分；再加举长，以每尺加长二寸，统长一丈零六寸二分。以七椽径定宽，应宽一尺七寸五分。以一椽径定厚，即厚二寸五分。蝉肚头斜一半，分七份凸凹圆式为之。博缝内定標中立正之线法，以博缝宽定標中斜线。如五举每尺斜五寸，六举每尺斜六寸。将博缝立起时，標中上下即正楷头绰幕，音昌奇切，楷音搭。即今齐头博缝同檐头博缝。余仿此。

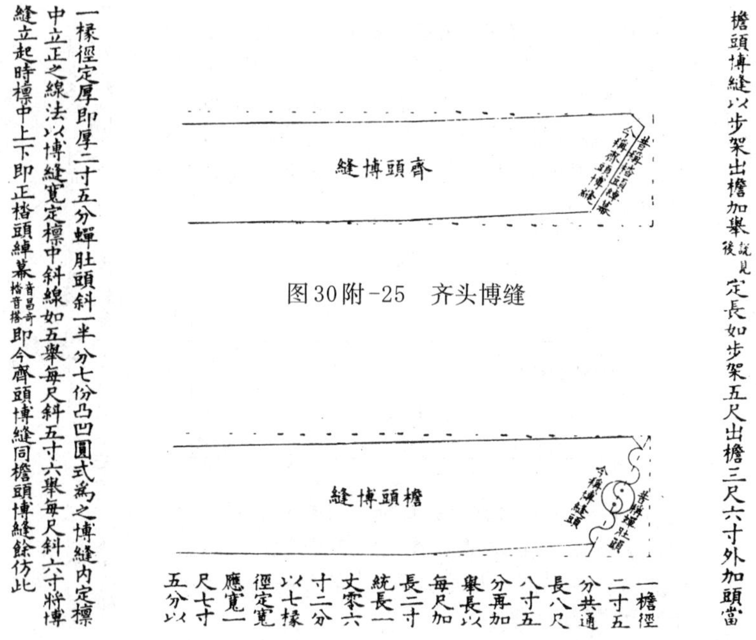

图30附-25　齐头博缝

图30附-26　檐头博缝

柁墩角背，昔称“驼峰”。以举架定高说见后。如举高二尺，刨去上平水五寸、下柁背三寸五分，应定高一尺一寸五分。以一步架定长说见后，如步架二尺五寸五分，即定长二尺五寸五分。以柁厚一尺，每尺收三寸定厚，即厚七寸。

瓜柱角背，除长同柁墩角背，以瓜柱二份定高。如瓜柱高一尺六寸五分，应高一尺一寸。以瓜柱径九寸、以径三分之一定厚，即厚三寸。余仿此。

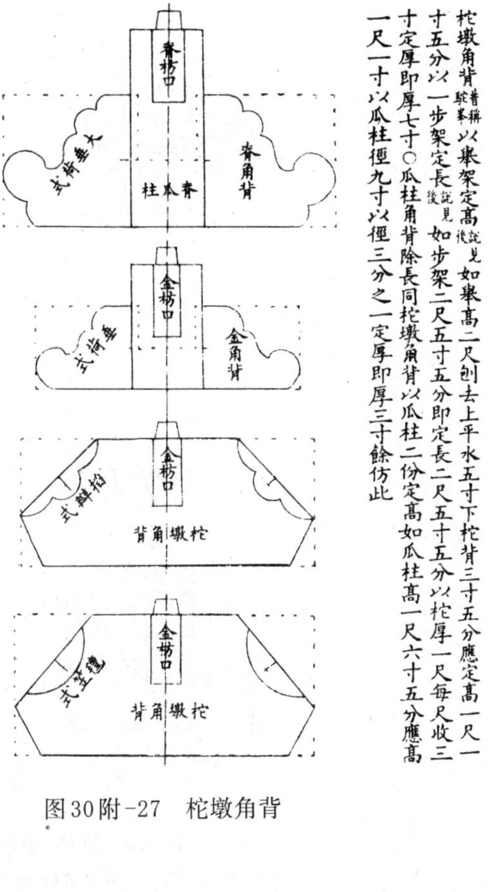

图30附-27　柁墩角背

下昂上昂出跳分数第三

科科侧面长料，昔云“出跳”，今云“出彩（踊）”，左列各升科，以每攒侧面绘之，逐件标注名称。所有瓜栱、万栱、厢栱及出彩（踊）昂翘拽架各件之规矩，详见前二篇。

下昂侧样

昔云几铺今云几彩（踊）

斗科側面長料昔云出跳今云出彩左列各升斗以每攢側面繪之逐件標註名稱所有瓜拱萬拱廂拱及出彩昂翹拽架各件之規矩詳見前二篇

下昂側樣 昔云幾鋪今云幾彩

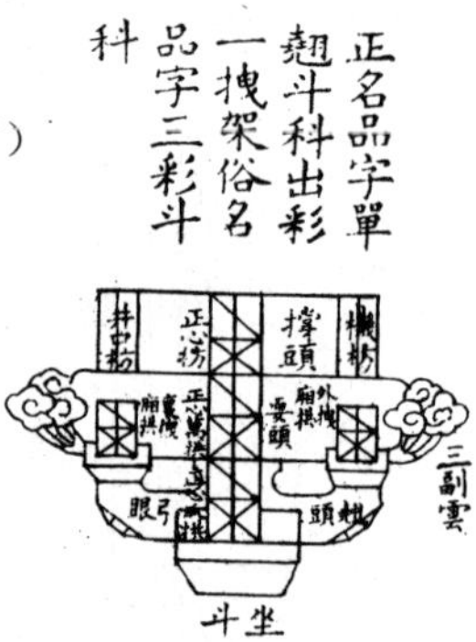

图30附-28 正名“品”字单翘科科出彩（踊）一拽架，俗名“品字三彩（踊）科科”

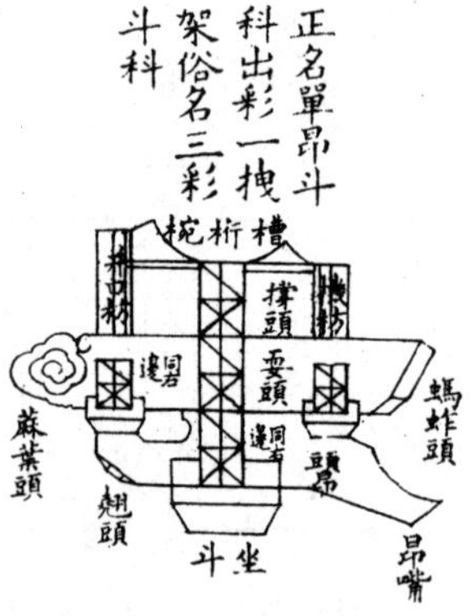

图30附-29 正名单昂科科出彩（踊）一拽架，俗名“三彩（踊）科科”

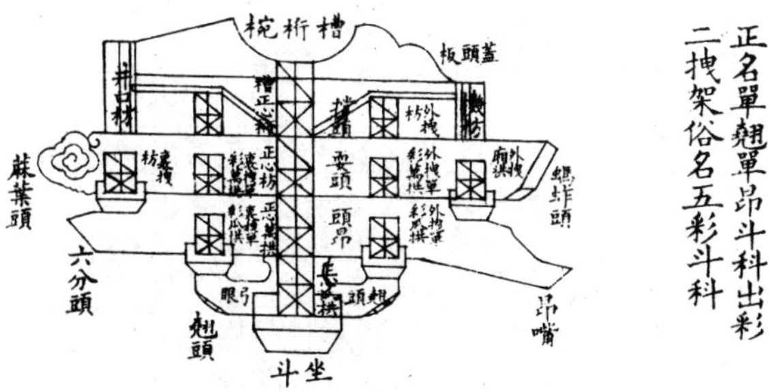

图30附-30　正名单翘单昂枓科出彩（蹈）二拽架，俗名“五彩（蹈）枓科”

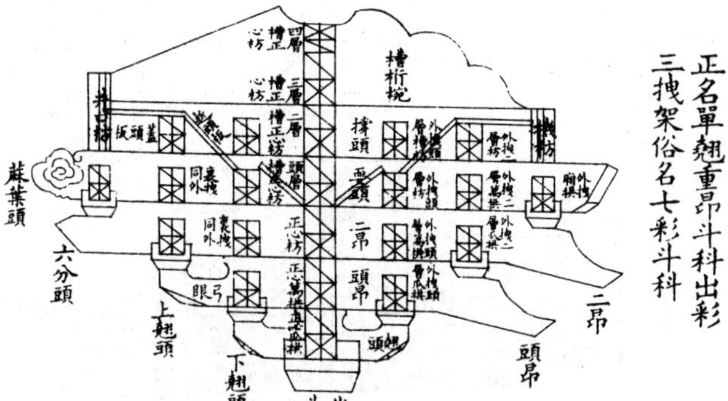

图30附-31　正名单翘重昂枓科出彩（蹈）三拽架，俗名“七彩（蹈）枓科”

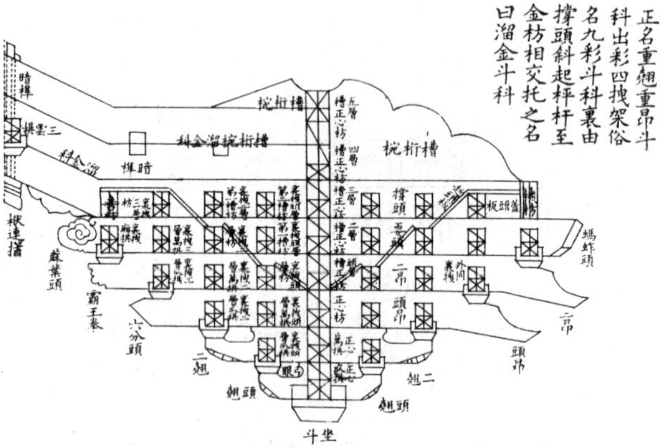

图30附-32　正名重翘重昂枓科，出彩（跴）四拽架，俗名“九彩（跴）枓科”，里由撑头斜起秤杆，至金枋相交托之，名曰“溜金枓科”

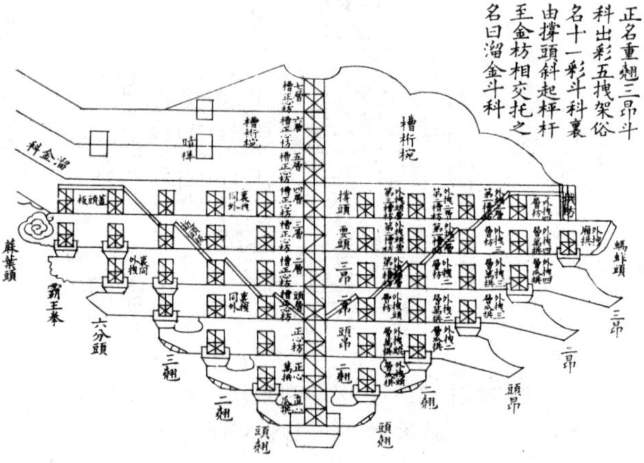

图30附-33　正名重翘三昂枓科，出彩（跴）五拽架，俗名“十一彩（跴）枓科”，里由撑头斜起秤杆，至金枋相交托之，名曰“溜金枓科”

上昂侧样

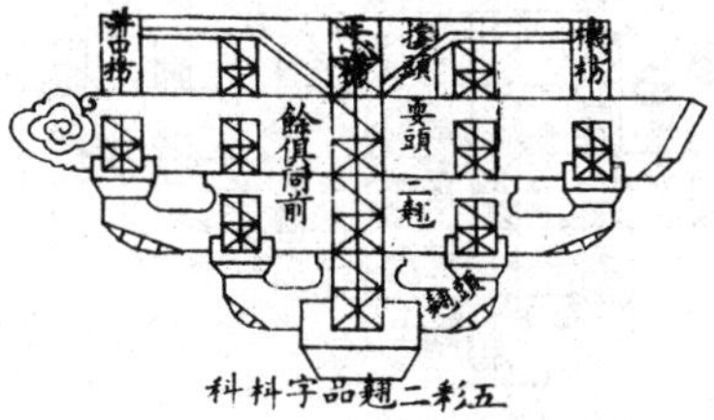

图30附-34　五彩（踩）二翘品字料科

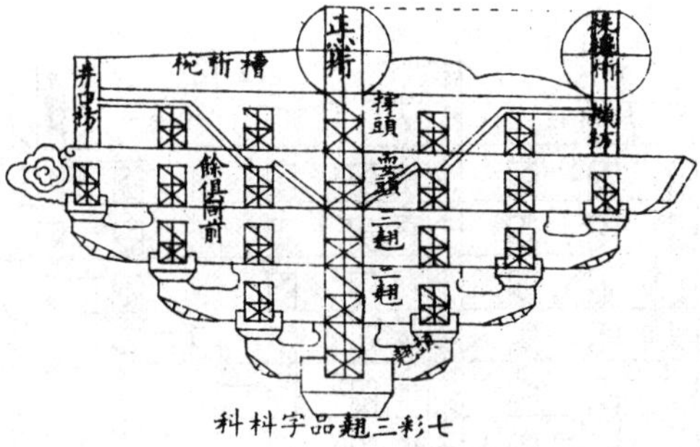

图30附-35　七彩（踩）三翘品字料科

品字料科側面式

品字料科之規矩尺寸詳見第一篇各說明品字之取義以所有出彩料件皆不出昂尖皆以翹頭出彩兩頭皆無昂者其形有類倒置品字是以謂之品字科此科用挂落即平台如北京正陽門樓大木為三層檐一挂落是也即平檐殿閣内部或亦用之餘仿此

“品”字料科侧面式

“品”字料科之规矩尺寸。详见第一篇各说明。“品”字之取义，以所有出彩（踩）料件皆不出昂尖，皆以翘头出彩（踩），两头皆无昂者。其形有类倒置“品”字，是以谓之“品”字科。此科用挂落，即平台。如北京正阳门楼，大木为三层檐一挂落是也。即平檐。殿阁内部或亦用之。余仿此。

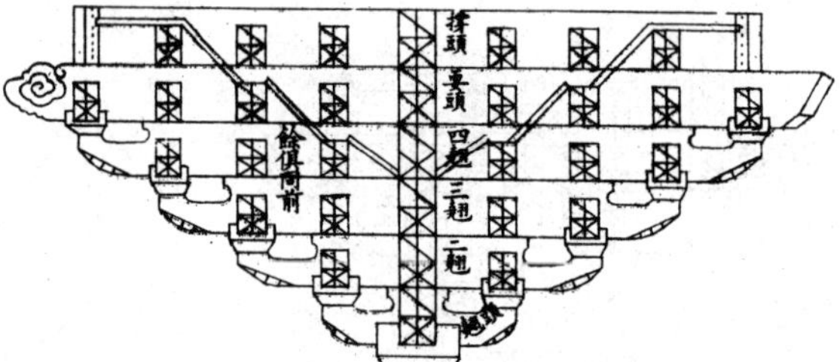

图30附-36　九彩（踩）四翘“品”字料科

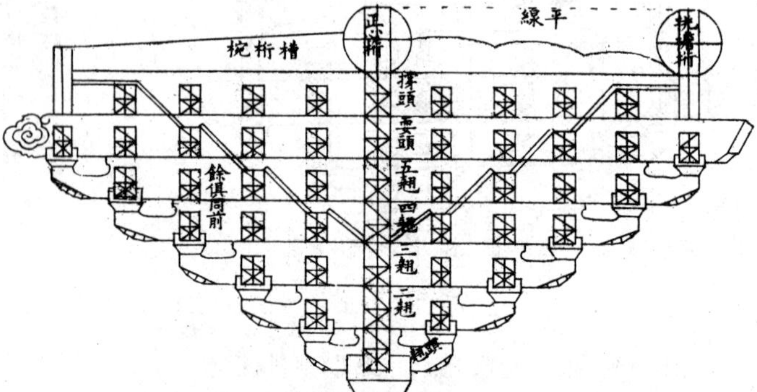

图30附-37　十一彩（踩）五翘“品”字料科

举折屋舍分数第四举折今名步架举架

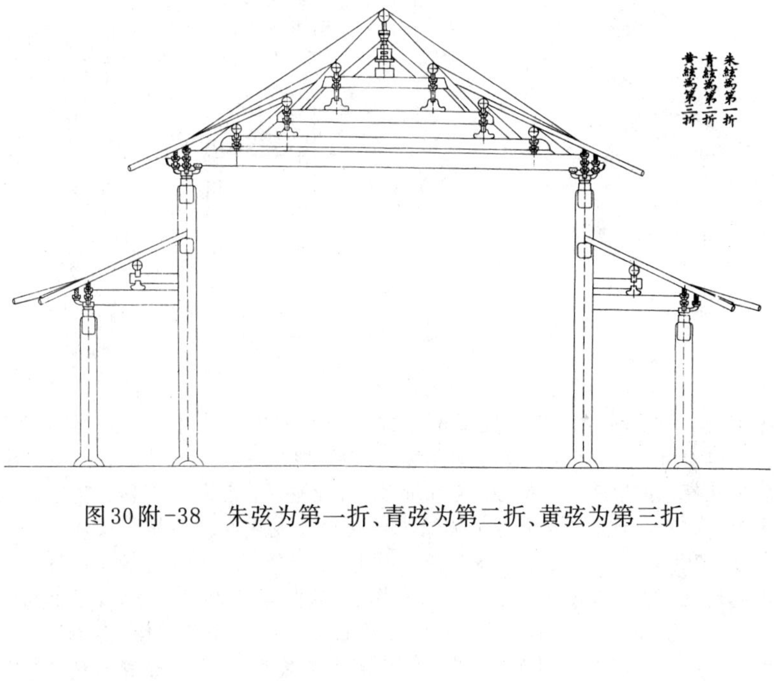

图30附-38　朱弦为第一折、青弦为第二折、黄弦为第三折

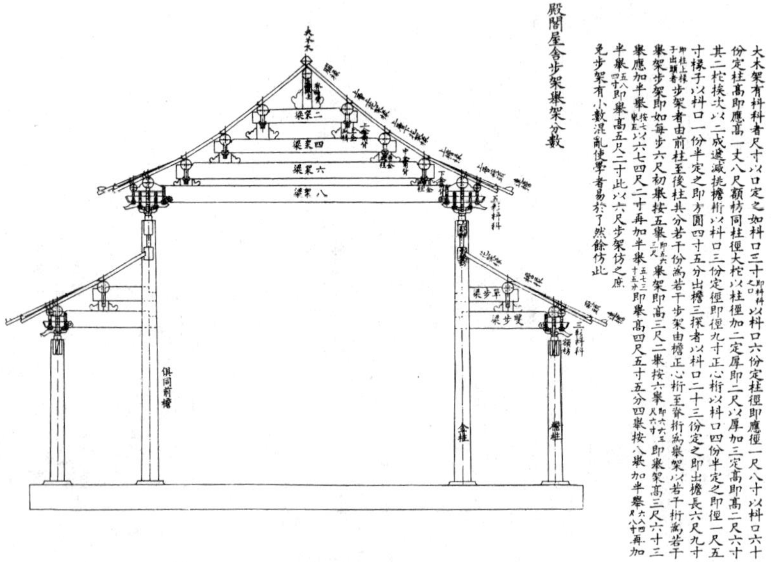

图30附-39 殿阁屋舍步架举架分数 大木架有料科者,尺寸以口定之。如料口三寸,即料科之口。以料口六份定柱径,即应径一尺八寸。以料口六十份定柱高,即应高一丈八尺。额枋同柱径,大柁以柱径加二定厚,即二尺,以厚加三定高,即高二尺六寸。其二柁挨次以二成递减。挑檐桁以料口三份定径,即径九寸。正心桁以料口四份半定之,即径一尺五寸。椽子以料口一份半定之,即方圆四寸五分。出檐三探者,以料口二十三份定之,即出檐长六尺九寸。即柱上椽子出头者。步架者由前柱至后柱共分若干份为若干步架,由檐正心桁至脊桁为举架,以若干桁为若干举架步架,即如每步六尺。初举按五举,即五六三尺。举架即高三尺;二举按六举,即六六三尺六寸。即举架高三尺六寸;三举应加半举,按七举五。以六七四尺二寸再加半举,五七三寸五分。即举高四尺五寸五分;四举按八举加半举,六八四尺八寸。再加半举,五八四寸。即举高五尺二寸。此以六尺步架仿之,庶免步架有小数混乱,使学者易于了然。余仿此。

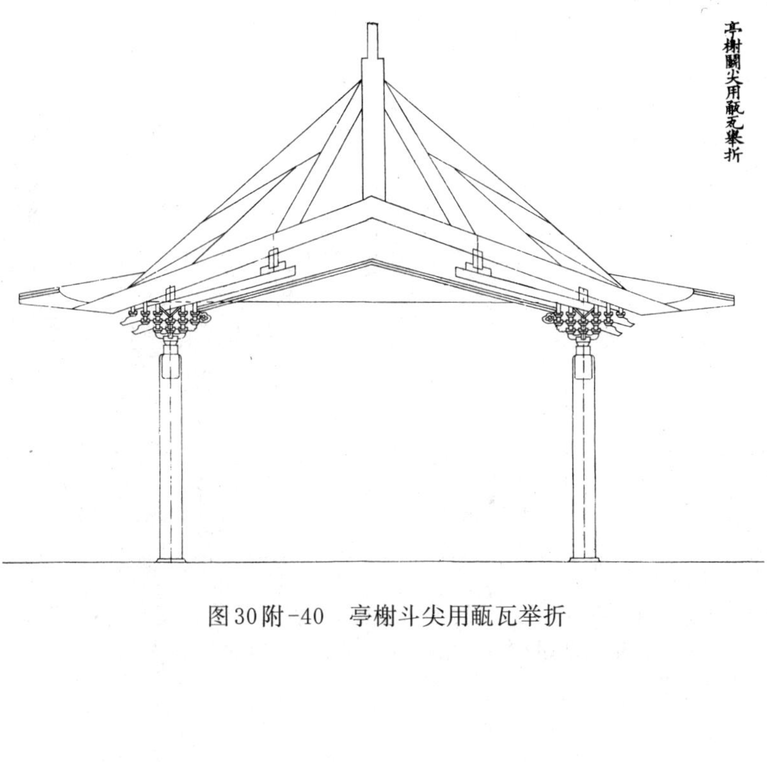

图30附-40　亭榭斗尖用瓪瓦举折

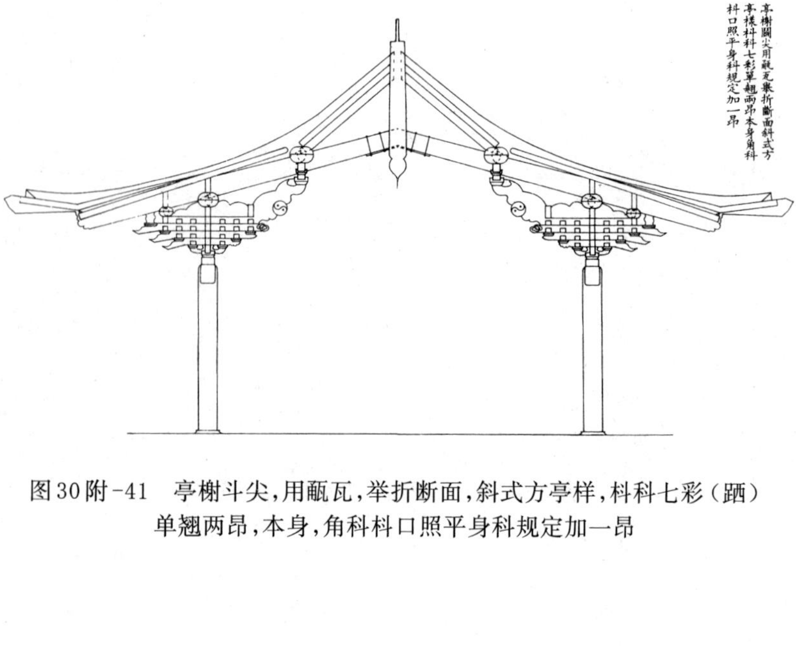

亭榭鬬尖用甋瓦舉折斷面斜式方
亭樣枓科七彩單翹兩昂本身角科
枓口照平身科規定加一昂

图30附-41　亭榭斗尖，用瓻瓦，举折断面，斜式方亭样，枓科七彩（踩）单翘两昂，本身，角科枓口照平身科规定加一昂

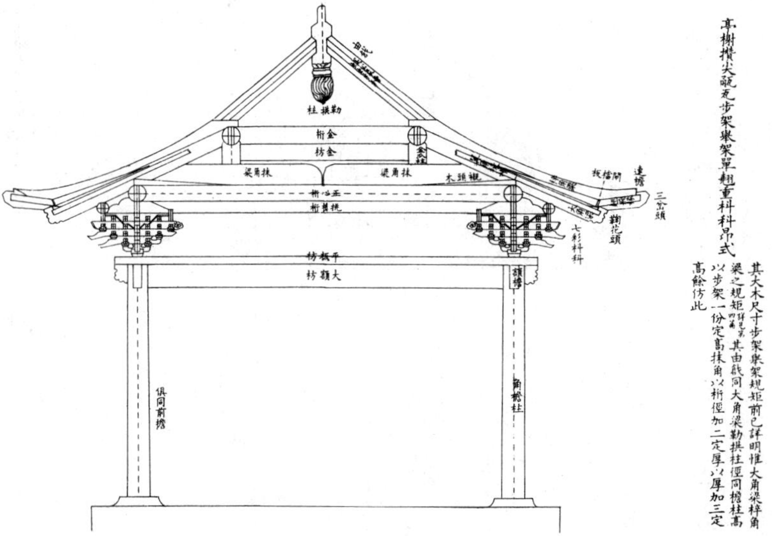

图30附-42　亭榭攒尖瓴瓦步架举架单翘重料料昂式　其大木尺寸步架、举架规矩前已详明，惟大角梁、梓（子）角梁之规矩，详见第四篇。其由戗同大角梁；勒栱柱径同檐柱，高以步架一份定高；抹角以桁径加二定厚，以厚加三定高。余仿此。

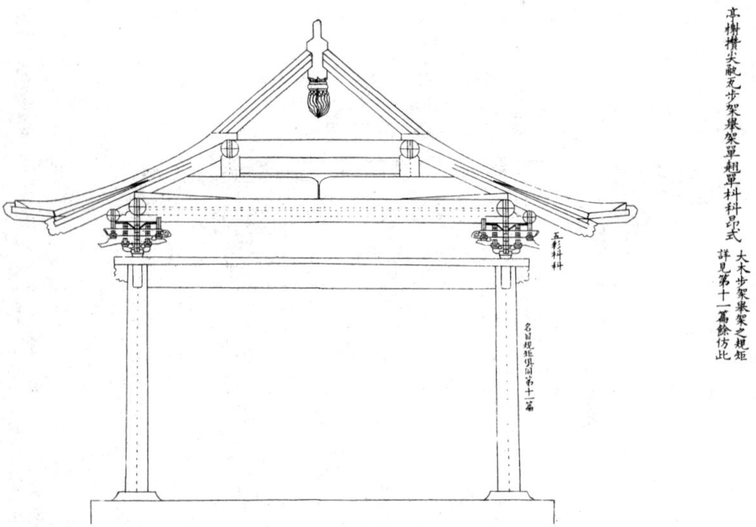

图30附-43　亭榭攒尖瓿瓦步架举架单翘单枓科昂式　大木步架举架之规矩详见第十一篇。余仿此。

绞割铺作栱昂科等所用卯口第五

正身科规矩尺寸，详见第十一篇。所有正身科由三彩（跴）、五彩（跴）、七彩（跴）应需各分件均绘图。如后至九彩（跴）、十一彩（跴），每加二彩（跴），须加一拽架定出彩（跴）之长规矩。详见第一篇。余仿此。

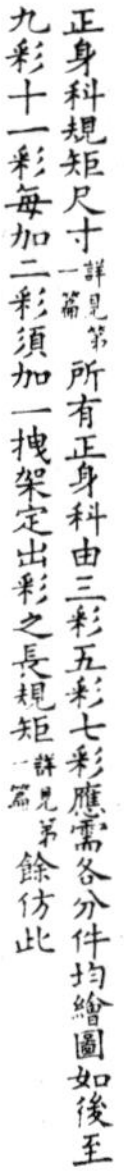
正身科規矩尺寸詳見第一篇所有正身科由三彩五彩七彩應需各分件均繪圖如後至九彩十一彩每加二彩須加一拽架定出彩之長規矩詳見第一篇餘仿此

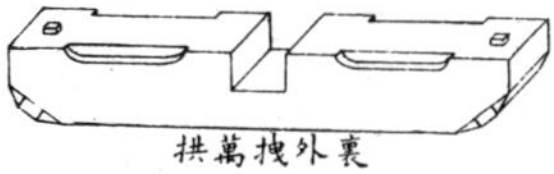

图30附-44　里外拽万栱

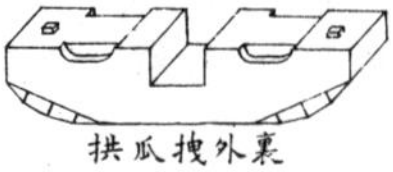

图30附-45　里外拽瓜栱

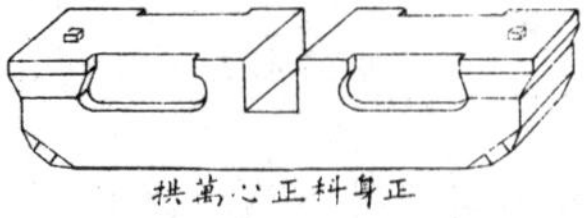

图30附-46　正身科正心万栱

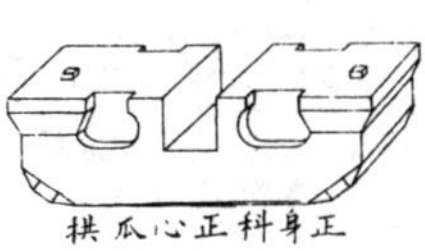

图30附-47　正身科正心瓜栱

正身科出彩(跴)料所用料口各分件

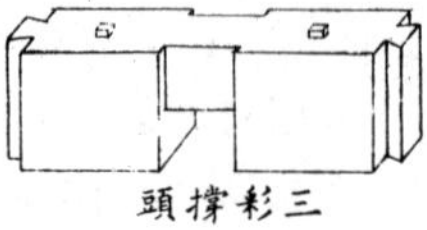

图30附-48　三彩（跴）撑头

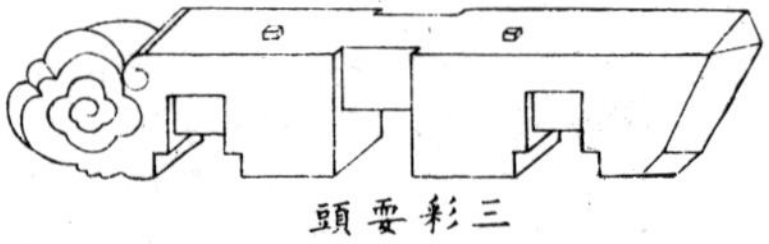

图30附-49　三彩（跴）耍头

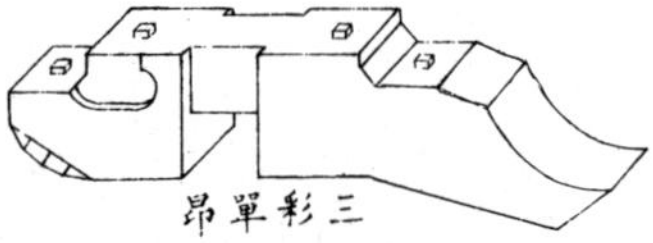

图30附-50　三彩（跴）单昂

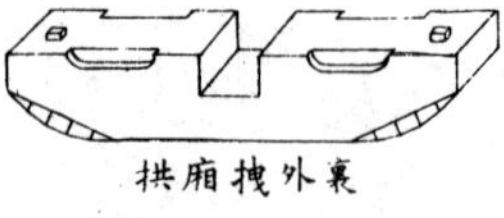

图30附-51　里外拽厢栱

正身科出彩(跴)料所用科口各分件

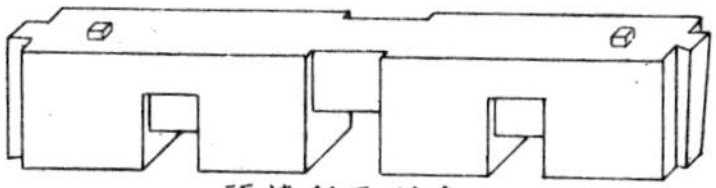

图30附-52　正身科五彩(跴)撑头

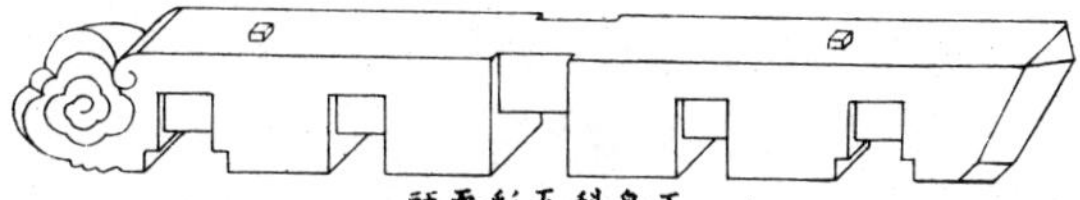

图30附-53　正身科五彩(跴)耍头

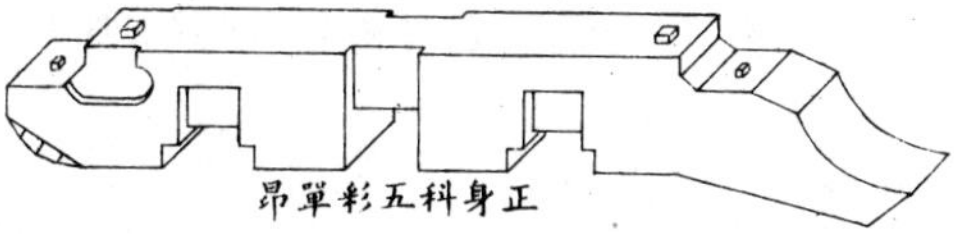

图30附-54　正身科五彩(跴)单昂

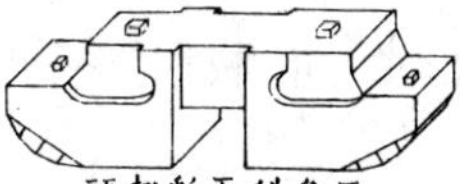

图30附-55　正身科五彩(跴)翘头

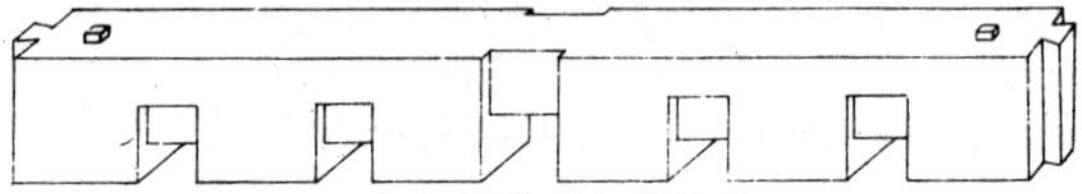

图30附-56　正身科七彩（踩）撑头

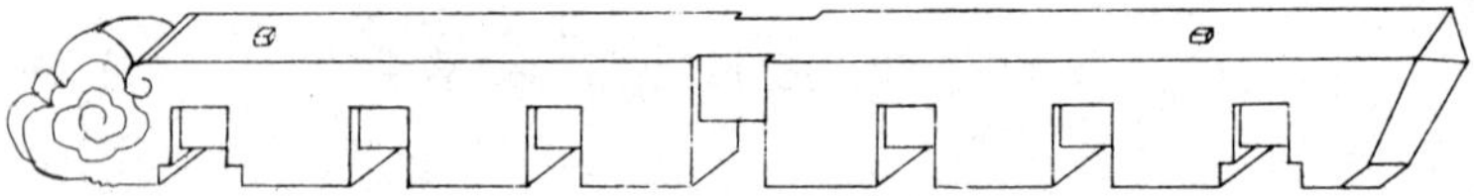

图30附-57　正身科七彩（踩）耍头

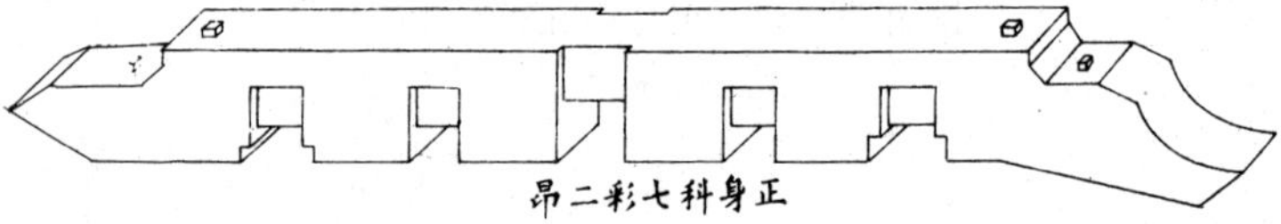

图30附-58　正身科七彩（踩）二昂

溜金科规矩，以柱内里后尾起枰杆，以托定金桁为止，以举架定之，举架法详见前。其余以柱外面，如三彩（踩）者同三彩（踩）枓科，五彩（踩）者同五彩（踩）枓科。余仿此。

溜金科規矩以柱内裏後尾起枰杆以托定金桁爲止以舉架定之舉架法詳見前其餘以柱外面如三彩者同三彩枓科五彩者同五彩枓科餘仿此

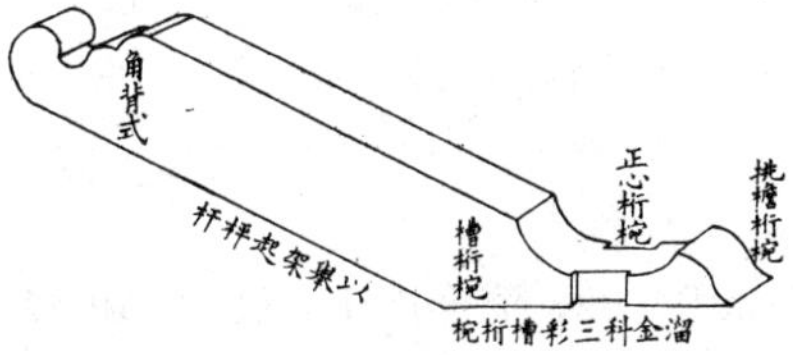

图30附-59　溜金科三彩（踩）槽桁椀

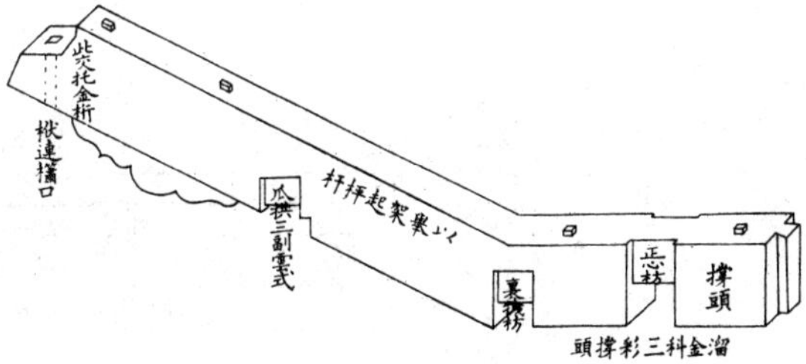

图30附-60　溜金科三彩（踩）撑头

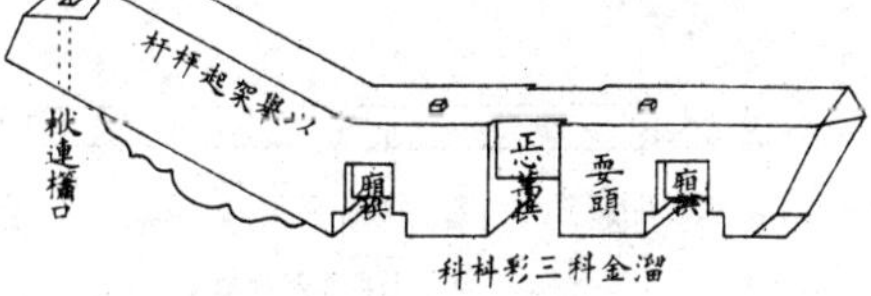

图30附-61　溜金科三彩（踩）枓科

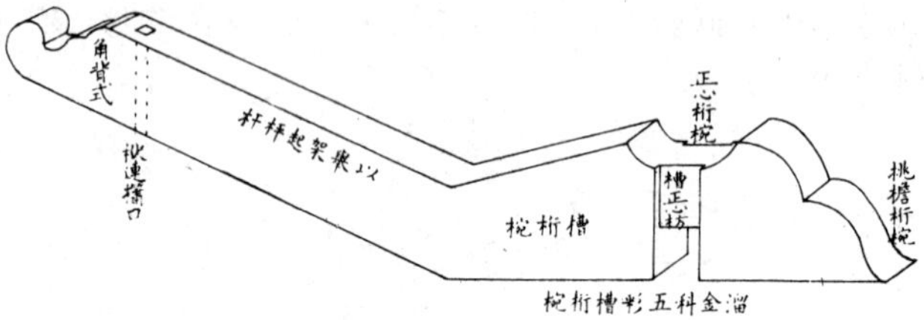

图30附-62　溜金科五彩(踩)槽桁椀

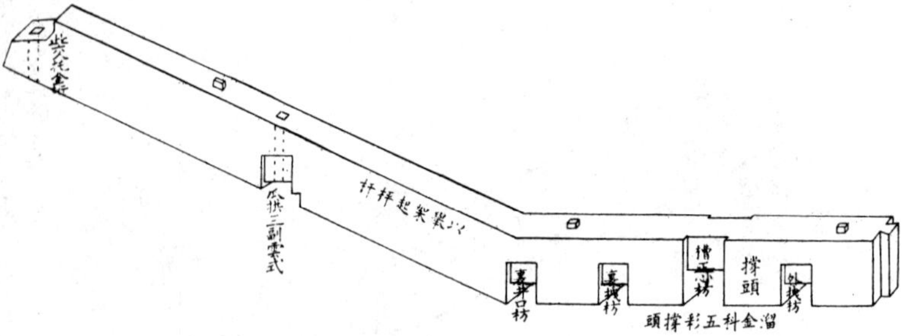

图30附-63　溜金科五彩(踩)撑头

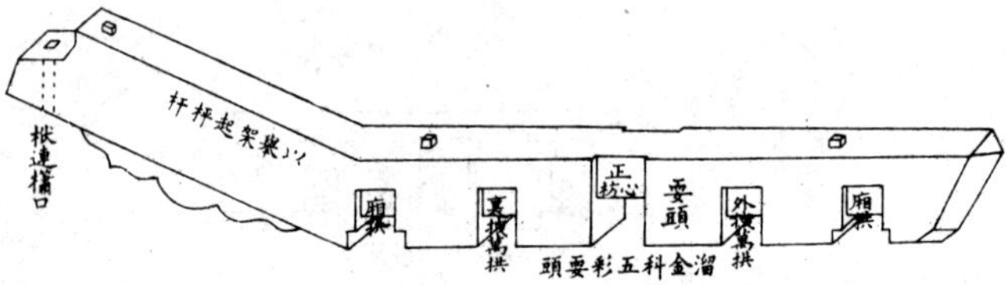

图30附-64　溜金科五彩(踩)耍头

角科分件正面侧面互交之式

正面、侧面名目相同，栱翘由三彩（踩）、五彩（踩）至七彩（踩）应需各件料口，均绘图，如后。惟九彩（踩）、十一彩（踩），每加二彩（踩），须加一拽架详见第一篇。加长定之。余仿此。

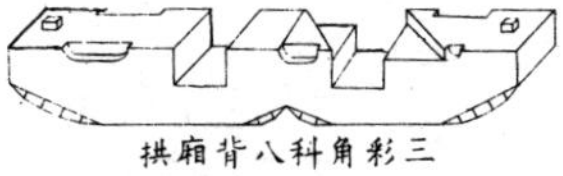

图30附-65　三彩（踩）角科八背厢栱

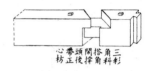

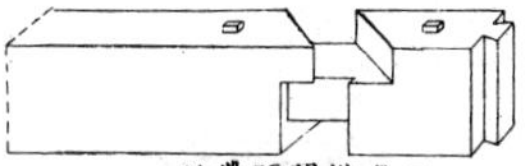

图30附-66　三彩（踩）角科搭角闹撑头后带正心枋

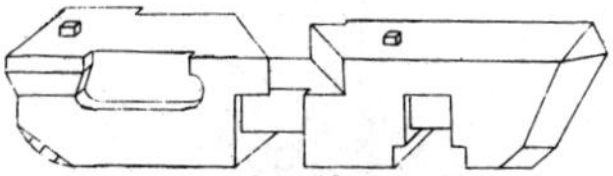

图30附-67　三彩（踩）角科搭角闹耍头后带正心万栱

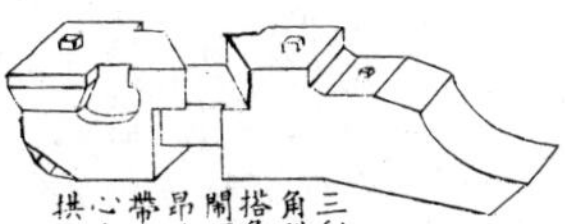

图30附-68　三彩（踩）角科搭角闹头昂后带正心瓜栱

角科分件正面側面互交之式

正面側面名目相同拱翹由三彩五彩至七彩應需各件料口均繪圖如後惟九彩十一彩每加二彩須加一拽架詳見第一篇加長定之餘仿此

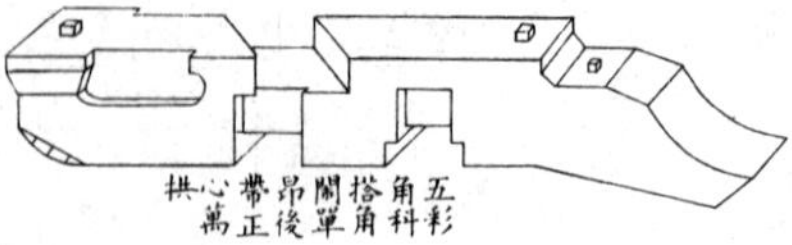

图30附-69　五彩（踩）角科搭角
闹单昂后带正心万栱

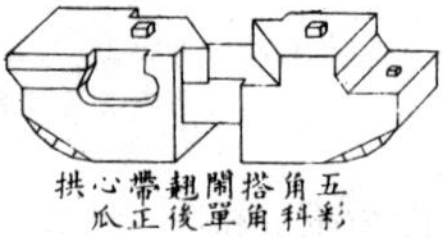

图30附-70　五彩（踩）角科搭角
闹单翘后带正心瓜栱

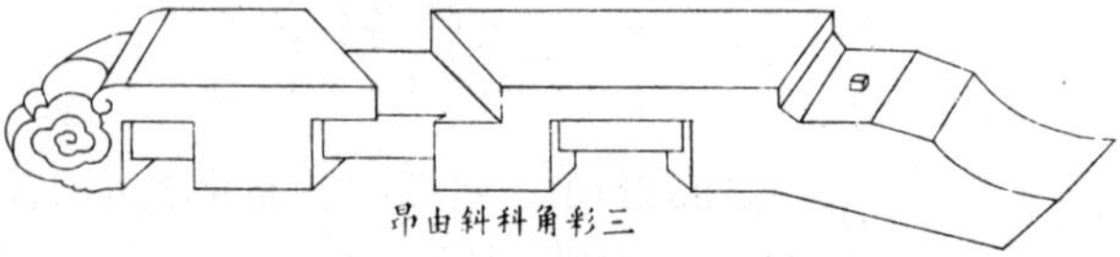

图30附-71　三彩（踩）角科斜由昂

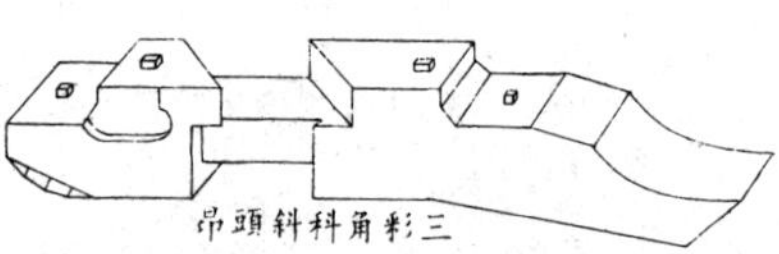

图30附-72　三彩（踩）角科斜头昂

角科分件

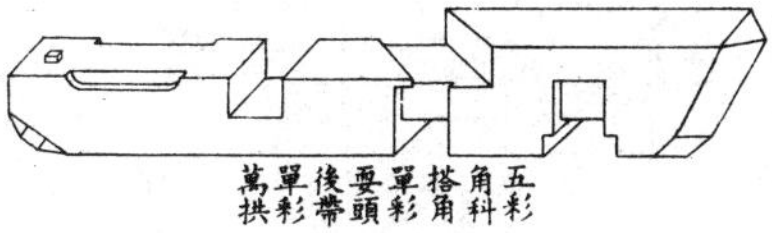

图30附-73 五彩（踸）角科搭角
单彩（踸）耍头后带单彩（踸）万栱

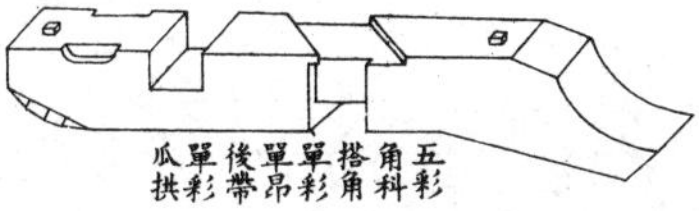

图30附-74 五彩（踸）角科搭角
单彩（踸）单昂后带单彩（踸）瓜栱

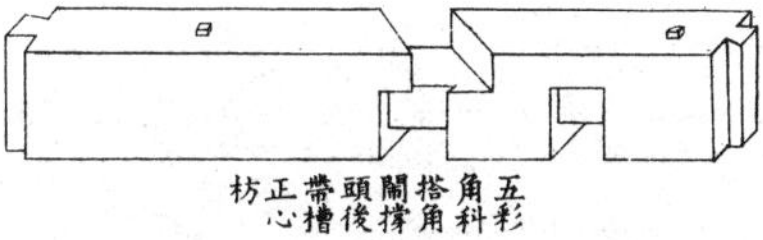

图30附-75 五彩（踸）角科搭角
闹撑头后带槽正心枋

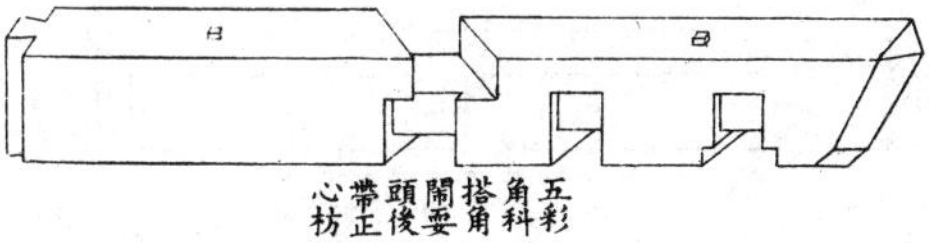

图30附-76 五彩（踸）角科搭角
闹耍头后带正心枋

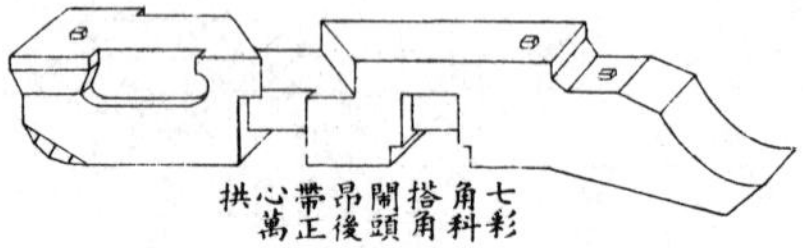

图30附-77　七彩（踩）角科搭角
闹头昂后带正心万栱

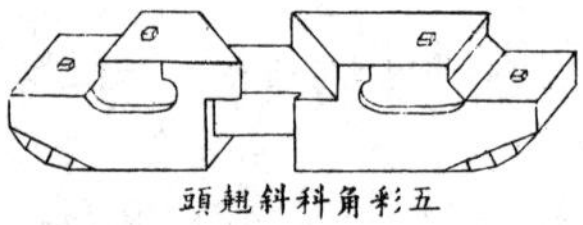

图30附-78　五彩（踩）角科斜翘头

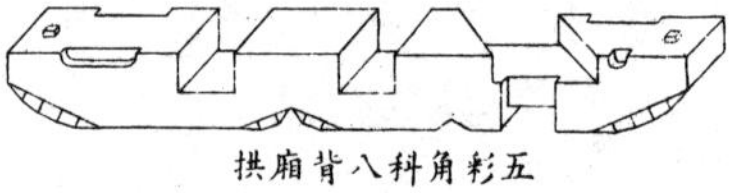

图30附-79　五彩（踩）角科八背厢栱

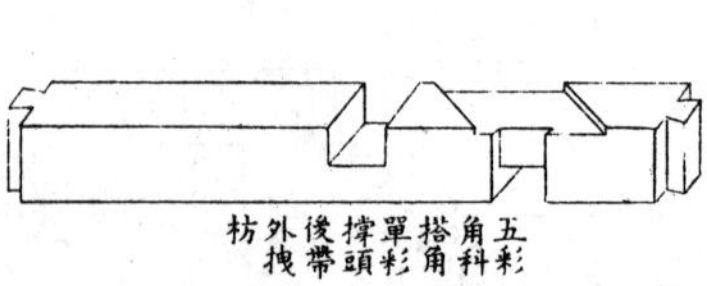

图30附-80　五彩（踩）角科搭角
单彩（踩），撑头后带外拽枋

角科分件

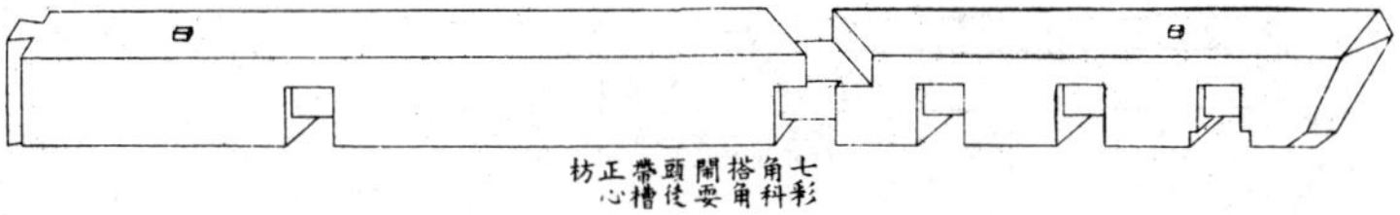

图30附-81　七彩（踩）角科搭角闹，耍头后带槽正心枋

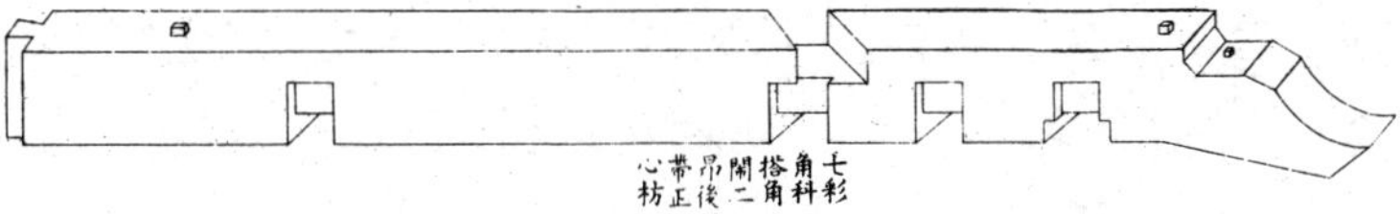

图30附-82　七彩（踩）角科搭角闹二昂后带正心枋

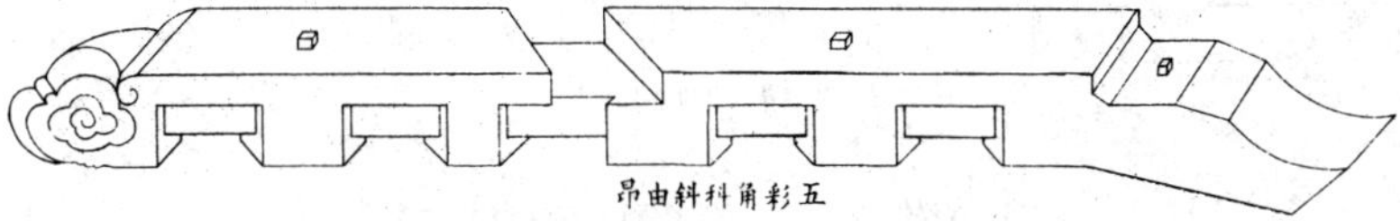

图30附-83　五彩（踩）角科斜由昂

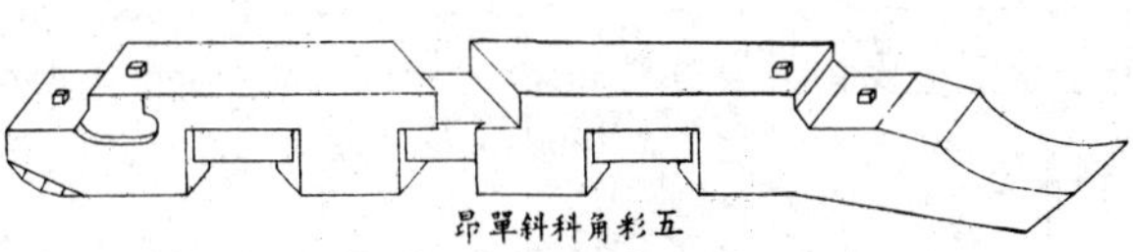

图30附-84　五彩（踩）角科斜单昂

角科分件

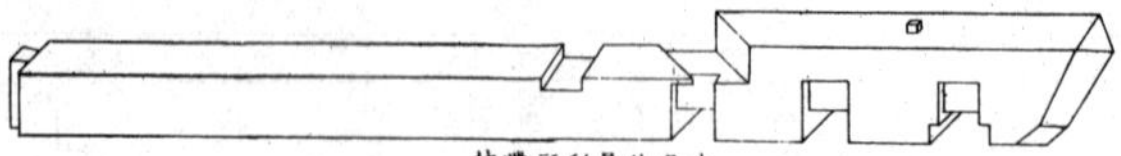

图30附-85　七彩（踩）角科，外头层单彩（踩），耍头后带外拽枋

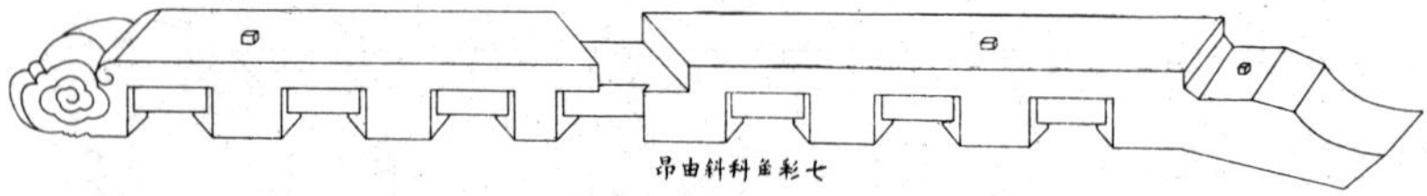

图30附-86　七彩（踩）角科斜由昂

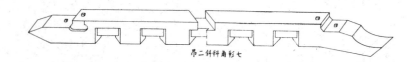

图30附-87　七彩（踩）角科斜二昂

图30附-88　七彩（踩）角科，搭角闹，撑头，后带槽正心枋

角科分件

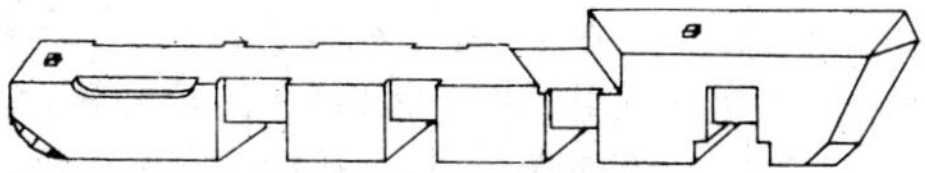

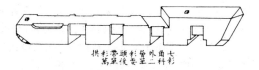

图30附-89　七彩（踩）角科，外二层单彩（踩），耍头后带单彩（踩）万栱

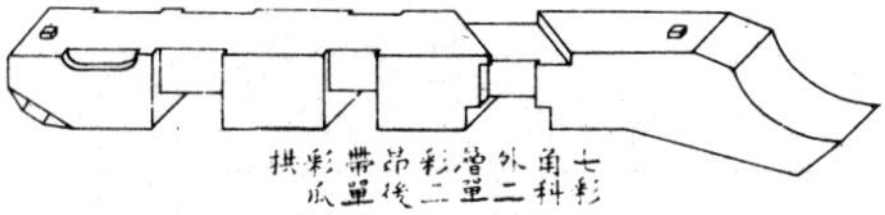

图30附-90　七彩（踩）角科，外二层单彩（踩），二昂后带单彩（踩）瓜栱

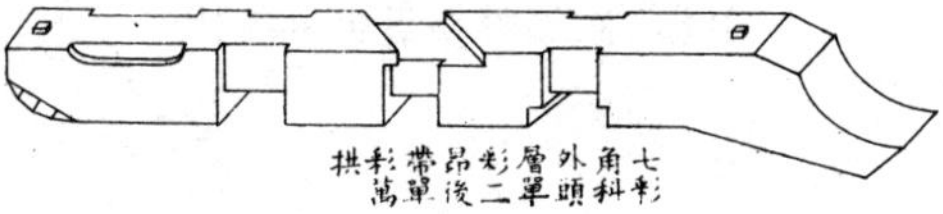

图30附-91　七彩（踩）角科，外头层单彩（踩），二昂后带单彩（踩）万栱

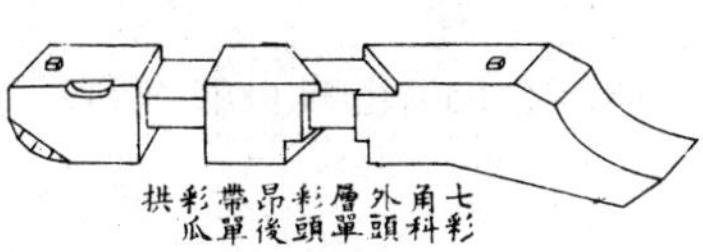

图30附-92　七彩（踩）角科，外头层单彩（踩），头昂后带单彩（踩）瓜栱

枓科规矩，三彩（踩）者一拽架、五彩（踩）者二拽架、七彩（踩）者三拽架、九彩（踩）者四拽架、十一彩（踩）者五拽架。此以柱外核算柱内相同拽架，规矩见前详明。每加二彩（踩）者，即一瓜栱、一万栱二件上下相合为二彩（踩）。须加一拽架。此枓科各彩（踩）分件列表，由三彩（踩）起至七彩（踩），所有平身科、角科，应有各件互相通用，全行齐备。惟九彩（踩）者，仅绘此三件形式列表，以证明相同各彩（踩）。如加彩（踩），惟须次第加拽架，此九彩（踩）头翘，同五彩（踩）单翘、同七彩（踩）单翘、同十一彩（踩）头翘。此九彩（踩）二翘，同十一彩（踩）之二翘。此九彩（踩）头昂，同七彩（踩）二昂、同十一彩（踩）头昂。以此三件表明，每加二彩（踩），须加一拽架互相通用之法。余仿此。

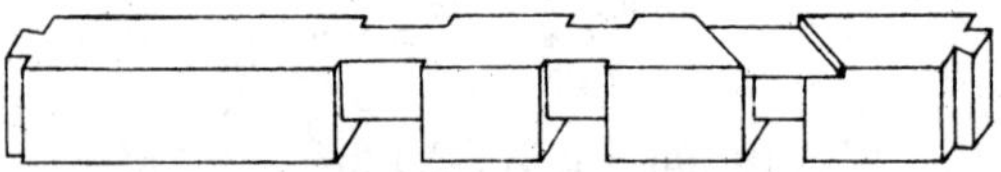

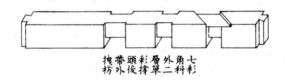

图30附-93　七彩（踩）角科外二层单彩（踩），撑头后带外拽枋

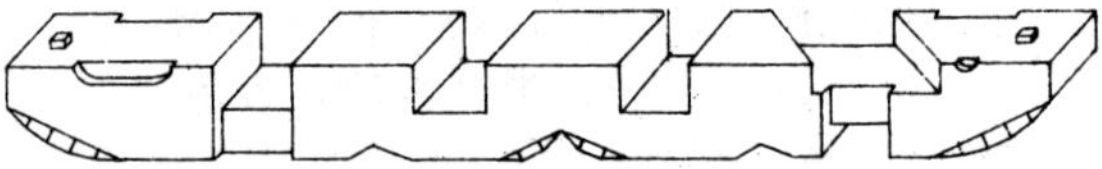

图30附-94　七彩（踩）角科八背厢栱

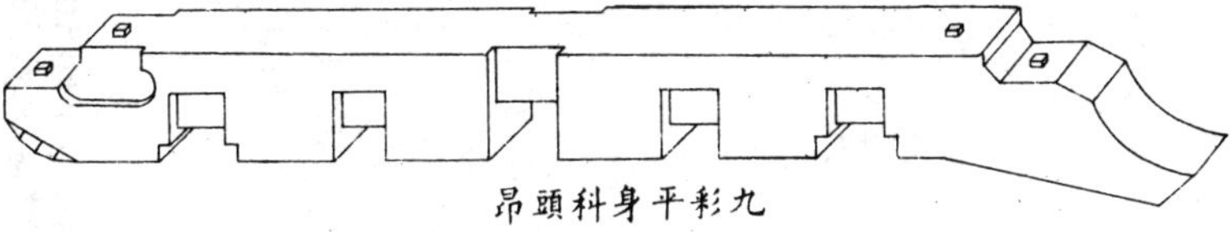

图30附-95　九彩（踩）平身科头昂

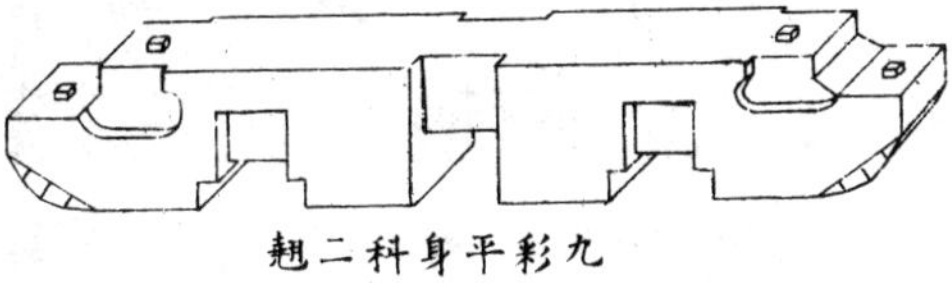

图30附-96　九彩（踩）平身科二翘

科科規矩三彩者一拽架五彩者二拽架七彩者三拽架九彩者四拽架十一彩者五拽架此以柱外核算柱内相同拽架規矩見前詳明每加二彩者即一瓜拱一萬拱二件上下相合為二彩須加一拽架此科科各彩分件列表由三彩起至七彩所有平身科角科應有各件互相通用全行齊備惟九彩者僅繪此三件形式列表以證明相同各彩如加彩惟須次第加拽架此九彩頭翹同五彩單翹同七彩單翹同十一彩頭翹此九彩二翹同十一彩之二翹此九彩頭昂同七彩二昂同十一彩頭昂以此三件表明每加二彩須加一拽架互相通用之法餘仿此

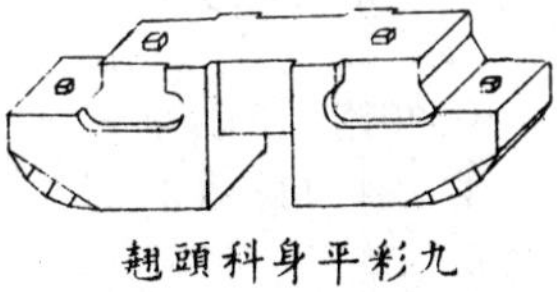

图30附-97　九彩（踩）平身科头翘

枓科分件尺寸规矩，详见第一篇。所有平身科、角科、柱栌科，各坐枓、十八枓、槽升子、升耳等件规矩俱同前。余仿此。

枓科分件尺寸規矩一篇詳見第所有平身科角科柱櫨科各坐枓十八枓槽升子升耳等件規矩俱同前餘仿此

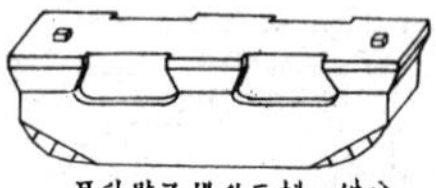

图30附-98　分件一枓三升栱子贴升耳

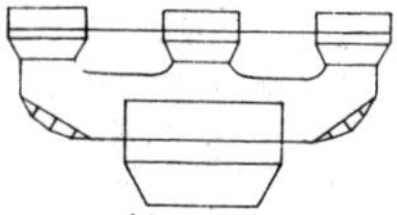

图30附-99　一枓三升枓科

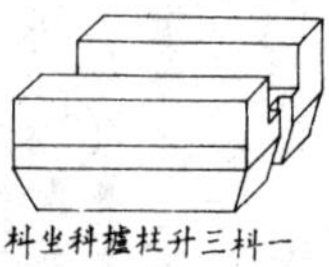

图30附-100　一枓三升柱栌科坐枓

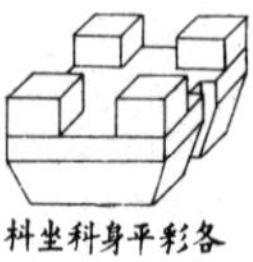

图30附-101　各彩（踩）平身科坐枓

图30附-102　分件麻叶二升子子贴升耳

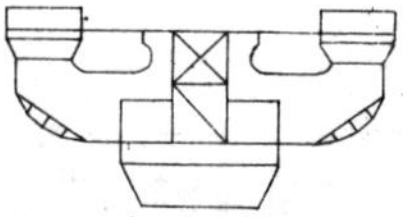

图30附-103　麻叶二升枓科

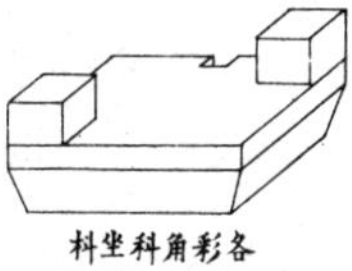

图30附-104　各彩（踩）角科坐枓

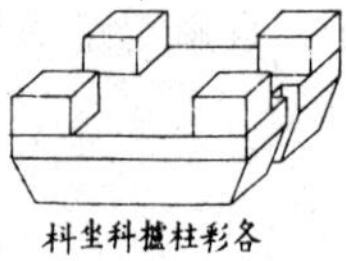

图30附-105　各彩（踩）柱栌科坐枓

坐料、十八料、槽升子、升耳及溜金科、栿连梢、宝瓶等各分件式。宝瓶者，用于角科由昂上，以顶托角梁之立木也。

坐料十八料槽升子升耳及溜金科栿連欘寶瓶等各分件式寶瓶者用於角科由昂上以頂托角梁之立木也

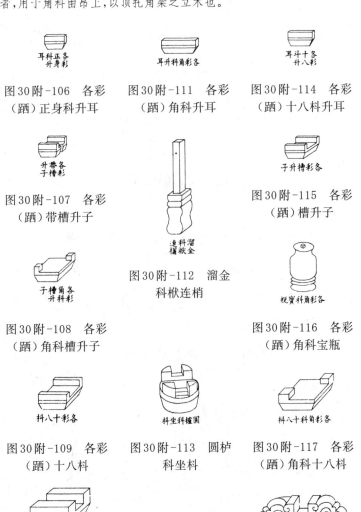

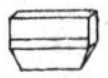

图30附-106　各彩（踊）正身科升耳

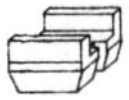

图30附-107　各彩（踊）带槽升子

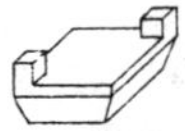

图30附-108　各彩（踊）角科槽升子

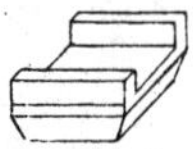

图30附-109　各彩（踊）十八料

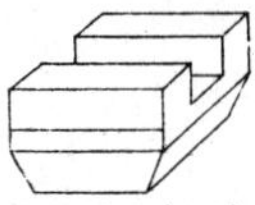

图30附-110　一料三升平身科坐料

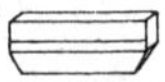

图30附-111　各彩（踊）角科升耳

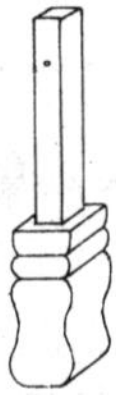

图30附-112　溜金科栿连梢

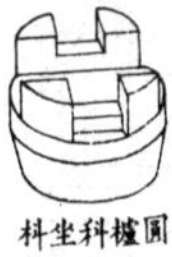

图30附-113　圆栌科坐料

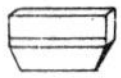

图30附-114　各彩（踊）十八料升耳

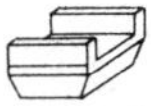

图30附-115　各彩（踊）槽升子

图30附-116　各彩（踊）角科宝瓶

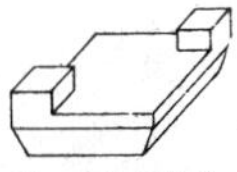

图30附-117　各彩（踊）角科十八料

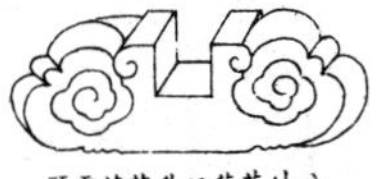

图30附-118　分件麻叶二升麻叶云头

梁额等卯口第六

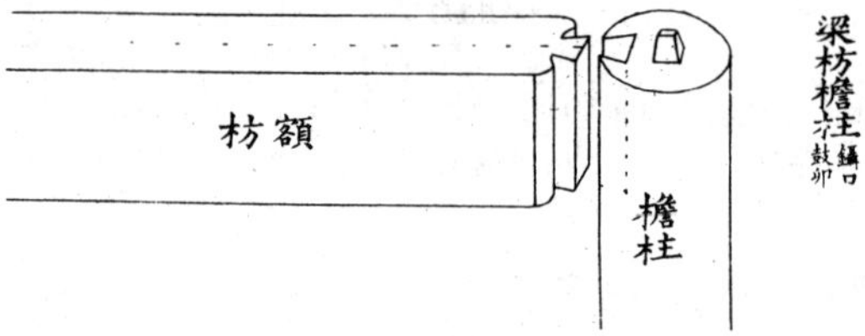

图30附-119 梁枋檐柱镊口鼓卯

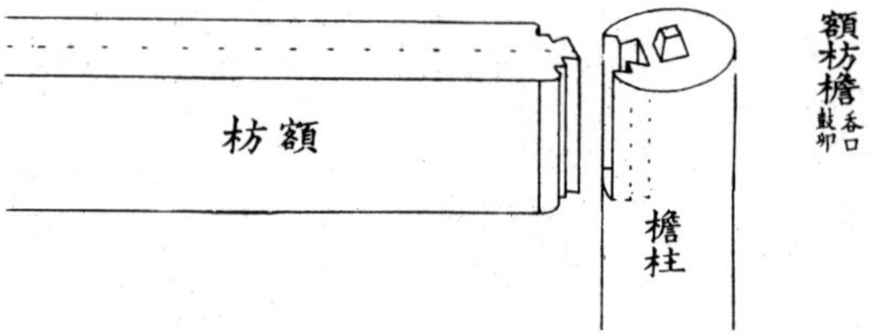

图30附-120 额枋檐吞口鼓卯

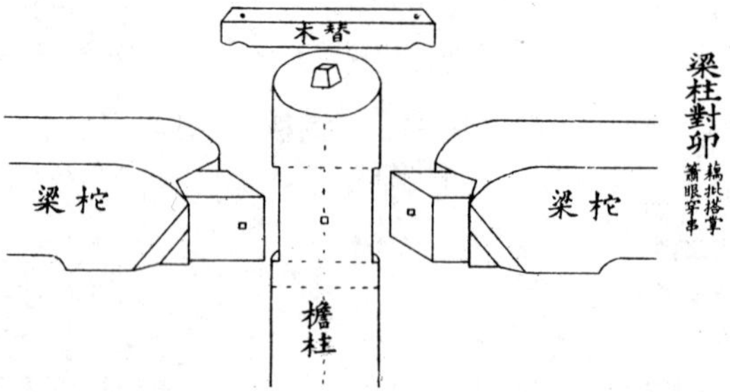

图30附-121 梁柱对卯藕批搭掌、箫眼穿串

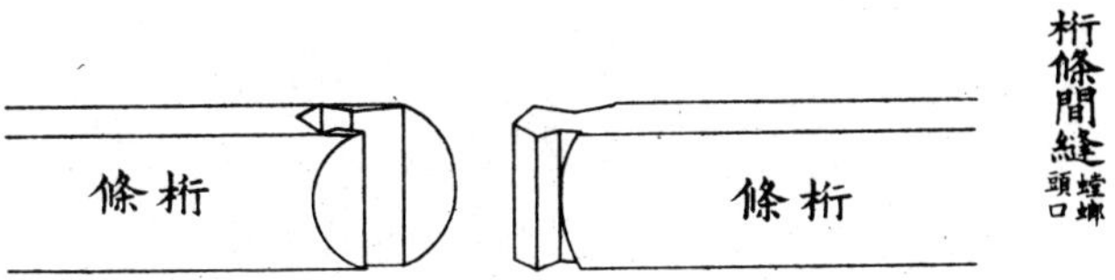

图30附-122　桁条间缝螳螂头口

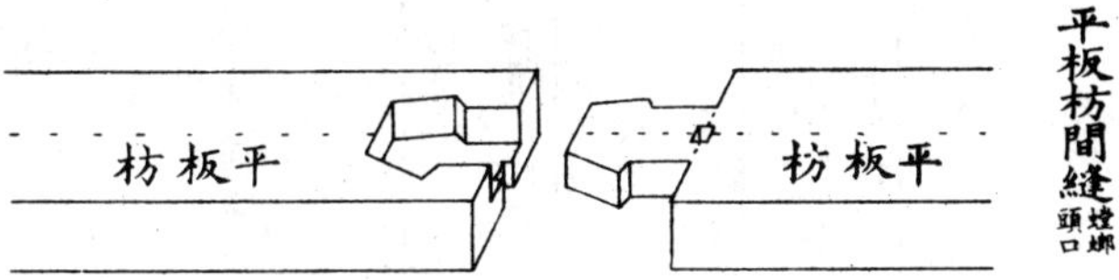

图30附-123　平板枋间缝螳螂头口

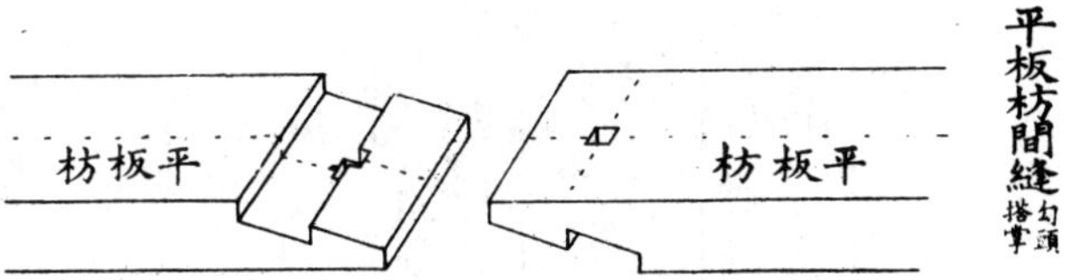

图30附-124　平板枋间缝勾头搭掌

合柱鼓卯第七

两段合　如柱木尺寸有不敷用者，则以两段合法为一柱。余仿此。

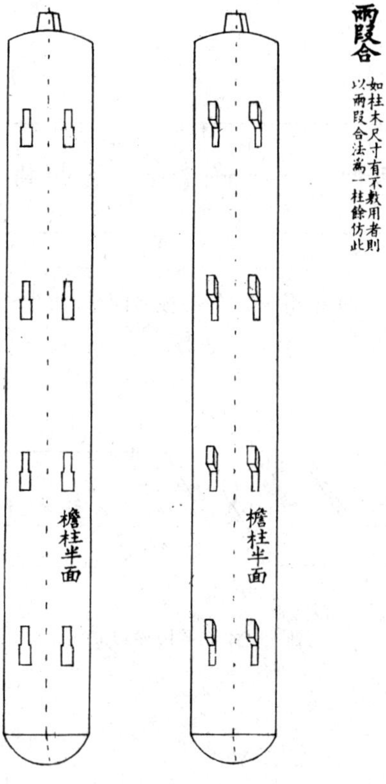

图30附-125　檐柱半面（正、背）

图30附-126
暗鼓卯

图30附-127
暗榫

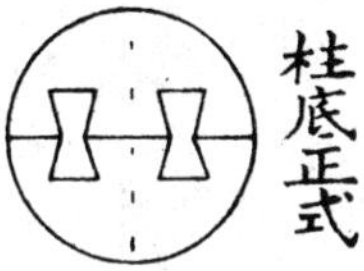

图30附-128　柱底正式

图30附-129　木硍锭

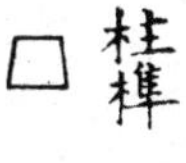

图30附-130　柱榫

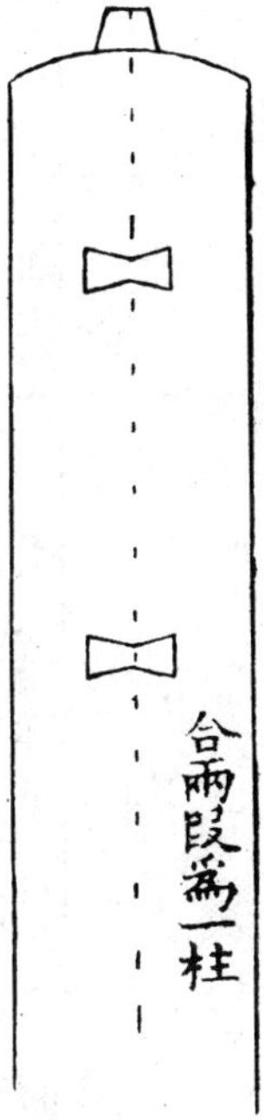

图30附-131　合两段为一柱

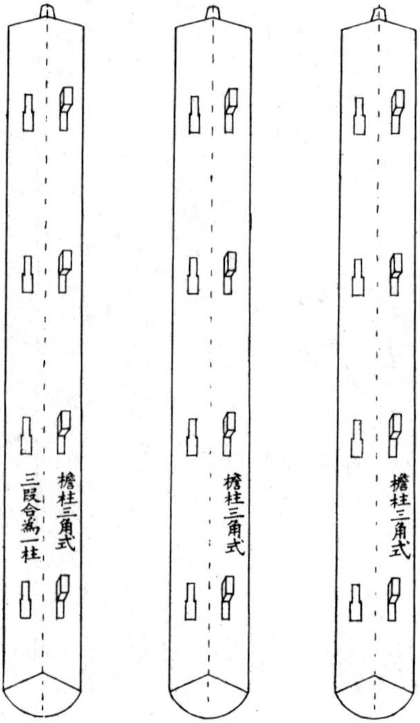

图30附-132　櫓柱三角式三段合为一柱

槫缝襻间第八

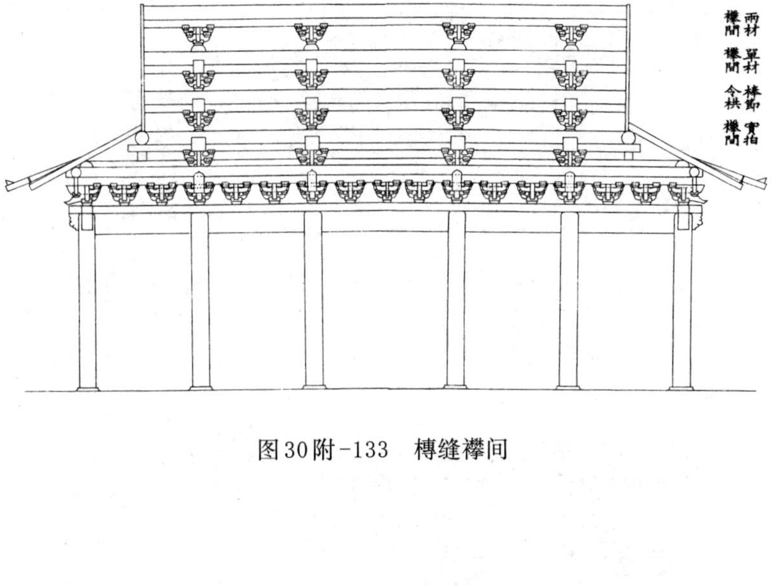

图30附-133　槫缝襻间

铺作转角正样第九

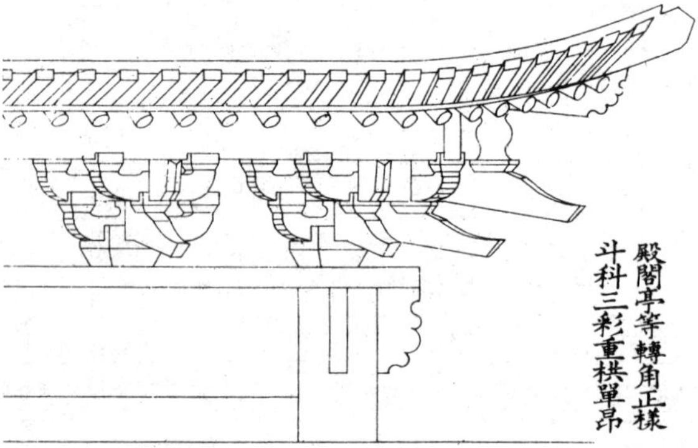

图30附-134　殿阁亭等转角正样　枓科三彩（踋）重栱单昂

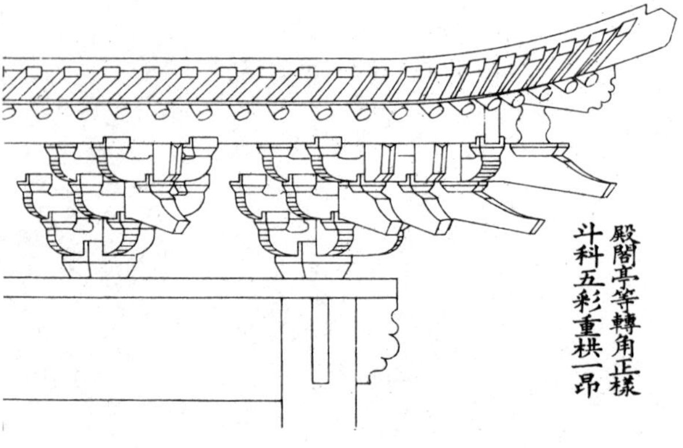

图30附-135　殿阁亭等转角正样　枓科五彩（踋）重栱一昂

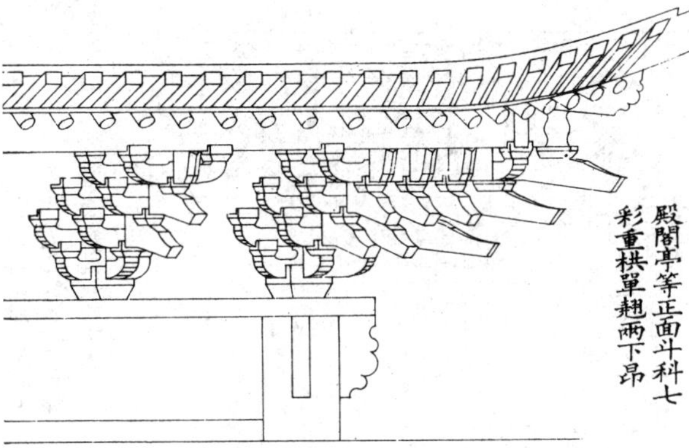

图30附-136　殿阁亭等正面　枓科七彩（踩）重栱单翘两下昂

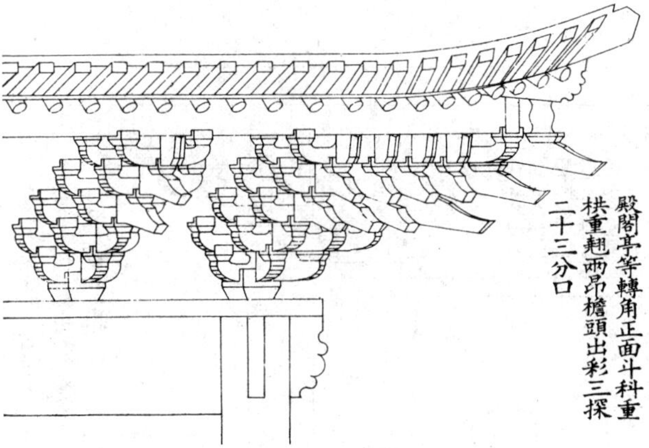

图30附-137　殿阁亭等转角正面　枓科重栱
重翘两昂、檐头出彩（踩）三探二十三分口

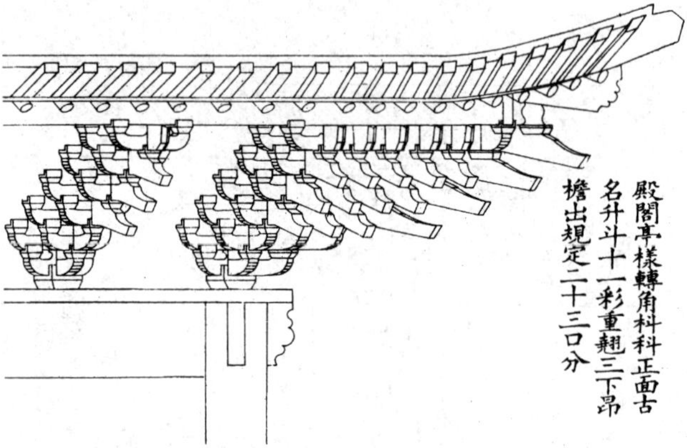
殿閣亭樣轉角枓科正面古
名升斗十一彩重翹三下昂
檐出規定二十三口分

图30附-138　殿阁亭样转角枓科正面　古名升枓
十一彩（跴）重翘三下昂、檐出规定二十三分口

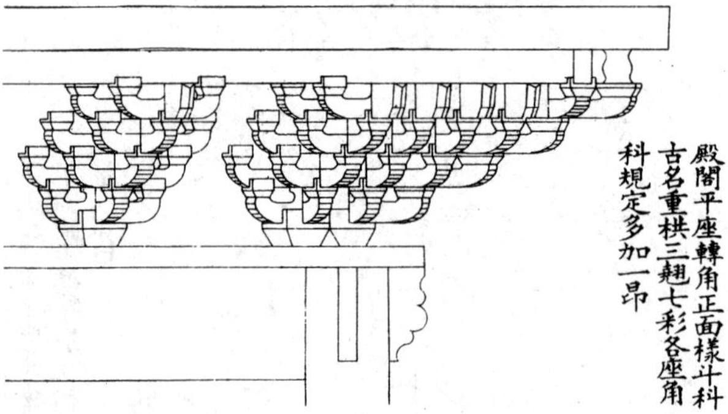
殿閣平座轉角正面樣斗科
古名重栱三翹七彩各座角
科規定多加一昂

图30附-139　殿阁平座转角正面样　枓科古名重栱
三翘七彩（跴），各座角科规定多加一昂

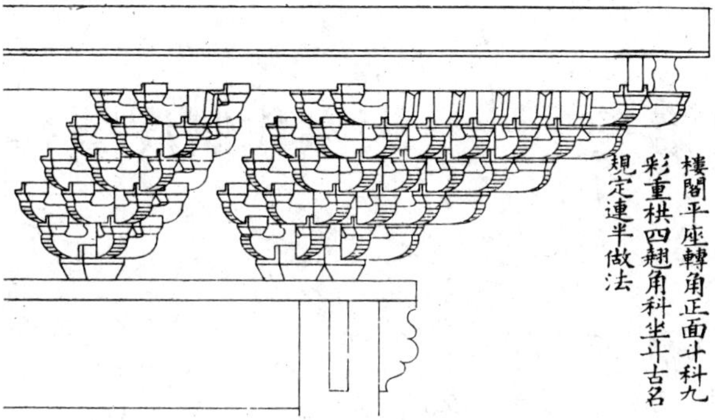
樓閣平座轉角正面斗科九
彩重栱四翹角科坐斗古名
規定連半做法

图30附-140　楼阁平座转角正面　枓科九彩（跴）重栱四翘角科坐枓，古名“规定连半做法”

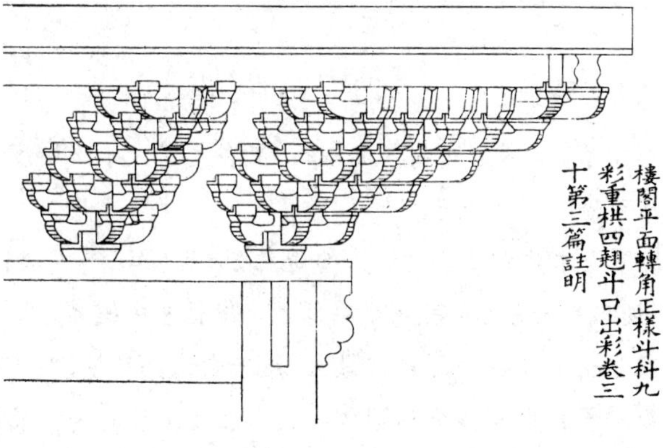
樓閣平面轉角正樣斗科九
彩重栱四翹斗口出彩卷三
十第三篇註明

图30附-141　楼阁平面转角正样　枓科九彩（跴）重栱四翘枓口出彩（跴），卷三十第三篇注明

卷第三十一　大木作制度图样下

大木作制度图样下

殿阁地盘分[心]槽等第十

殿堂等八铺作副阶六铺作双槽斗底槽准此，下双槽同草架侧样第十一

殿堂等七铺作副阶五铺作双槽草架侧样第十二

殿堂五铺作副阶四铺作单槽草架侧样第十三

殿堂等六铺作分心槽草架侧样第十四

厅堂等自十架椽至四架椽间缝内用梁柱第十五

【题解】

从内容上看，本卷中所收入的图样，更多是对大木作制度行文中并未具体述及部分的一个补充。

卷第四《大木作制度一》讨论的是材分°制度与枓栱体系，卷第五《大木作制度二》讨论的是房屋梁架体系。但行文中的描述更多是关于枓栱或梁架中主要构件的形式与做法，几乎未谈及房屋的平、剖面以及与相应等级房屋剖面相匹配的铺作形式。然而房屋的平面或房屋结构横剖面，恰恰是房屋设计建造中所面临的根本性问题。

本卷图样恰好弥补了《法式》“大木作制度”行文文字中的这一缺失。这里首先给出了4种不同等级与形式的殿阁底盘分槽图，这些图基本覆盖了宋式营造中高等级殿阁建筑的基本平面形式及其柱网分布

模式。

在底盘分槽图或平面图的基础上，本卷又给出了自殿堂等八铺作（副阶五铺作）到殿堂等五铺作（副阶四铺作）双槽或单槽，以及殿堂等六铺作分心槽等房屋的草架侧样图，亦即这些房屋的横剖面图。如此，就把宋式营造中高等级殿阁建筑的主要平、剖面形式，用图形语言清晰地表达了出来。

本卷还特别给出了宋式营造中厅堂式建筑主要横断面，即“厅堂等（自十架椽至四架椽）间缝内用梁柱”诸种做法图。宋式厅堂，其平面形式可以有较多自由变化，以适应不同场合的空间需求，故厅堂建筑无须给出详细平面，只要有“间缝内用梁柱”这类房屋构架剖面，就可以将其房屋结构与平面主要形式确定下来。这部分内容在其制度行文中并未给出特别描述，故本卷中的这部分图样对于了解宋式营造中殿阁与厅堂的根本差别，亦具有十分重要的价值与意义。

大木作制度图样下

殿阁地盘分[心]槽等第十

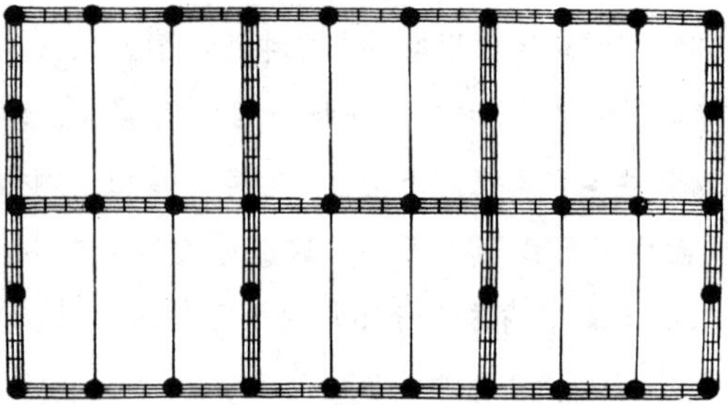

图31-1　殿阁身地盘九间身内分心斗底槽

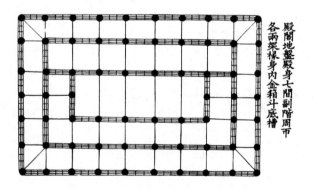

图31-2　殿阁地盘殿身七间副阶周匝
各两架椽身内金箱斗底槽

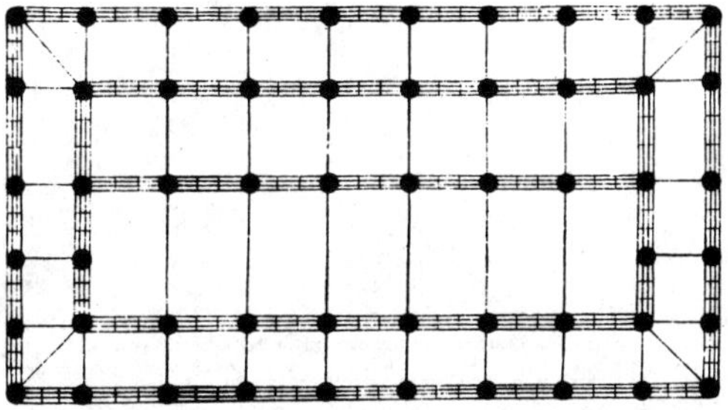

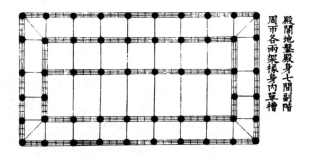

图31-3　殿阁地盘殿身七间副阶
周匝各两架椽身内单槽

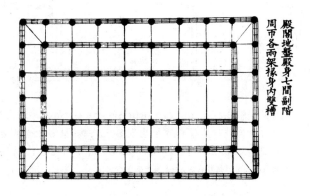

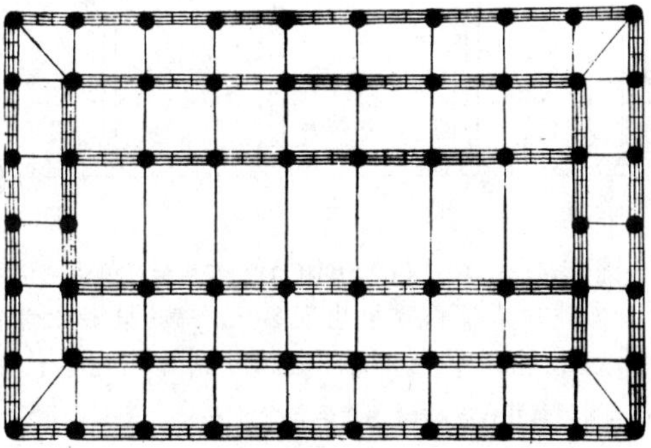

图31-4　殿阁地盘殿身七间副阶
周匝各两架椽身内双槽

殿堂等八铺作副阶六铺作双槽斗底槽准此，下双槽同
草架侧样第十一

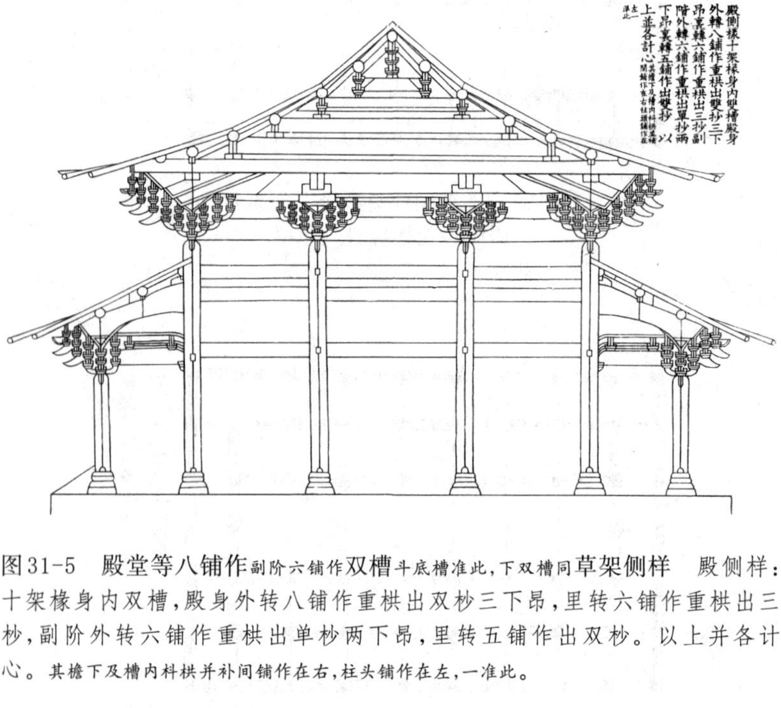

图31-5　殿堂等八铺作副阶六铺作双槽斗底槽准此，下双槽同草架侧样　殿侧样：十架椽身内双槽，殿身外转八铺作重栱出双杪三下昂，里转六铺作重栱出三杪，副阶外转六铺作重栱出单杪两下昂，里转五铺作出双杪。以上并各计心。其檐下及槽内枓栱并补间铺作在右，柱头铺作在左，一准此。

殿堂等七铺作副阶五铺作双槽草架侧样第十二

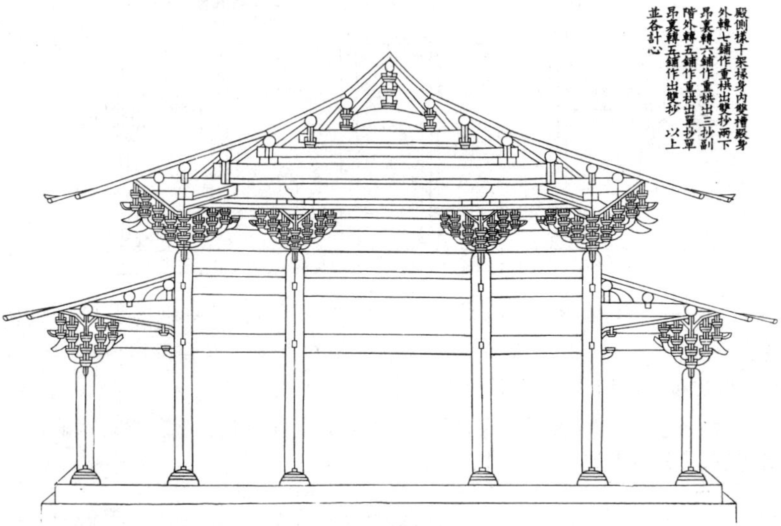

图31-6　殿堂等七铺作副阶五铺作双槽草架侧样　殿侧样：十架椽身内双槽，殿身外转七铺作重栱出双杪两下昂，里转六铺作重栱出三杪，副阶外转五铺作重栱出单杪单昂，里转五铺作出双杪。以上并各计心。

殿堂五铺作副阶四铺作单槽草架侧样第十三

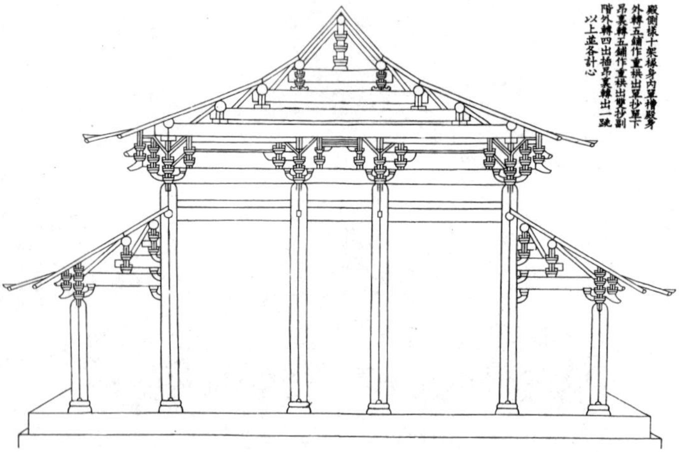

图31-7　殿堂五铺作副阶四铺作单槽草架侧样　殿侧样：十架椽身内单槽，殿身外转五铺作重栱出单杪单下昂，里转五铺作重栱出双杪，副阶外转四［铺作］出插昂，里转出一跳。以上并各计心。

注：原图如此。其图有误，殿身之内应有一根内柱。参见梁注本此图及其标注。（如下图）

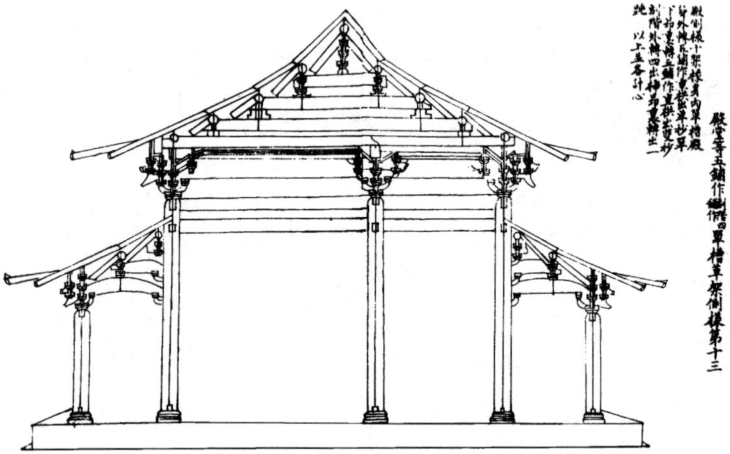

殿堂等六铺作分心槽草架侧样第十四

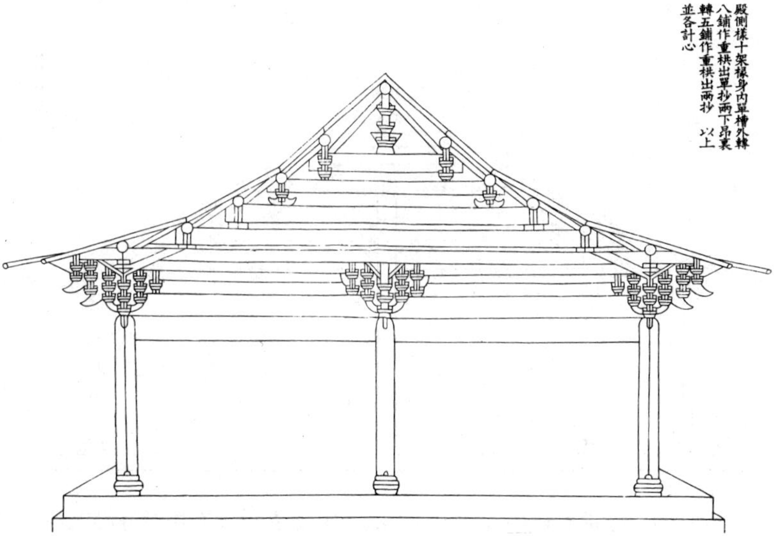

图31-8　殿堂等六铺作分心槽草架侧样　殿侧样：十架椽身内单槽，外转八（六）铺作重栱出单杪两下昂，里转五铺作重栱出两杪。以上并各计心。

厅堂等自十架椽至四架椽间缝内用梁柱第十五

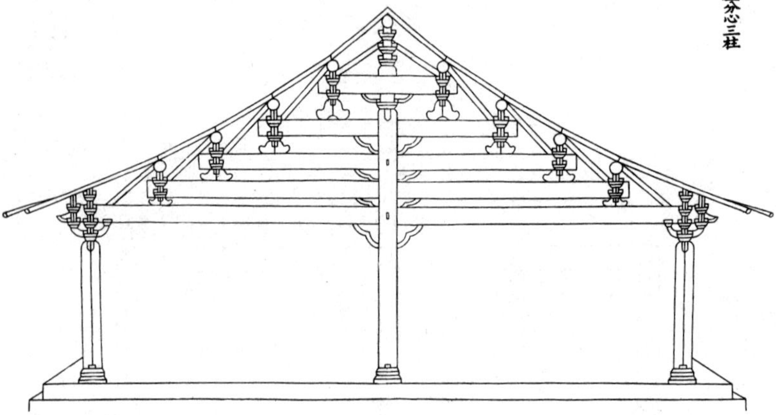

图31-9 厅堂等自十架椽至四架椽间缝内用梁柱 十架椽屋分心三柱

十架椽屋前後三椽栿用四柱

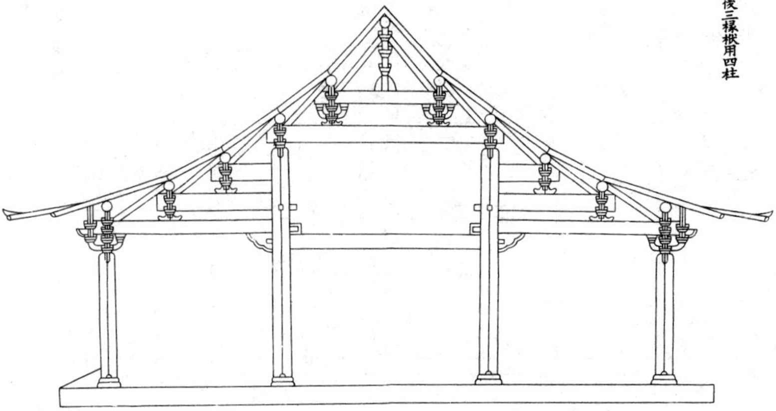

图31-10　十架椽屋前后三椽栿用四柱

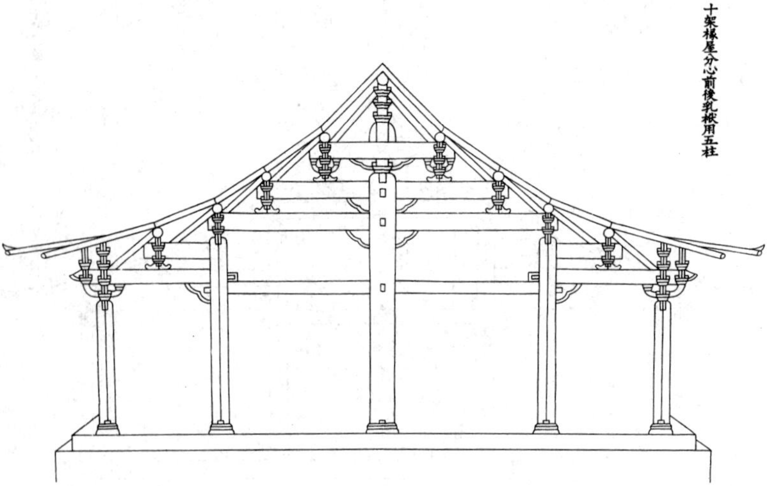

图31-11　十架椽屋分心前后乳栿用五柱

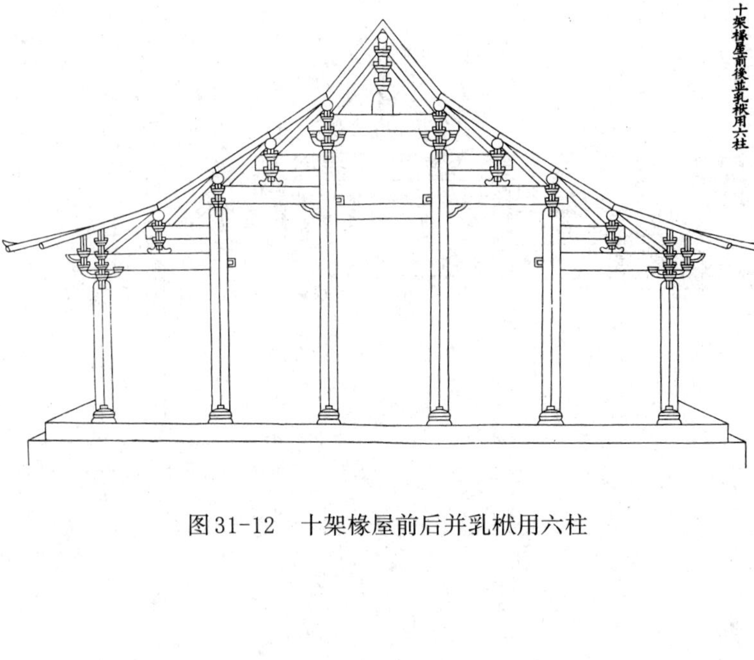

图31-12　十架椽屋前后并乳栿用六柱

十架椽屋前後各劄牽乳栿用六柱

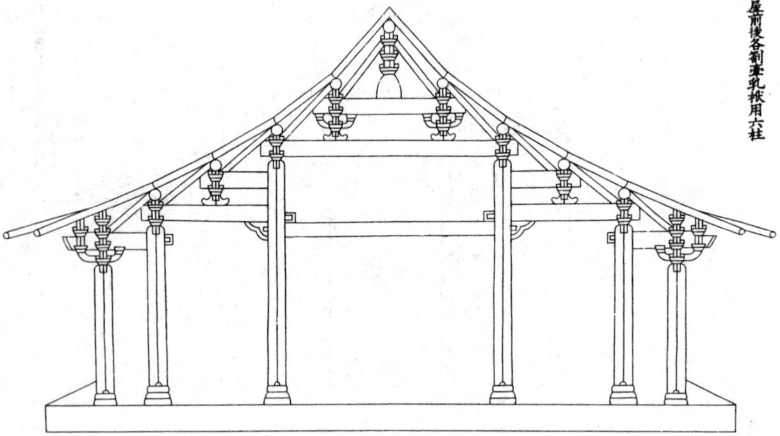

图 31-13　十架椽屋前后各劄牵、乳栿用六柱

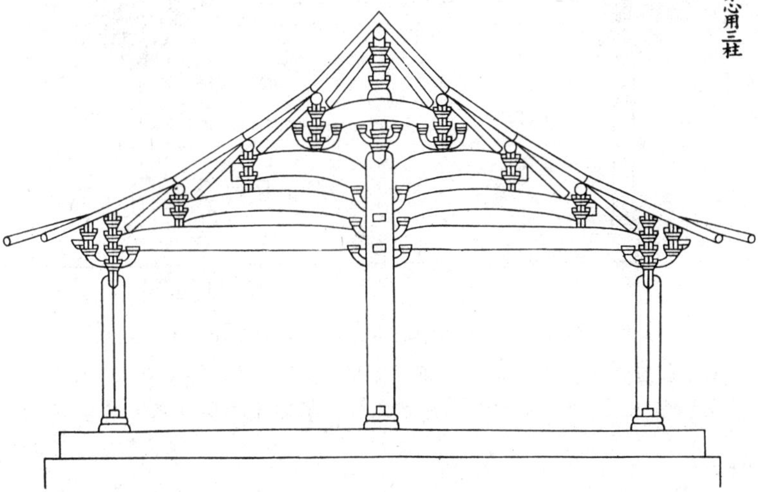

图31-14　八架椽屋分心用三柱

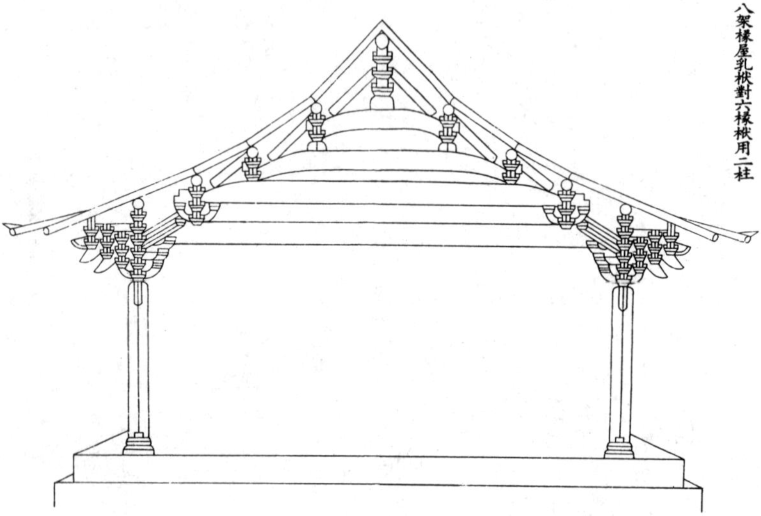

图31-15　八架椽屋乳栿对六椽栿用三柱

注：原图如此。其图与文均有误，图中少画一柱，其文应为“八架椽屋乳栿对六椽栿用三柱”。参见梁注本此图及其标注。（如下图）

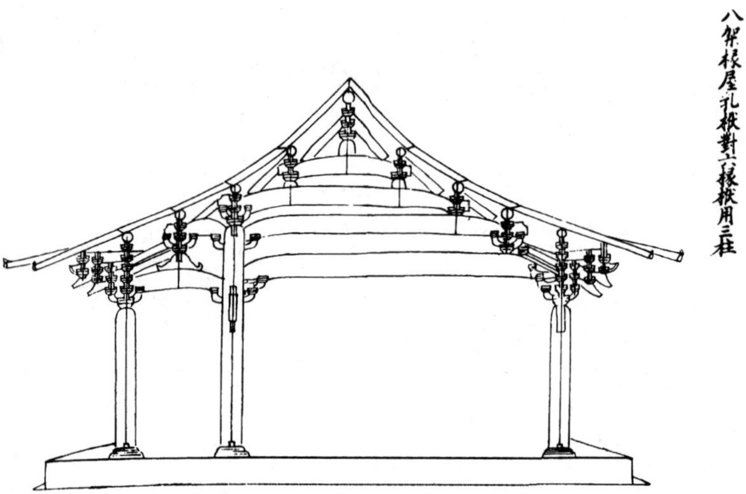

图31-16　八架椽屋前后乳栿用四柱

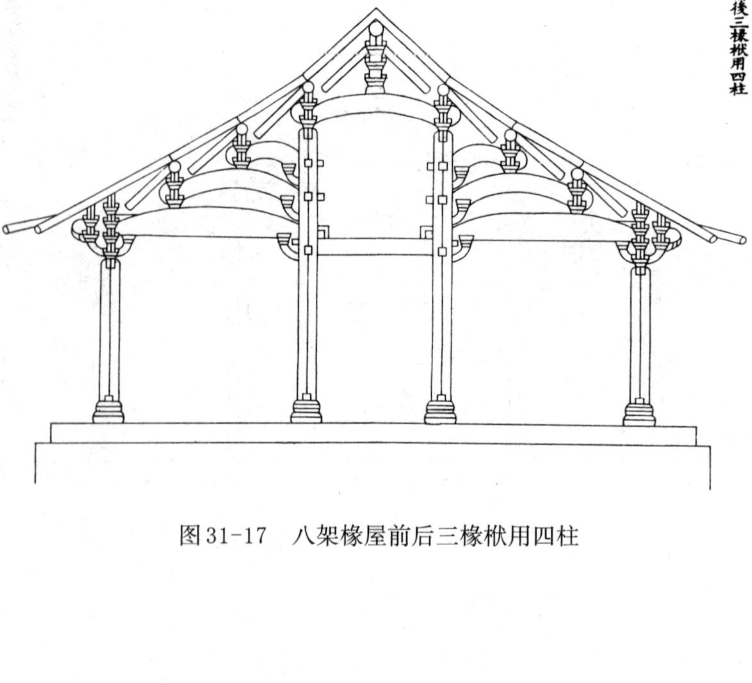

图31-17　八架椽屋前后三椽栿用四柱

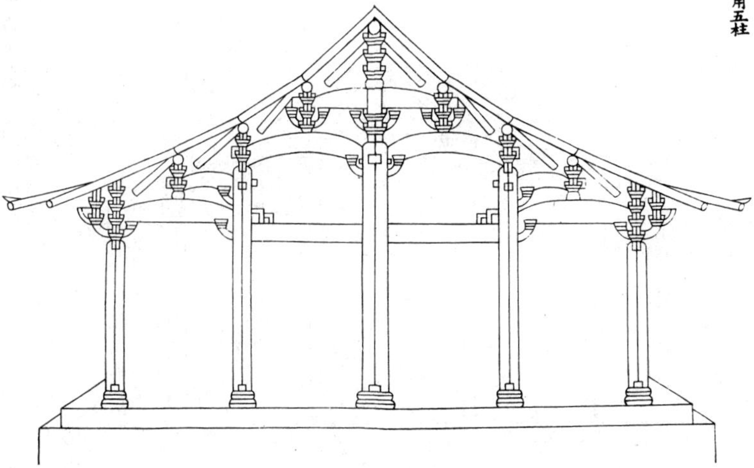

图31-18　八架椽屋分心乳栿用五柱

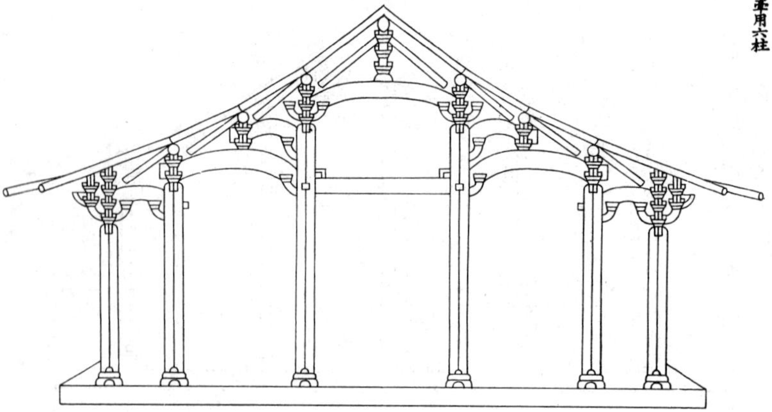

八架椽屋前後劄牽用六柱

图 31-19　八架椽屋前后劄牵用六柱

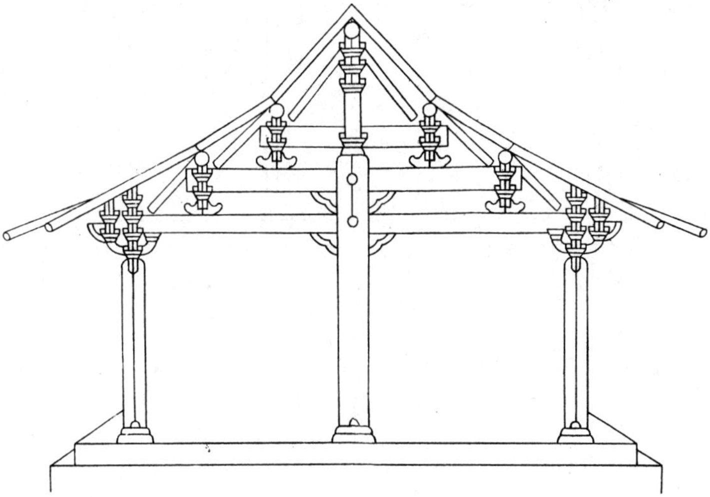

图31-20　六架椽屋分心用三柱

六架椽屋乳栿對四椽栿用四柱

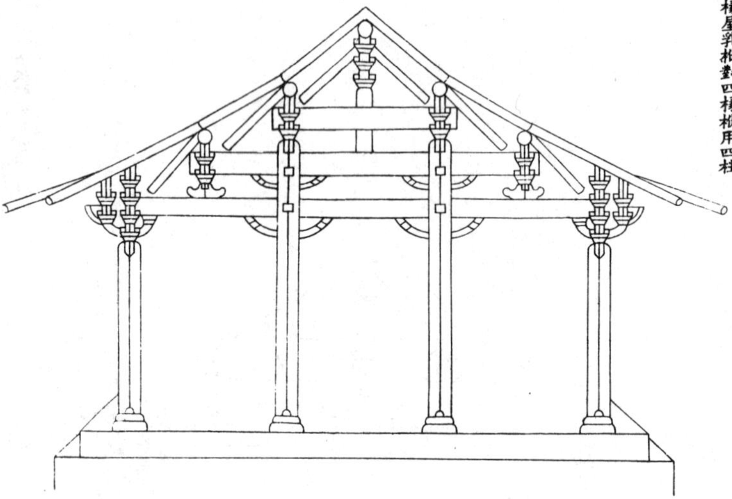

图31-21　六架椽屋乳栿对四椽栿用三柱

注：原图如此。其图与文均有误，图中多画一柱，其文应为“六架椽屋乳栿对四椽栿用三柱”。参见梁注本此图及其标注。（如下图）

六架椽屋乳栿對四椽栿用三柱

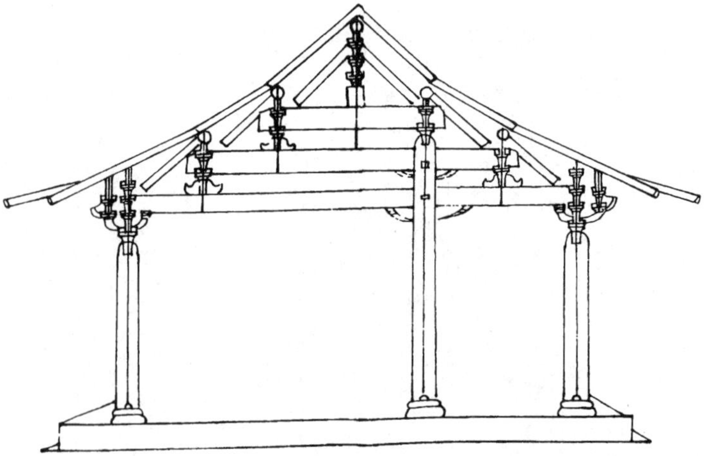

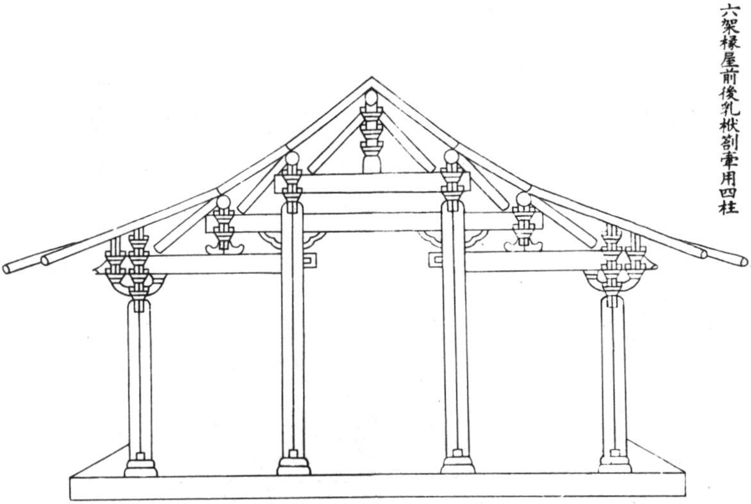

图31-22　六架椽屋前乳栿、后劄牵用四柱

注：原图如此。其图与文均有误，图中的一根屋内柱位置有误，其文应为“六架椽屋前乳栿、后劄牵用四柱”。参见梁注本此图及其标注。（如下图）

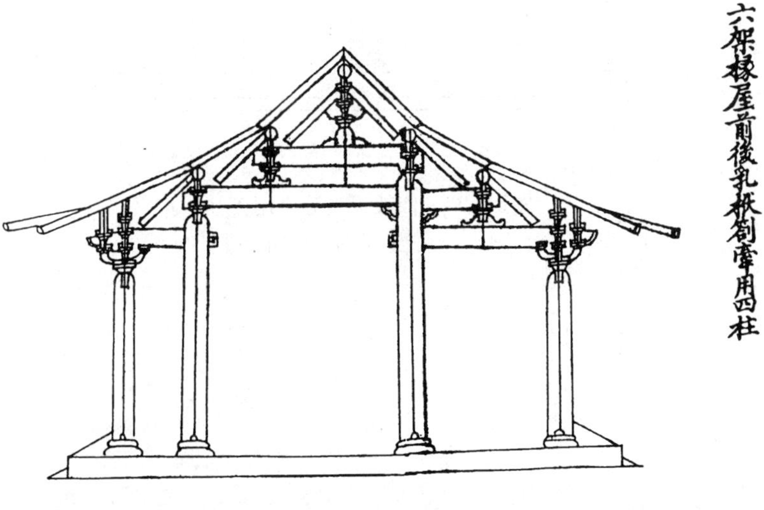

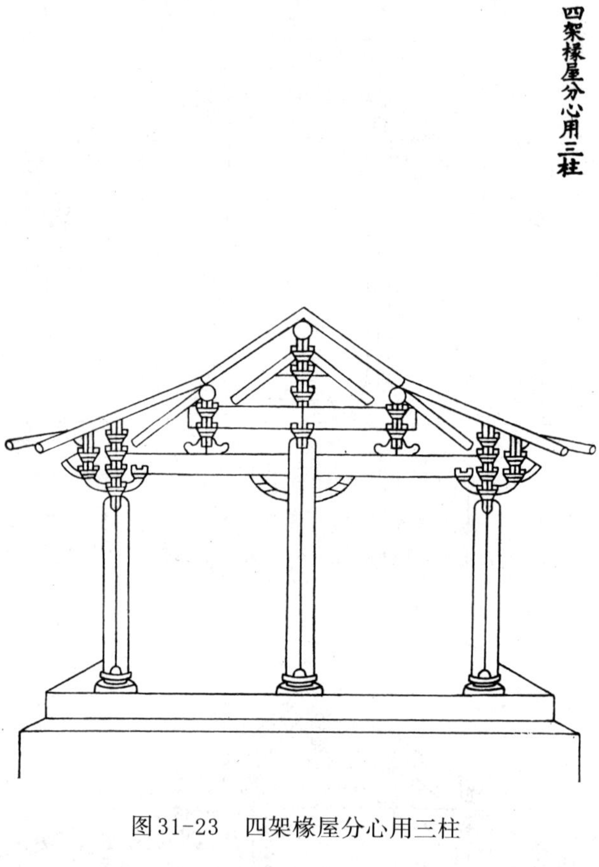

图31-23　四架椽屋分心用三柱

四架椽屋劄牽二椽栿用三柱

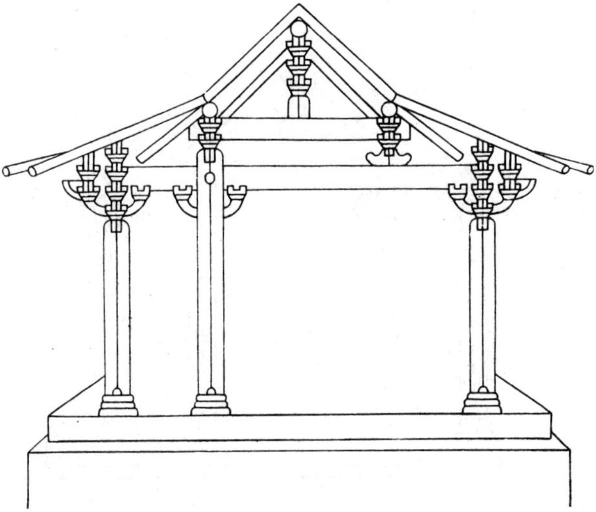

图31-24　四架椽屋劄牵二（三）椽栿用三柱

四架椽屋分心劄牵用四柱

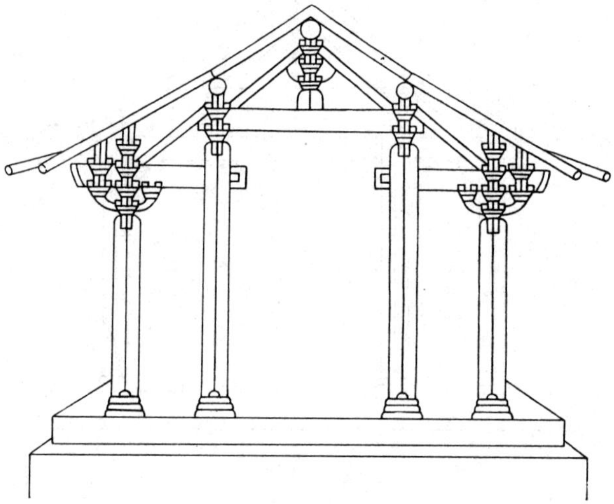

图31-25　四架椽屋分心劄牵用四柱

四架椽屋通檐用二柱

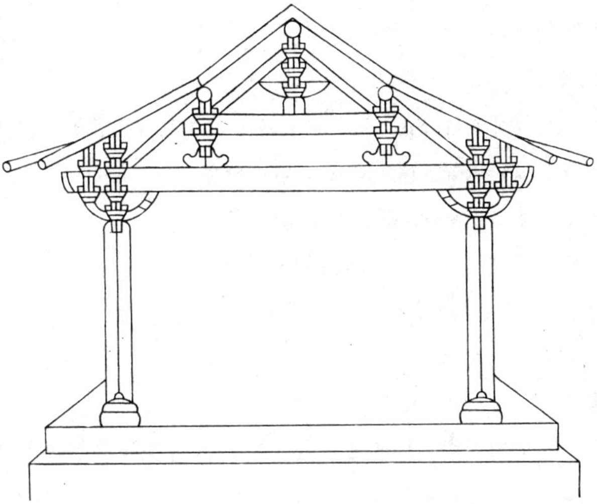

图31-26　四架椽屋通檐用二柱

卷第三十一附　大木作制度图样下

大木作制度图样下

殿阁地盘分[心]槽第十

殿堂等八铺作副阶六铺作双槽斗底槽准此，下双槽同草架侧样第十一

殿堂等七铺作副阶五铺作双槽草架侧样第十二

殿堂五铺作副阶四铺作单槽草架侧样第十三

殿堂等六铺作分[心]槽草架侧样第十四

厅堂等自十架椽至四架椽间缝内用梁柱第十五

【题解】

与卷第三十附一样，卷第三十一附也是陶湘先生委托清代官工匠师贺新赓等，对应《法式》卷第三十一，即“大木作制度图样下”中的图例，并依据自己熟悉的清代大木营造做法，重新绘制，并附以相应的清式建筑名词术语加以解释。

与《法式》卷第三十一所列标题对应，卷第三十一附中也包括了：

1.殿阁地盘分[心]槽第十；

2.殿堂等八铺作（副阶六铺作）双槽（斗底槽准此，下双槽同）草架侧样第十一；

3.殿堂等七铺作（副阶五铺作）双槽草架侧样第十二；

4.殿堂五铺作（副阶四铺作）单槽草架侧样第十三；

5.殿堂等六铺作分[心]槽草架侧样第十四；

6.厅堂等(自十架椽至四架椽)间缝内用梁柱第十五。

此外，在与《大木作制度图样下》相对应的这些图之后，陶先生还请工匠在卷第三十一附末尾又补了4页图。其前两页有注："此为卷三十四彩画作制度图样枓栱今式之一，梁椽、飞子同。(按彩色可以因时制宜而木架今昔略异，附图二篇以明之。)"后两页亦有注："此为卷三十四彩画作制度图样枓栱今式之二，梁椽、飞子同。"可知，这里的4页图样，是对《法式》卷第三十四彩画作制度中所绘枓栱、梁椽、飞子的一个对应性补充。绘图者明确说，这些图皆为今日枓栱及梁椽、飞子式样，可与《法式》卷第三十四中所绘宋式枓栱、梁椽、飞子等做一个比较，由此也略可见陶湘先生与参与绘图的清代官工匠师们，为了帮助时人弄懂《法式》的内容，确实是用心良苦。

遗憾的是，由于时代的差异，即使是这些经验丰富的清代官工匠师，因为没有真正弄懂《法式》中所阐述的宋代大木结构的基本特点，其图中还是出现了诸多讹误。首先是，《法式》卷第三十一原图中就有一些明显的错误，如卷第三十一图31-7，原图为"殿堂五铺作(副阶四铺作)单槽草架侧样第十三"，该图为一座单槽草架侧样图，其剖面图中的殿身之内应该仅有一根内柱，《法式》卷第三十一该图却错画成了二根内柱。

同样，卷第三十一图31-15，原图为"八架椽屋乳栿对六椽栿用二柱"，这一图幅的标题已经错了，其原图同样也是错的。以其文"八架椽屋乳栿对六椽栿"，其剖面图中至少应该有3根柱，其标题当为"八架椽屋乳栿对六椽栿用三柱"，而其图却也只绘了前、后檐柱，即仅有两根柱，与其标题中的"乳栿对六椽栿"做法毫无关联。

《法式》卷第三十一图31-21，其图名为"六架椽屋乳栿对四椽栿用四柱"，这一图名显然也是有误的。因其图为"六架椽屋乳栿对四椽栿"，这显然是前后只需有3列柱的剖面形式，其标题却错误地指为"用四柱"，而其图也错误地绘成了有4根柱子的厅堂剖面侧样。在紧接其后的图31-22,也出现了类似的错误。这一页的图名为“六架椽屋前后乳栿、劄牵用四柱”,这一图名就是错的,因为若是前后为乳栿、劄牵,其进深已经是六步椽架了,只能采用“分心”的形式,至少需要5根柱子。若为4柱,其标题应为“六架椽屋前乳栿、后劄牵用四柱”,若依这一图名,其图应该是前为乳栿,后为劄牵的不对称形式,这里给出的图,却是前后皆为乳栿的对称形式,可见,其讹误是显而易见的。

当然,《法式》卷第三十一原图,还有一些错误,这里就不一一列举了。梁思成先生的《〈营造法式〉注释》中,已经将这些错误一一纠正了过来,陈明达先生在其点注本中也将这些错误一一标记了出来。显然,这些都是历代藏书家传抄誊摹中,因不解其义误抄误描的结果,实在无可厚非。

遗憾的是,在陶湘先生特别邀请的官工匠师所重绘的具有诠释性的卷第三十一附中诸图,同样的错误,一个不漏地又重新演绎了一遍。例如,将殿堂草架侧样中的“单槽”图绘成了“双槽”图,将厅堂之“八架椽屋乳栿对六椽栿用三柱”,同样误为“用二柱”,且亦仅绘了前后檐两柱。其他的讹误,这里不再一一列举。更为遗憾的是,其图名也有明显抄摹出错之处,如《法式》卷第三十一图31-8,其图名为“殿堂等六铺作分心槽草架侧样第十四”,被抄成了“殿堂等六铺作分槽草架侧样第十四”。这其中的原因,可能是粗心所致,但也不排除,清代工匠对宋式殿堂平面中的殿阁“分槽”与“分心槽”两个概念,已然不很理解,故对所谓“分槽”“分心槽”“单槽”“双槽”等宋代术语究为何义,也不十分清楚,才会将“分心槽草架侧样”,标为“分槽草架侧样”,并将仅有一列屋内柱的“单槽草架侧样”图,摹绘为屋内有两根柱。

当然,我们没有资格对古人与前辈学者,特别是经验丰富的老匠师们有任何的苛责。因为,对于《法式》这样一部充满奥秘的古代屋木营造大书,研究它、理解它、解释它,是一件几乎穿透20世纪大半个世纪的学术大事,也是朱启钤、陶湘、梁思成、刘敦桢以及陈明达、傅熹年、徐伯安等学者,数十年筚路蓝缕所追求的学术目标。特别是梁思成先生,几乎用了大半生的时间与精力,历经艰辛、锲而不舍完成的《〈营造法式〉注释》,才终于揭开了这部古代屋木营造大书的神秘面纱。

从这一角度观察,陶湘先生及其委托的清代官工老匠师,只是这一世纪性学术探索的最初尝试。其中出现一点瑕疵与讹误,也正反映了在上世纪初那个时代,对《法式》的研究,既是一件迫在眉睫的事情,也是一个几如盲人摸象一般的艰难探索过程。我们今日能够稍稍弄懂一点其中的内涵,正是得益于由朱启钤先生开启,并由陶湘、梁思成、刘敦桢等先生不懈努力才达成的这样一个发掘与探究中国古代建筑奥秘与规律的世纪探索的伟大成果。

殿阁地盘分[心]槽第十

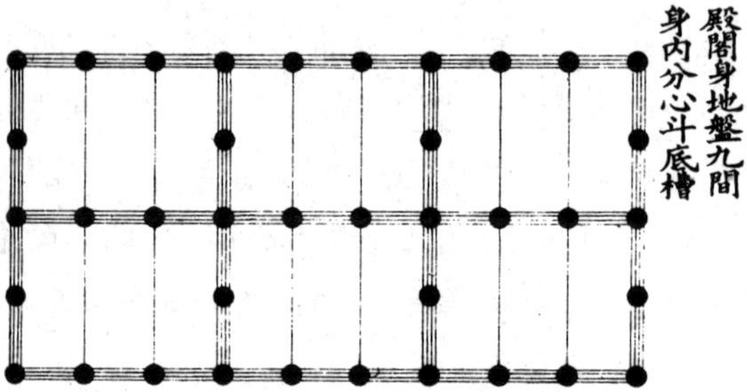

图31附-1　殿阁身地盘九间身内分心斗底槽

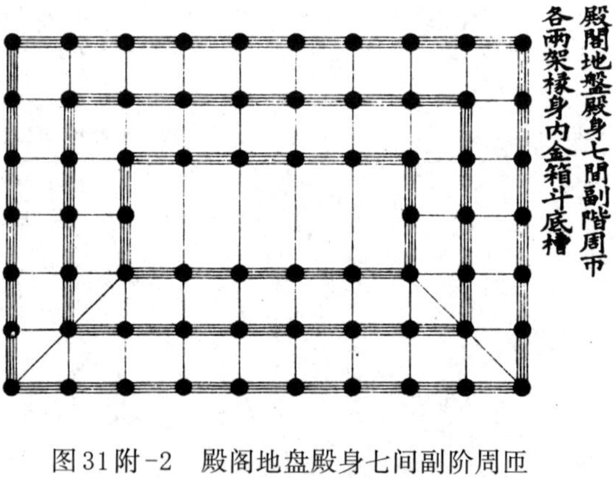

图31附-2　殿阁地盘殿身七间副阶周匝
各两架椽身内金箱斗底槽

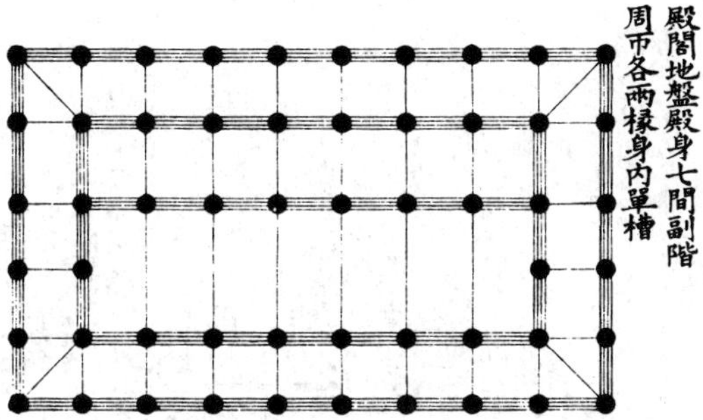

图31附-3　殿阁地盘殿身七间副阶
周匝各两椽身内单槽

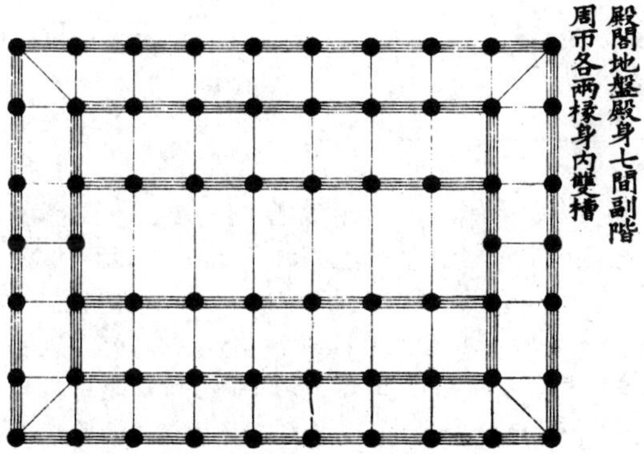

图31附-4　殿阁地盘殿身七间副阶
周匝各两椽身内双槽

殿堂等八铺作副阶六铺作双槽斗底槽准此，下双槽同

草架侧样第十一

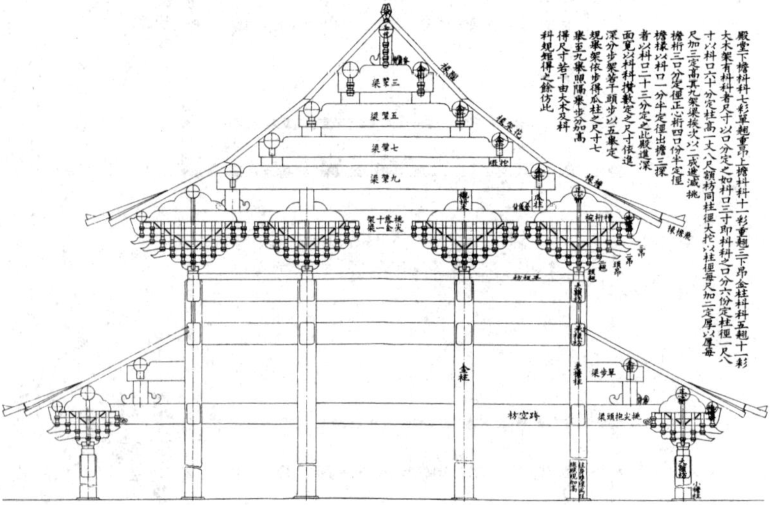

图31附-5　殿堂等八铺作副阶六铺作双槽斗底槽准此。下双槽同。草架侧样　殿堂下檐科科七彩（踩）单翘，重昂上檐科科十一彩（踩）重翘三下昂。金柱科科五翘十一彩（踩）。大木架有科科者，尺寸以口分定之。如科口三寸，即科科之口分六份，定柱径一尺八寸。以科口六十分，定柱高一丈八尺。额枋同柱径。大柁以柱径每尺加二定厚，以厚每尺加三定高。其九架梁挨次以二成递减，挑檐桁三口分定径，正心桁四口份半定径，檐椽以科口一分半定径。出檐三探者，以科口二十三分定之。此殿进深面宽以科科攒数定之，尺寸依进深分步架若干，头步以五举定规，举架依步得瓜柱之尺寸，七举至九举照隔举步分加高得尺寸若干，由大木及科科规矩得之。余仿此。

殿堂等七铺作副阶五铺作双槽草架侧样第十二

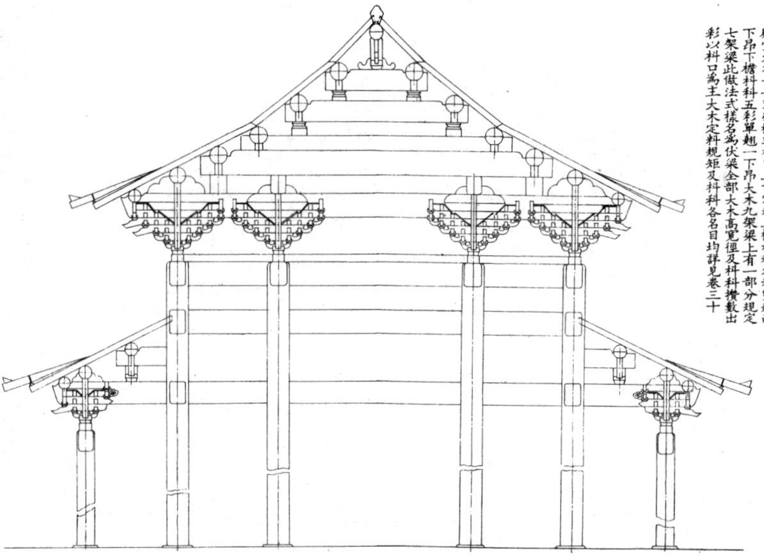

图31附-6　殿堂等七铺作副阶五铺作双槽草架侧样　殿堂大木十一架梁样式枓口三寸定规。上檐枓科九彩（踩）双翘两下昂，下檐枓科五彩（踩）单翘一下昂，大木九架梁上有一部分规定七架梁，此做法式样名为“伏梁”。全部大木高宽径及枓科攒数出彩（踩），以枓口为主。大木定料规矩及枓科各名目，均详见卷三十。

殿堂五铺作副阶四铺作单槽草架侧样第十三

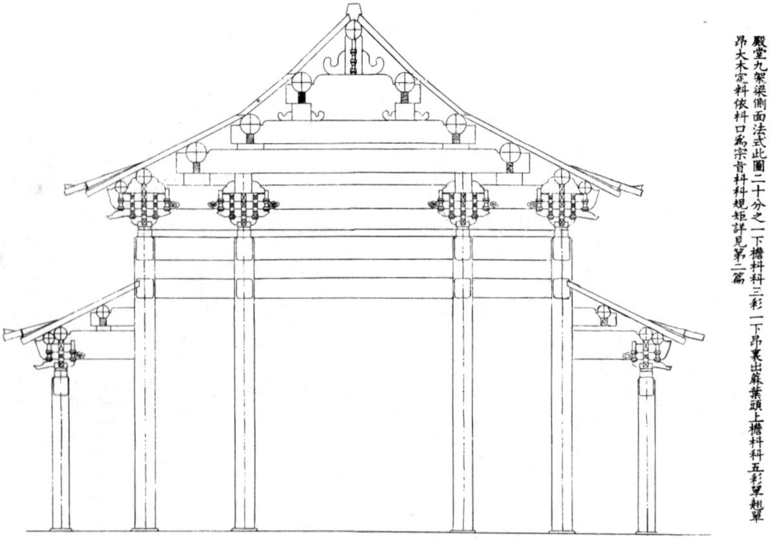

图31附-7　殿堂五铺作副阶四铺作单槽草架侧样　殿堂九架梁侧面法式，此图二十分之一。下檐枓科三彩（跴）一下昂里出麻叶头，上檐枓科五彩（跴）单翘单昂，大木定料依枓口为宗旨。枓科规矩详见第二篇。

殿堂等六铺作分[心]槽草架侧样第十四

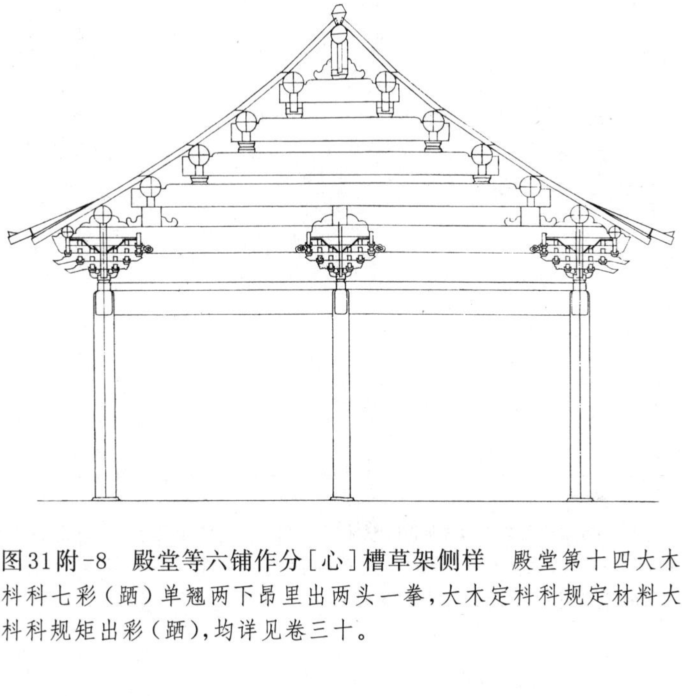

殿堂第十四大木十一架梁枓科七彩單翹兩下昂裏出兩頭一拳大木定枓科規
定材料大小若干及枓科規矩出彩均詳見卷三十

图31附-8　殿堂等六铺作分[心]槽草架侧样　殿堂第十四大木十一架梁枓科七彩(踩)单翘两下昂里出两头一拳,大木定枓科规定材料大小若干及枓科规矩出彩(踩),均详见卷三十。

厅堂等自十架椽至四架椽间缝内用梁柱第十五

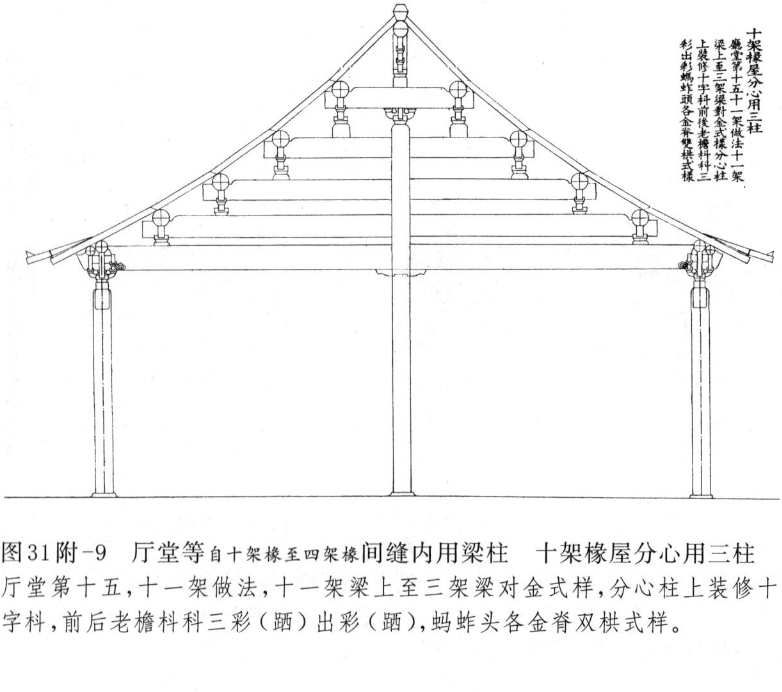

图31附-9　厅堂等自十架椽至四架椽间缝内用梁柱　十架椽屋分心用三柱厅堂第十五，十一架做法，十一架梁上至三架梁对金式样，分心柱上装修十字科，前后老檐科科三彩（踩）出彩（踩），蚂蚱头各金脊双栱式样。

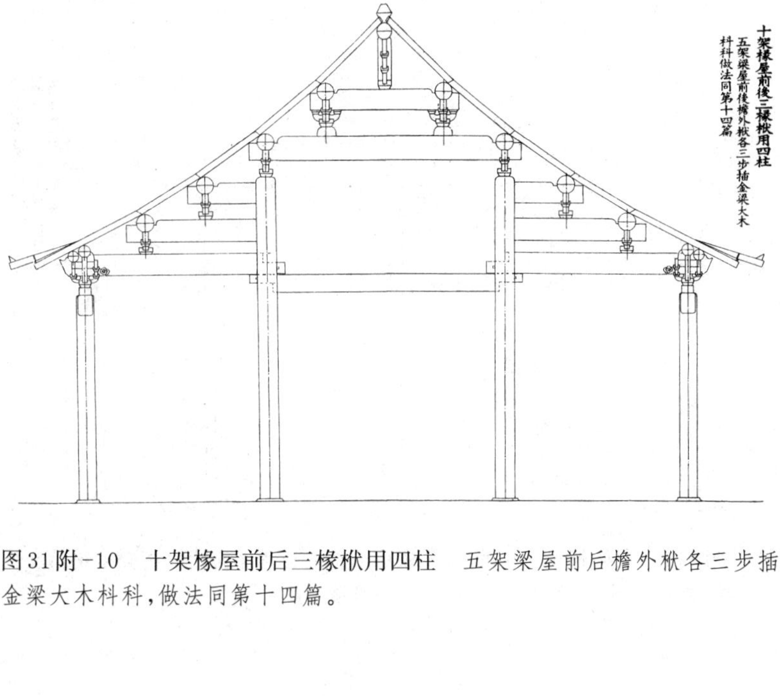

图31附-10　十架椽屋前后三椽栿用四柱　五架梁屋前后檐外栿各三步插金梁大木料科，做法同第十四篇。

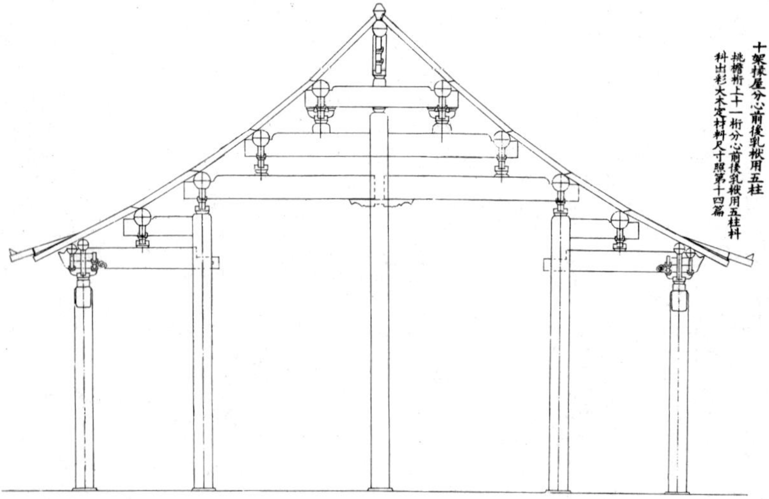
十架椽屋分心前後乳栿用五柱
挑檐桁上十一桁分心前後乳栿用五柱枓
科出彩大木定材料尺寸照第十四篇

图31附-11　十架椽屋分心前后乳栿用五柱　挑檐桁上十一桁分心前后乳栿用五柱，枓科出彩（踩），大木定材料尺寸，照第十四篇。

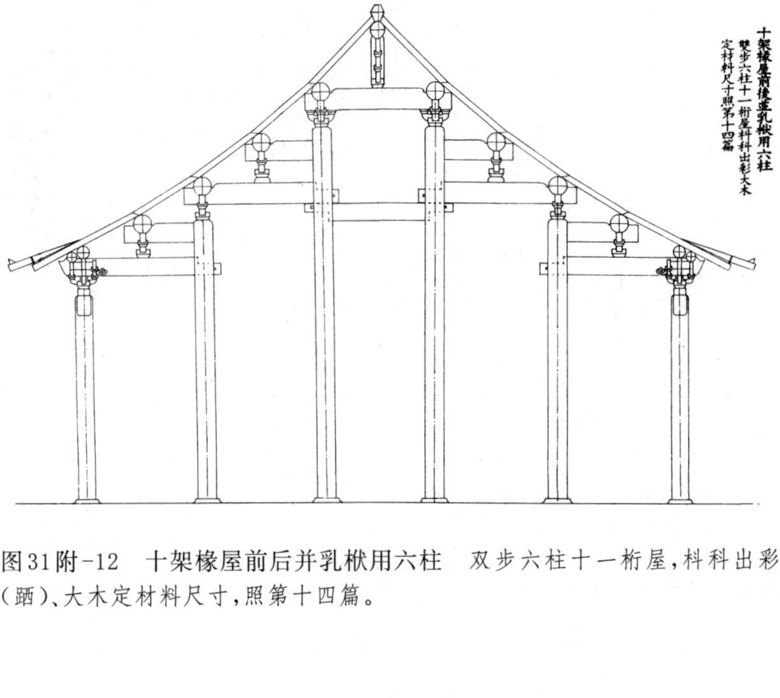

图31附-12　十架椽屋前后并乳栿用六柱　双步六柱十一桁屋，枓科出彩(踩)、大木定材料尺寸，照第十四篇。

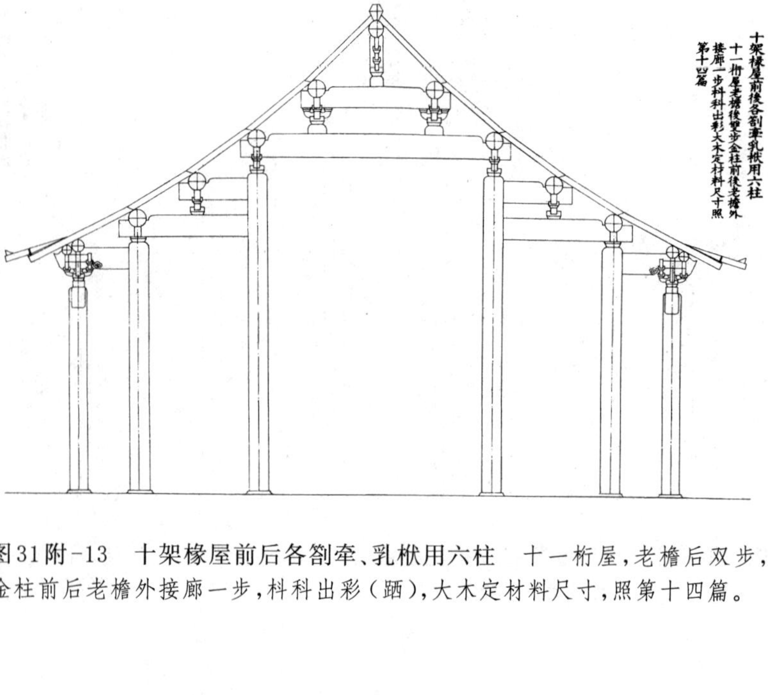

图31附-13　十架椽屋前后各劄牵、乳栿用六柱　十一桁屋，老檐后双步，金柱前后老檐外接廊一步，枓科出彩（跴），大木定材料尺寸，照第十四篇。

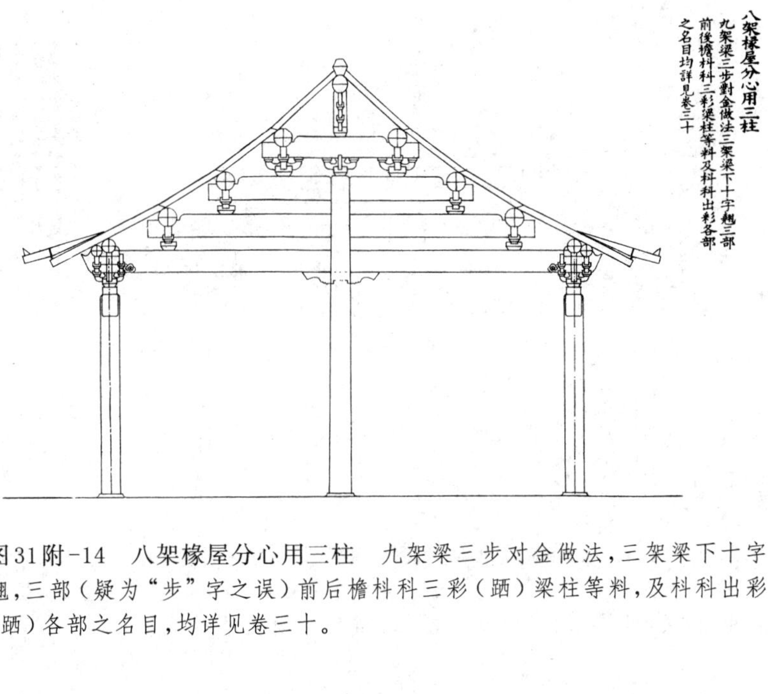

八架椽屋分心用三柱
九架梁三步對金做法三架梁下十字䎱三部
前後檐枓科三彩梁柱等料及枓科出彩各部
之名目均詳見卷三十

图31附-14　八架椽屋分心用三柱　九架梁三步对金做法，三架梁下十字翘，三部（疑为“步”字之误）前后檐枓科三彩（跴）梁柱等料，及枓科出彩（跴）各部之名目，均详见卷三十。

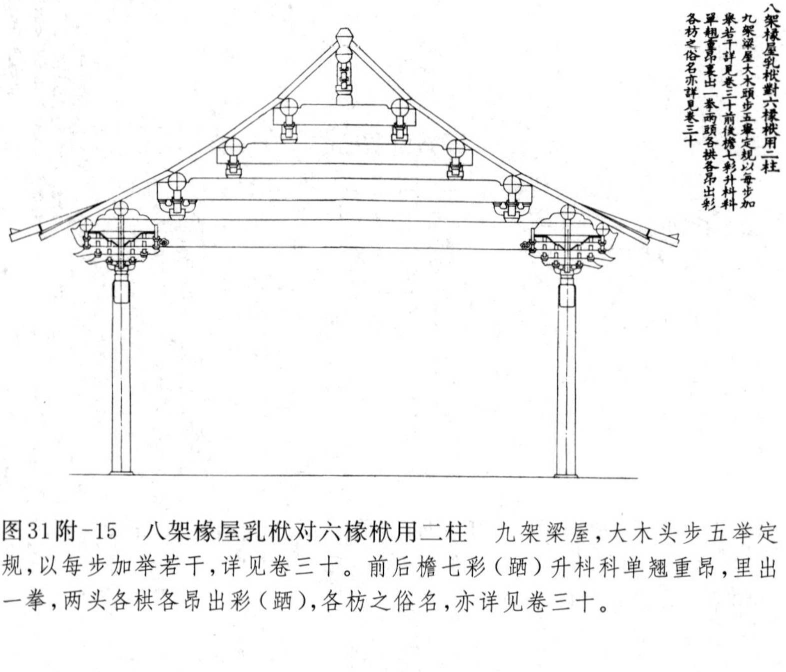

八架椽屋乳栿對六椽栿用二柱
九架梁屋大木頭步五舉定規以每步加
舉若干詳見卷三十前後檐七彩升料料
單翹重昂裏出一拳兩頭各栱各昂出彩
各枋之俗名亦詳見卷三十

图31附-15　八架椽屋乳栿对六椽栿用二柱　九架梁屋，大木头步五举定规，以每步加举若干，详见卷三十。前后檐七彩（踩）升料科单翘重昂，里出一拳，两头各栱各昂出彩（踩），各枋之俗名，亦详见卷三十。

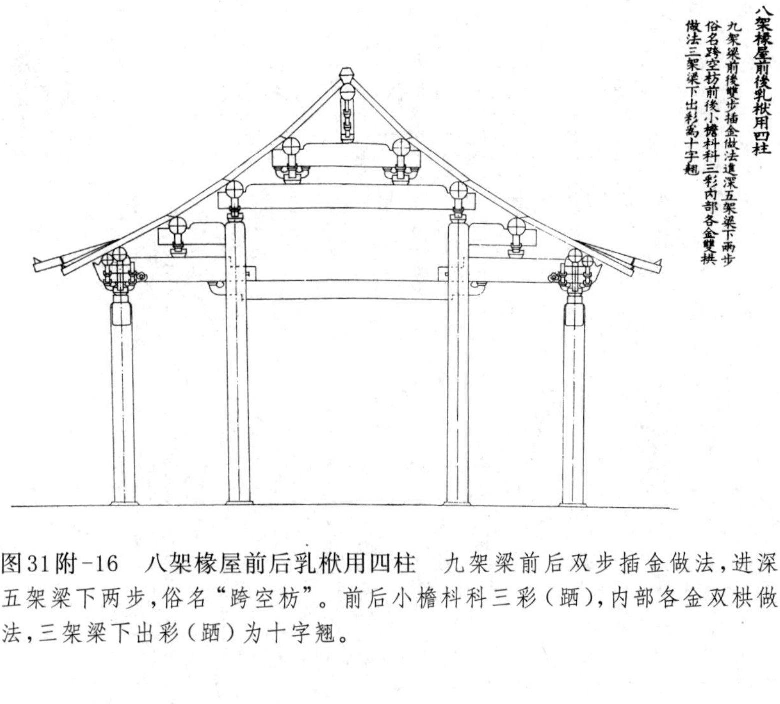

图31附-16　八架椽屋前后乳栿用四柱　九架梁前后双步插金做法，进深五架梁下两步，俗名“跨空枋”。前后小檐料科三彩（踩），内部各金双栱做法，三架梁下出彩（踩）为十字翘。

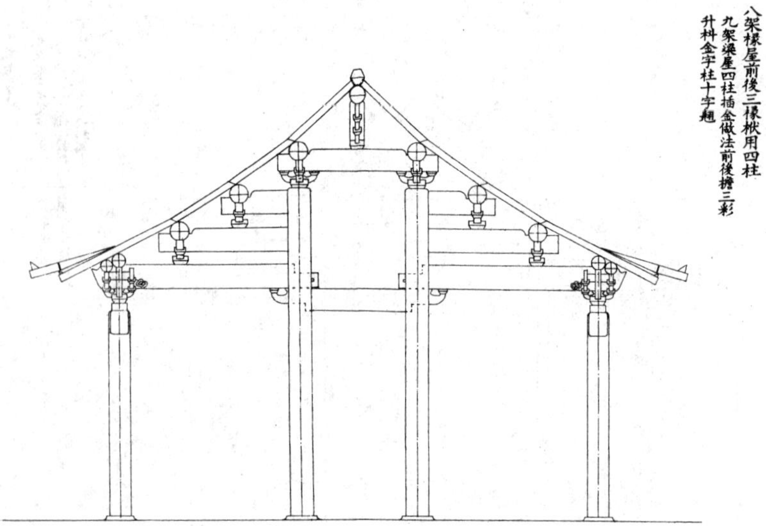
八架椽屋前後三椽栿用四柱
九架梁屋四柱插金做法前後擔三彩
升科金字柱十字翘

图31附-17　八架椽屋前后三椽栿用四柱　九架梁屋四柱插金做法，前后檐三彩（踩）升料，金柱十字翘。

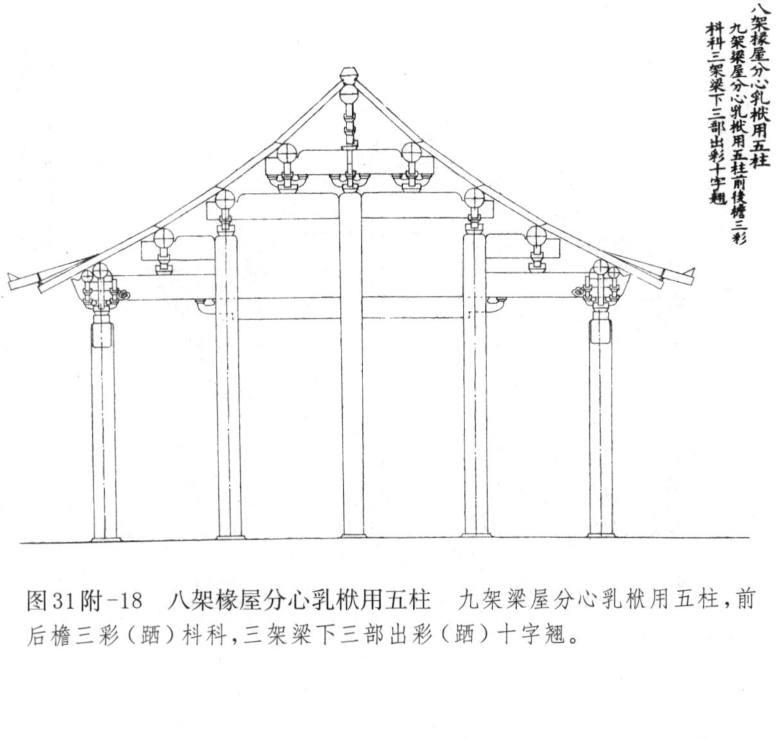
八架椽屋分心乳栿用五柱
九架梁屋分心乳栿用五柱前後檐三彩枓科三架梁下三部出彩十字翅

图31附-18　八架椽屋分心乳栿用五柱　九架梁屋分心乳栿用五柱，前后檐三彩（跴）枓科，三架梁下三部出彩（跴）十字翘。

八架椽屋前後劄牽用六柱

九架梁屋進深六柱前後檐用三彩枓科

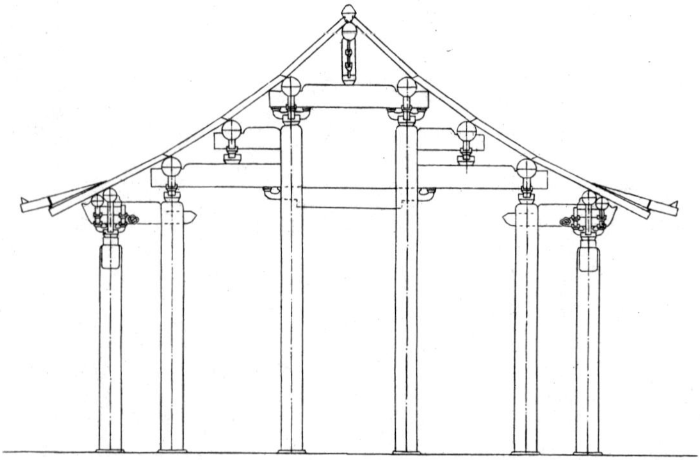

图31附-19　八架椽屋前后劄牵用六柱　九架梁屋进深六柱，前后檐用三彩（踩）枓科。

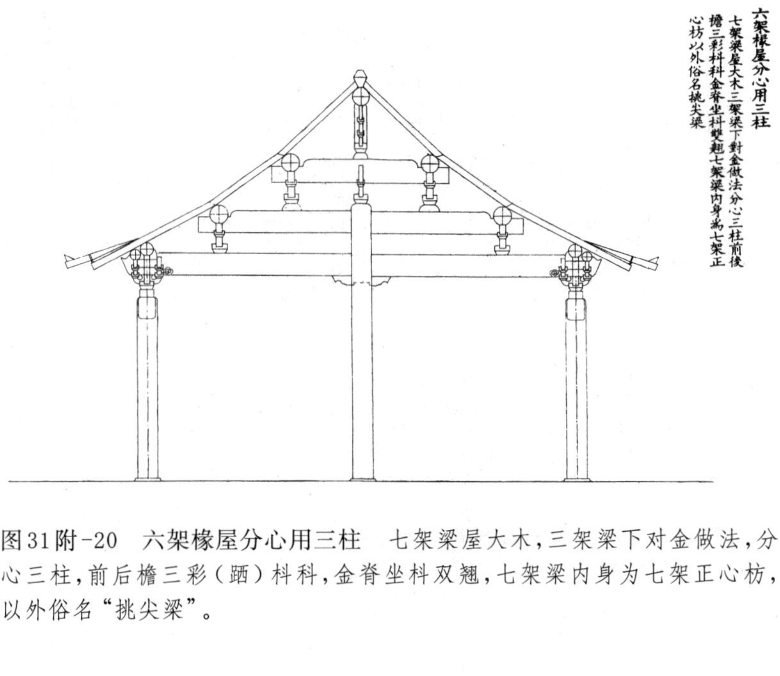

六架椽屋分心用三柱
七架梁屋大木三架梁下對金做法分心三柱前後
檐三彩枓科金脊坐枓雙翘七架梁内身爲七架正
心枋以外俗名挑尖梁

图31附-20　六架椽屋分心用三柱　七架梁屋大木，三架梁下对金做法，分心三柱，前后檐三彩（跴）枓科，金脊坐枓双翘，七架梁内身为七架正心枋，以外俗名“挑尖梁”。

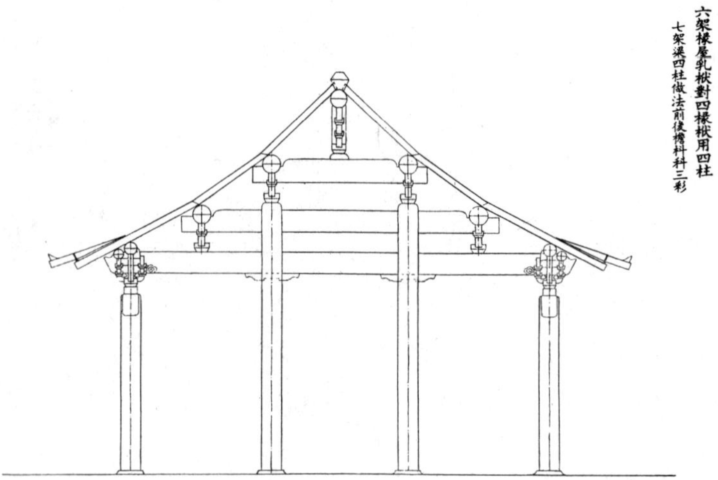

六架椽屋乳栿對四椽栿用四柱
七架梁四柱做法前後檐枓科三彩

图31附-21　六架椽屋乳栿对四椽栿用四柱　七架梁四柱做法，前后檐枓科三彩（晒）。

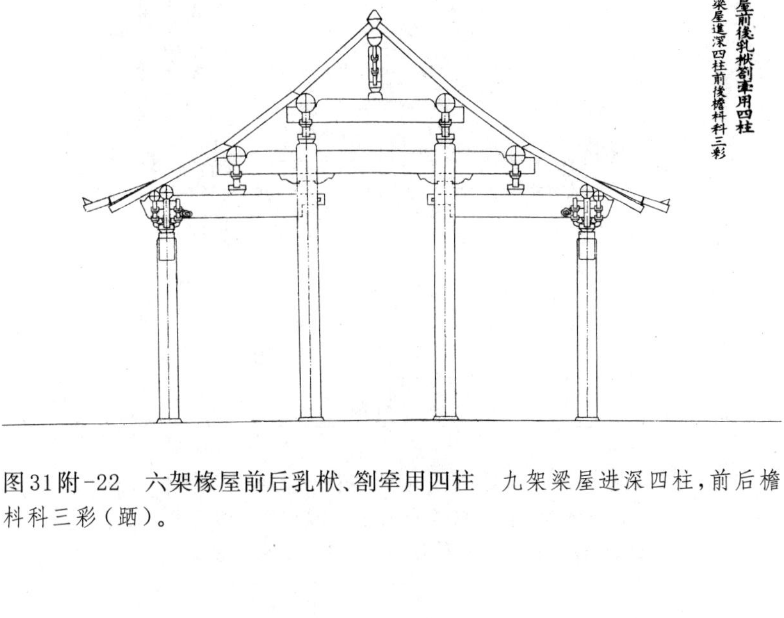

图31附-22　六架椽屋前后乳栿、劄牵用四柱　九架梁屋进深四柱，前后檐枓科三彩（踊）。

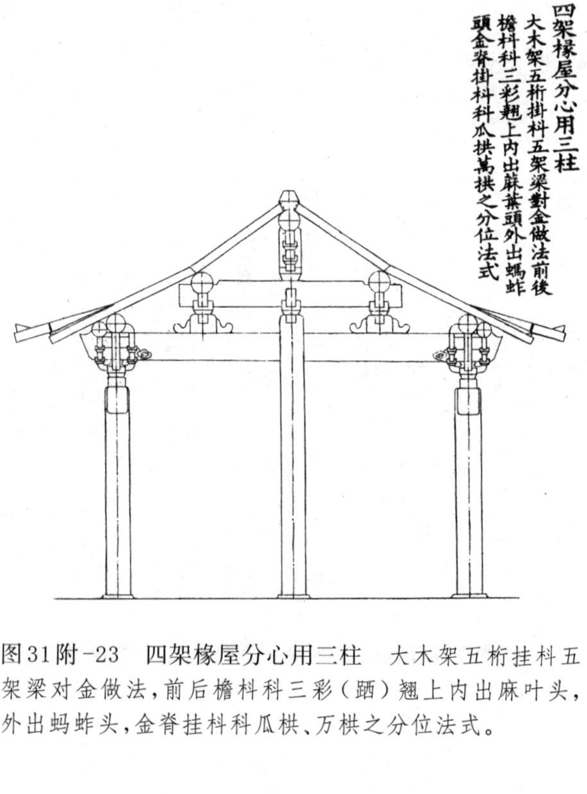
四架椽屋分心用三柱
大木架五桁掛枓五架梁對金做法前後
檐枓科三彩翹上內出麻葉頭外出螞蚱
頭金脊掛枓科瓜拱萬拱之分位法式

图31附-23　四架椽屋分心用三柱　大木架五桁挂枓五架梁对金做法，前后檐枓科三彩（踩）翘上内出麻叶头，外出蚂蚱头，金脊挂枓科瓜栱、万栱之分位法式。

四架椽屋劄牵二椽栿用三柱

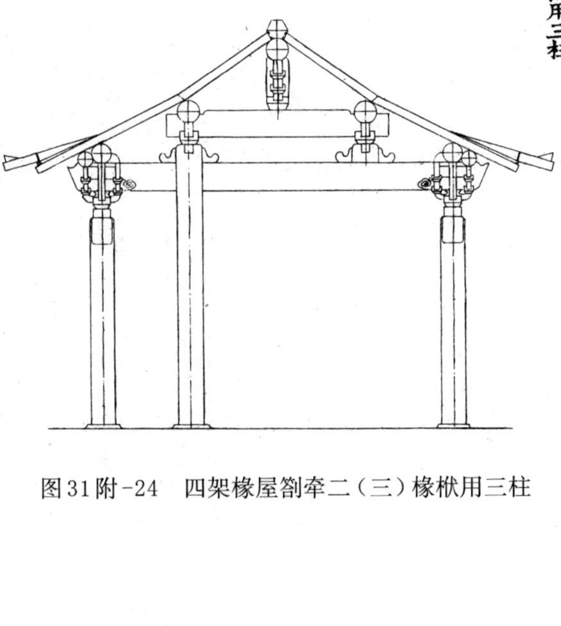

图31附-24　四架椽屋劄牵二（三）椽栿用三柱

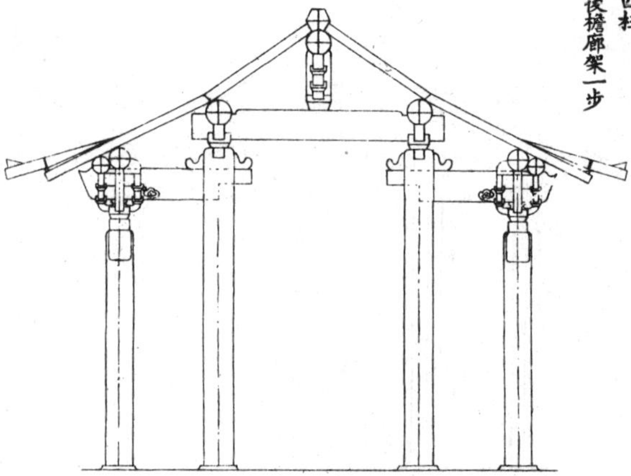
四架椽屋分心劄牵用四柱
大木架三架梁做法前後檐廊架一步
枓科同第二十篇

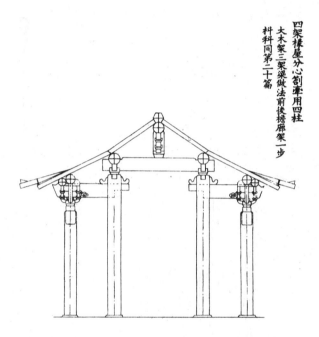

图31附-25 四架椽屋分心劄牵用四柱 大木架三架梁做法,前后檐廊架一步枓科,同第二十篇。

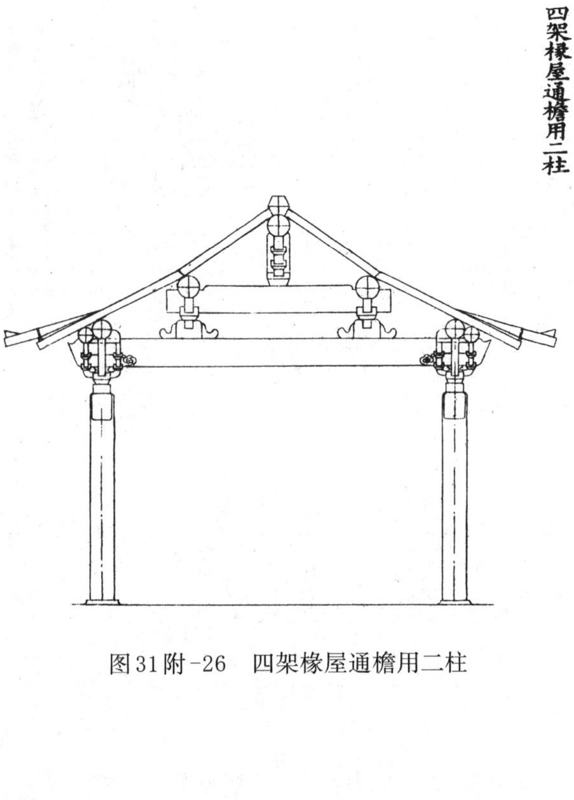

图31附-26 四架椽屋通檐用二柱

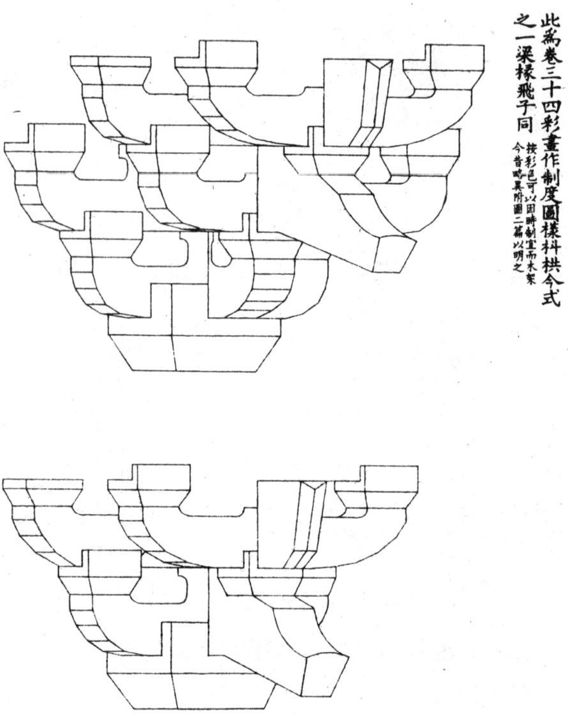

此爲卷三十四彩畫作制度圖樣枓栱今式之一梁椽飛子同
按彩色可以因時制宜而木架今昔略異附圖二篇以明之

图31附-27 此为卷三十四彩画作制度图样枓栱今式之一，梁椽、飞子同 按彩色可以因时制宜而木架今昔略异，附图二篇以明之。

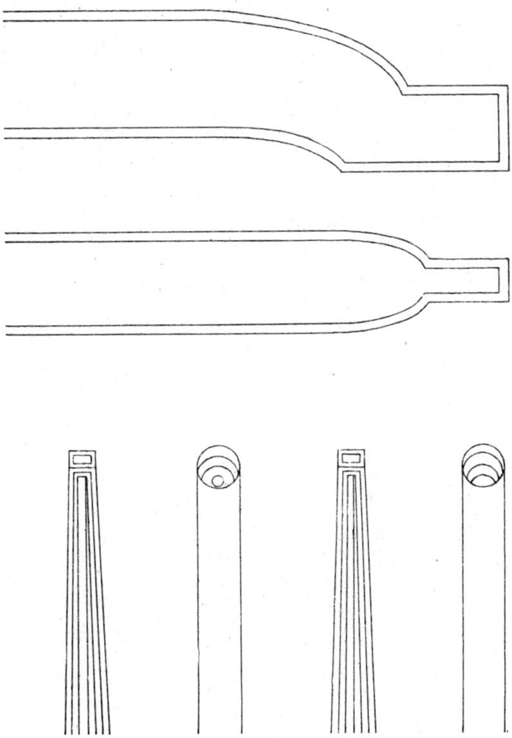

图31附-28　梁椽　飞子

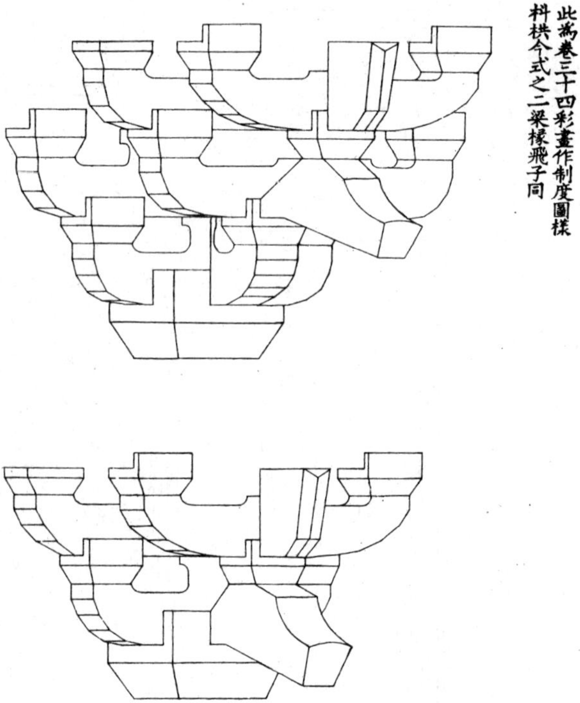

此爲卷三十四彩畫作制度圖樣
枓栱今式之二梁椽飛子同

图31附-29　此为卷三十四彩画作制度图样
枓栱今式之二,梁椽、飞子同

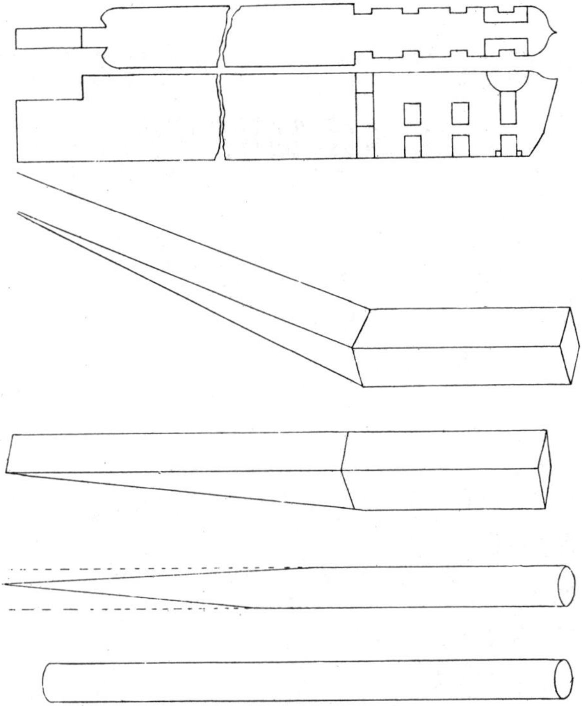

图31附-30　梁椽　飞子

卷第三十二　小木作制度图样 雕木作制度图样

【题解】

在《法式》的制度与功限部分，小木作部分的文字有10卷之多，说明其在宋式营造中所占的分量之重。但在图样部分，小木作却仅用了半卷篇幅。这或暗示了在宋代营造中，小木作诸多做法与形式，不仅普及，且较灵活多变，用官颁《法式》将诸多做法固定下来，未必是一个好办法。对应于《小木作制度一》，这里仅给出了乌头门、软门、格子门与搏风版下所施垂鱼、惹草及几种窗子的外观形态与构件细部等样例。

与《小木作制度二》相对应，本卷图例给出了房屋室内外平綦、勾阑、叉子及殿阁门亭上所悬牌匾的形式样例。关于平綦、勾阑，还给出较多不同形式的华版分格与图案，这些分格与华文图案恰恰是其文字叙述中未能充分展开的部分。从这些图样中，人们会对宋式房屋中的平綦、勾阑等有更为详细的了解。

文字描述最为复杂的佛道帐、牙脚帐、九脊小帐、壁帐及转轮经藏与壁藏等，在这里仅用了5幅具有典型样例性质的图形，就表现得十分充分。这几幅图，对于理解这几种小木作做法之繁琐细密的制度与做法，特别是了解其复杂的造型与装饰，有极大的帮助。

雕木作在制度部分所占比重不大，在图样部分也仅给出了几种化生与鸟兽雕刻，栱眼内雕插、勾阑华版、混作缠柱龙、云栱等杂样，以及平綦华版、格子门腰华版等木雕做法图形。相对于比较重视细部装饰的宋式房屋营造来说，这部分图样大约只能起到一些范例性作用。但从这些图样中，人们仍然可以感受到宋式营造中所采用的诸多雕刻手法在造型与装饰上的复杂与多样。

小木作制度图样

门窗格子门等第一垂鱼附

图32-1 版门

图32-2　乌头门

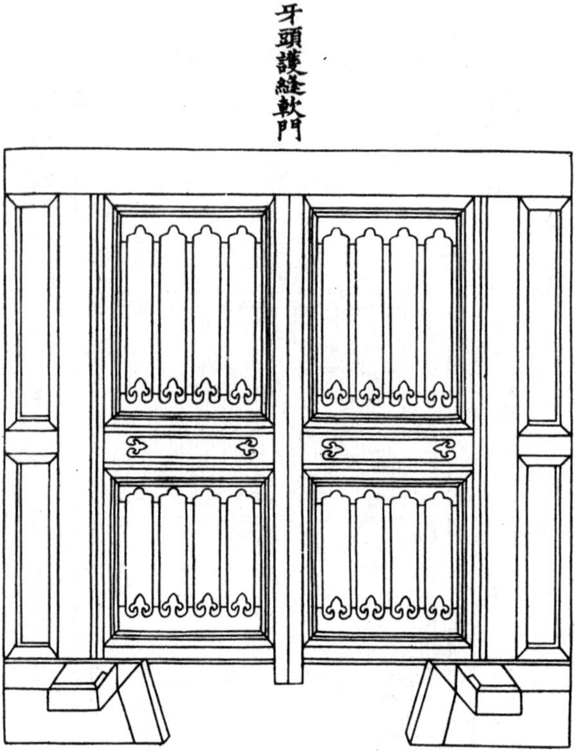

图32-3　牙头护缝软门

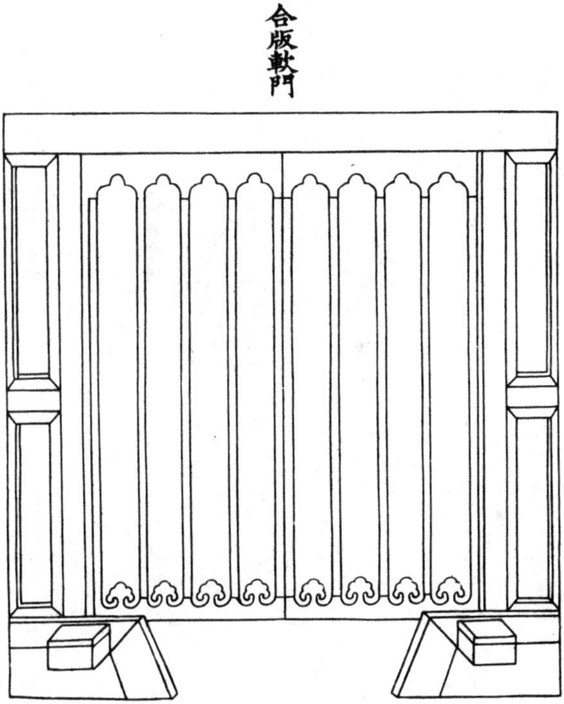

图32-4　合版软门

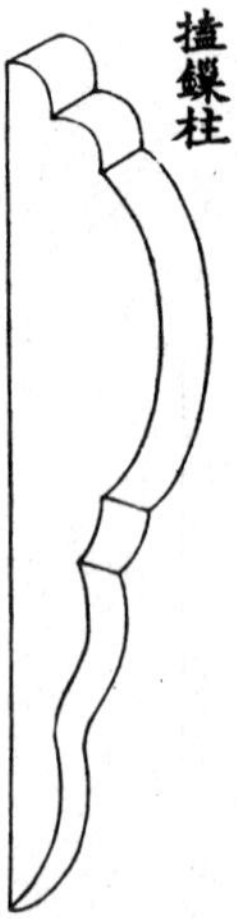

图 32-5
搕锁柱

图 32-6
承㭹楅

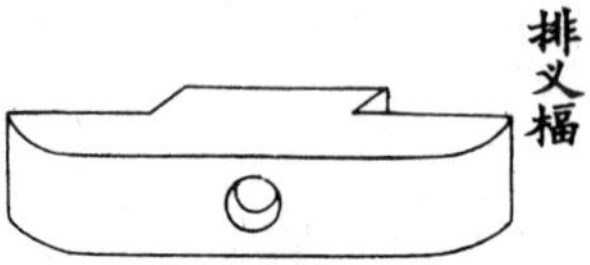

图 32-7　排叉楅

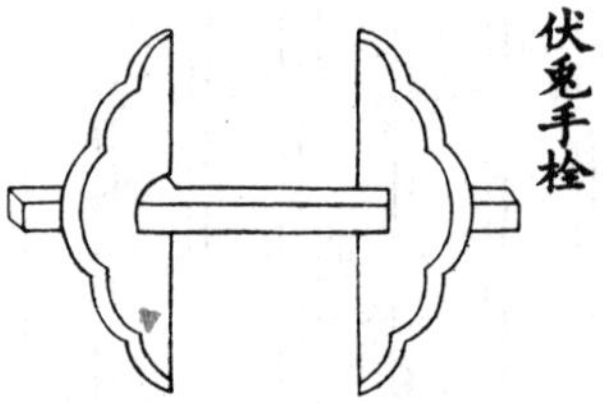

图 32-8　伏兔手栓

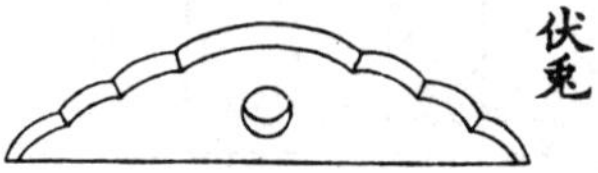

图 32-9　伏兔

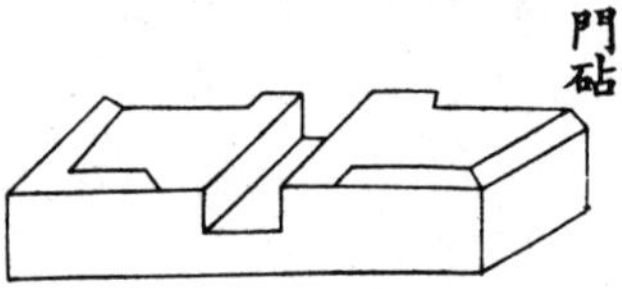

图 32-10　门砧

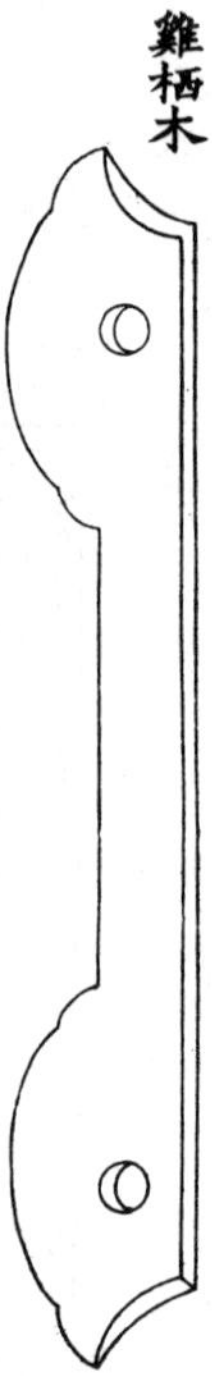

图 32-11
鸡栖木

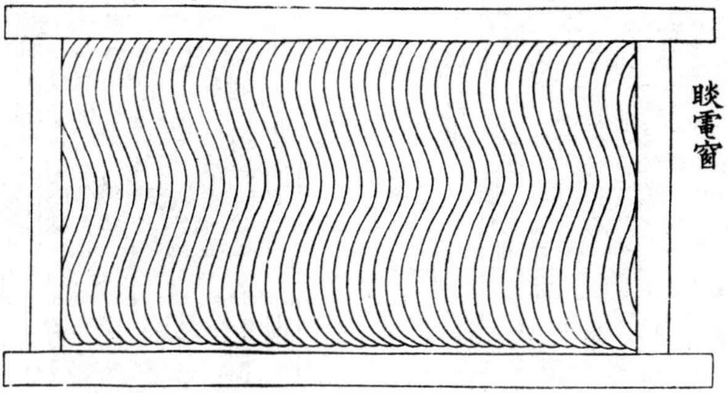

图32-12　睒电窗

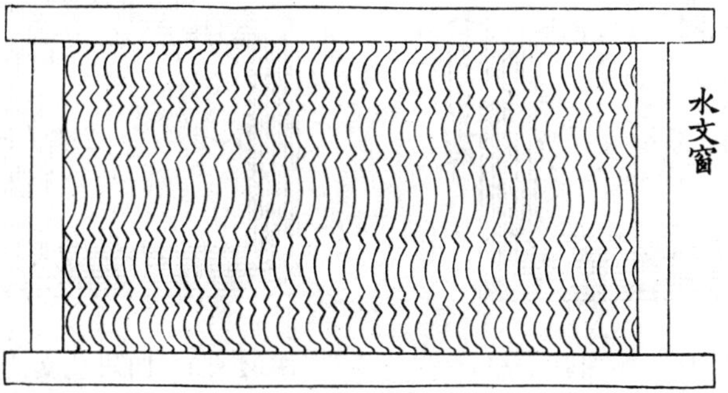

图32-13　水文窗

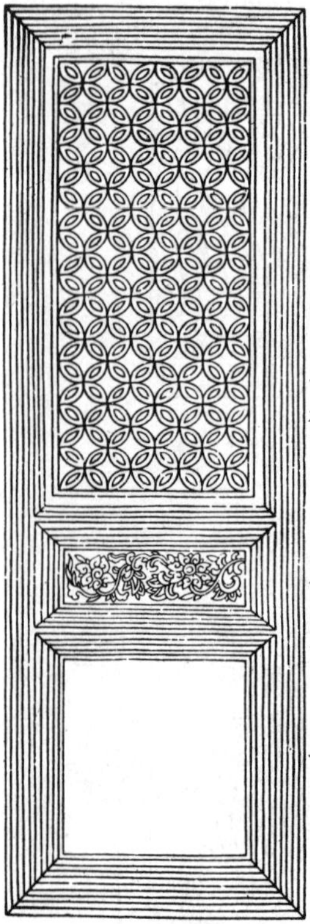

图32-14　挑白毬文格眼　四桯四混中心出双线入混内出单线

图32-15　四斜毬文上出条桱重格眼　四桯破瓣双混平地出双线

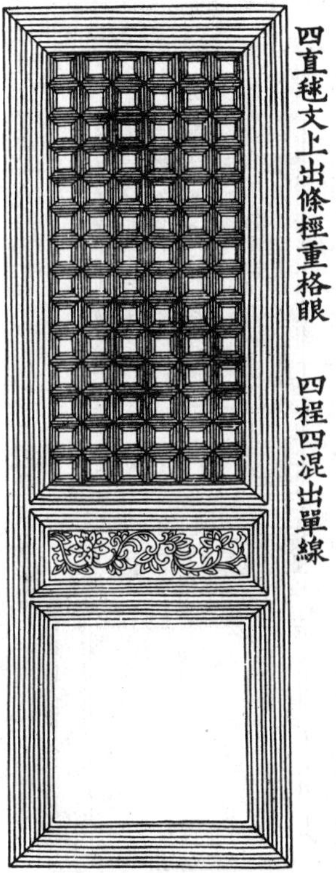

图32-16　四直毬文上出条桱重格眼　四桯四混出单线

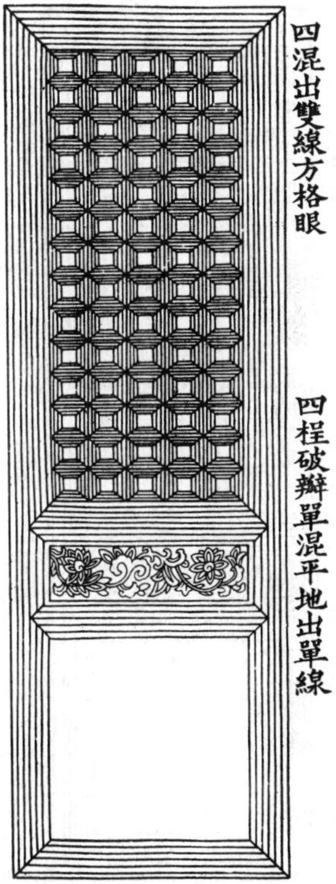

图32-17　四混出双线方格眼　四桯破瓣单混平地出单线

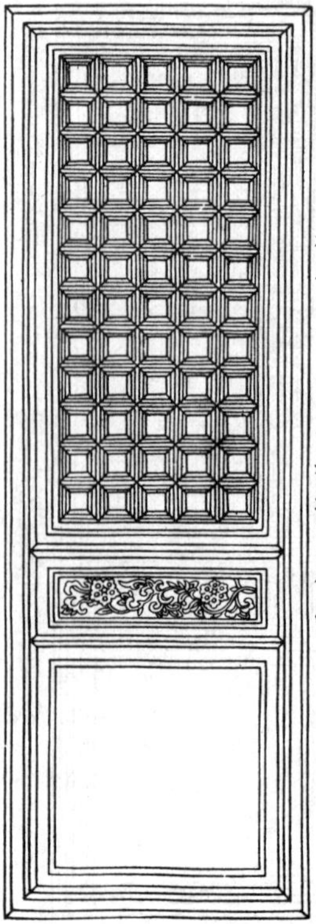

图32-18　丽口绞瓣双混方格眼　四桯通混出双线

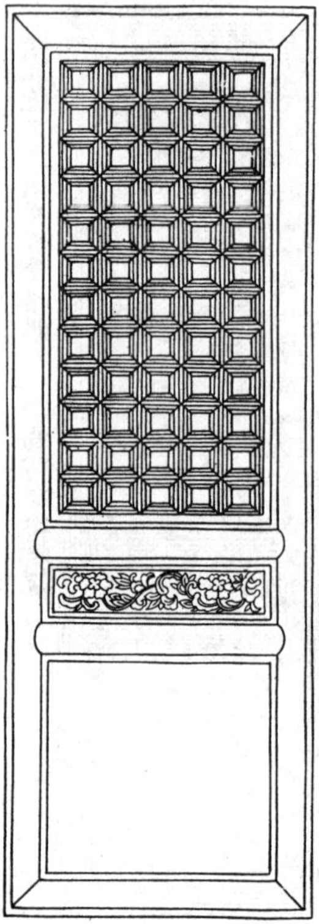

图32-19　通混出双线方格眼　四桯通混压边线

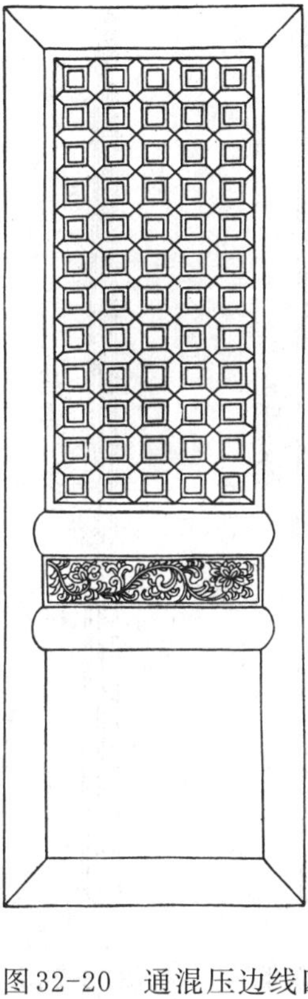

图32-20　通混压边线四攛尖方格眼　四桯素通混

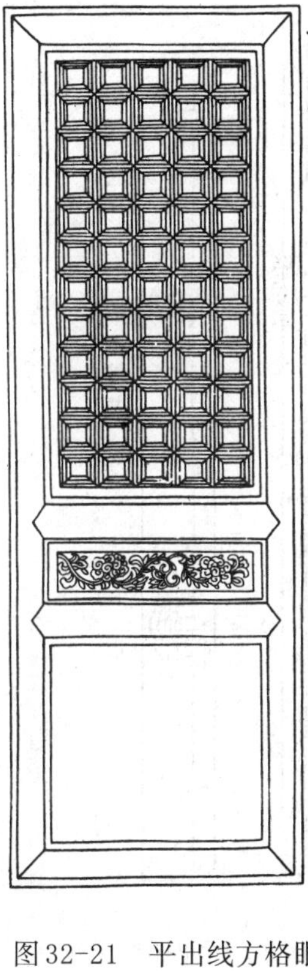

图32-21　平出线方格眼四桯破瓣攛尖

格子门额限

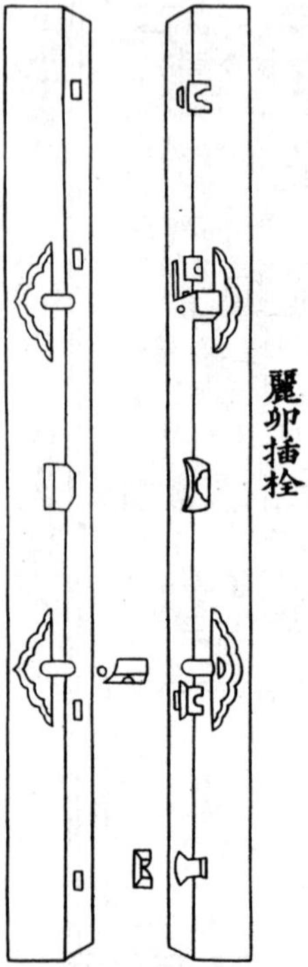

图32-22　丽卯插栓

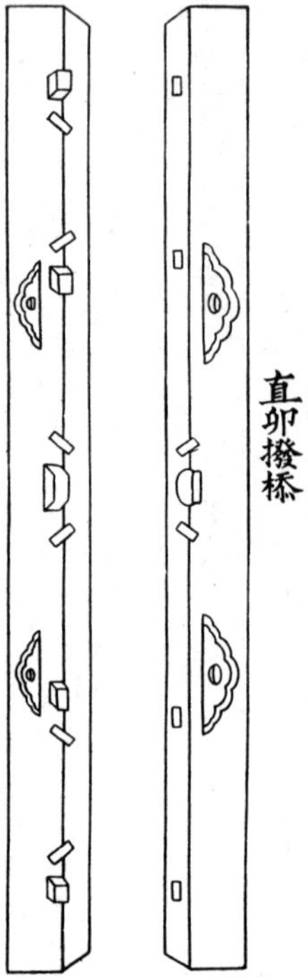

图32-23　直卯拨㮇

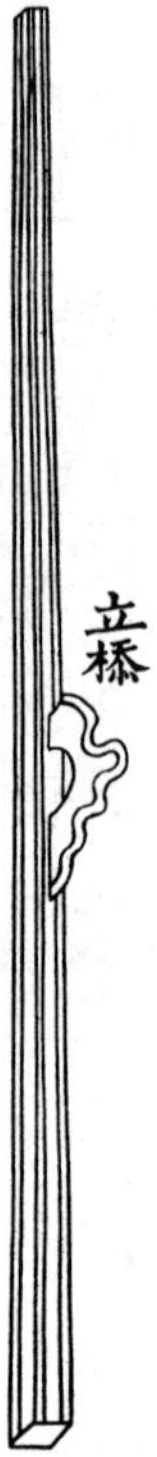

图32-24
立㮇

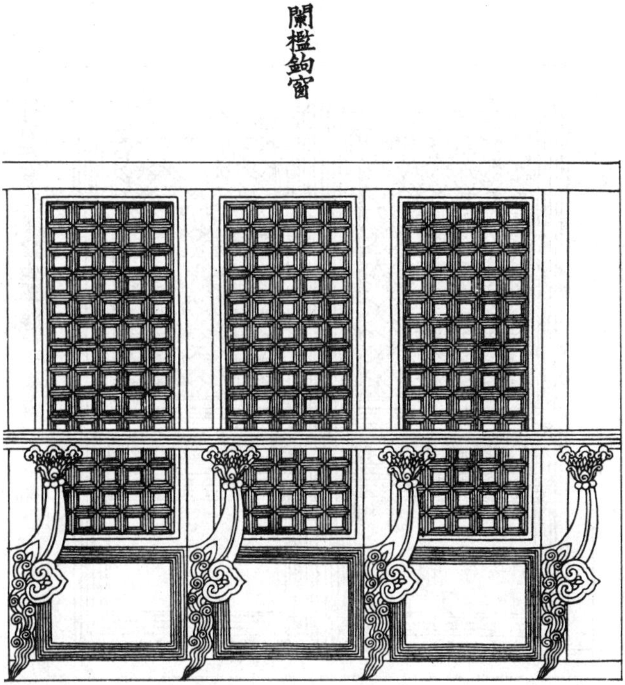

图32-25　阑槛钩窗

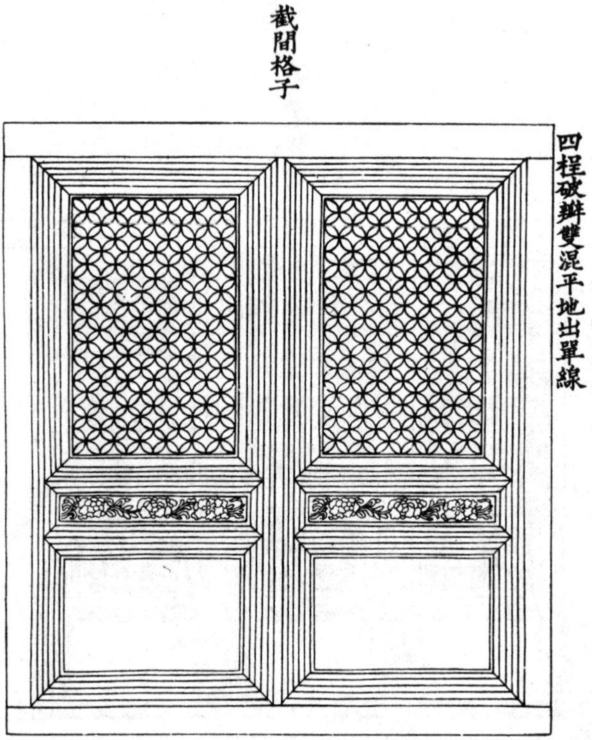

图32-26 截间格子 四桯破瓣双混平地出单线

图32-27　四桯方直破瓣　叉瓣入卯

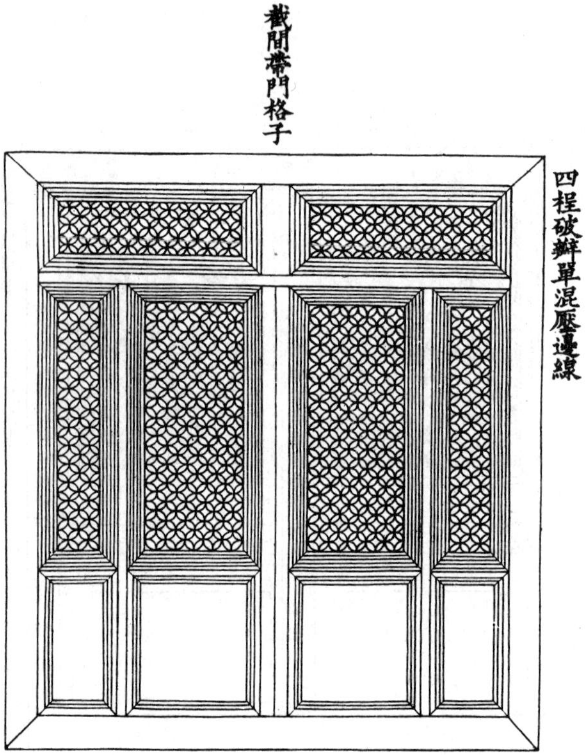

图32-28　截间带门格子　四桯破瓣单混压边线

图32-29　雕云垂鱼

图32-31　素垂鱼

图32-30　惹草

图32-32　惹草

平棊勾闌等第二

盤毬

图32-33　盘毬一

图32-34　盘毬二

穿心鬬八

图32-35　穿心斗八

疊勝

图32-36　叠胜

瑣子

图32-37　琐子

簇六毬文

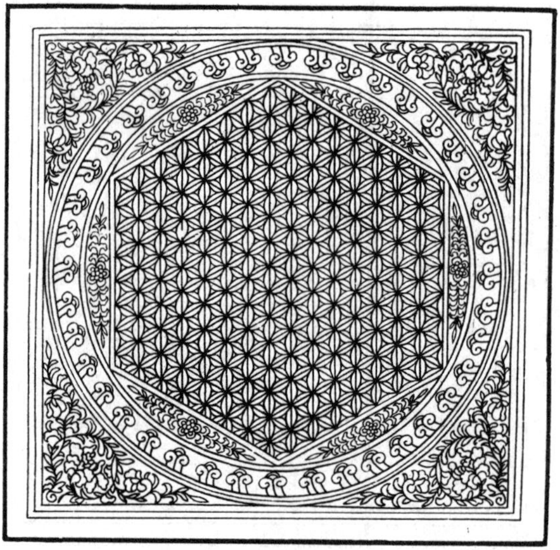

图32-38　簇六毬文

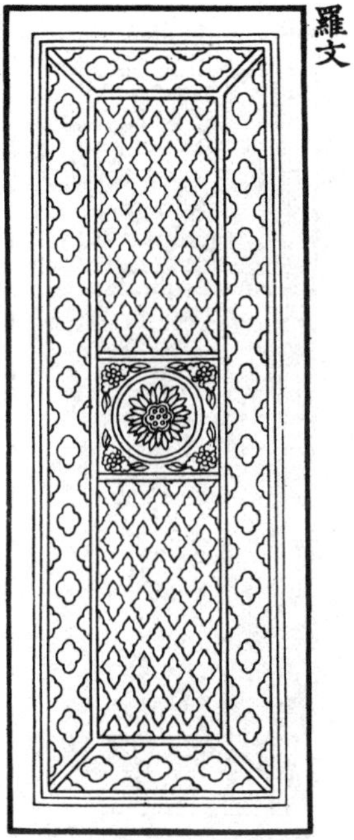

图32-39　罗文

图32-40　罗文叠胜

图32-41 柿蒂

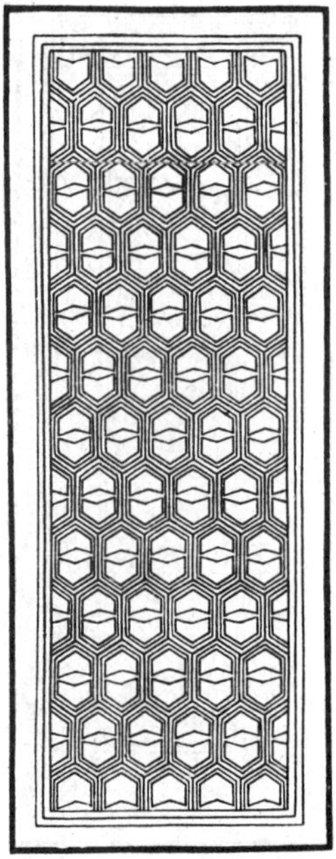

图32-42 龟背

鬬二十四

图32-43　斗二十四

簇六填華毬文

图32-44　簇六填华毬文

簇六重毬文

图32-45　簇六重毬文

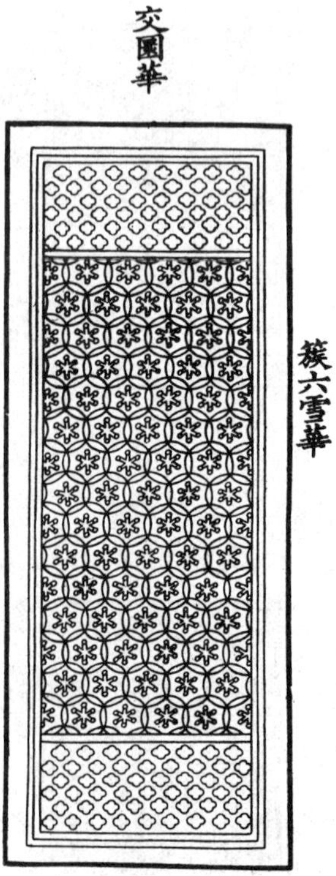

图32-46 交圜华
簇六雪华

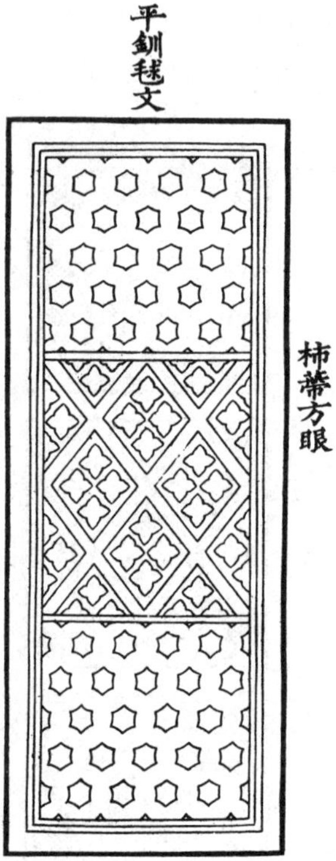

图32-47 平钏毬文
柿蒂方眼

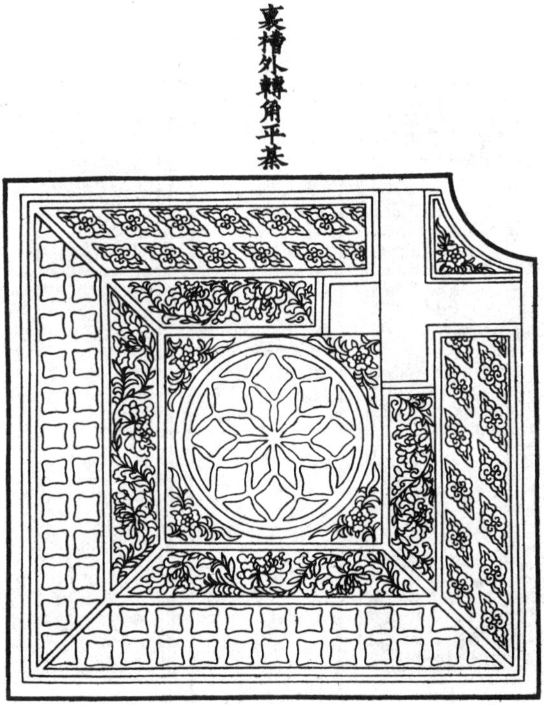

图32-48　里槽外转角平棊

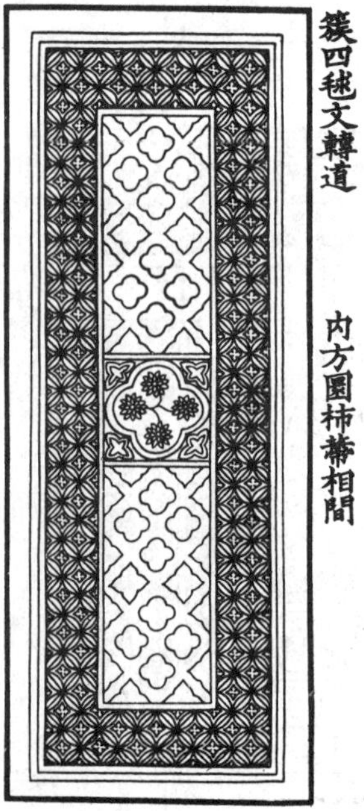

图32-49　簇四毬文转道
内方圜柿蒂相间

图32-50　柿蒂转道

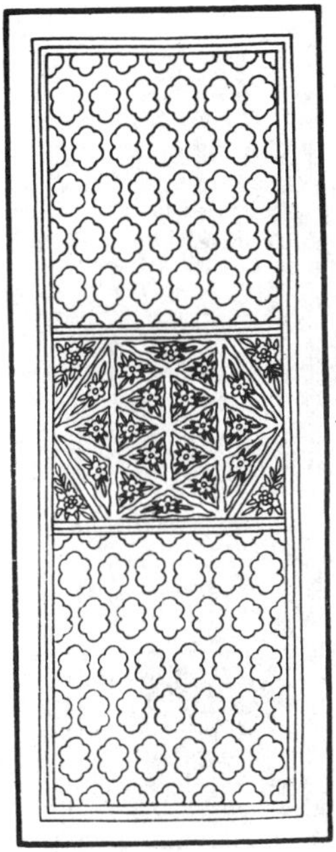

图32-51　斗十八

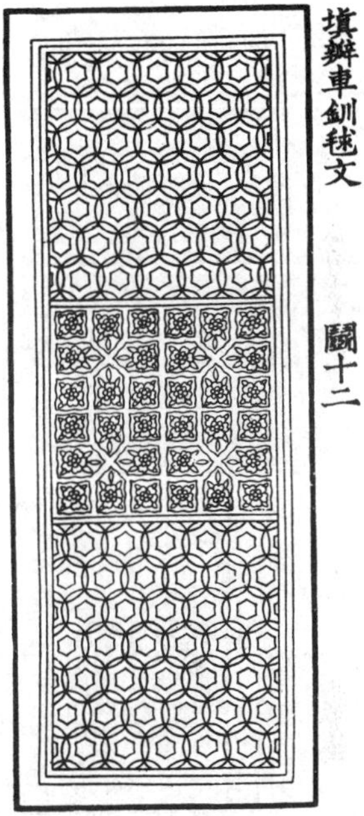

图32-52　填瓣车钏毬文斗十二

图32-53　单撮项勾阑

重臺癭項鉤闌

图 32-54　重台瘿项勾阑

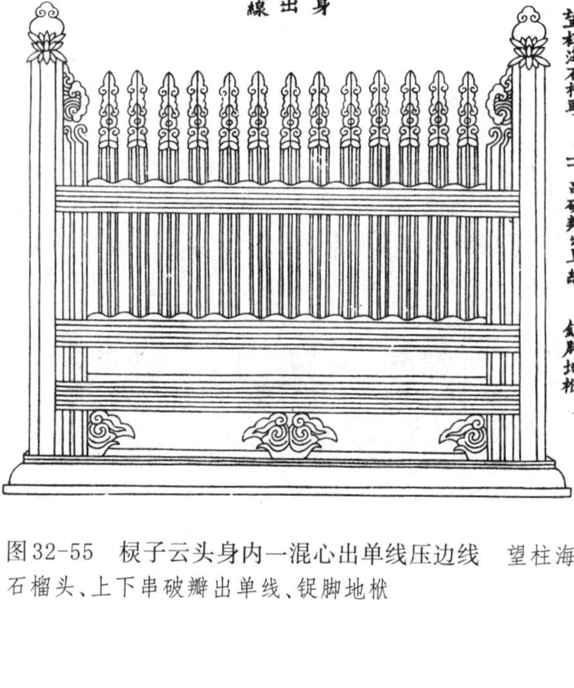

图32-55　棂子云头身内一混心出单线压边线　望柱海石榴头、上下串破瓣出单线、锭脚地栿

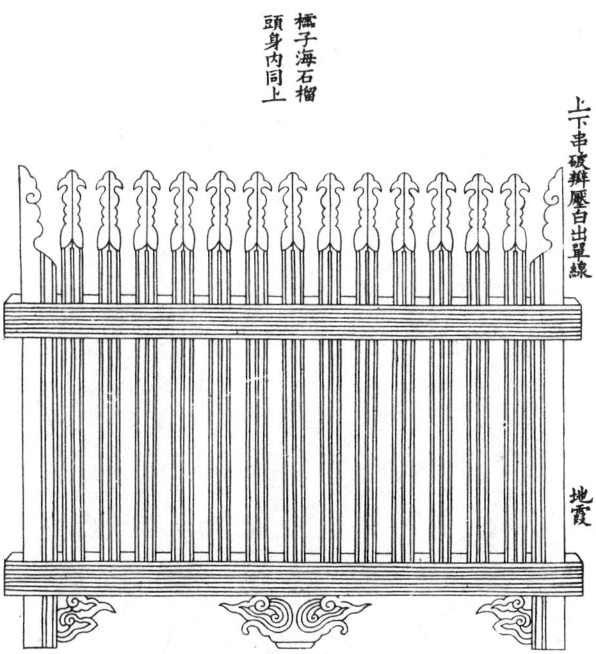

图32-56　棂子海石榴头身内同上　上下串破瓣压白出单线　地霞

殿阁门亭等牌第三

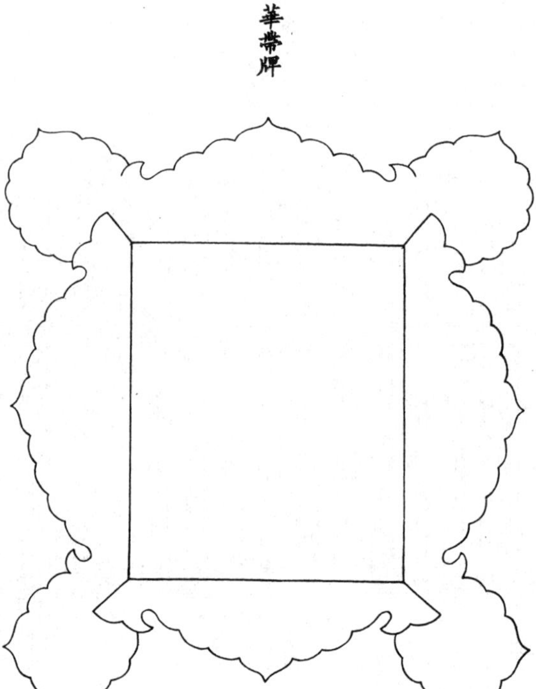

图32-57　华带牌

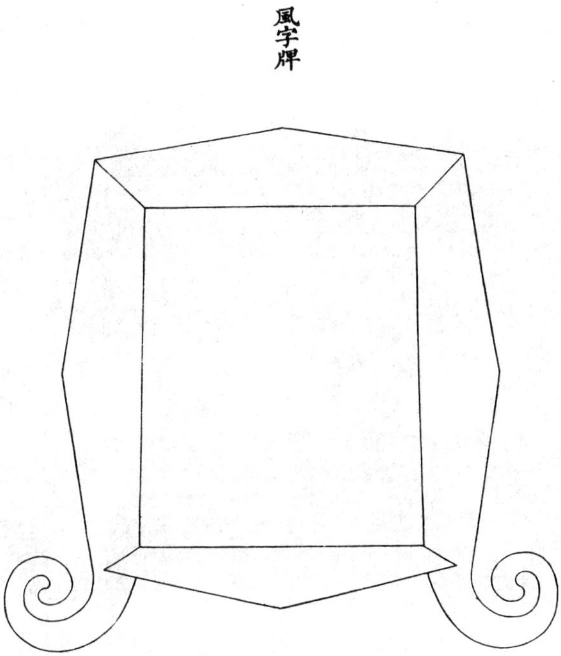

图32-58 “风”字牌

佛道帐经藏第四

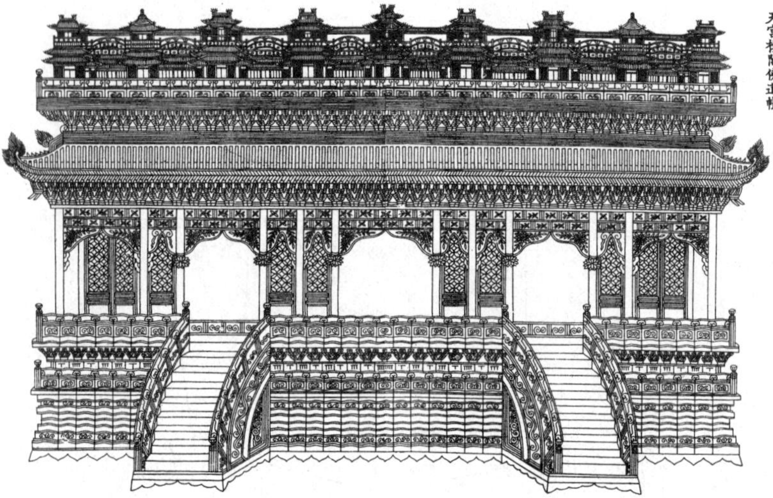

图32-59　天宫楼阁佛道帐

山華蕉葉佛道帳

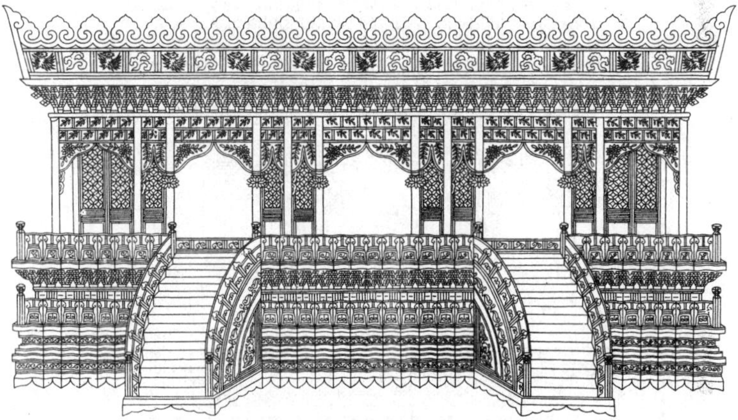

图32-60　山华蕉叶佛道帐

图32-61　九脊牙脚小帐

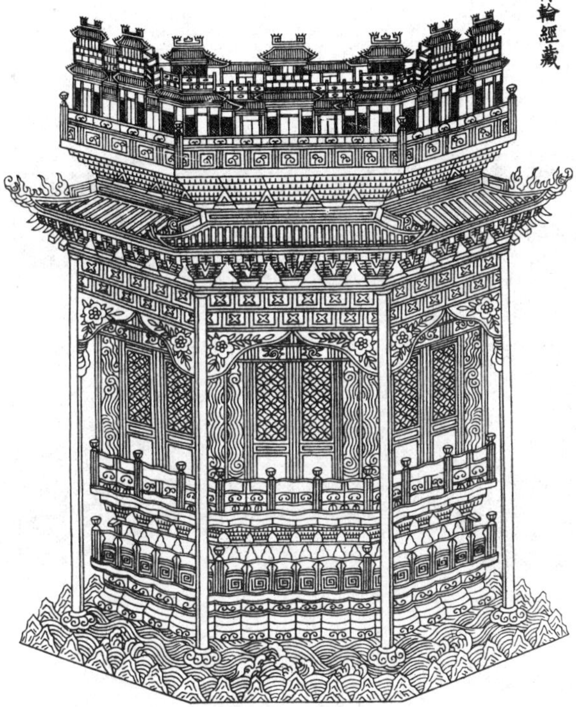

图32-62　转轮经藏

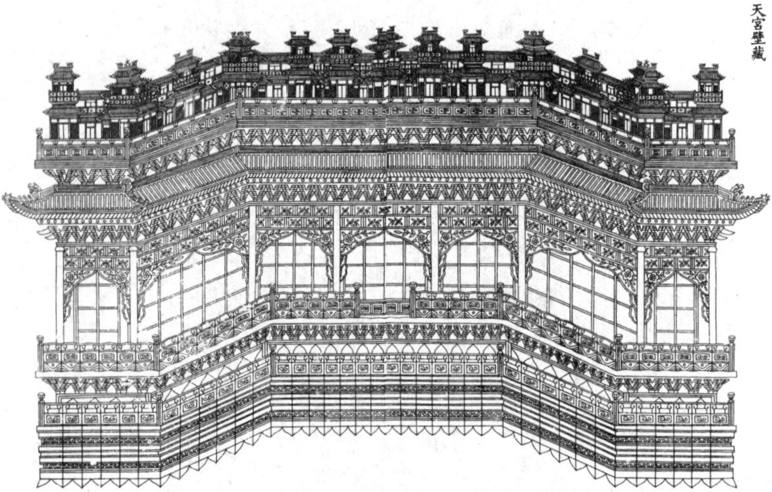

图32-63　天宫壁藏

雕木作制度图样

混作第一

图32-64　玉女

图32-67　化生

图32-70　菩萨

图32-65　拂菻

图32-68　柘支

图32-71　坐龙

图32-66　凤

图32-69　鸳鸯

图32-72　狮子

栱眼内雕插第二

图32-73　重栱眼壁(壁)内华盆　牡丹

图32-74　单栱眼壁(壁)内华盆　拒霜华等杂华

格子门等腰华版第三

剔地起突三卷葉

图32-75　剔地起突三卷叶

兩卷葉

图32-76　两卷叶

一卷葉

图32-77　一卷叶

图32-78　剔地洼叶

图32-79　剔地平卷叶

图32-80　透突平卷叶

平綦华盘第四

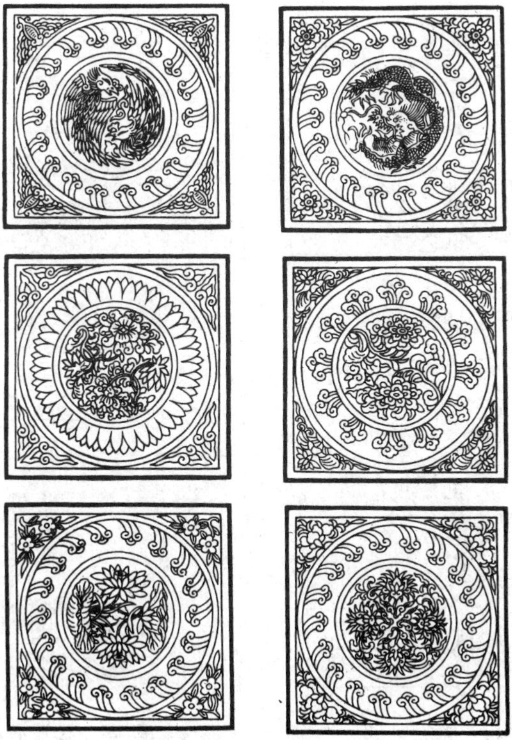

图32-81　平綦华盘

云栱等杂样第五

图32-82 单云头栱

图32-83 像生华云栱

图32-84 重台地霞

图32-85 像生牡丹华地霞

图32-86　双云头栱

图32-87　海石榴华云栱

图32-88　单地霞

图32-89　像生莲荷华地霞

图 32-90　混作缠柱龙

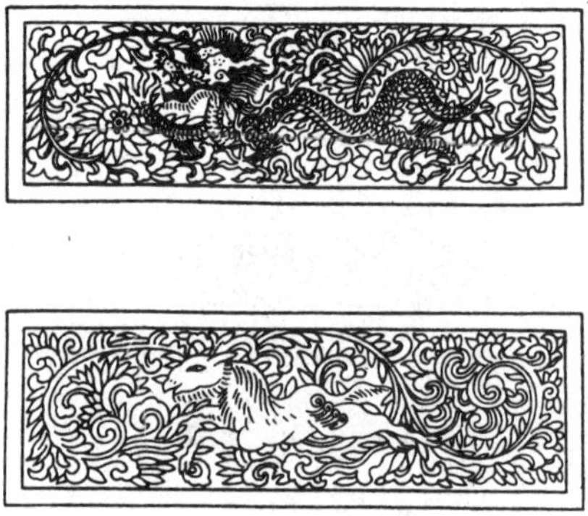

图 32-91　勾阑华版

图 32-92　椽头盘子

卷第三十三　彩画作制度图样上（并附卷）

【题解】

尽管《法式》文字部分对彩画作制度的叙述仅用了一卷篇幅，但在图样部分，彩画作制度却用了两卷篇幅，占其图样总篇幅的三分之一。

在宋式彩画作制度中，五彩遍装处于最高等级位次，其次是碾玉装。这两种彩画代表了宋式营造中较高等级建筑彩画的基本做法。其行文中进一步给出的做法，包括青绿叠晕棱间装、三晕带红棱间装、解绿装、解绿结华装等，虽然等级稍低，却可能是施用频次较高的彩画形态。只是这几种做法，可能主要用于房屋内外各种局部性名件上，故《法式》作者将这种彩画放在“彩画作制度图样下”的诸种名件装饰图形中。可知，这些叠晕、退晕或解绿等彩画做法，在梁栿、柱额、平棊、椽飞等之上所施彩画中，可能用的不是很多。

本卷内容中，不仅给出了基于五彩遍装做法的五彩杂华、五彩琐文及飞仙、飞禽、走兽等图形，同时也给出了用五彩方式绘制的阑额、柱子及平棊等彩画图形。其华文形式，大体上覆盖了彩画作制度中所描述的诸多图案形态，具有较大价值；其阑额与柱上的图案分布形式，对了解宋代房屋装饰中较为重要的柱子与阑额彩画，亦有较大帮助。

本卷中还给出了多种碾玉装彩画图案形态，如碾玉杂华、碾玉琐文，以及同样施于房屋阑额、柱子、平棊之上的碾玉装彩画图形。这对于理解宋式建筑中碾玉装做法的基本图案形式，具有较大价值。以这些图形为基础，再辅以文字上所描绘的色彩及叠晕、退晕及解绿等做法，或能将较高等级的宋式彩画原状做一些可能的还原性探讨。

需要特别提到的一点是，在陶本《营造法式》第七册，即在卷第三十三《彩画作制度图样上》中，陶湘先生特别附加了与该卷内容相同的“附卷”，虽然在其卷首标题中仅标出“卷三十三　彩画作制度图样上”及诸页彩画内容标题等字样，但在这一册的封面，则标为“第七册　法式卷三十三　彩画作制度图样上（并附卷）”，可知这里提到的“附卷”，指的就是与卷第三十三“彩画作制度图样上”的内容完全一致，但在其原图基础上，特别附加了有色彩的彩画图样。

关于该卷之附卷中的图样来源，与《法式》卷三十附与卷第三十一附一样，应是陶先生为了帮助读者了解《法式》彩画的可能样貌，请当时的匠师在《法式》原图基础上，特别添加了色彩，以期能够更加趋近《法式》彩画作制度原初形态的一种最早的尝试。陶先生在《法式》卷末所加“识语”中特别提到了这一点：“又《法式》第三十三、三十四两卷，为彩画作制度,图样原书,仅注色名、深浅、向背,学者瞢焉。今按注填色,五彩套印,少者四五版,多者十余版,定兴郭世五氏,夙娴艺术于颜料纸质,覃精极思,尤有心得,董督斯役,殆尽能事。”

由陶先生所言可知,本卷之附卷中的彩图,是由陶先生委托时人定兴郭世五先生按照《法式》原图中所注色彩名称,依据自己的理解,在《法式》彩画原图既有线条的基础上,特别添加上去的,其意显然是为了帮助读者能够更好地理解宋代彩画的可能样态。值得注意的是,梁先生《〈营造法式〉注释》中,并未将卷第三十三与卷第三十四的这些添加了色彩的附卷部分图样加入其中,由此似可推测,梁先生对宋式彩画的真实样貌,采取了更为科学与慎重的态度。

关于宋《法式》彩画作诸种图案画法与色彩形式,自20世纪80年代以来,着力于该领域的诸位研究者,已有颇多成果发表。陶本所附彩图当是对宋代彩画作制度这一研究课题的最早尝试之一,本文无力对其用彩及绘制方式做进一步讨论,但作为学习与了解宋《法式》彩画作制度的一个初级性成果,或可以对读者了解《法式》彩画作制度的研究过程与历史有一定帮助。

五彩杂华第一

图33-1　海石榴华

图33-2　宝牙华

图33-3　太平华

图33附-1　海石榴华

图33附-2　宝牙华

图33附-3　太平华

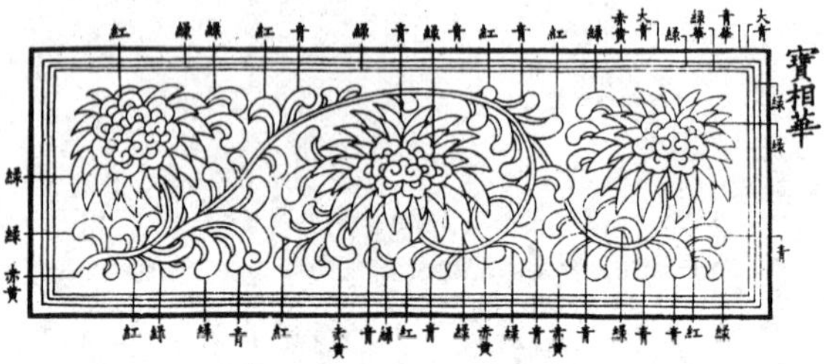

图33-4　宝相华

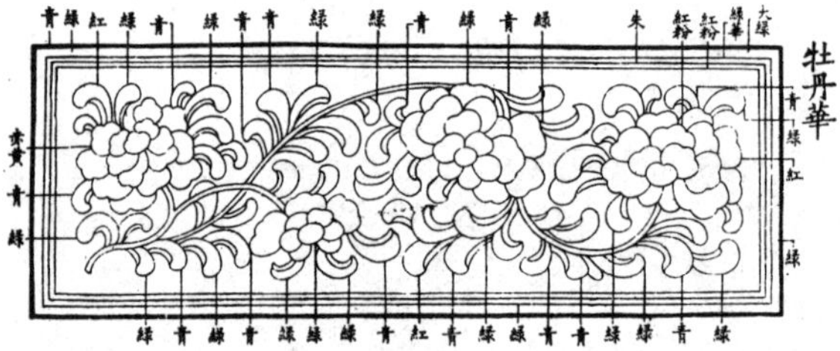

图33-5　牡丹华

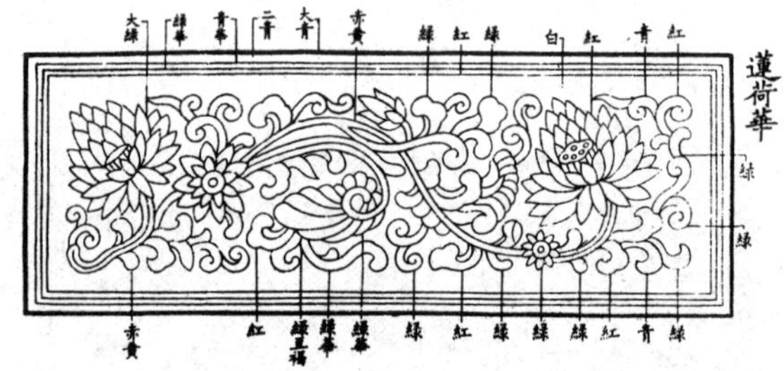

图33-6　莲荷华

寶相華

图33附-4　宝相华

牡丹華

图33附-5　牡丹华

蓮荷華

图33附-6　莲荷华

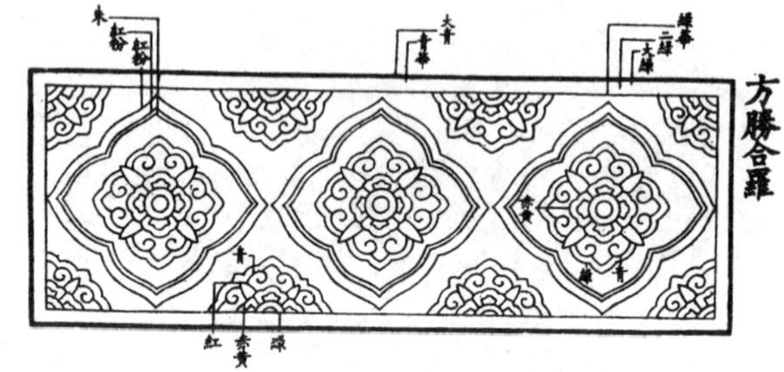

图33-7　方胜合罗

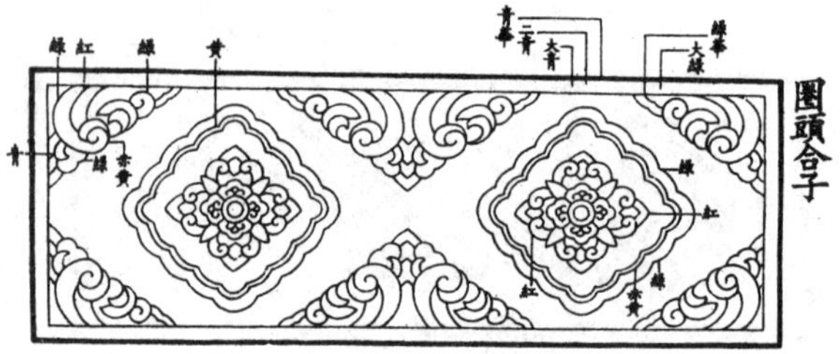

图33-8　圈头合子

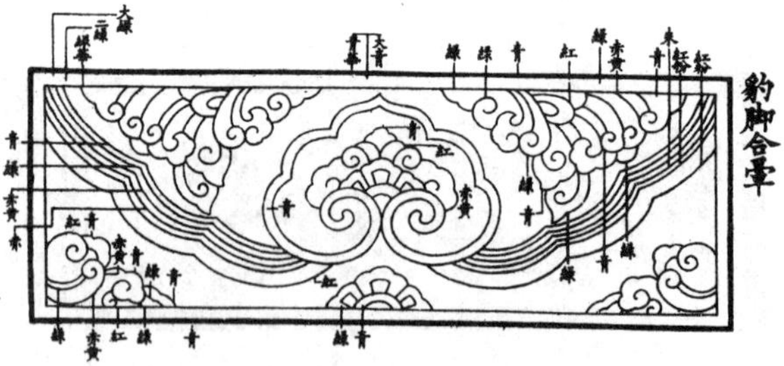

图33-9　豹脚合晕

方勝合羅

图33附-7　方胜合罗

圈頭合子

图33附-8　圈头合子

豹脚合暈

图33附-9　豹脚合晕

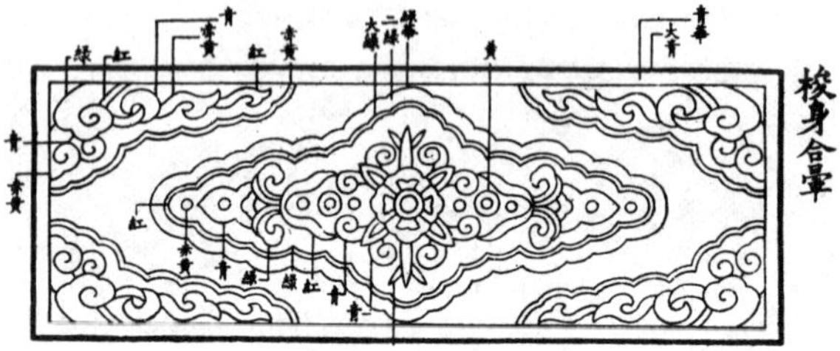

图33-10　梭身合晕

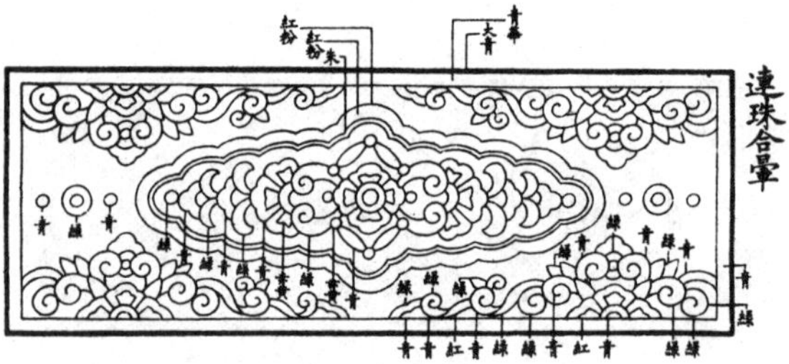

图33-11　连珠合晕

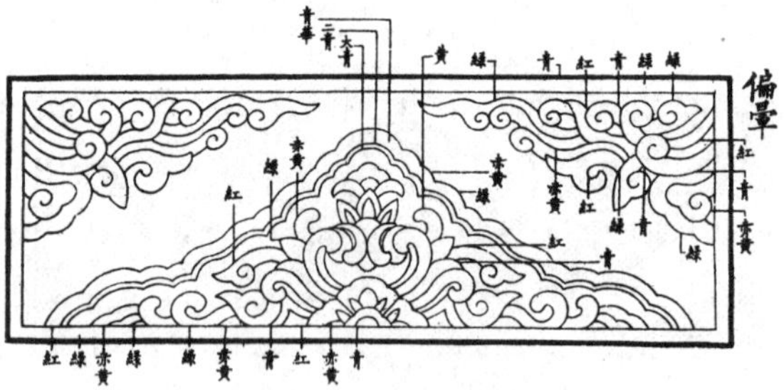

图33-12　偏晕

图33附-10　梭身合晕

图33附-11　连珠合晕

图33附-12　偏晕

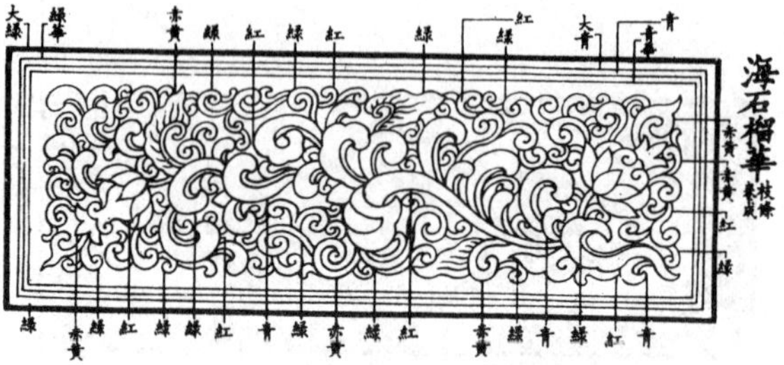

图33-13　海石榴华枝条卷成

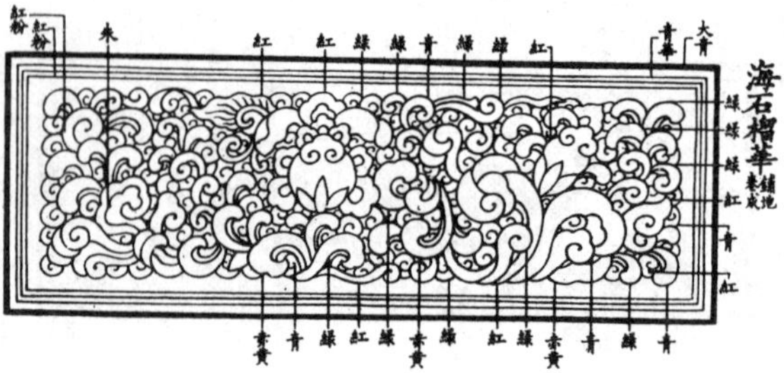

图33-14　海石榴华铺地卷成

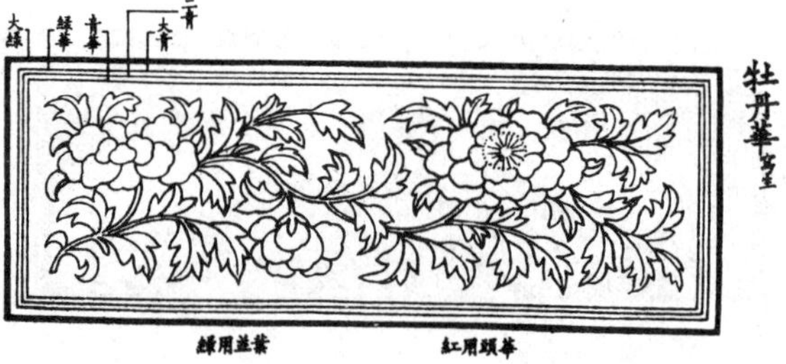

图33-15　牡丹华写生

图33附-13　海石榴华枝条卷成

图33附-14　海石榴华铺地卷成

图33附-15　牡丹华写生

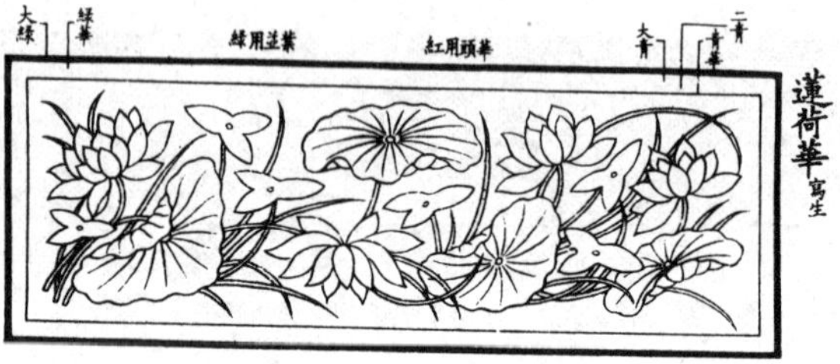

图33-16　莲荷华写生

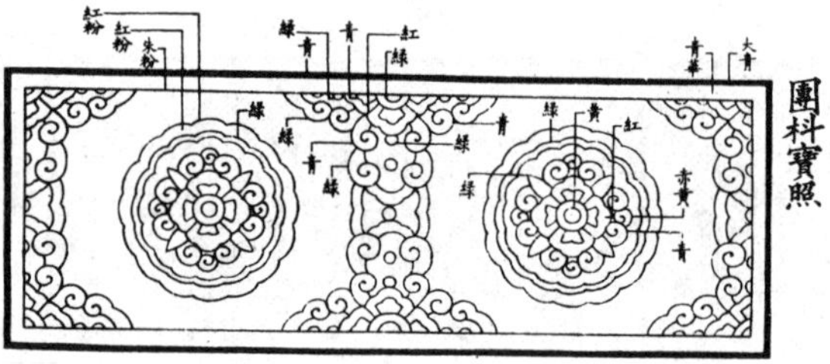

图33-17　团料（科）宝照

图33-18　团料（科）柿蒂

图33附-16　莲荷华写生

图33附-17　团料（科）宝照

图33附-18　团料（科）柿蒂

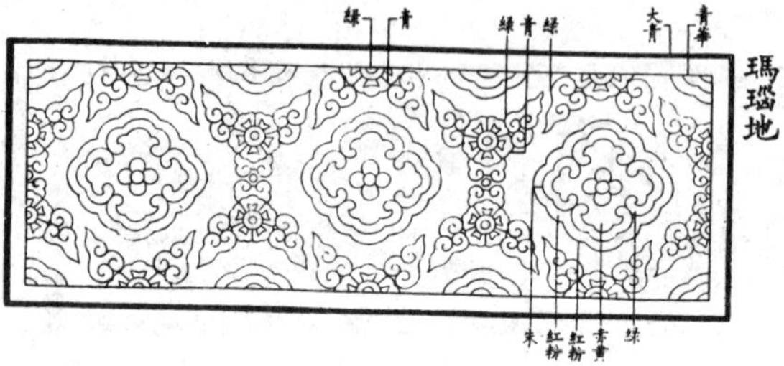

图33-19　玛瑙地

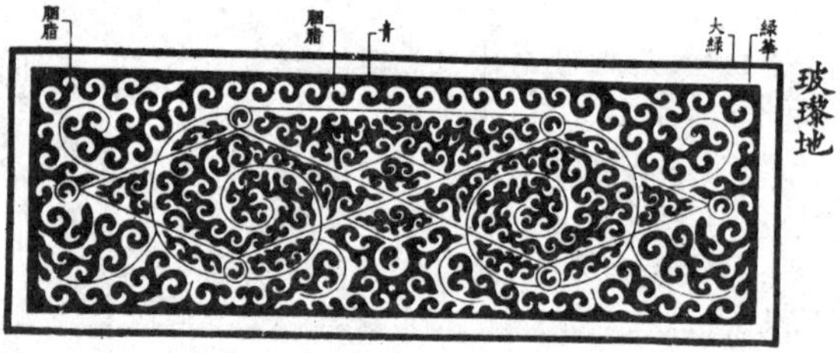

图33-20　玻璃地

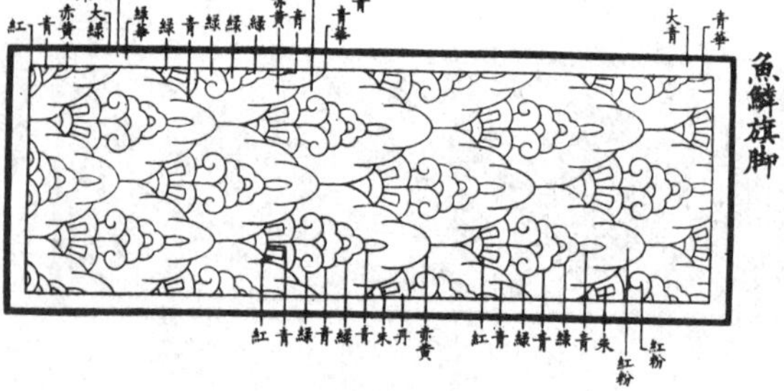

图33-21　鱼鳞旗脚

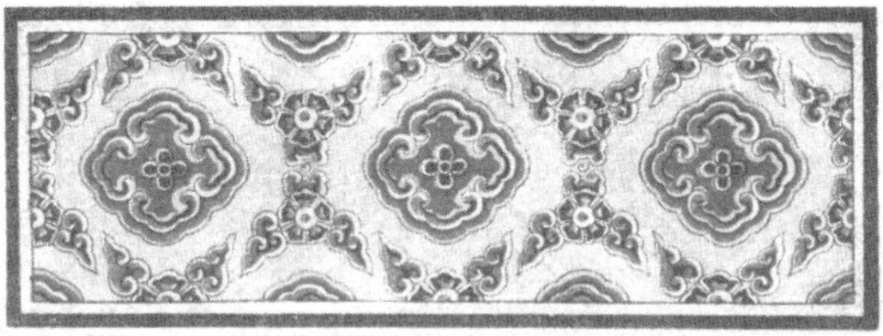
瑪瑙地

图33附-19　玛瑙地

玻瓈地

图33附-20　玻璃地

魚鱗旗脚

图33附-21　鱼鳞旗脚

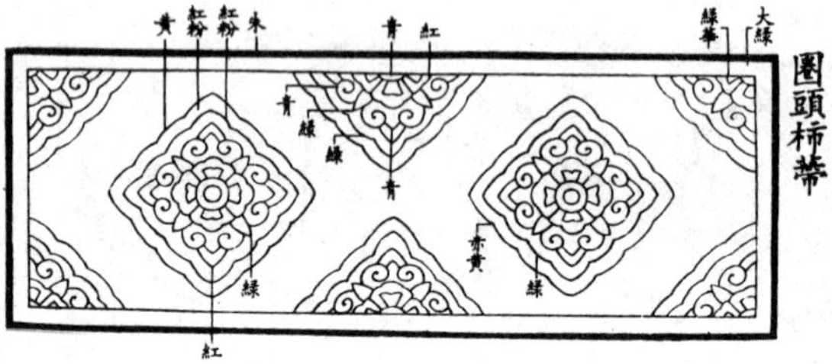

图33-22　圈头柿蒂

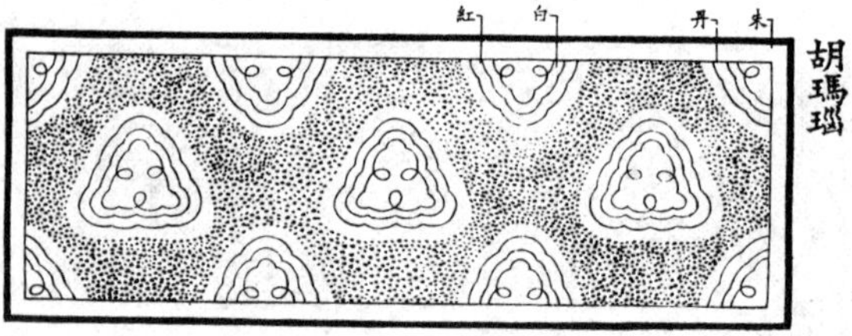

图33-23　胡玛瑙

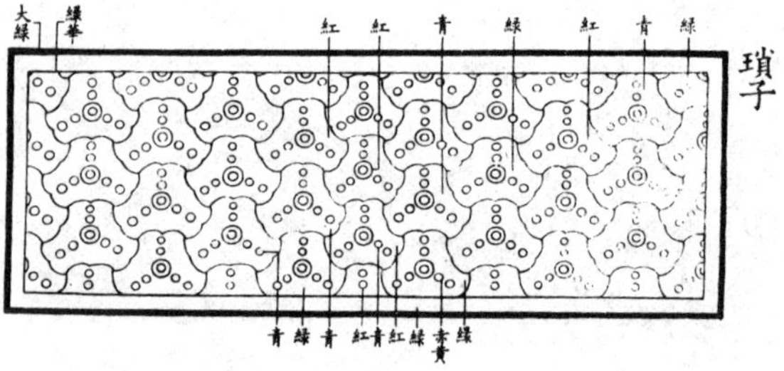

图33-24　琐子

图33附-22　圈头柿蒂

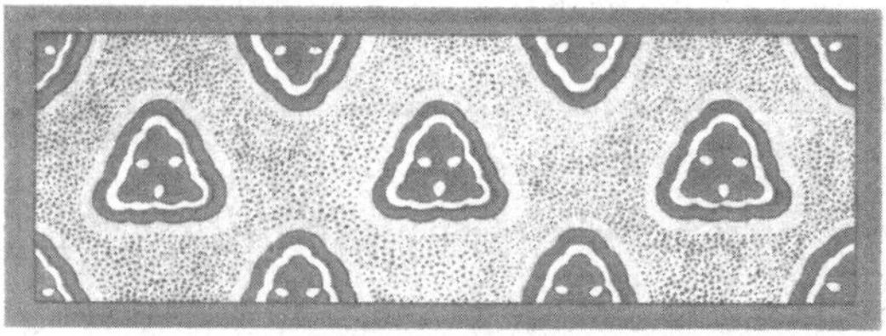

图33附-23　胡玛瑙

图33附-24　琐子

五彩琐文第二

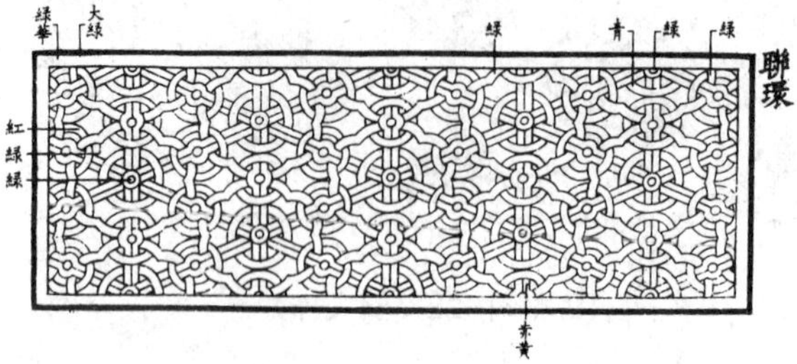

图 33-25　联环

图 33-26　密环

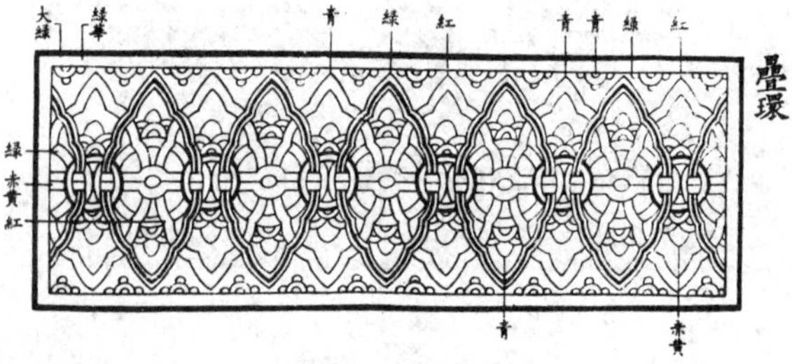

图 33-27　叠环

图33附-25　联环

图33附-26　密环

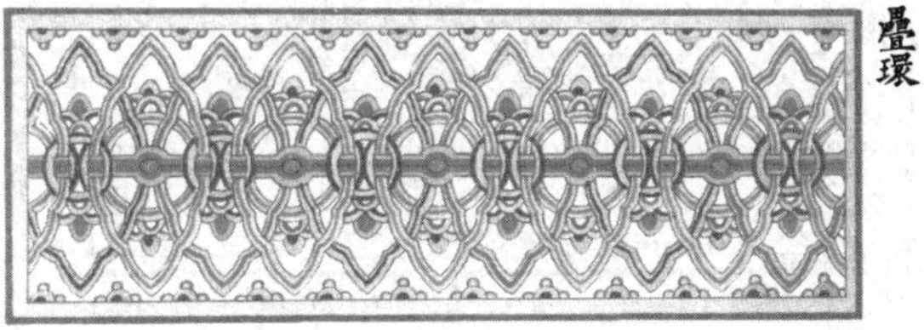

图33附-27　叠环

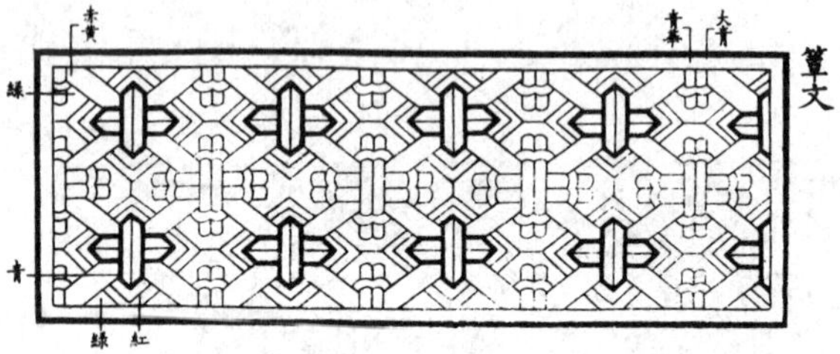

图33-28 簟文

图33-29 金铤

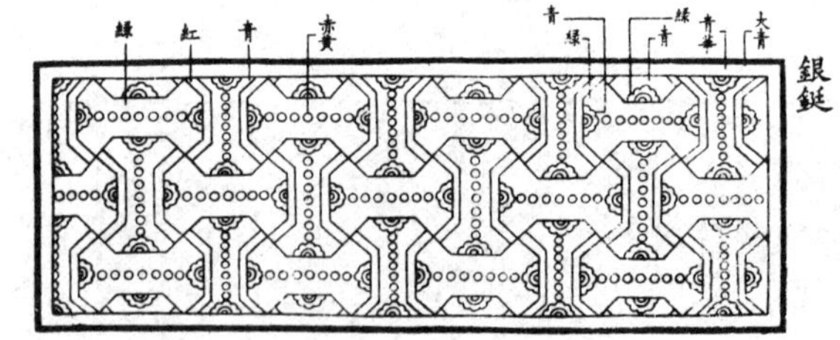

图33-30 银铤

图33附-28　簟文

图33附-29　金铤

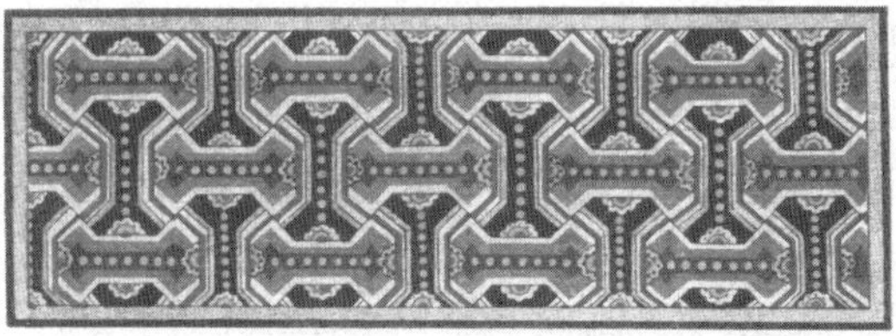

图33附-30　银铤

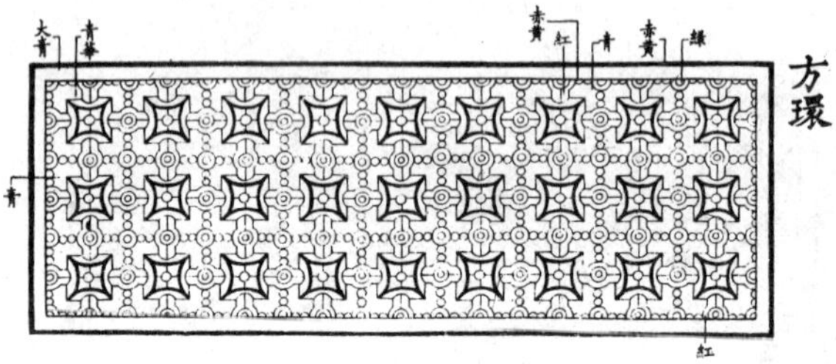

图33-31　方环

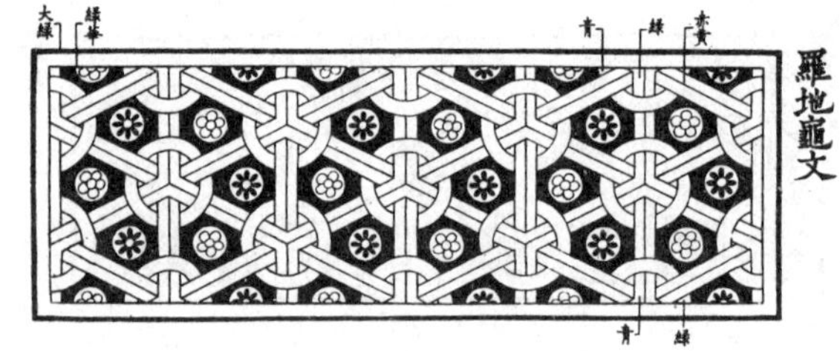

图33-32　罗地龟文

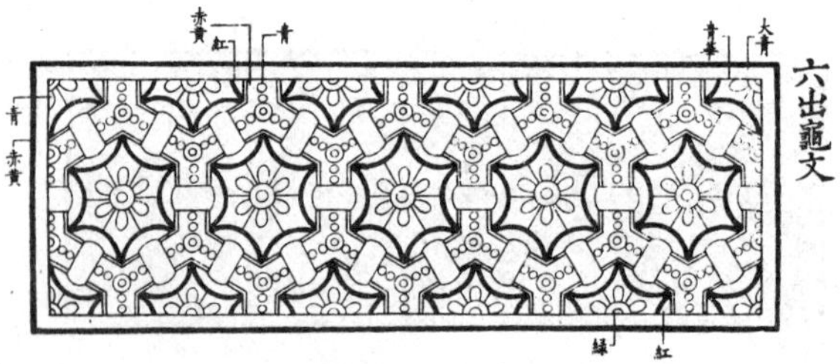

图33-33　六出龟文

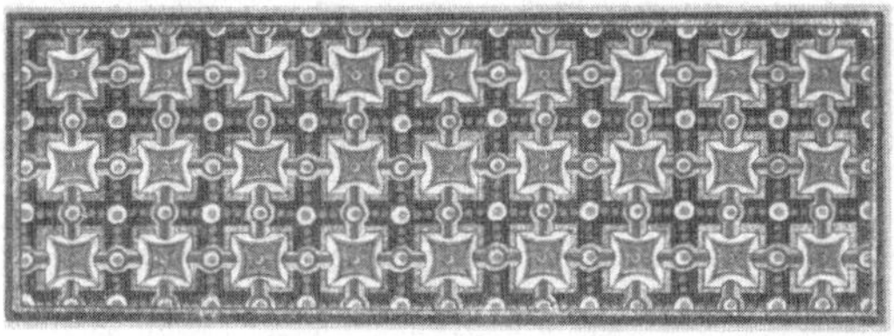

方環

图33附-31　方环

羅地龜文

图33附-32　罗地龟文

六出龜文

图33附-33　六出龟文

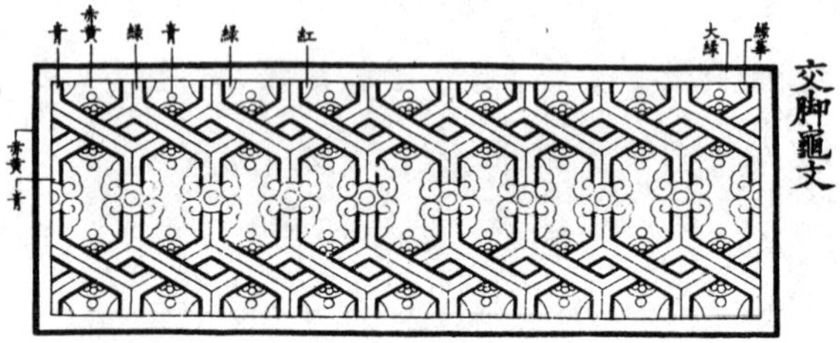

图33-34　交脚龟文

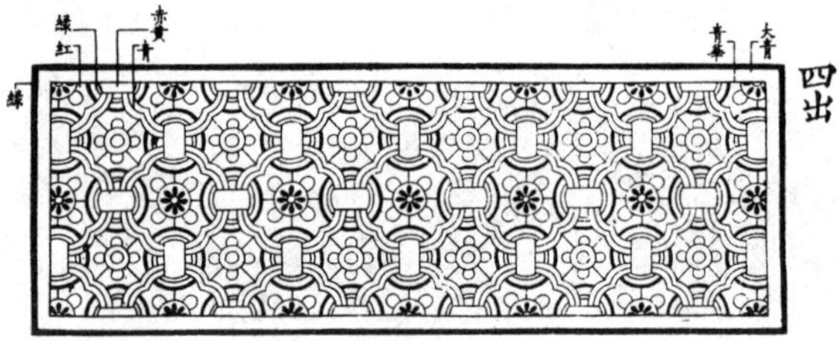

图33-35　四出

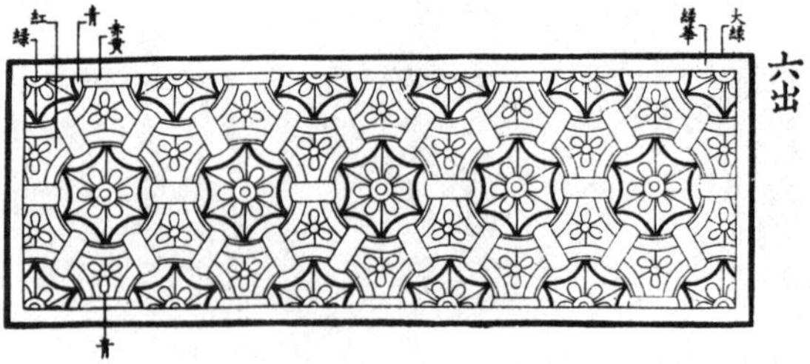

图33-36　六出

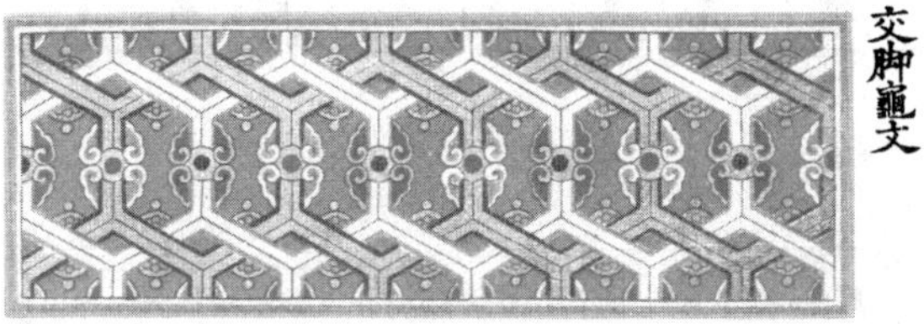

图33附-34　交脚龟文

图33附-35　四出

图33附-36　六出

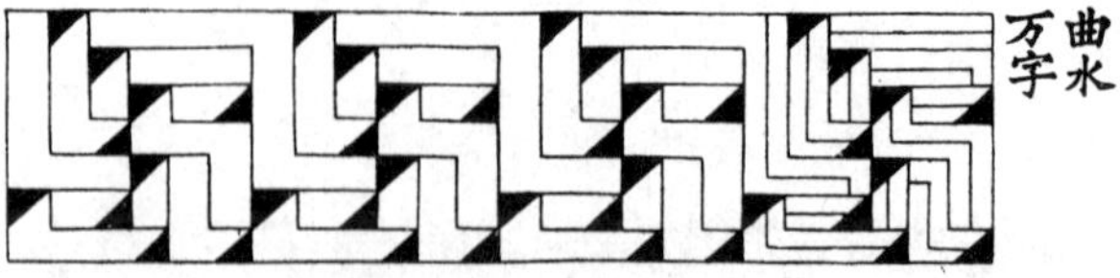

图33-37 曲水“万”字

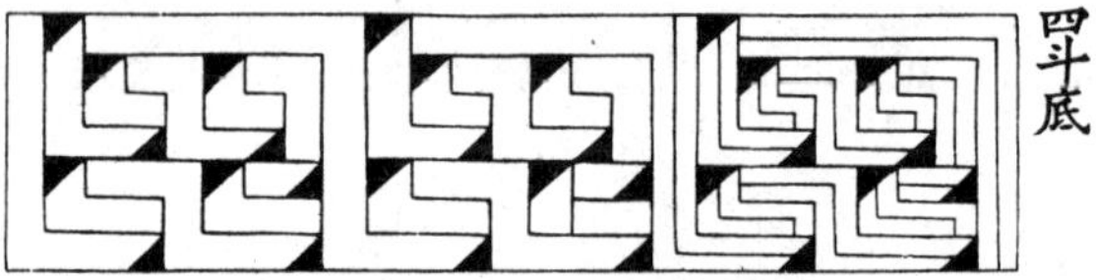

图33-38 四斗底

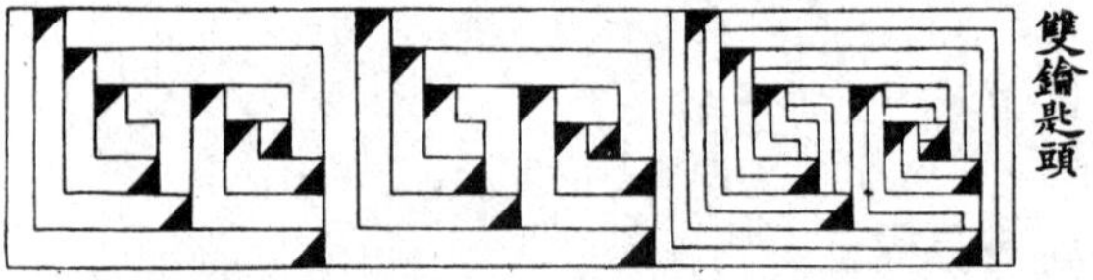

图33-39 双钥匙头

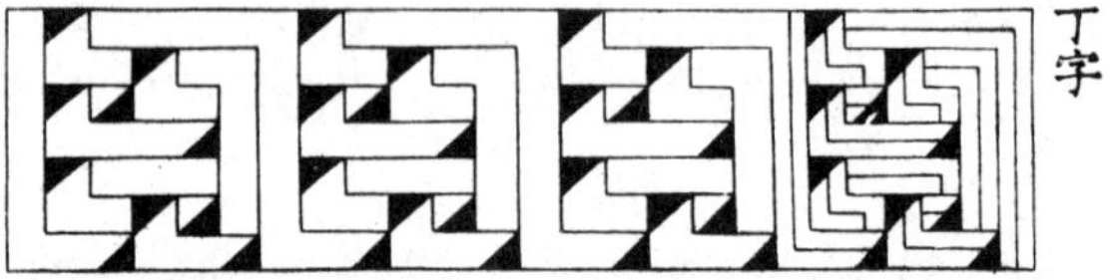

图33-40 “丁”字

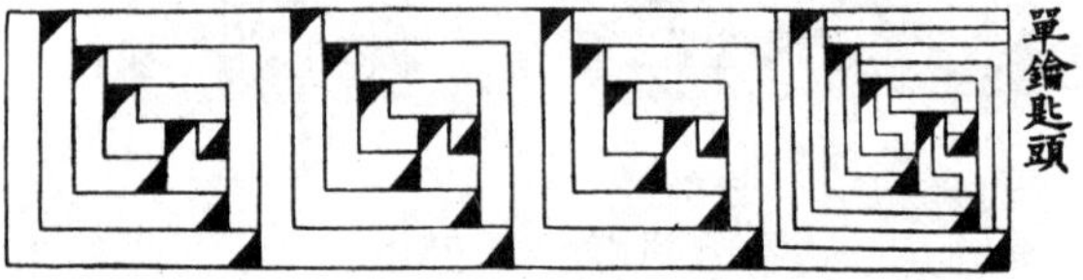

图33-41 单钥匙头

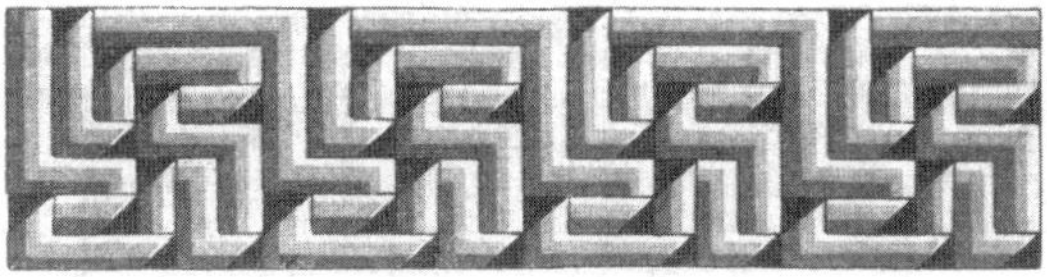

图33附-37　曲水“万”字

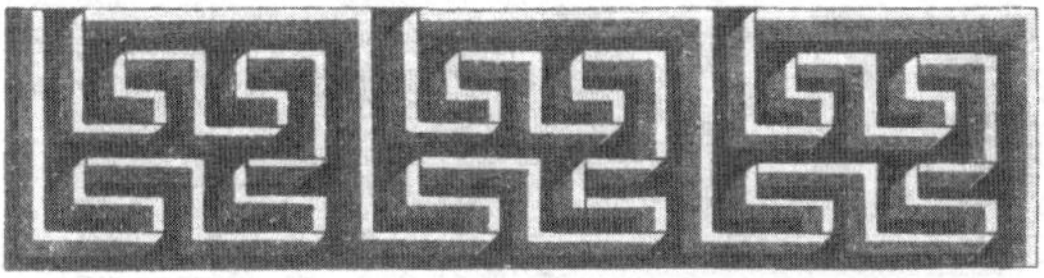

图33附-38　四斗底

图33附-39　双钥匙头

图33附-40　“丁”字

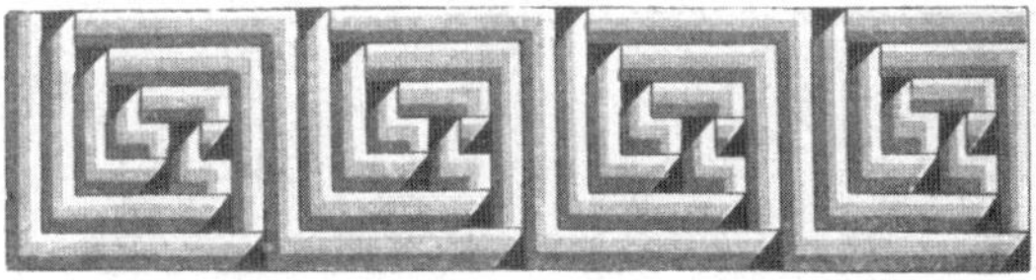

图33附-41　单钥匙头

图33-42 “工”字

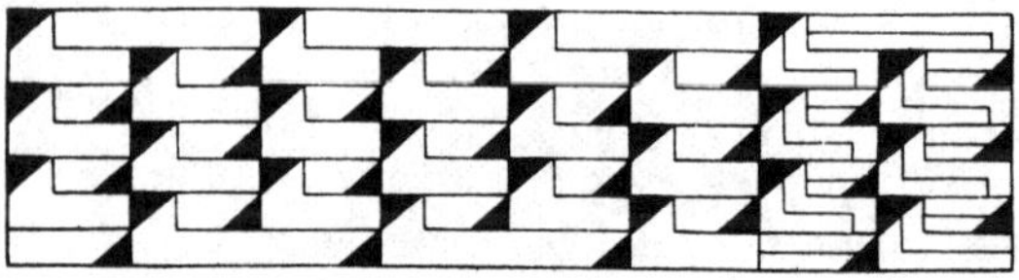

图33-43 “工”字

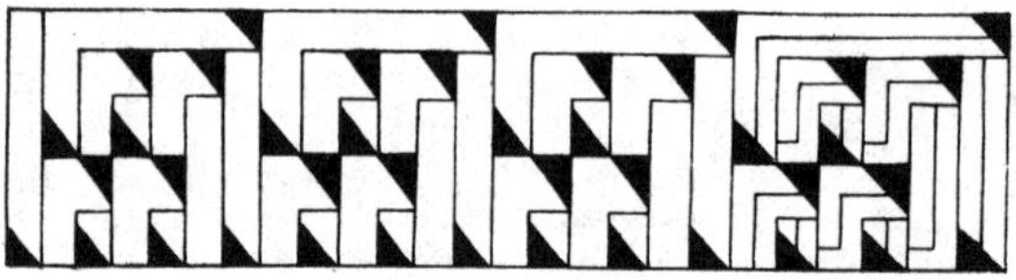

图33-44 “工”字

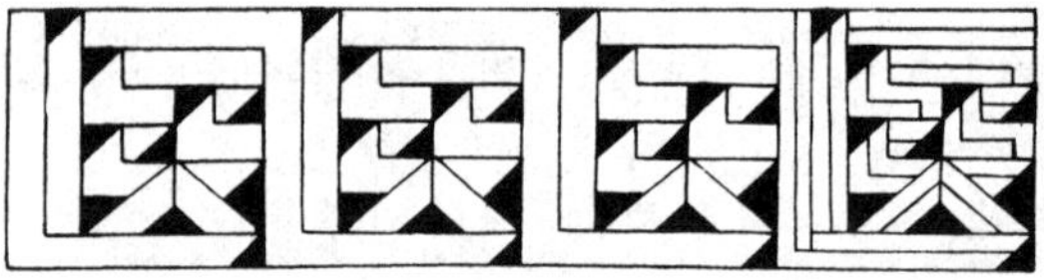

图33-45 “天”字

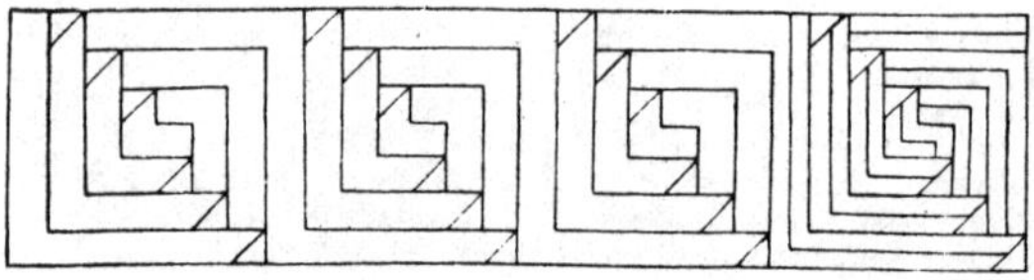

图33-46 香印

图33附-42　“工”字

图33附-43　“工”字

图33附-44　“工”字

图33附-45　“天”字

图33附-46　香印

飞仙及飞走等第三

飛仙

图33-47　飞仙

嬪伽

图33-48　嫔伽

共命鳥

图33-49　共命鸟

飛仙

图33附-47　飞仙

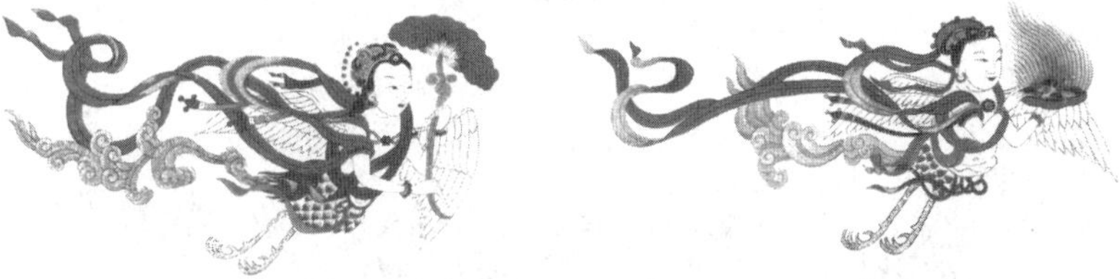

嬪伽

图33附-48　嫔伽

共命鳥

图33附-49　共命鸟

图33-50 凤凰

图33-51 鸾

图33-52 孔雀

图33-53 仙鹤

图33附-50　凤凰

图33附-51　鸾

图33附-52　孔雀

图33附-53　仙鹤

鸚鵡

图33-54　鹦鹉

山鷓

图33-55　山鹧

練鵲

图33-56　练鹊

山鷄

图33-57　山鸡

鸚鵡

图33附-54　鹦鹉

山鷓

图33附-55　山鹧

練鵲

图33附-56　练鹊

山鷄

图33附-57　山鸡

图33-58　豀𫛶

图33-59　鸳鸯

图33-60　鹅

图33-61　华鸭

图33附-58　谿𫛶

图33附-59　鸳鸯

图33附-60　鹅

图33附-61　华鸭

图33-62　狮子

图33-63　麒麟

图33-64　狻猊

图33-65　獬豸

師子

图33附-62　狮子

麒麟

图33附-63　麒麟

狻猊

图33附-64　狻猊

獬豸

图33附-65　獬豸

图33-66 天马

图33-67 海马

图33-68 仙鹿

图33-69 羚羊

图33附-66　天马

图33附-67　海马

图33附-68　仙鹿

图33附-69　羚羊

图33-70　山羊

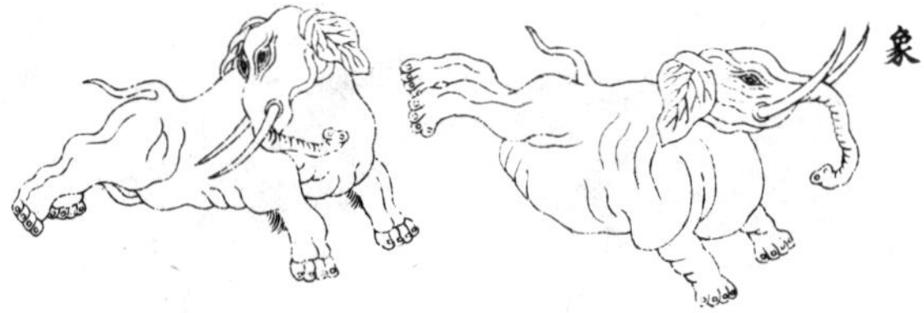

图33-71　象

图33-72　犀牛

图33-73　熊

图33附-70　山羊

图33附-71　象

图33附-72　犀牛

图33附-73　熊

骑跨仙真第四

真人

图33-74　真人

女真

图33-75　女真

金童

图33-76　金童

玉女

图33-77　玉女

真人

图33附-74　真人

女真

图33附-75　女真

金童

图33附-76　金童

玉女

图33附-77　玉女

化生

图33-78　化生

真人

图33-79　真人

女真

图33-80　女真

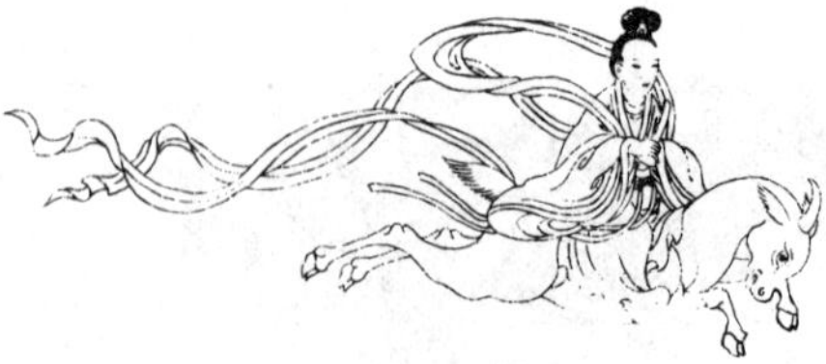

玉女

图33-81　玉女

图33附-78　化生

图33附-79　真人

图33附-80　女真

图33附-81　玉女

图33-82　拂菻

图33-83　獠蛮

图33-84　化生

图33附-82　拂菻

图33附-83　獠蛮

图33附-84　化生

五彩额柱第五

图 33-85　豹脚

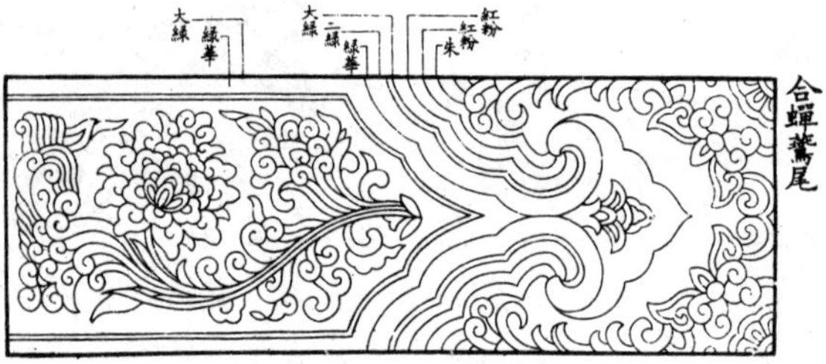

图 33-86　合蝉燕尾

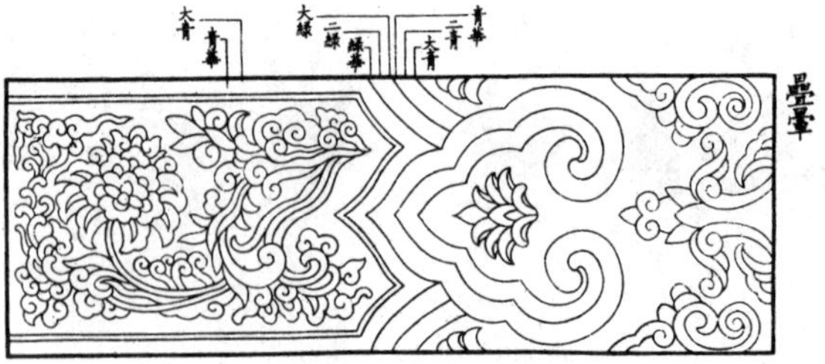

图 33-87　叠晕

图33附-85　豹脚

图33附-86　合蝉燕尾

图33附-87　叠晕

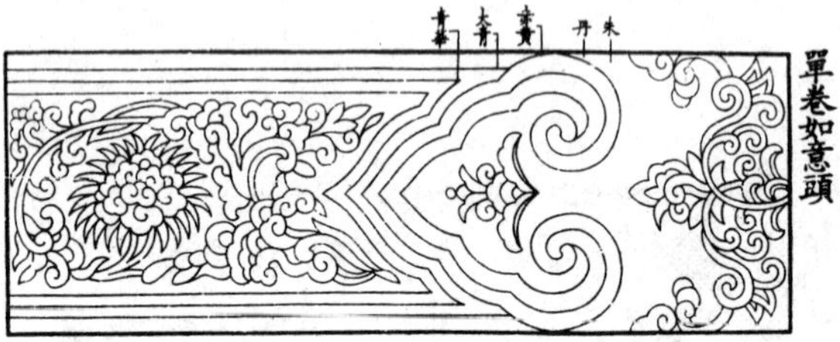

图33-88　单卷如意头

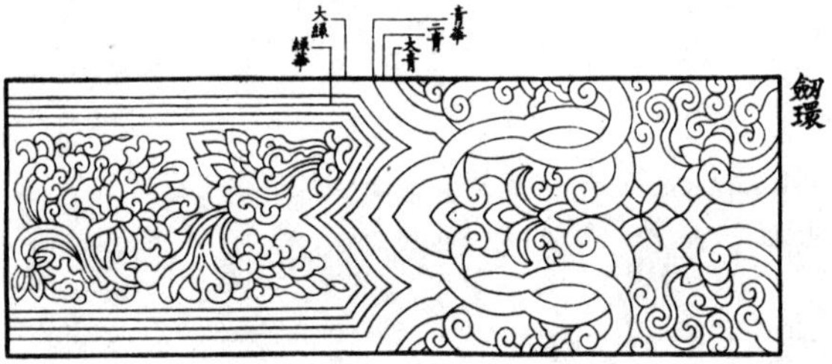

图33-89　剑环

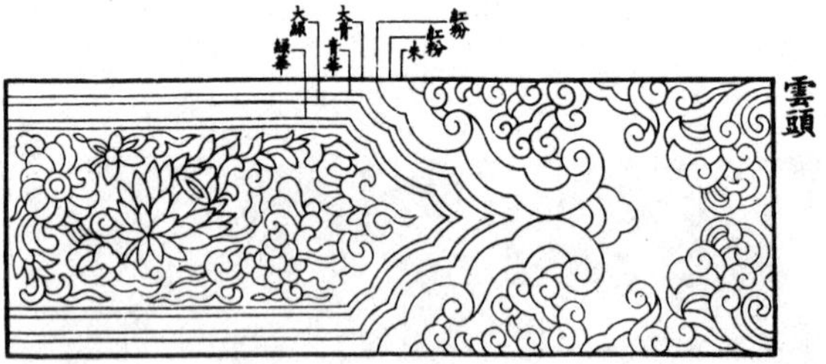

图33-90　云头

图33附-88　单卷如意头

图33附-89　剑环

图33附-90　云头

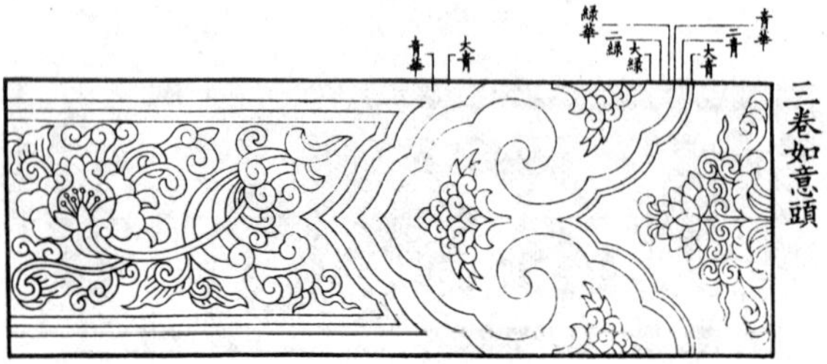

图 33-91　三卷如意头

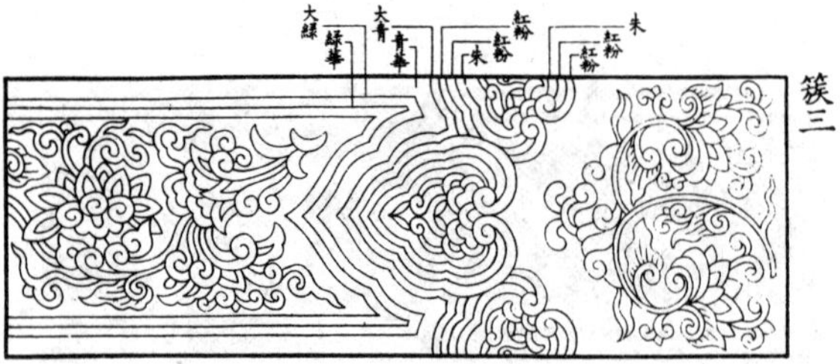

图 33-92　簇三

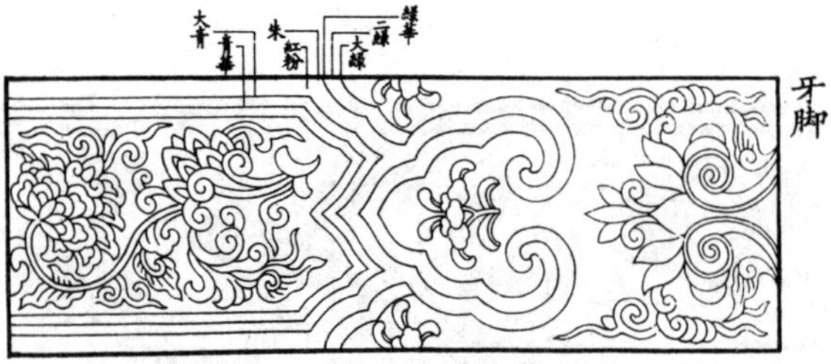

图 33-93　牙脚

图33附-91　三卷如意头

图33附-92　簇三

图33附-93　牙脚

图33-94　海石榴华内间六入圜华枓（科）

图33-95　宝牙华内间柿蒂枓（科）

图33-96　枝条卷成海石榴华内间四入圜华枓（科）

图33附-94　海石榴华内间六入圜华料（科）

图33附-95　宝牙华内间柿蒂料（科）

图33附-96　枝条卷成海石榴华内间四入圜华料（科）

五彩平棊第六

其华子晕心墨者，系青晕外绿者，系绿浑黑者，系红并系碾玉装不晕墨者，系五彩装造。

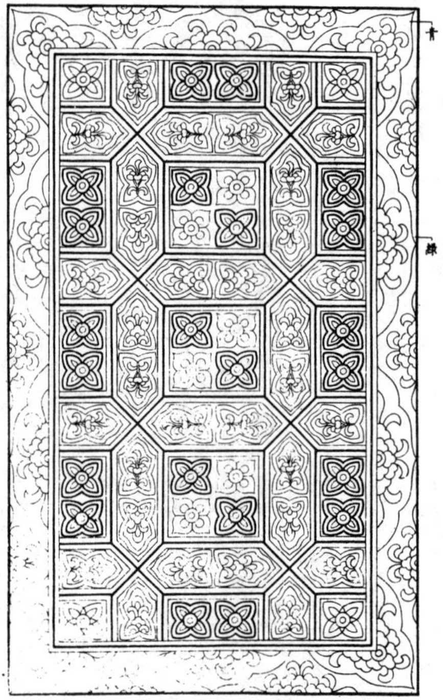

图33-97　五彩平棊一

图33附-97　五彩平棊一

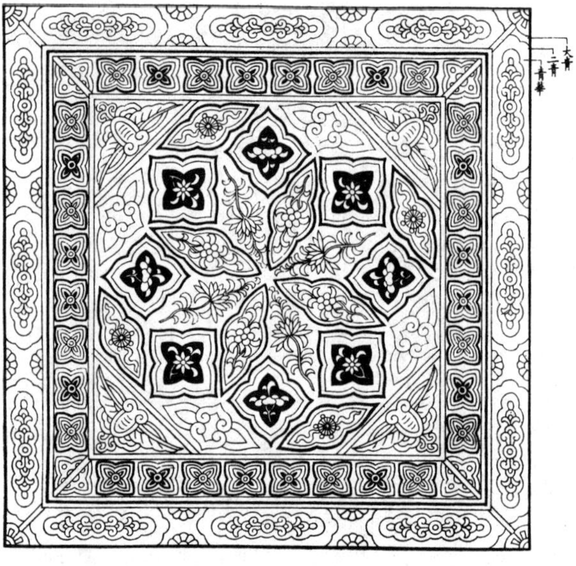

图33-98　五彩平棊二

图33附-98　五彩平棊二

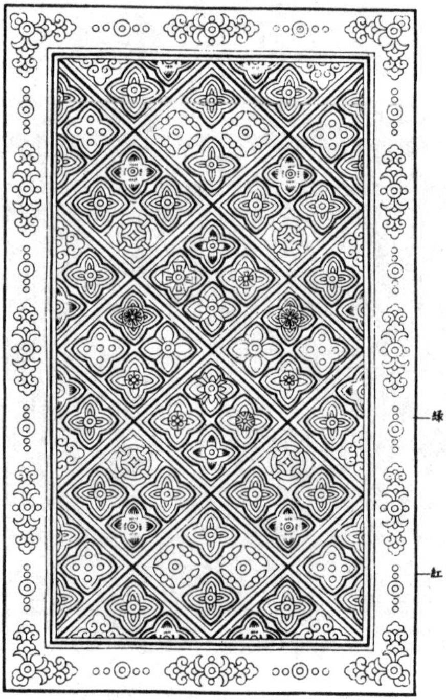

图33-99　五彩平棊三

图33附-99　五彩平棊三

图33-100　五彩平棊四

图33附-100 五彩平棊四

碾玉杂华第七

图33-101　海石榴华

图33-102　宝牙华

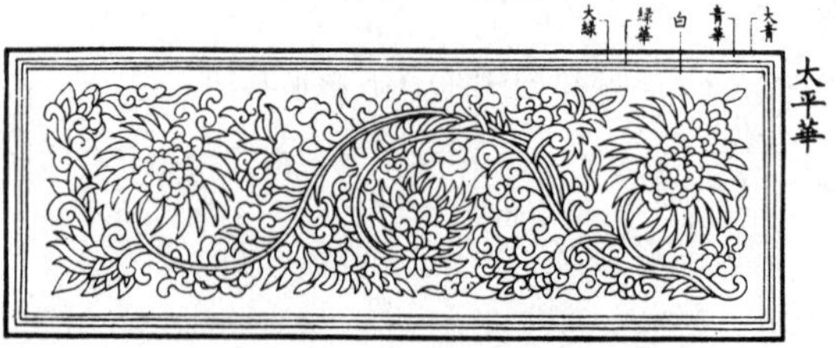

图33-103　太平华

图33附-101　海石榴华

图33附-102　宝牙华

图33附-103　太平华

图33-104　宝相华

图33-105　牡丹华

图33-106　莲荷华

图33附-104　宝相华

图33附-105　牡丹华

图33附-106　莲荷华

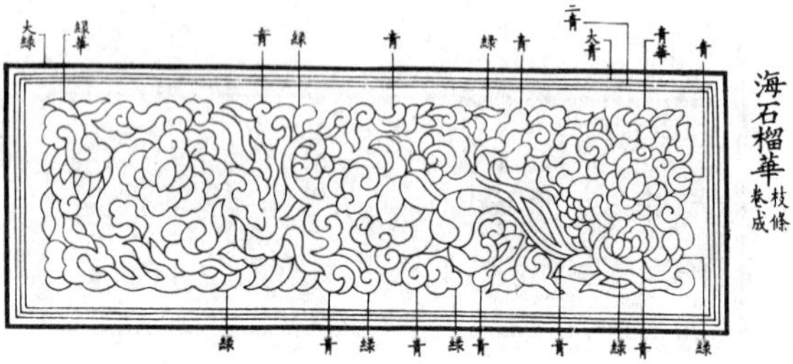

图33-107 海石榴华枝条卷成

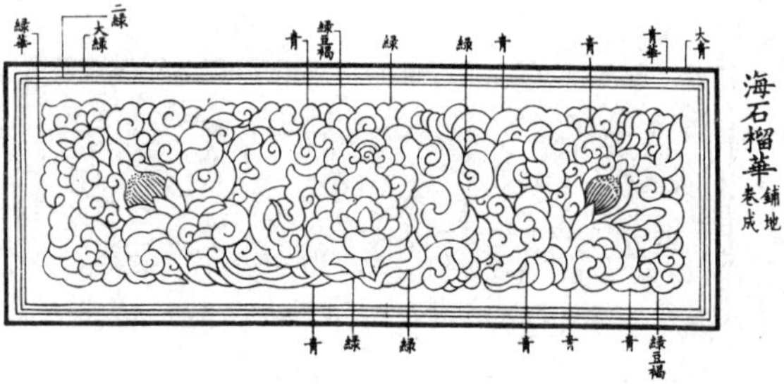

图33-108 海石榴华铺地卷成

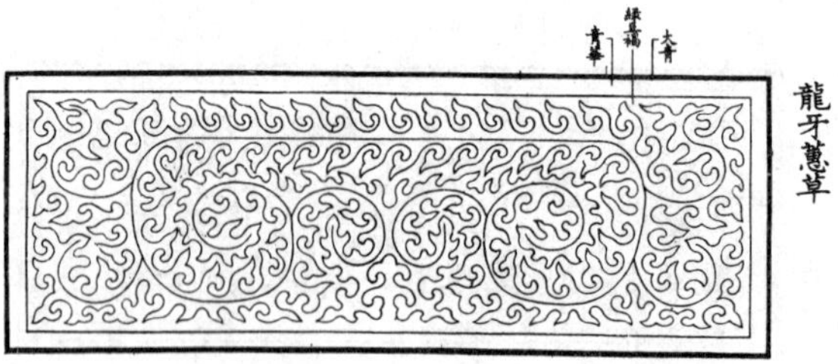

图33-109 龙牙蕙草

海石榴華枝條卷成

图33附-107　海石榴华枝条卷成

海石榴華铺地卷成

图33附-108　海石榴华铺地卷成

龍牙蕙草

图33附-109　龙牙蕙草

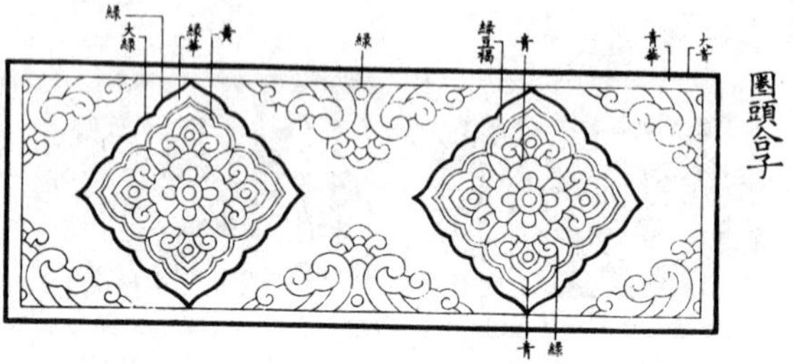

图33-110　圈头合子

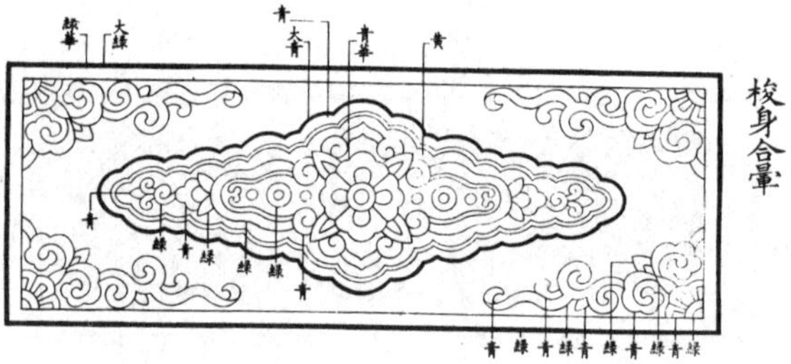

图33-111　梭身合晕

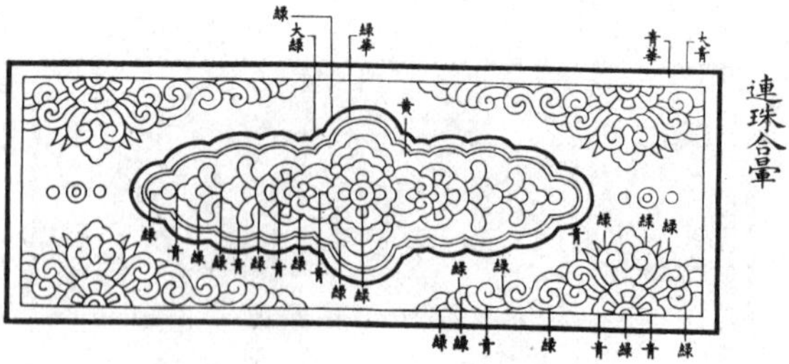

图33-112　连珠合晕

图33附-110　圈头合子

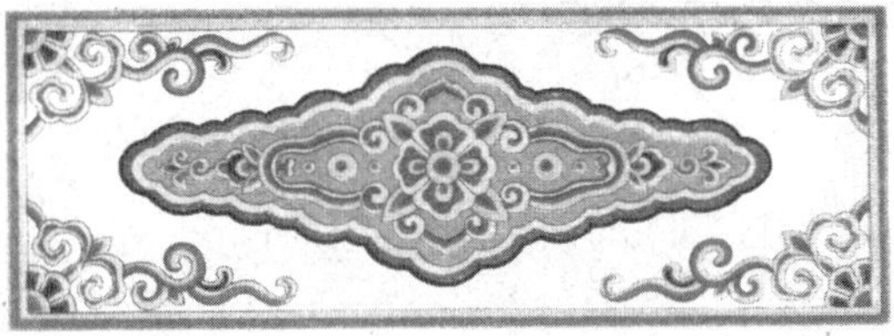

图33附-111　梭身合晕

图33附-112　连珠合晕

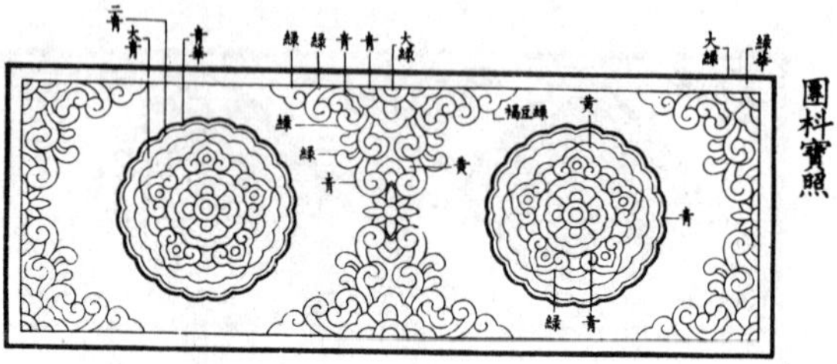

图 33-113　团料（科）宝照

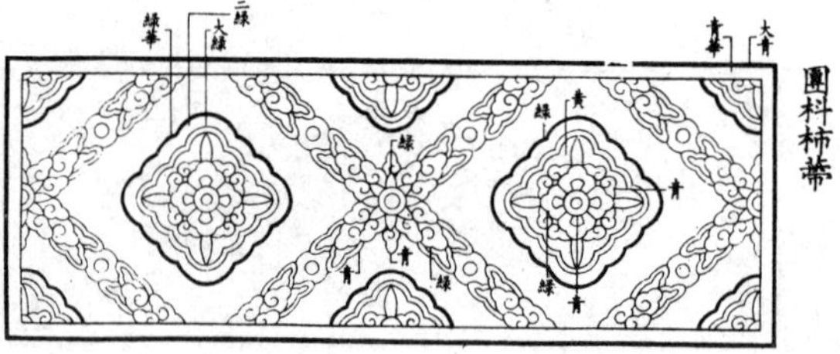

图 33-114　团料（科）柿蒂

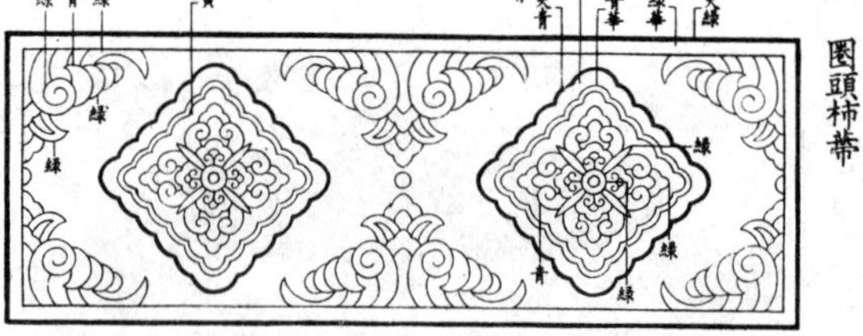

图 33-115　圈头柿蒂

團科寶照

图33附-113　团料（科）宝照

團科柿蔕

图33附-114　团料（科）柿蒂

圈頭柿蔕

图33附-115　圈头柿蒂

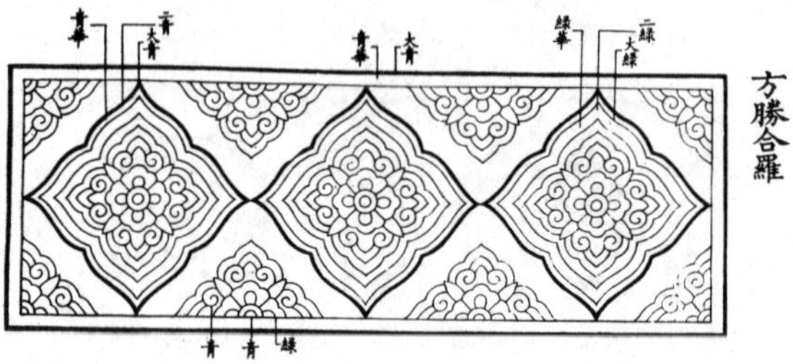

图 33-116　方胜合罗

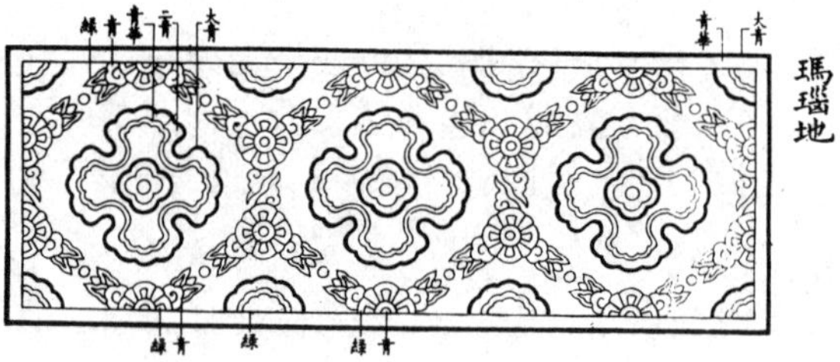

图 33-117　玛瑙地

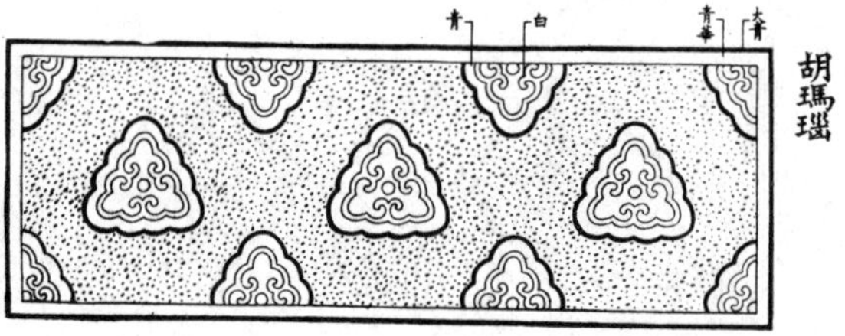

图 33-118　胡玛瑙

图33附-116　方胜合罗

图33附-117　玛瑙地

图33附-118　胡玛瑙

碾玉琐文第八

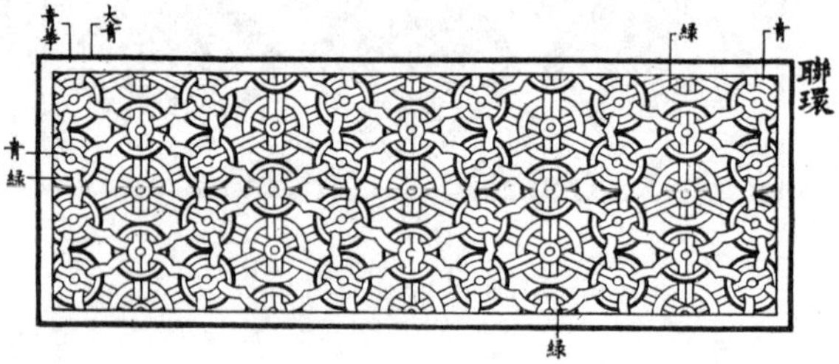

图33-119　联环

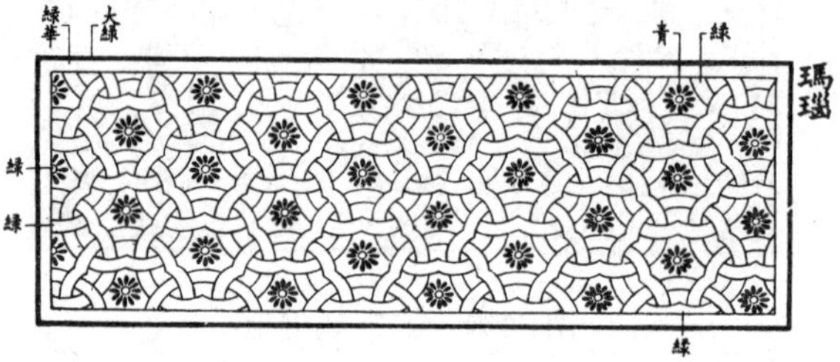

图33-120　玛瑙

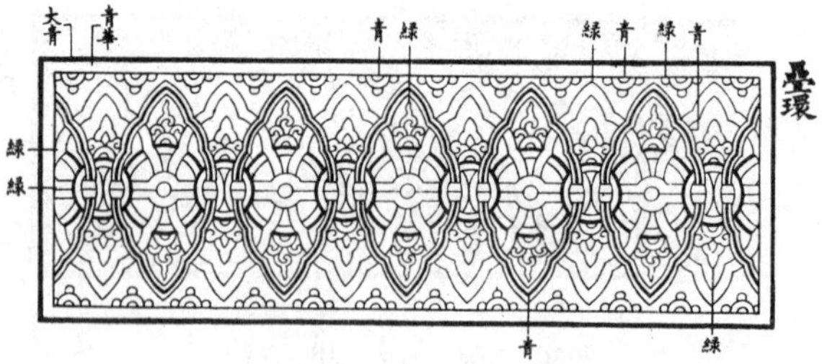

图33-121　叠环

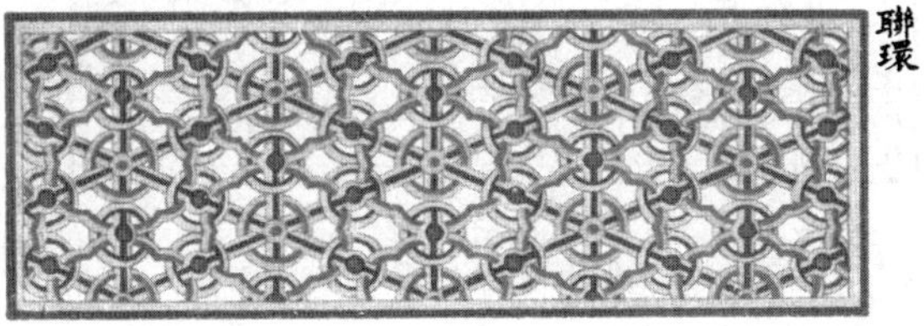

图33附-119　联环

图33附-120　玛瑙

图33附-121　叠环

图 33-122　簟文

图 33-123　金锭

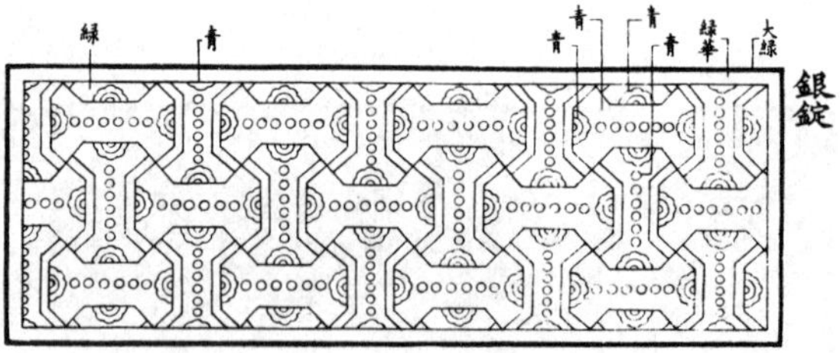

图 33-124　银锭

簟文

图33附-122　簟文

金錠

图33附-123　金锭

銀錠

图33附-124　银锭

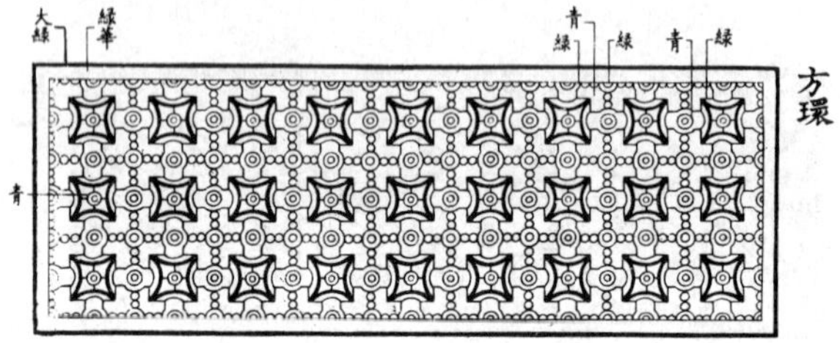

图33-125　方环

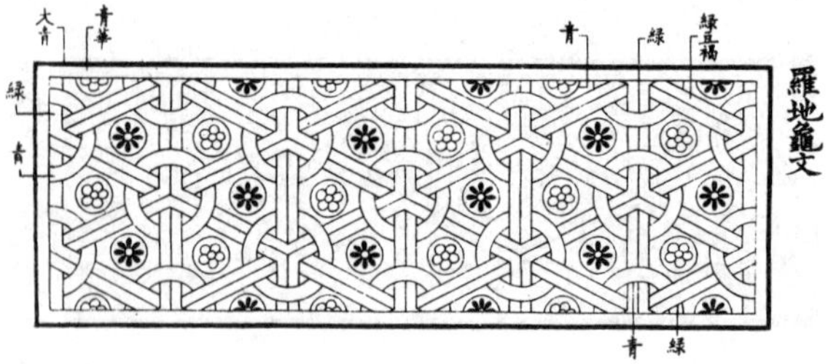

图33-126　罗地龟文

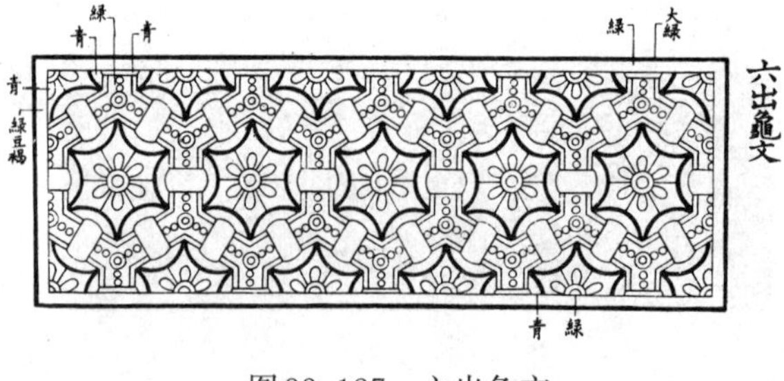

图33-127　六出龟文

方環

图33附-125　方环

羅地龜文

图33附-126　罗地龟文

六出龜文

图33附-127　六出龟文

图 33-128　交脚龟文

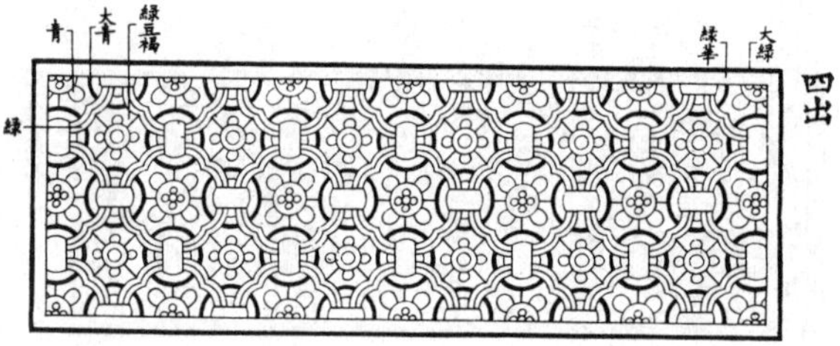

图 33-129　四出

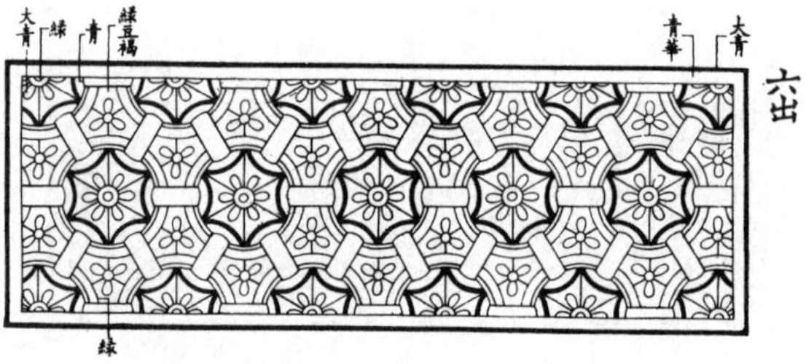

图 33-130　六出

交脚龜文

图33附-128　交脚龟文

四出

图33附-129　四出

六出

图33附-130　六出

碾玉额柱第九

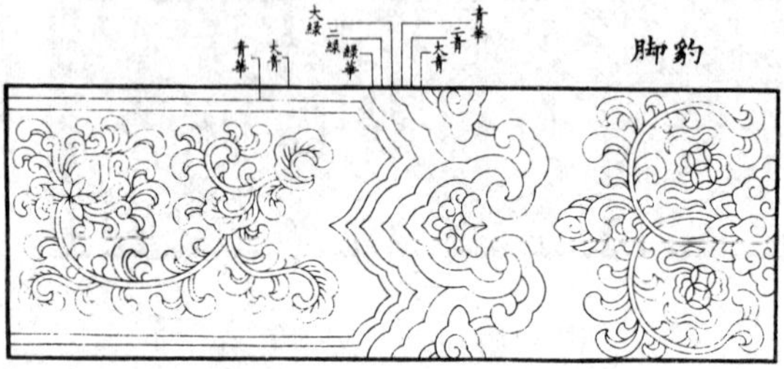

图33-131 豹脚

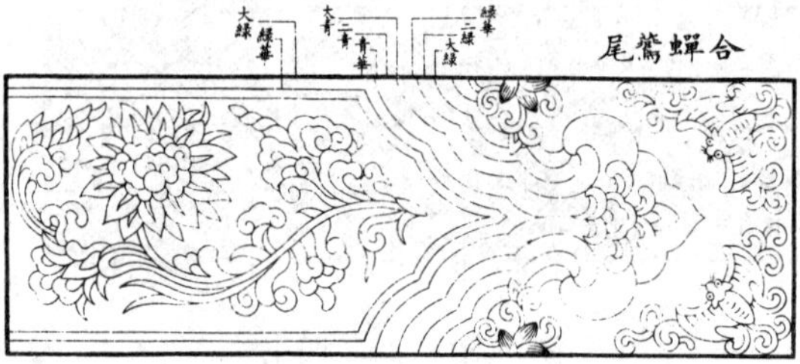

图33-132 合蝉燕尾

图33-133 叠晕

图33附-131　豹脚

图33附-132　合蝉燕尾

图33附-133　叠晕

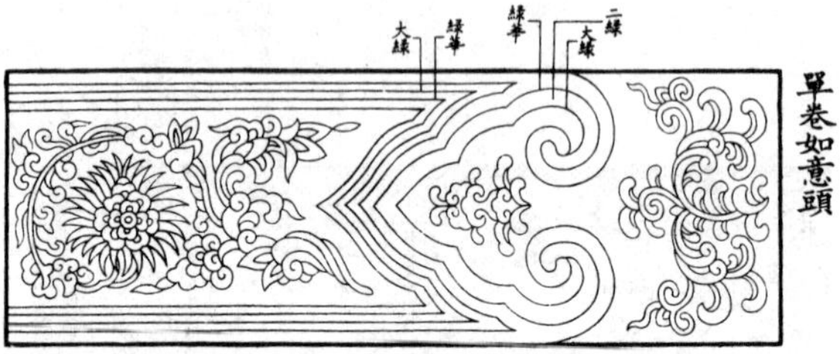

图33-134　单卷如意头

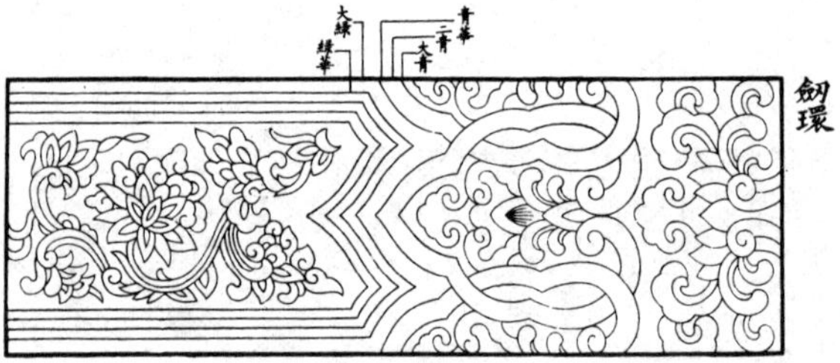

图33-135　剑环

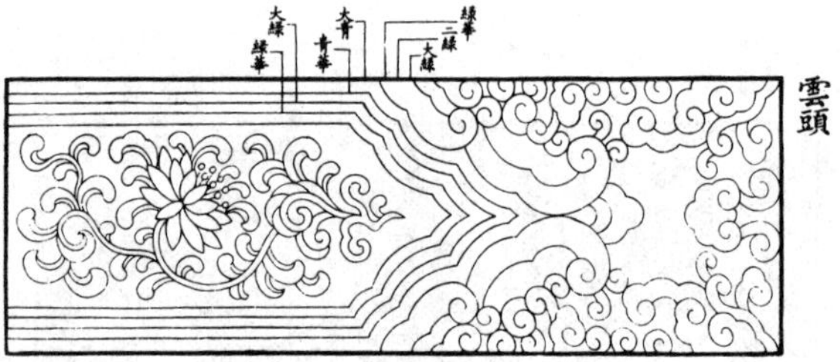

图33-136　云头

图33附-134　单卷如意头

图33附-135　剑环

图33附-136　云头

图33-137　三卷如意头

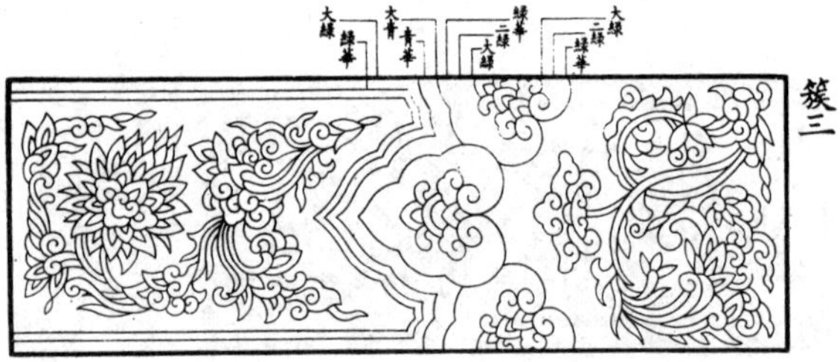

图33-138　簇三

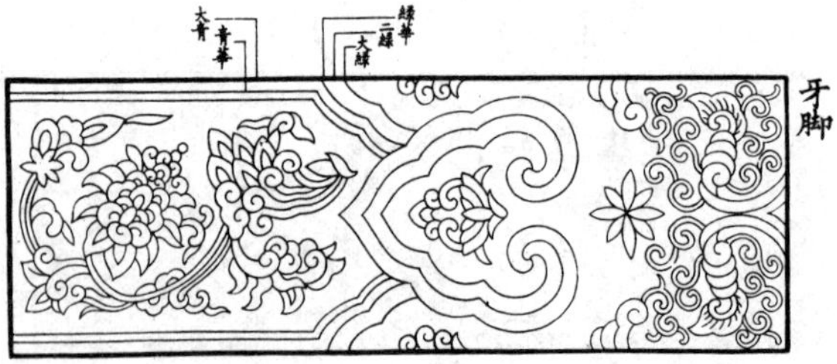

图33-139　牙脚

三卷如意頭

图33附-137　三卷如意头

簇三

图33附-138　簇三

牙脚

图33附-139　牙脚

图33-140　海石榴华内间六入圜华料（科）

图33-141　宝牙华内间柿蒂料（科）

图33-142　枝条卷成海石榴华内间四入圜华料（科）

图33附-140　海石榴华内间六入圜华科（科）

图33附-141　宝牙华内间柿蒂科（科）

图33附-142　枝条卷成海石榴华内间四入圜华科（科）

碾玉平棊第十

其华子晕心墨者，系青晕外绿者，系绿并系碾玉装其不晕者，白上描檀叠青绿。

图33-143　碾玉平棊一

图33附-143　碾玉平綦一

图33-144　碾玉平棊二

图33附-144　碾玉平棊二

图33-145　碾玉平棊三

图33附-145　碾玉平棊三

图33-146 碾玉平棊四

图33附-146　碾玉平綦四

卷第三十四　彩画作制度图样下
刷饰制度图样（并附卷）

【题解】

与上一卷的内容不同，本卷中所给出的彩画，主要涉及房屋中各种名件上所施用的彩画形式。如屋顶梁架中的梁栿，覆盖屋顶檐口的椽子、飞子，屋檐下所施枓、栱、昂等名件的显露部分，以及檐下枓栱之间的栱眼壁表面等，都是有可能需要加以彩画装饰的名件部位。

在这些不同名件部位所施的彩画仍然是分为不同等级的。这些部位的彩画等级，应该与其所在建筑等级及与其建筑等级相匹配的主要彩画方式保持一致。如采用五彩遍装彩画的名件,其所在建筑应是最高等级的,其室内外的主要彩画也应是采用了五彩遍装做法的。同样,采用碾玉装彩画的名件,对应的也应当是普通采用碾玉装做法的较高等级的建筑。

本卷还给出了《法式》行文中提到的青绿叠晕棱间装名件、三晕带红棱间装名件、两晕棱间内画松文装名件及解绿结华装名件,尽管这些彩画的绘制方式带有较为明显的色彩处理技术手段,但这里仍给出了基本的图形,并以文字对其相应色彩及做法加以标识。由此或也可以理解,这些叠晕、退晕、解绿结华等彩画手法,主要是施用在一些带有局部效果的房屋名件上的,而非是施于房屋彩画中面积较大的梁栿、柱额或平棊等之上的。

本卷给出的刷饰制度图样,属于较低等级房屋诸名件中采用的彩画做法,其中包括了丹粉刷饰名件与黄土刷饰名件。这两种彩画形式虽然简单,但其在宋代建筑中施用的频次反而可能是最高的,因为,这两种彩画主要用于等级较低但建造量却很大的普通房屋中的诸名件部位上,以起到对这些名件部位的装饰与保护作用。

与卷第三十三之附卷一样,在陶本《营造法式》的第八册封面,亦标有"法式卷三十四　彩画作制度图样下(并附卷)"的字样,说明陶先生对《法式》卷第三十四中的彩画图样,也做了与卷第三十三彩画图样同样的处理,即请当时的匠师,在《法式》原图的基础上,依据其图上所标注的色彩名称,按照自己的理解,对这些彩画逐一添加了色彩,以期能够帮助读者对宋式彩画可能的原初样貌有一个更为直观的了解。

梁注本卷末附图中同样没有将卷第三十四之附卷中加色的彩图收入其中,原因仍如笔者前文所提到的,一向以科学严谨态度著称的梁思成先生,对于没有宋代彩画实例验证,仅有历代传抄誊摹之线条形式的彩画,不对其真实的画面色彩形态做轻易的肯定或否定的判断。这一点体现的正是梁先生自己所说的"知道多少,能够做多少,就做多少"的严谨细密的学者风范。

彩画作制度图样下（并附卷）

五彩遍装名件第十一

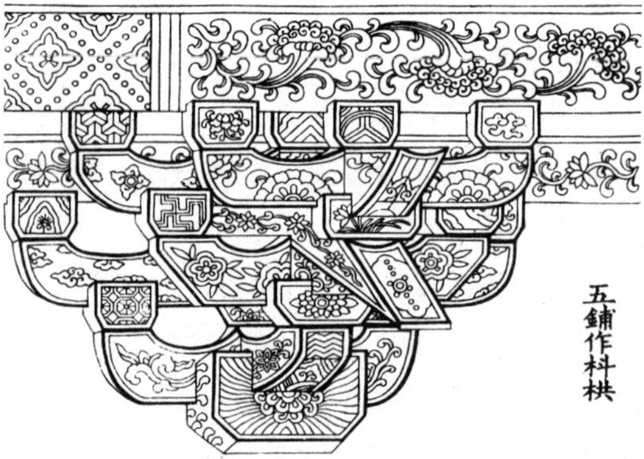

图34-1　五铺作枓栱

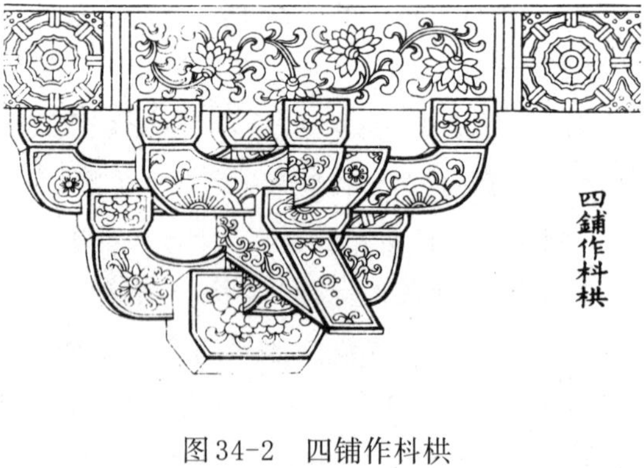

图34-2　四铺作枓栱

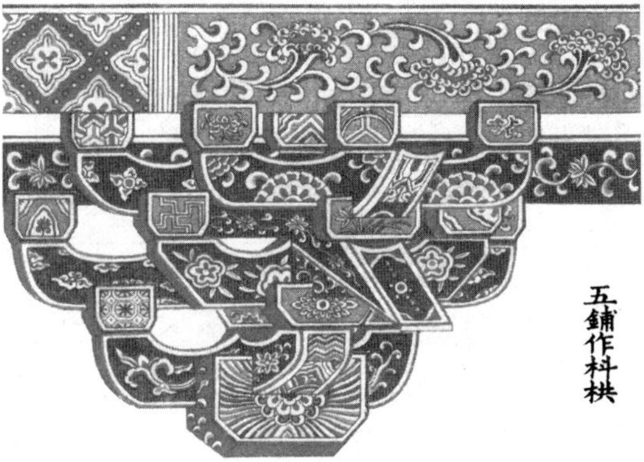

图34附-1　五铺作枓栱

图34附-2　四铺作枓栱

梁椽　飞子

图34-3　梁椽　飞子

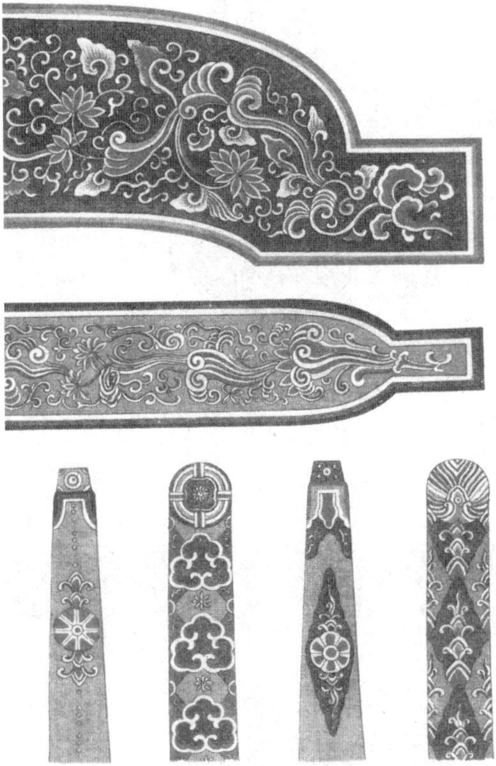

图34附-3　梁椽　飞子

五彩装净地锦

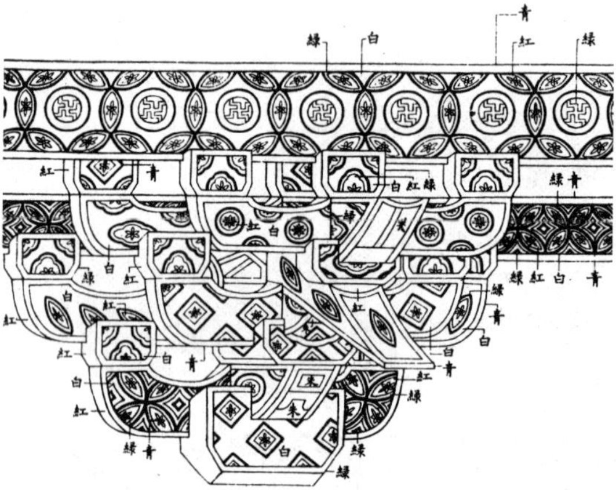

图34-4　五铺作枓栱

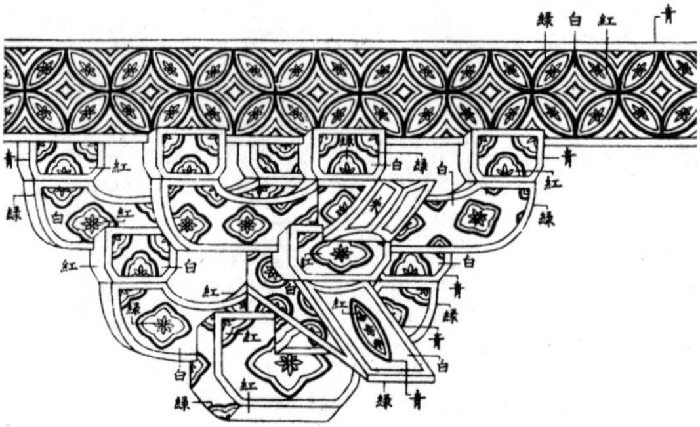

图34-5　四铺作枓栱

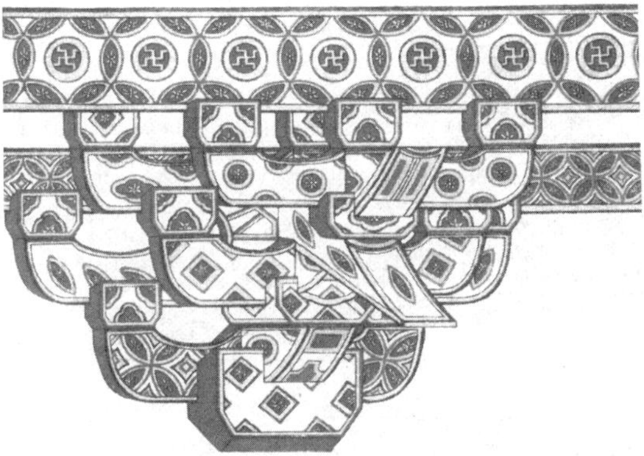

图34附-4　五铺作枓栱

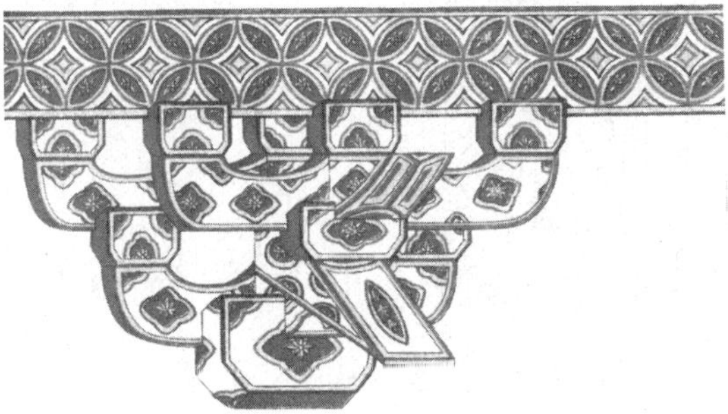

图34附-5　四铺作枓栱

梁椽　飞子

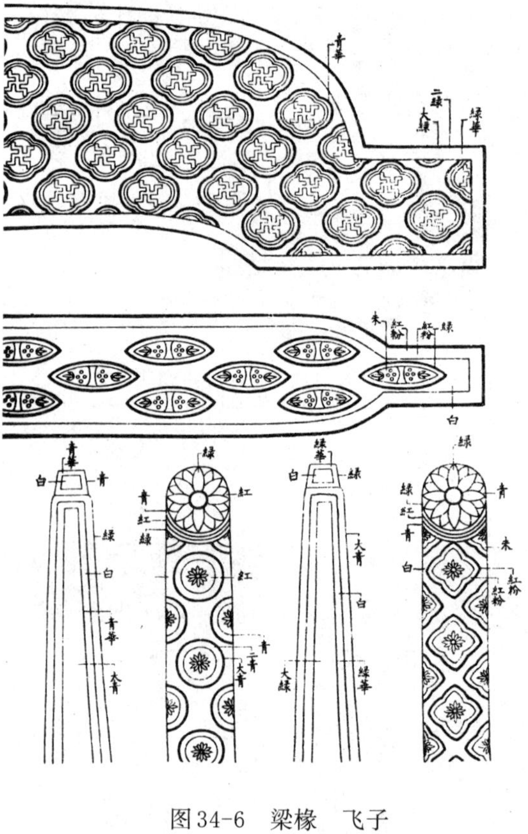

图34-6　梁椽　飞子

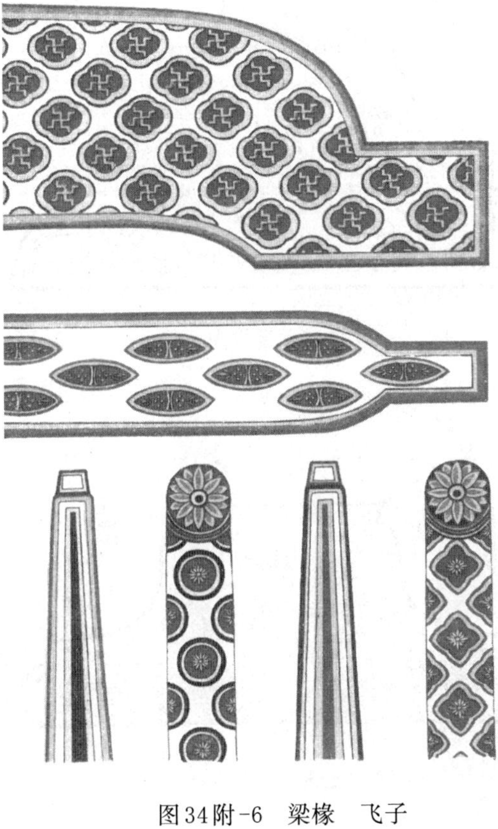

图34附-6　梁椽　飞子

五彩装栱眼壁

图34-7　重栱内一

图34-8　单栱内一

图34附-7　重栱内一

图34附-8　单栱内一

图34-9　重栱内二

图34-10　单栱内二

图34附-9　重栱内二

图34附-10　单栱内二

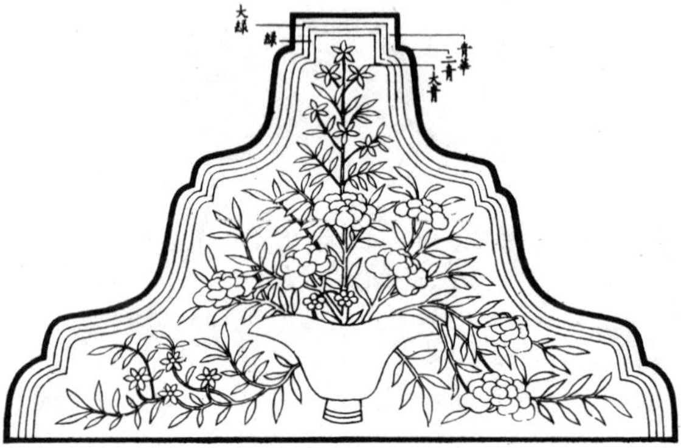

图34-11　重栱内三

图34-12　单栱内三

图34附-11　重栱内三

图34附-12　单栱内三

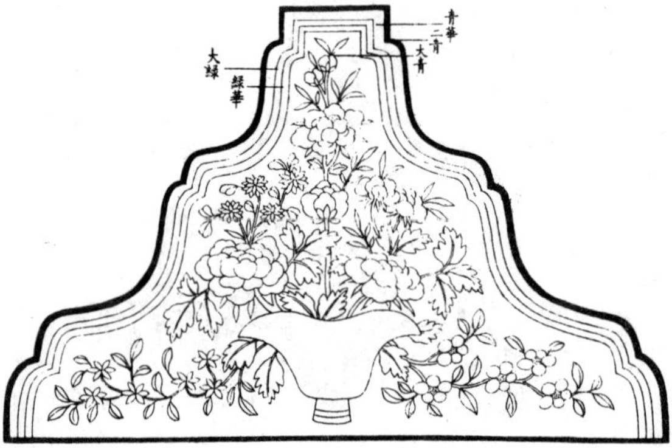

图34-13　重栱内四

图34-14　单栱内四

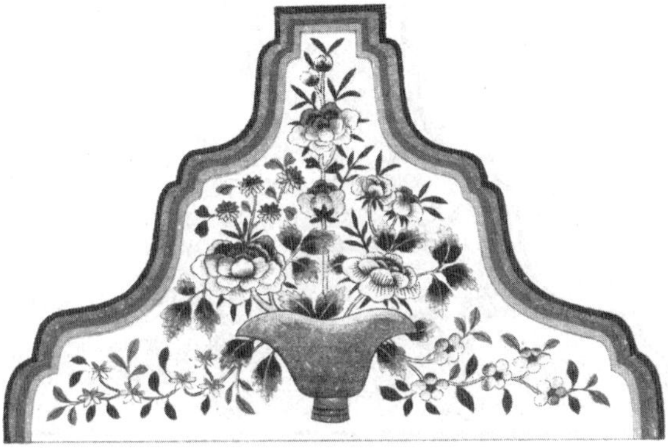

图34附-13　重栱内四

图34附-14　单栱内四

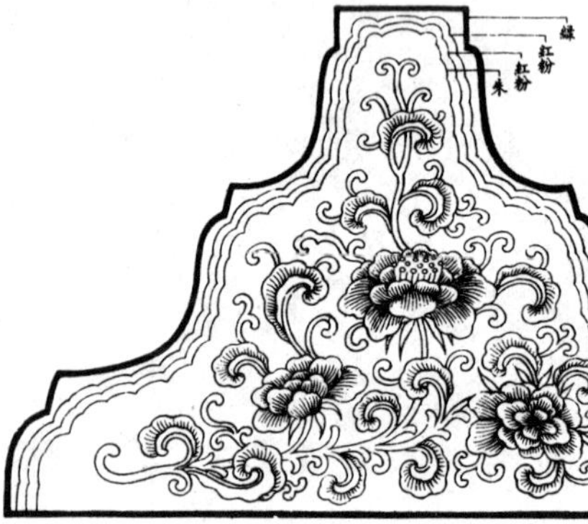

图34-15　重栱内五

图34-16　单栱内五

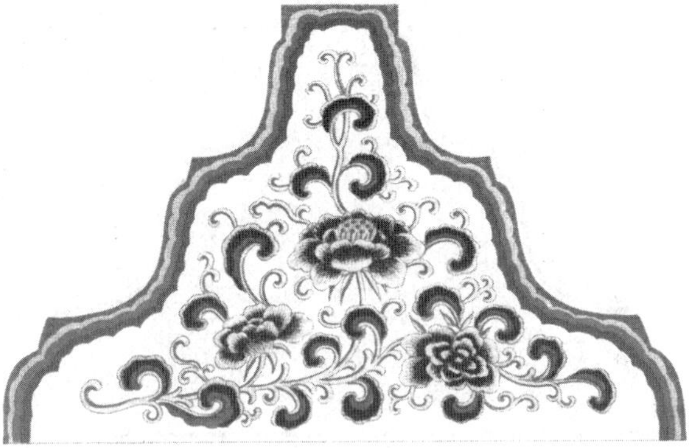

图34附-15　重栱内五

图34附-16　单栱内五

图34-17　重栱内六

图34-18　单栱内六

图34附-17　重栱内六

图34附-18　单栱内六

碾玉装名件第十二

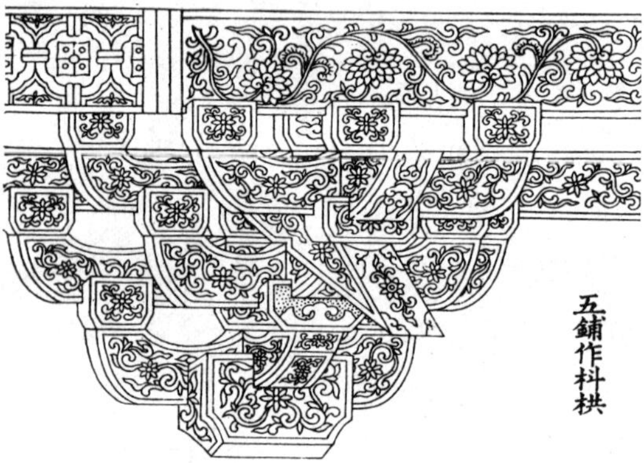

五鋪作枓栱

图34-19　五铺作枓栱

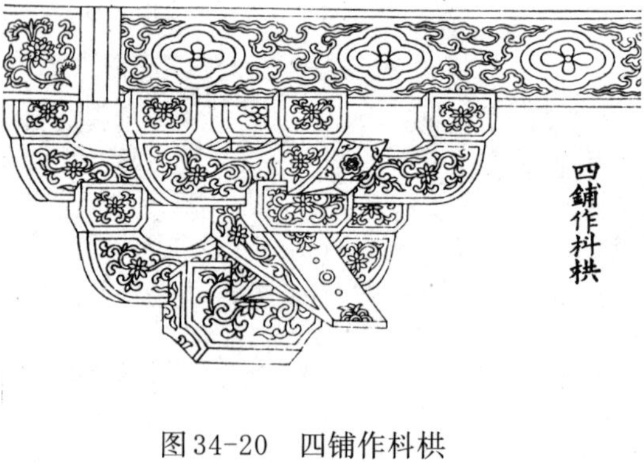

四鋪作枓栱

图34-20　四铺作枓栱

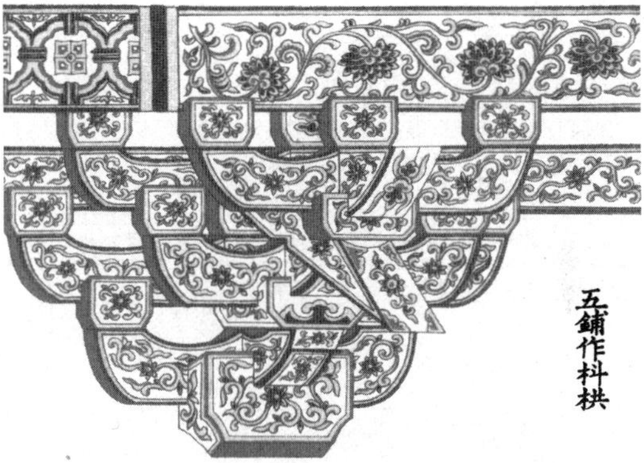

图34附-19　五铺作枓栱

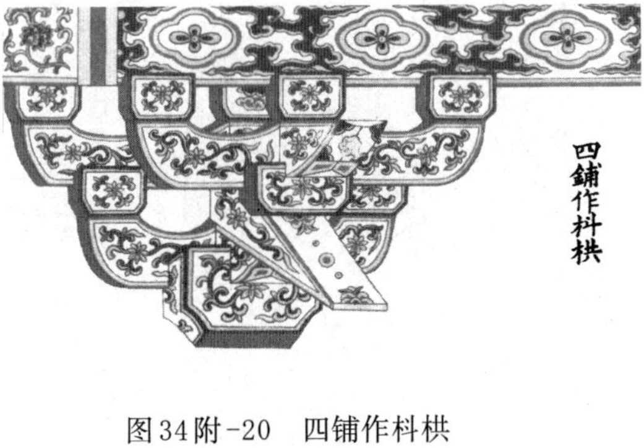

图34附-20　四铺作枓栱

梁椽 飞子

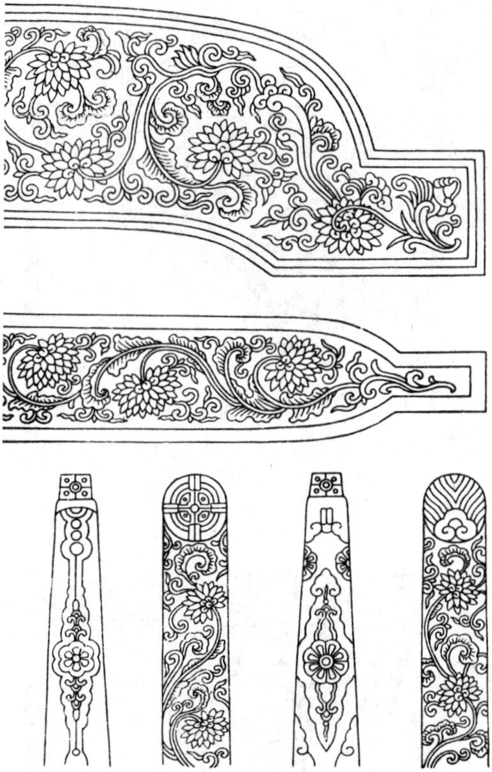

图34-21 梁椽 飞子

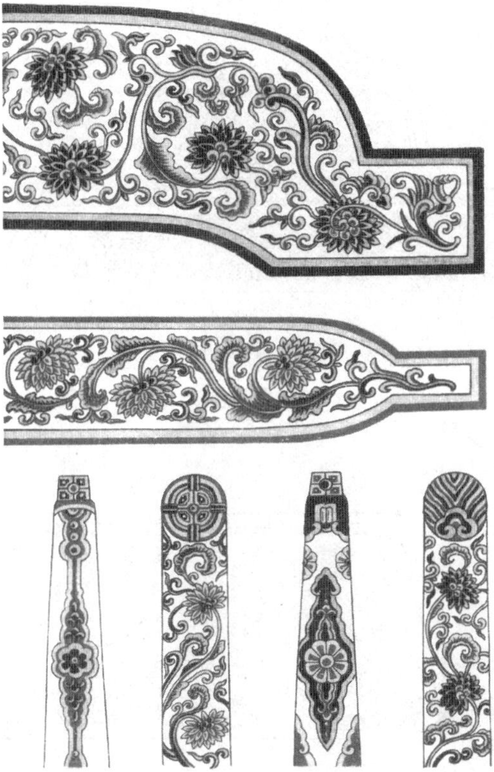

图34附-21　梁椽　飞子

碾玉装栱眼壁

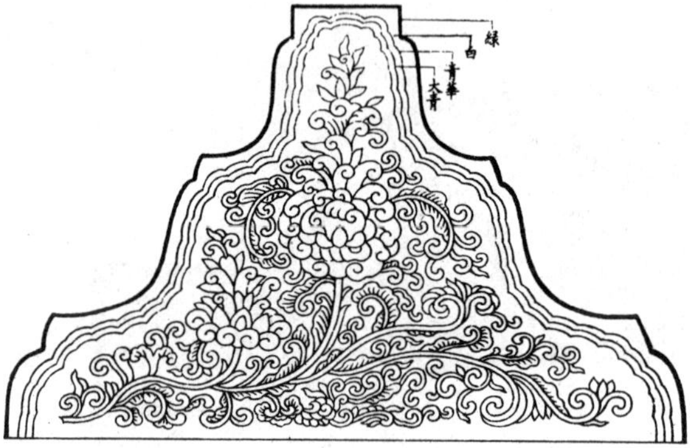

图34-22　重栱内一

图34-23　单栱内一

图34附-22　重栱内一

图34附-23　单栱内一

图34-24　重栱内二

图34-25　单栱内二

图34附-24　重栱内二

图34附-25　单栱内二

青绿叠晕棱间装名件第十三

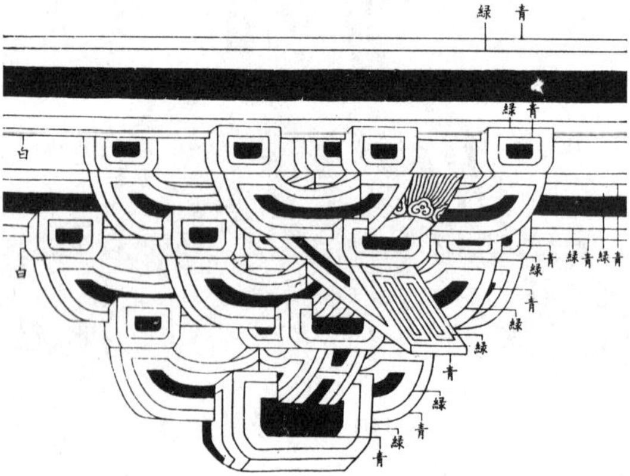

图34-26　五铺作枓栱

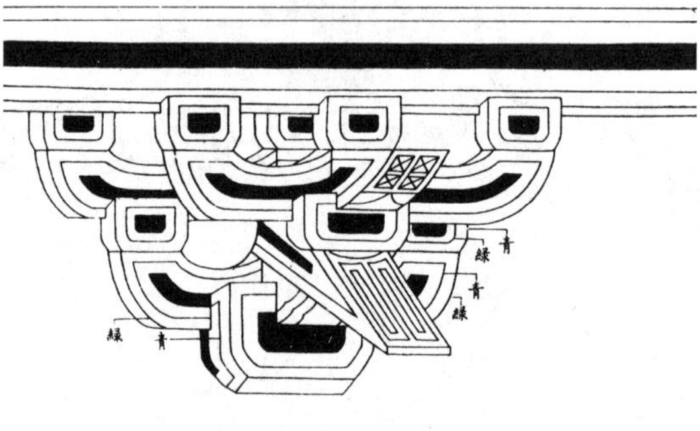

图34-27　四铺作枓栱

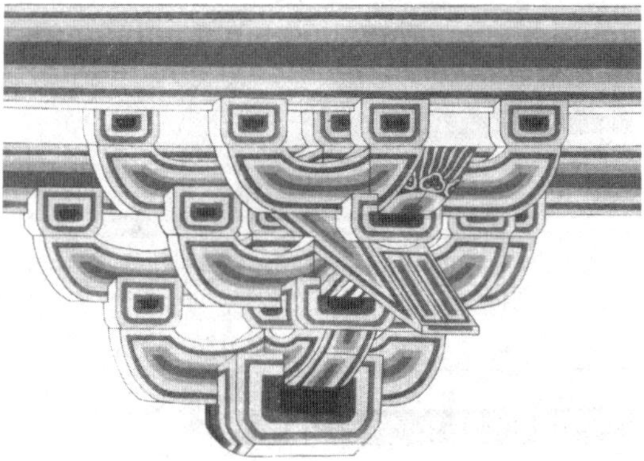

图34附-26　五铺作枓栱

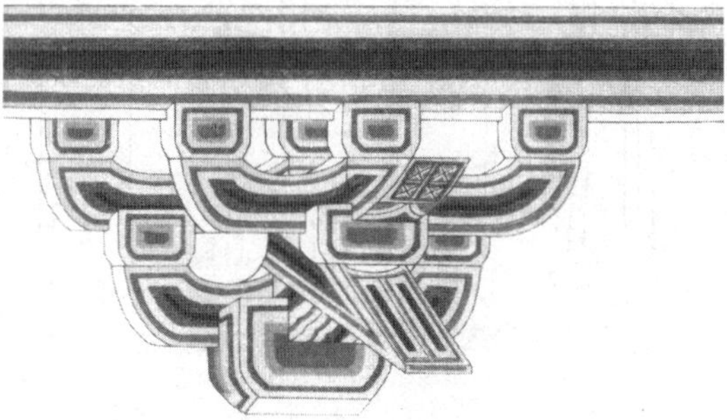

图34附-27　四铺作枓栱

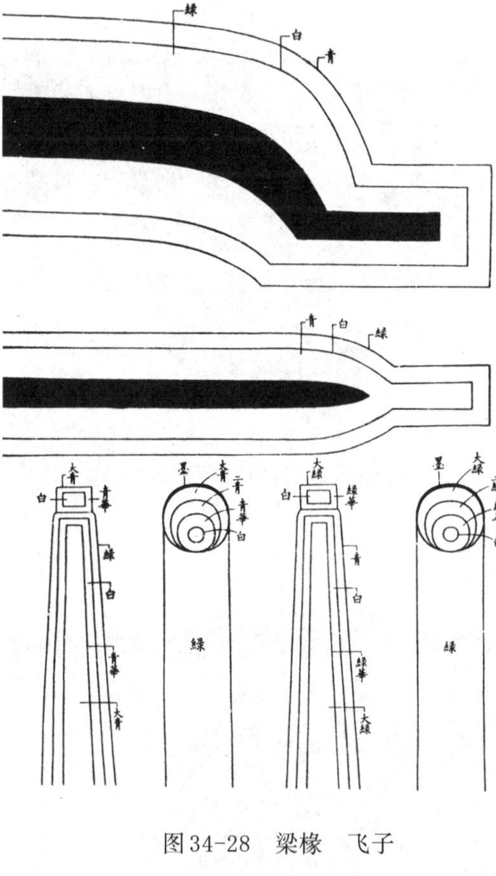

图34-28 梁椽 飞子

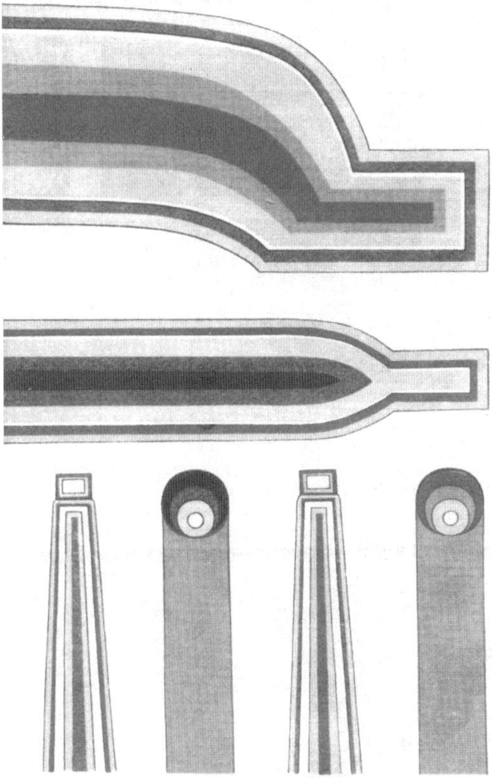

图34附-28　梁椽　飞子

青绿叠晕三晕棱间装

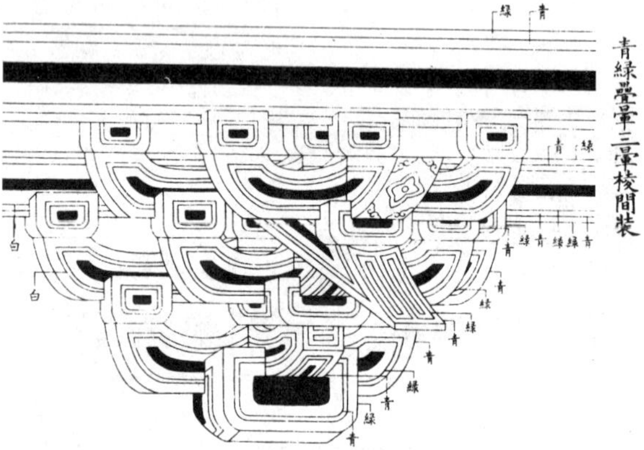

图34-29　五铺作料栱

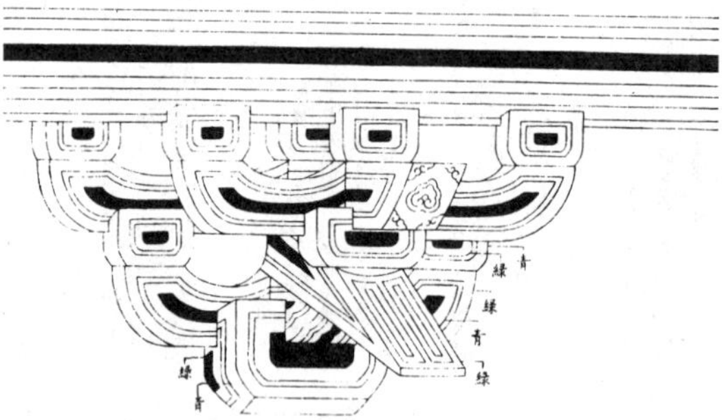

图34-30　四铺作料栱

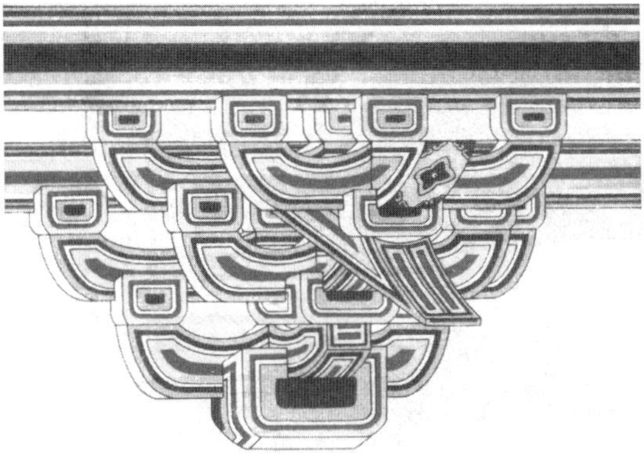

图34附-29　五铺作枓栱

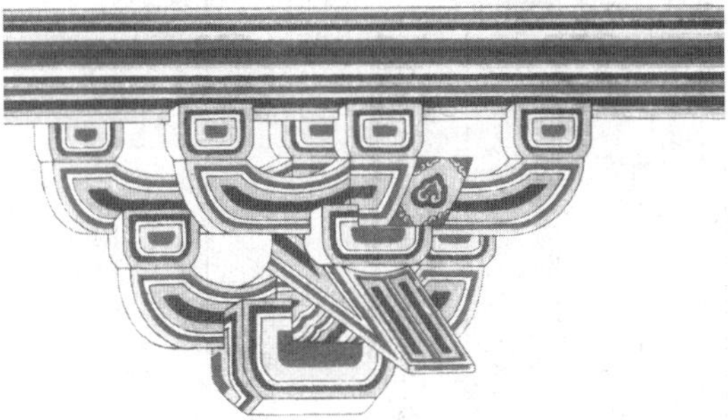

图34附-30　四铺作枓栱

梁椽 飞子

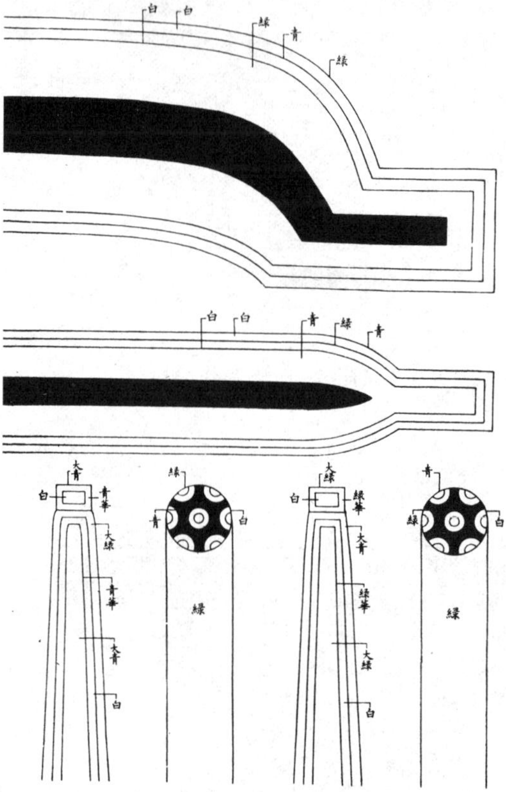

图34-31 梁椽 飞子

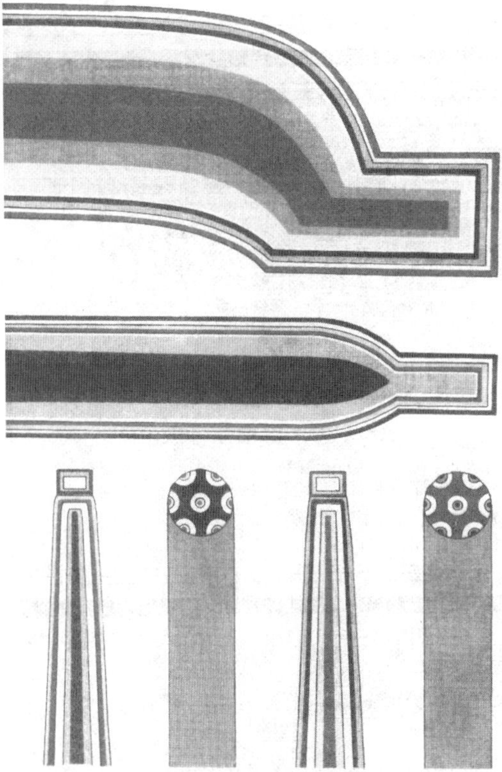

图34附-31　梁椽　飞子

三晕带红棱间装名件第十四

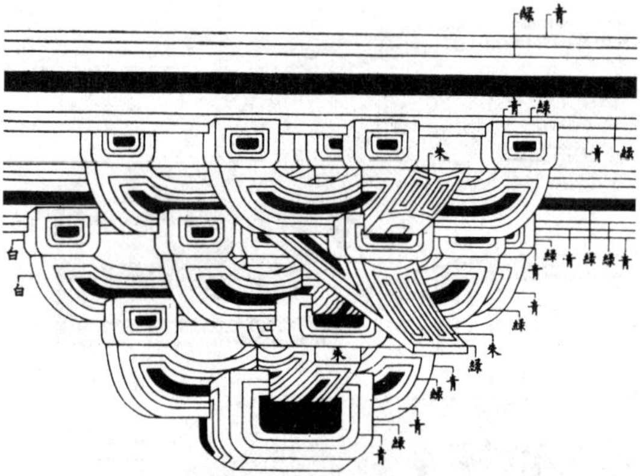

图34-32　五铺作料栱

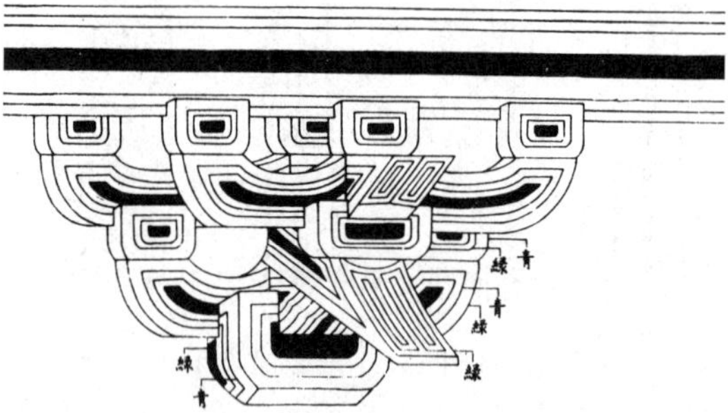

图34-33　四铺作料栱

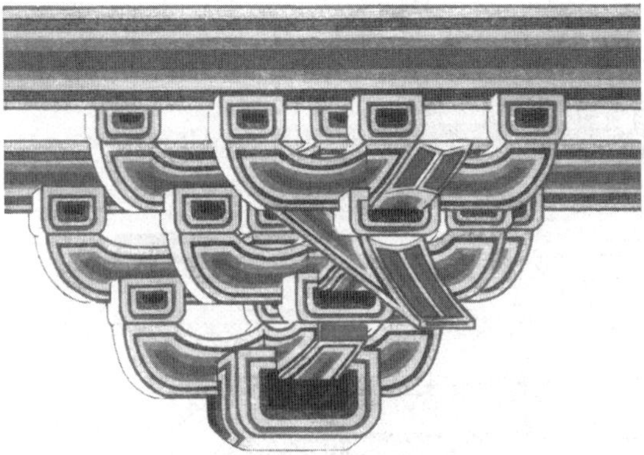

图34附-32　五铺作枓栱

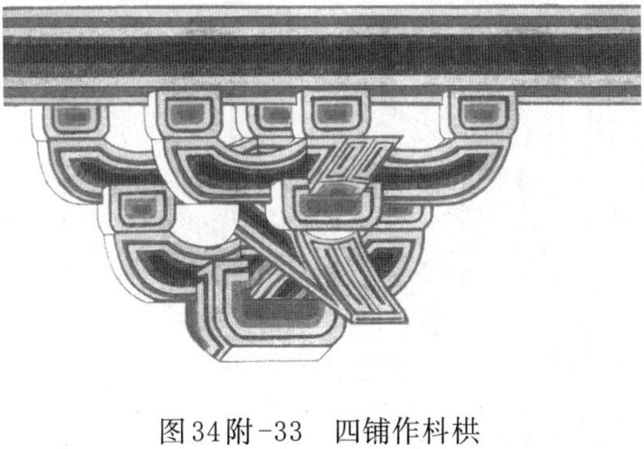

图34附-33　四铺作枓栱

梁椽 飞子

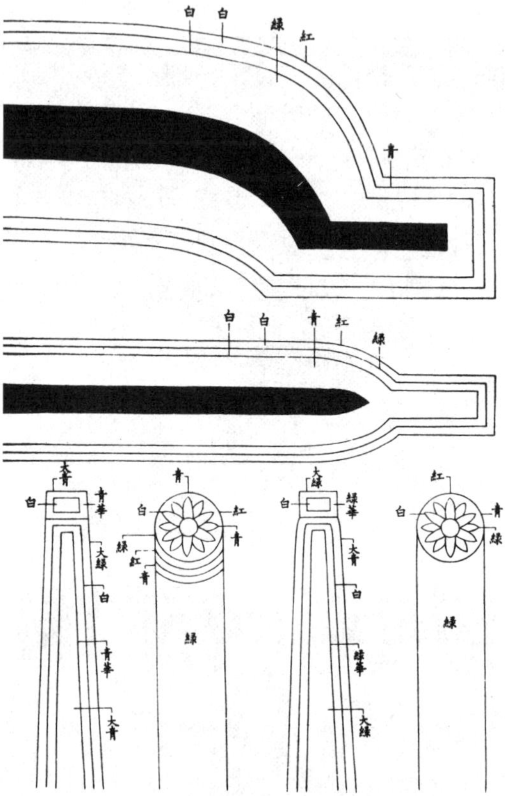

图34-34 梁椽 飞子

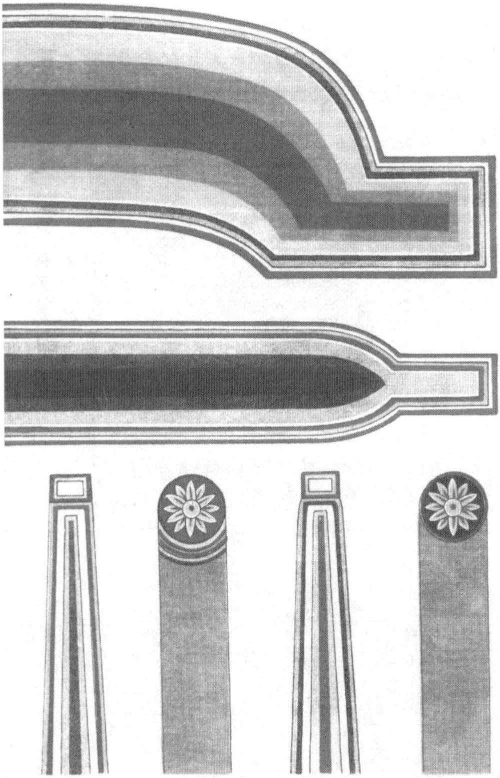

图34附-34　梁椽　飞子

两晕棱间内画松文装名件第十五

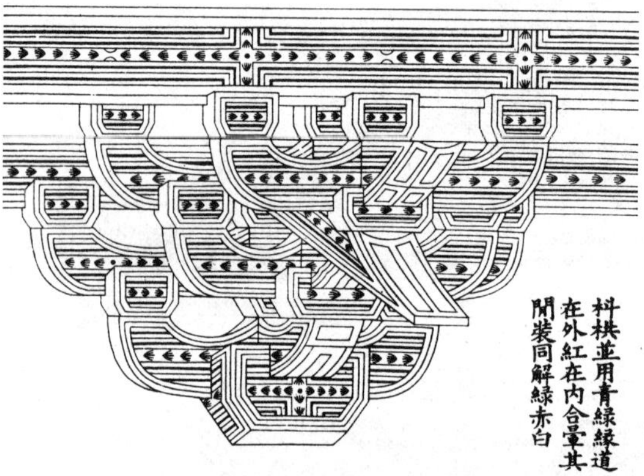

图34-35　五铺作枓栱　枓栱并用，青绿缘道在外，红在内，合晕其间装同解绿赤白。

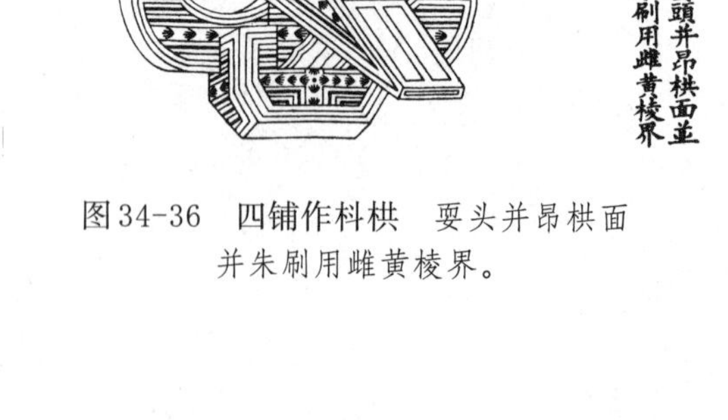

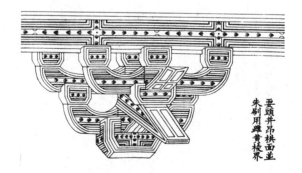

图34-36　四铺作枓栱　耍头并昂栱面并朱刷用雌黄棱界。

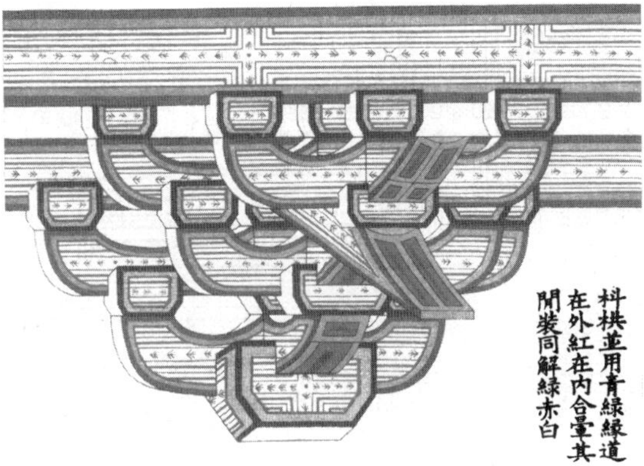

图34附-35　五铺作枓栱　枓栱并用，青绿缘道在外，红在内，合晕其间装同解绿赤白。

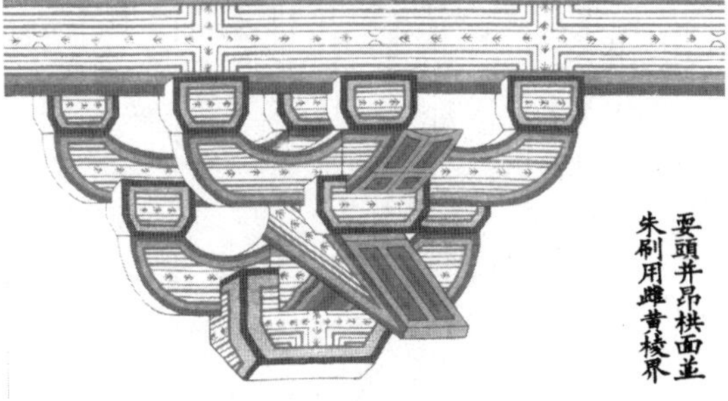

图34附-36　四铺作枓栱　耍头并昂栱面并朱刷用雌黄棱界。

梁椽　飞子

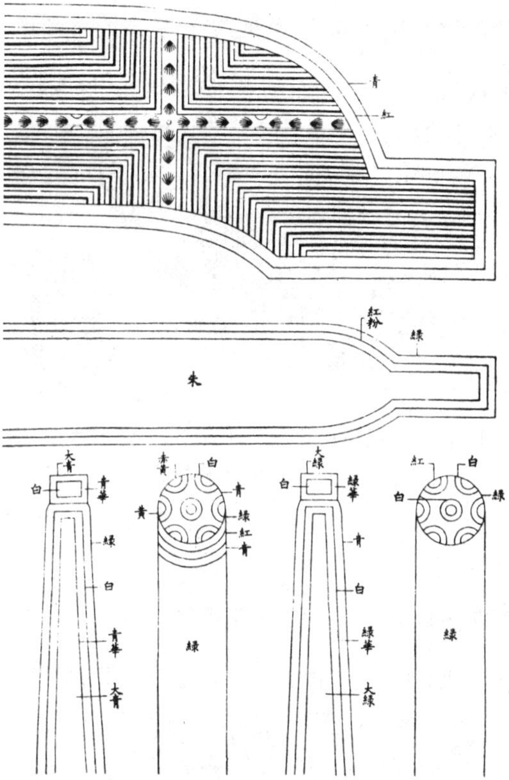

图34-37　梁椽　飞子

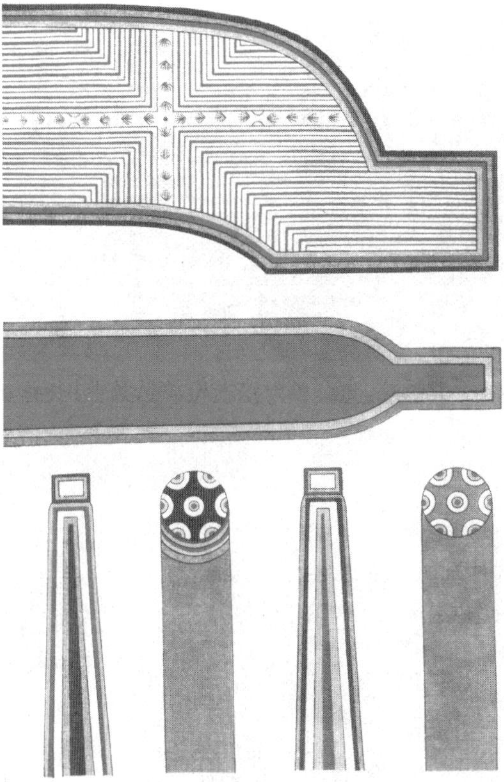

图34附-37　梁椽　飞子

解绿结华装名件第十六解绿装附

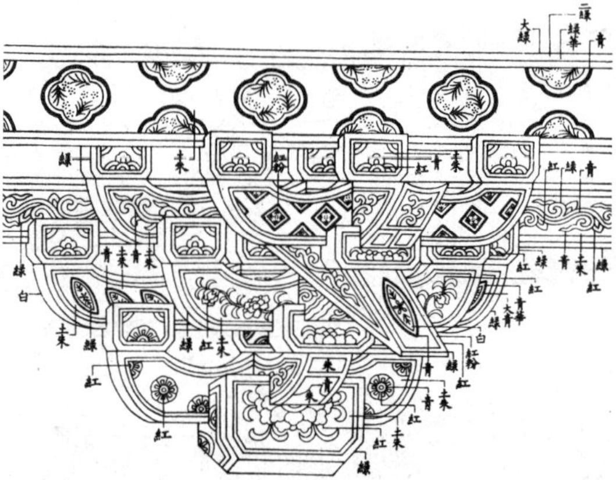

图34-38　五铺作枓栱

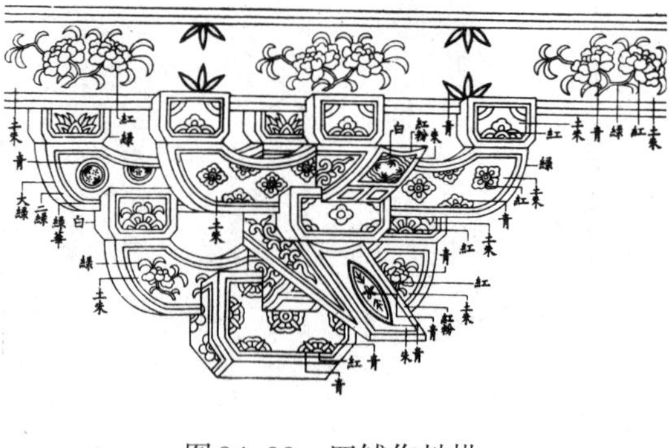

图34-39　四铺作枓栱

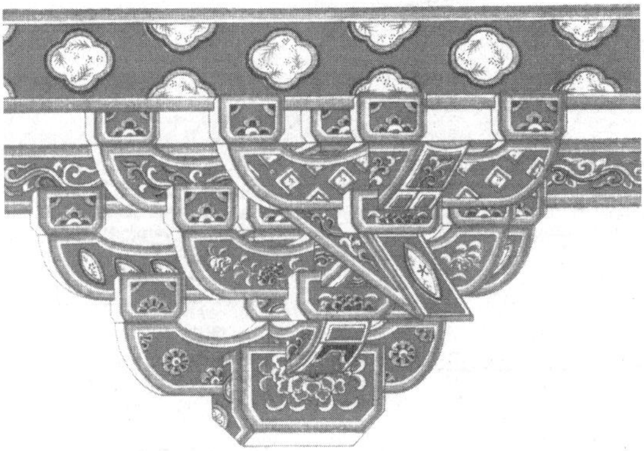

图34附-38 五铺作枓栱

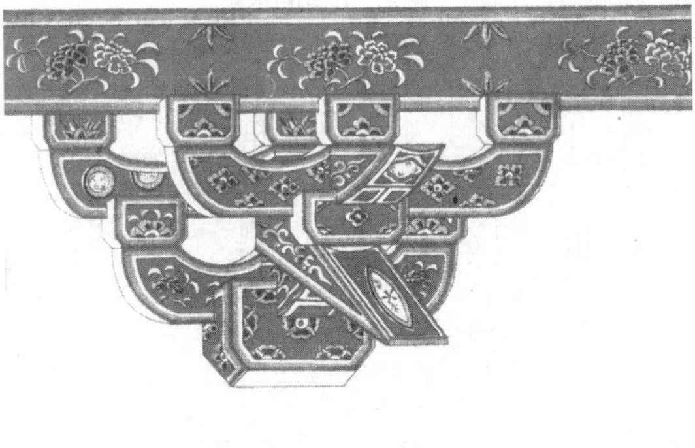

图34附-39 四铺作枓栱

梁椽　飞子

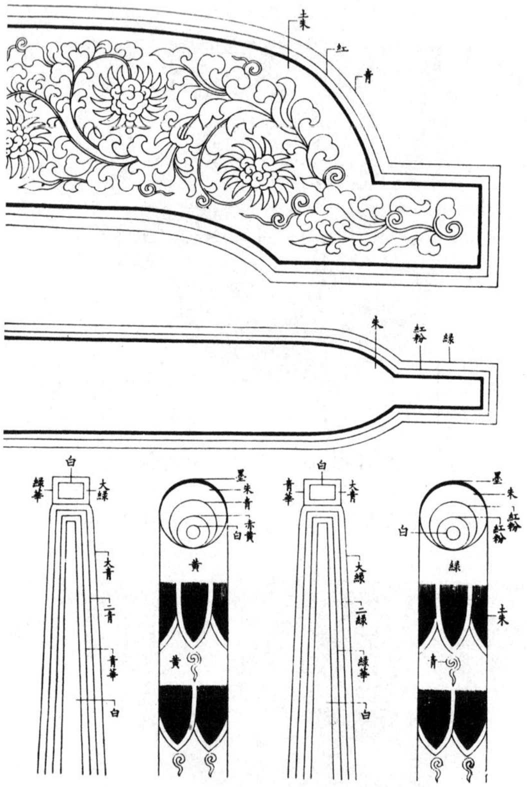

图34-40　梁椽　飞子

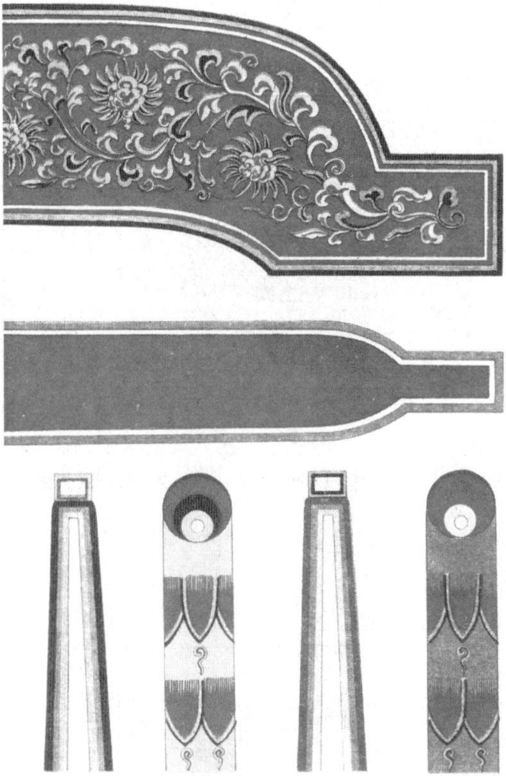

图34附-40　梁椽　飞子

解绿装名件　凡青绿并大青在外，青华在中，粉绿在内，凡绿缘并大绿在外，绿华在中，粉绿在内。

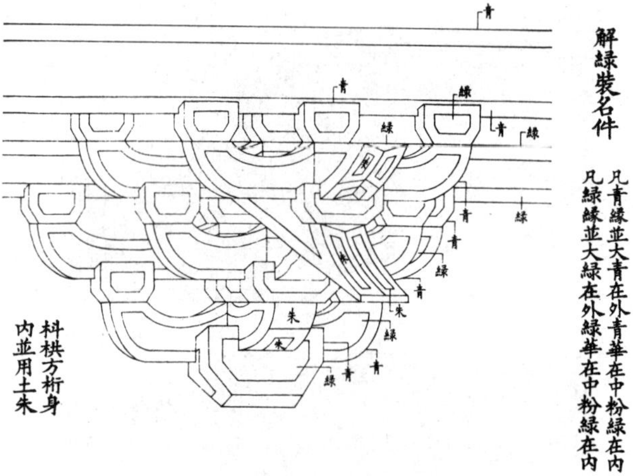
解綠裝名件
凡青綠並大青在外青華在中粉綠在內
凡綠緣並大綠在外綠華在中粉綠在內
枓栱方桁身內並用土朱
青
綠
朱

图34-41　五铺作枓栱　枓栱方桁身内并用土朱

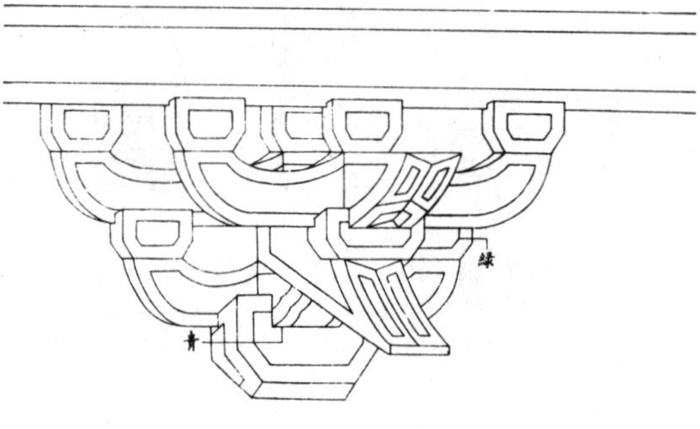
綠
青

图34-42　四铺作枓栱

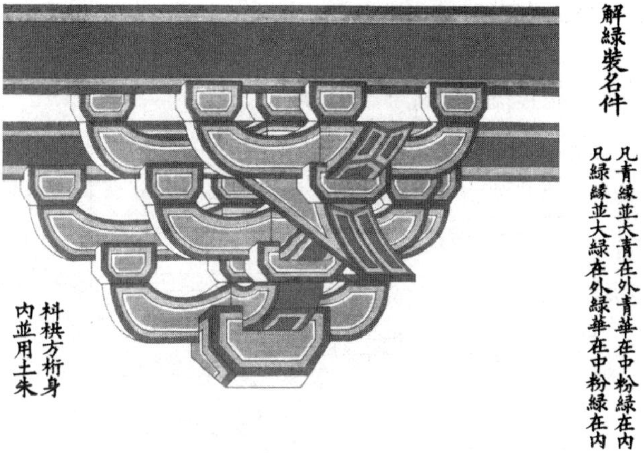
解綠裝名件
凡青綠並大青在外青華在中粉綠在內
凡綠綠並大綠在外綠華在中粉綠在內
枓栱方桁身
內並用土朱

图34附-41　五铺作枓栱　枓栱方桁身内并用土朱

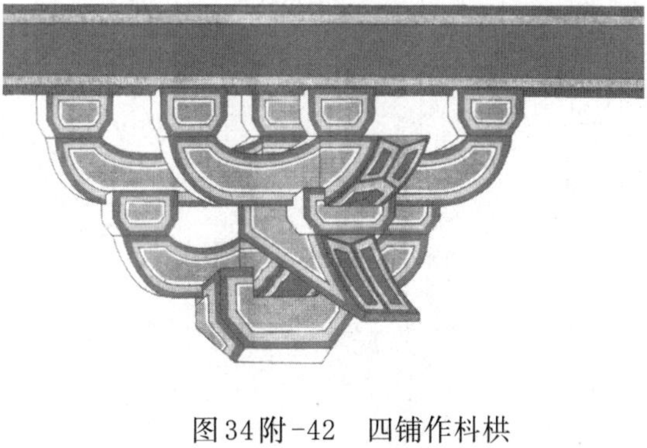

图34附-42　四铺作枓栱

梁椽 飞子

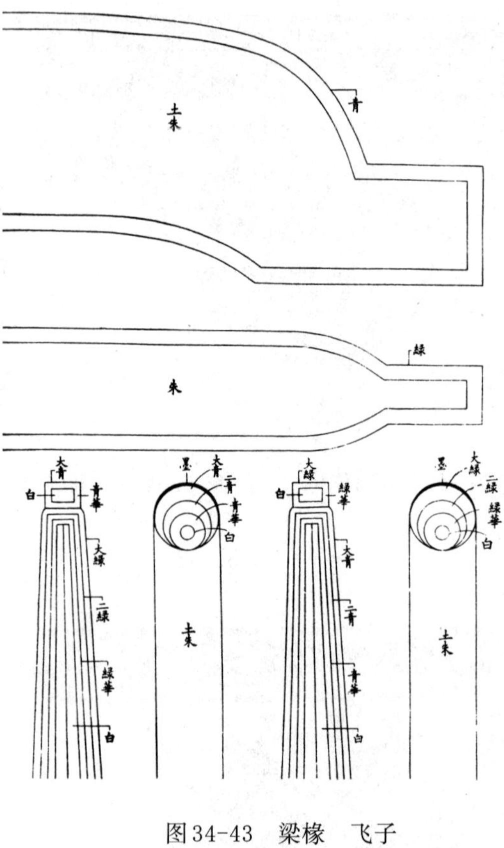

图34-43 梁椽 飞子

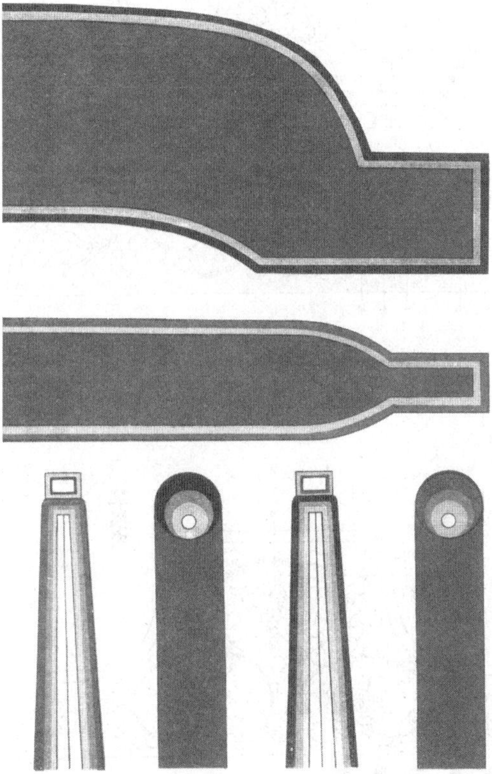

图34附-43　梁椽　飞子

栱眼壁内画单枝条华

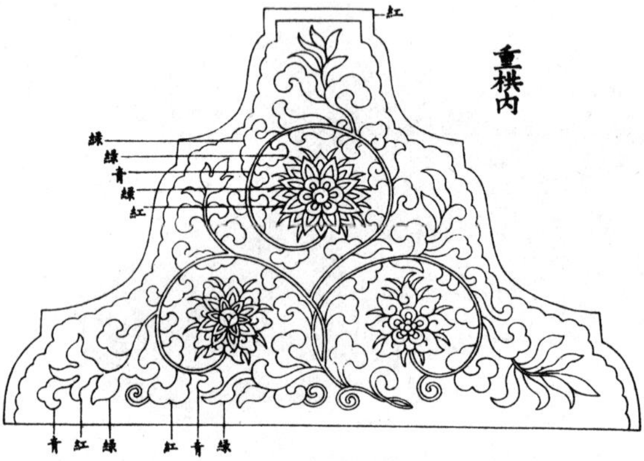

图34-44　重栱内一

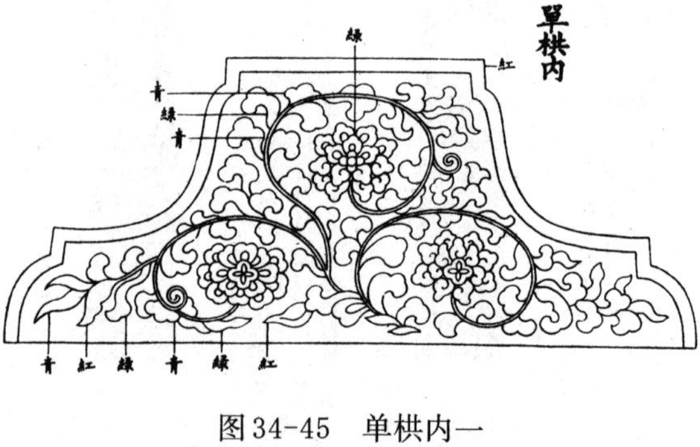

图34-45　单栱内一

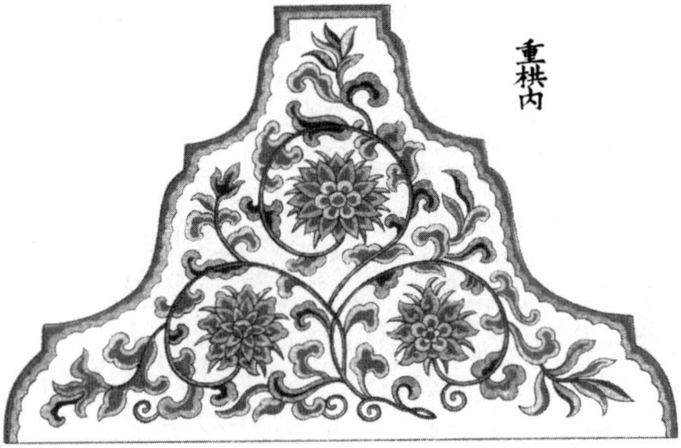

图34附-44　重栱内一

图34附-45　单栱内一

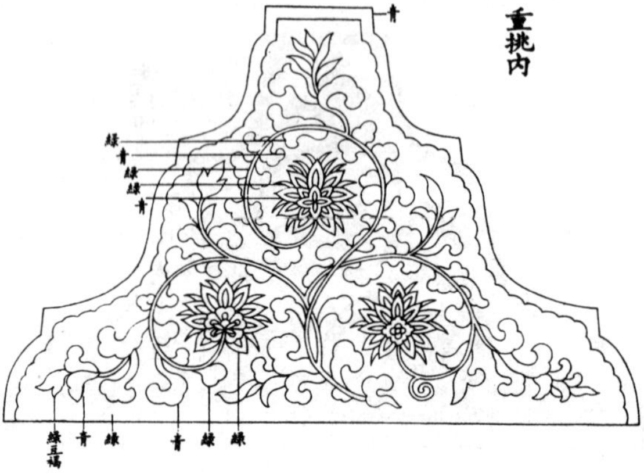

图34-46　重挑（栱）内二

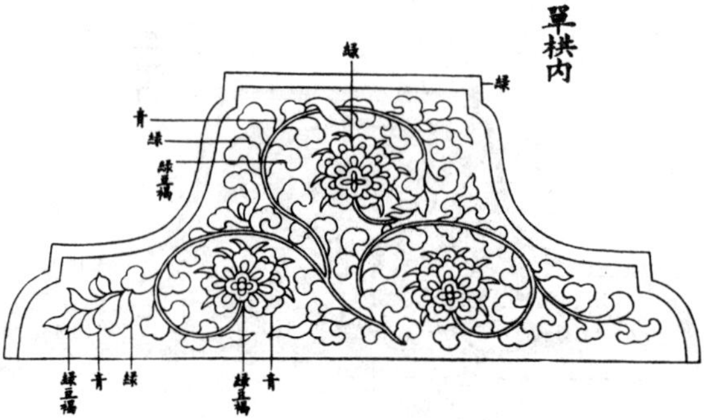

图34-47　单栱内二

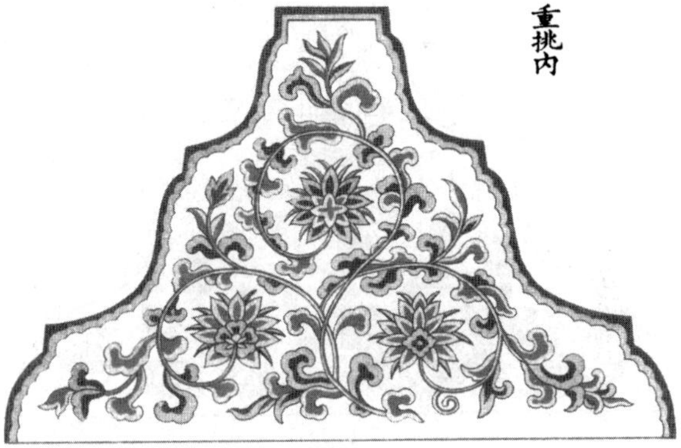

图34附-46　重挑(栱)内二

图34附-47　单栱内二

青绿叠晕棱间装栱眼壁内影作

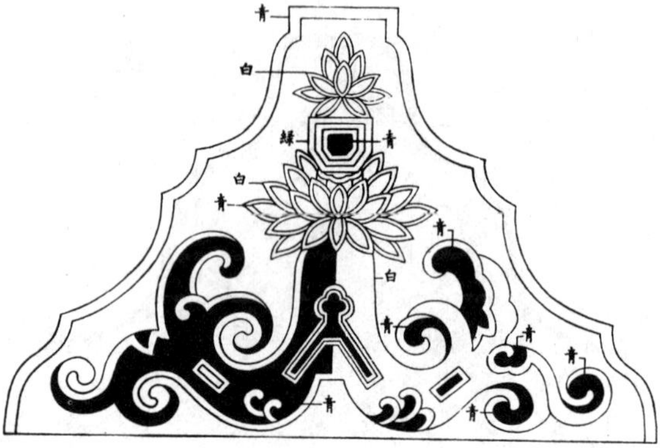

图34-48 重栱内

图34-49 单栱内

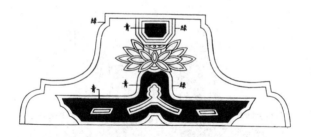

图34附-48　重栱内

图34附-49　单栱内

解绿结华装栱眼壁内影作

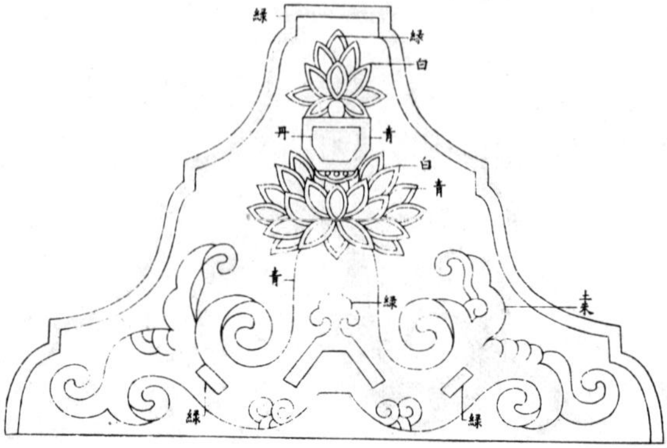

图34-50 重栱内

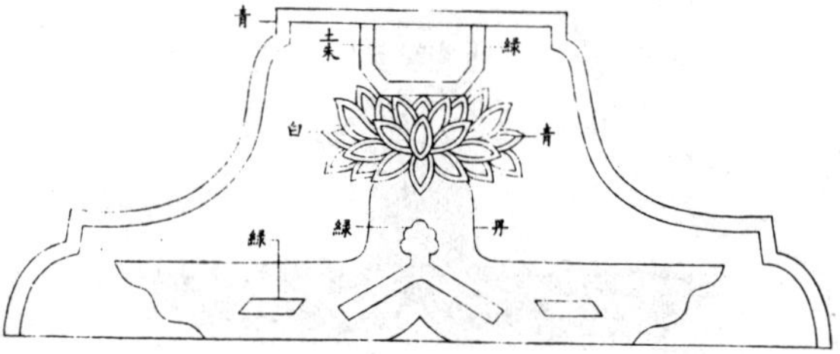

图34-51 单栱内

图34附-50　重栱内

图34附-51　单栱内

刷饰制度图样（并附卷）

丹粉刷饰名件第一

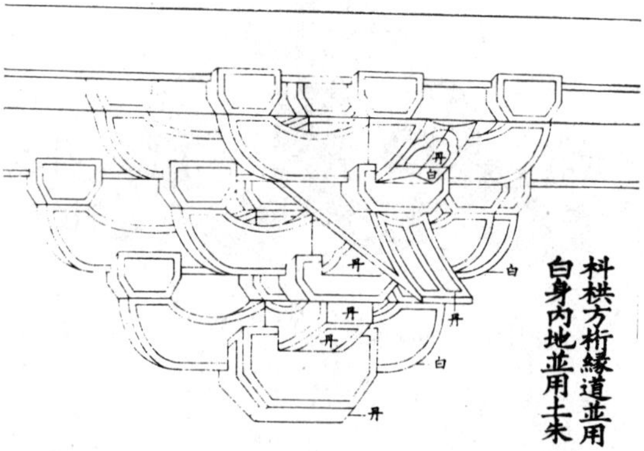

图34-52　五铺作枓栱　枓栱方桁缘道并用白身内地并用土朱。

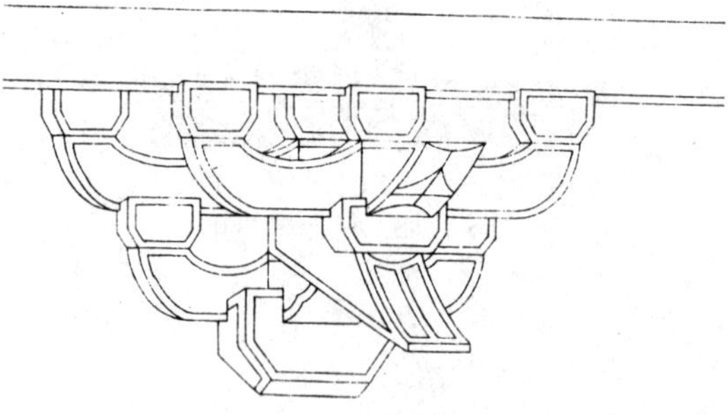

图34-53　四铺作枓栱

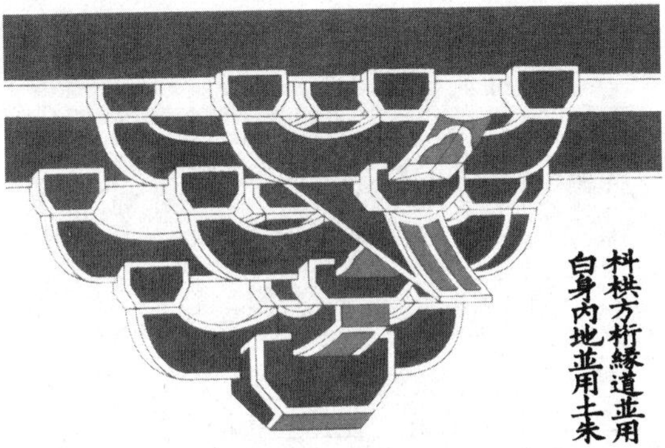

图34附-52　五铺作枓栱　枓栱方桁缘道并用白身内地并用土朱。

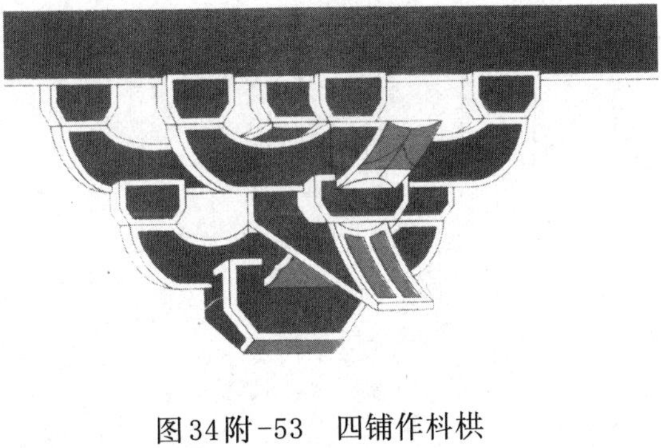

图34附-53　四铺作枓栱

梁椽　飞子

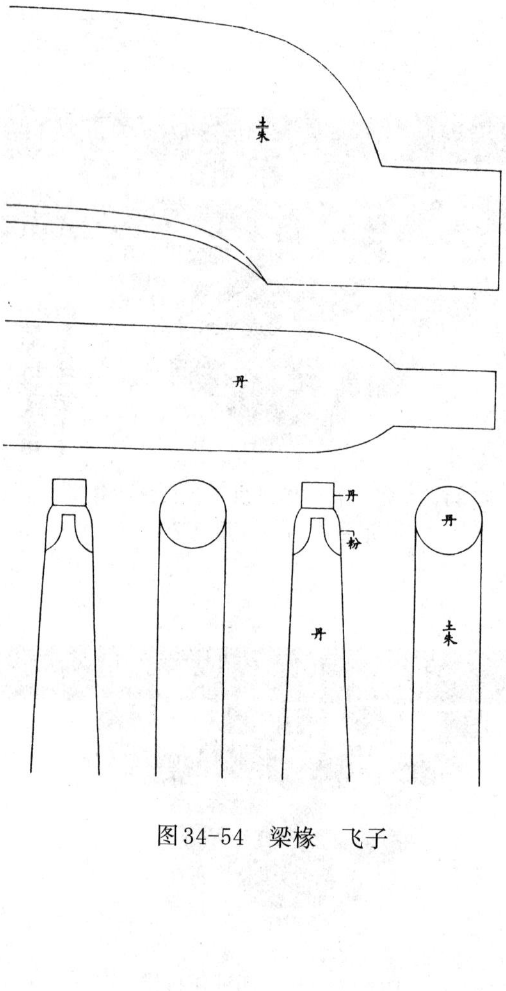

图34-54　梁椽　飞子

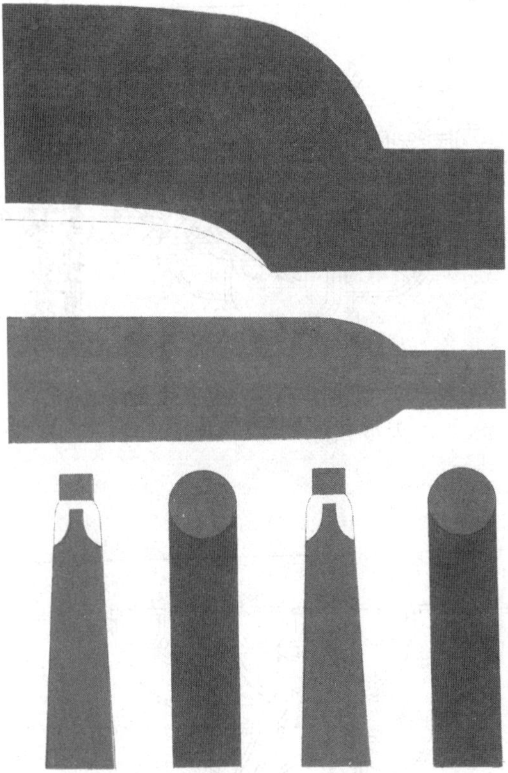

图34附-54　梁椽　飞子

黄土刷饰名件第二

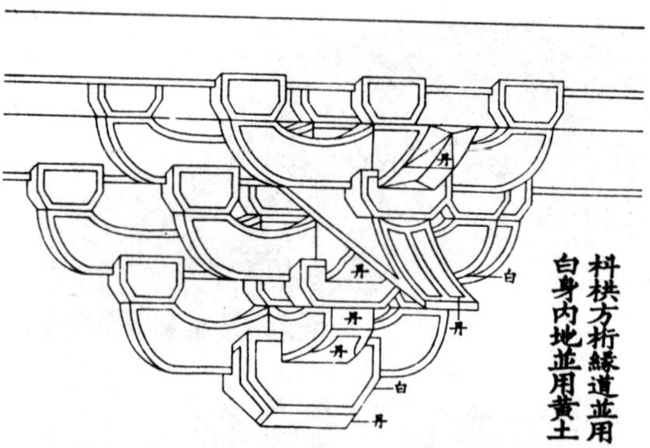

图34-55　五铺作枓栱　枓栱方桁缘道并用白身内地并用黄土。

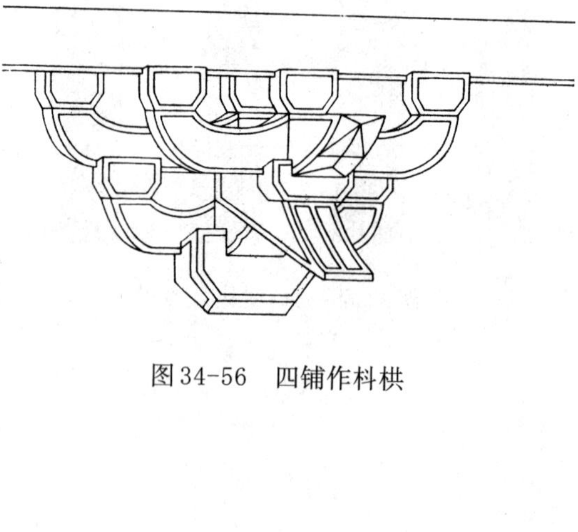

图34-56　四铺作枓栱

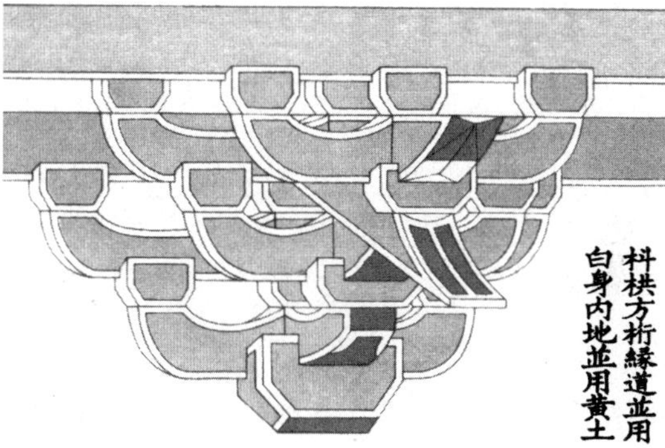

图34附-55　五铺作枓栱　枓栱方桁缘道并用白身内地并用黄土。

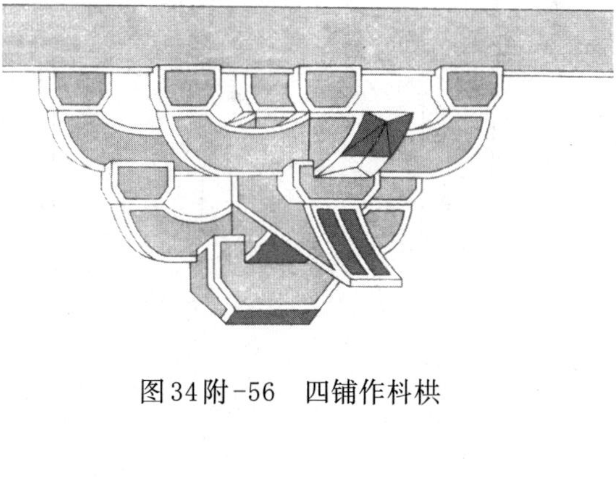

图34附-56　四铺作枓栱

梁椽　飞子

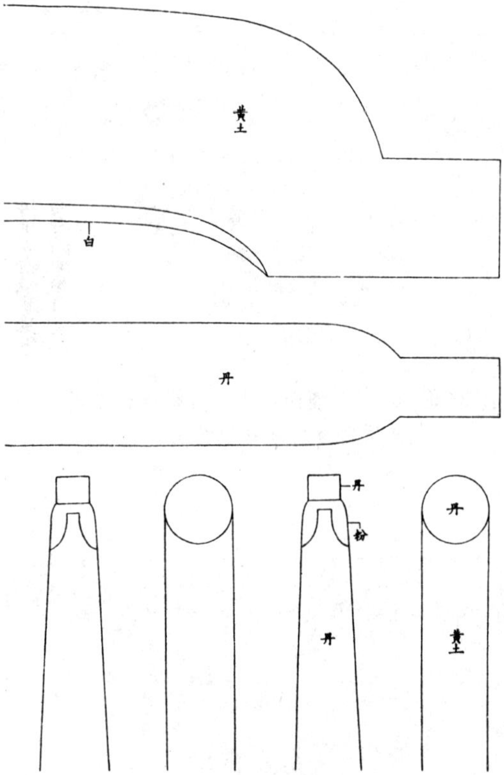

图34-57　梁椽　飞子

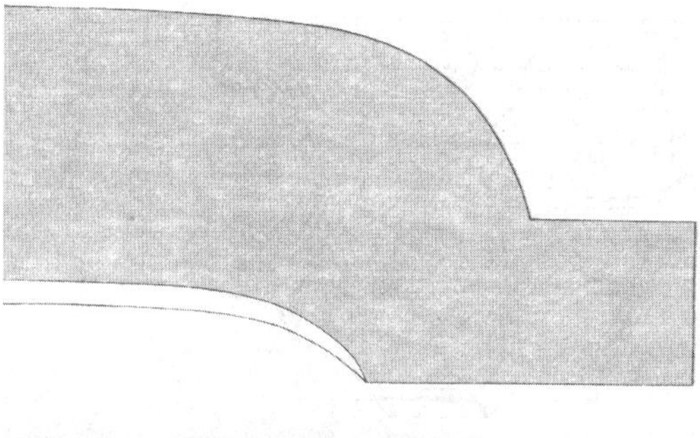

图34附-57　梁椽　飞子

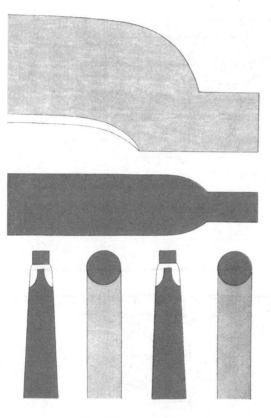

黄土刷饰黑缘道

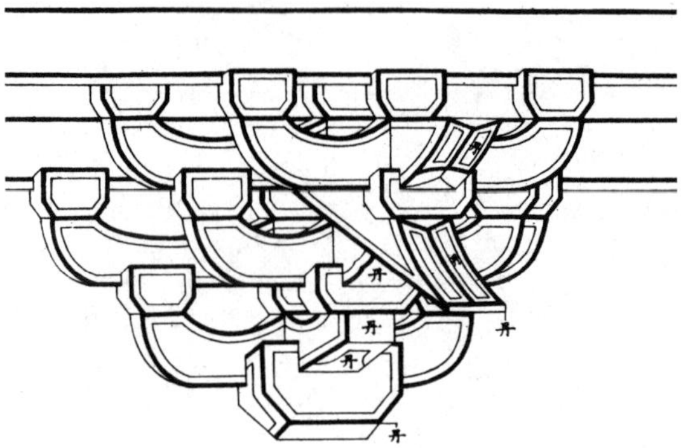

图34-58　五铺作枓栱

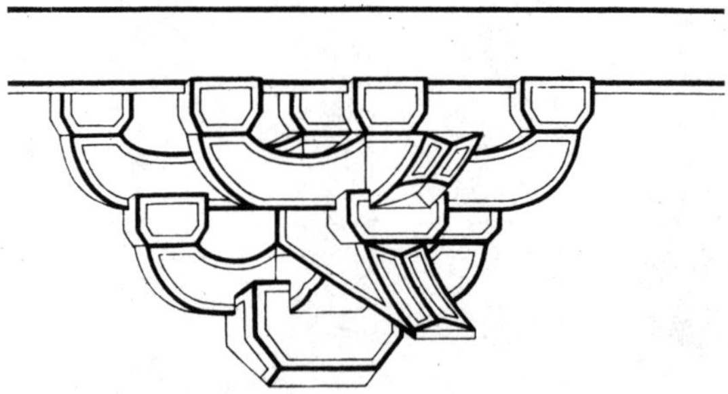

图34-59　四铺作枓栱

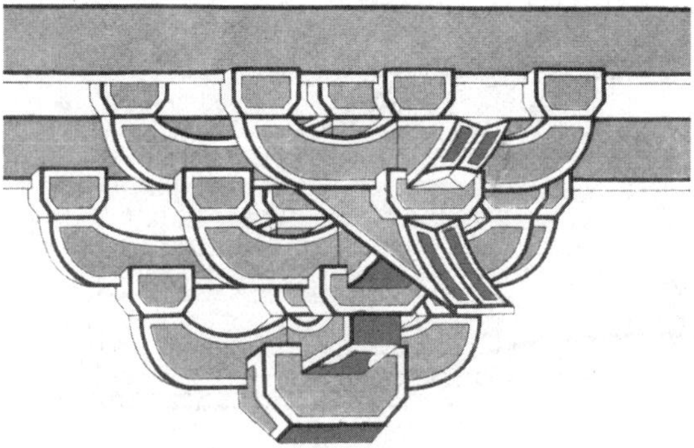

图34附-58　五铺作枓栱

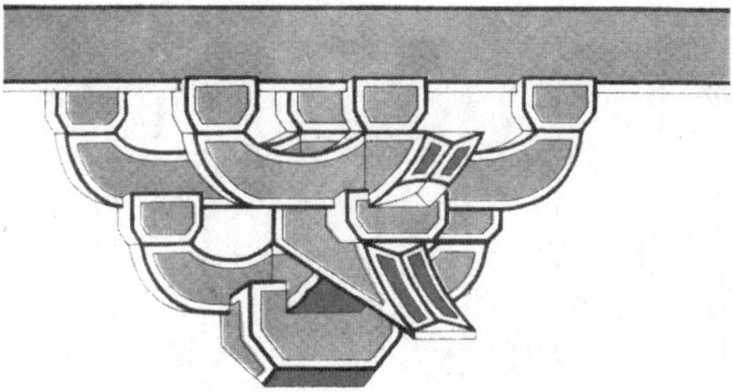

图34附-59　四铺作枓栱

梁椽　飞子

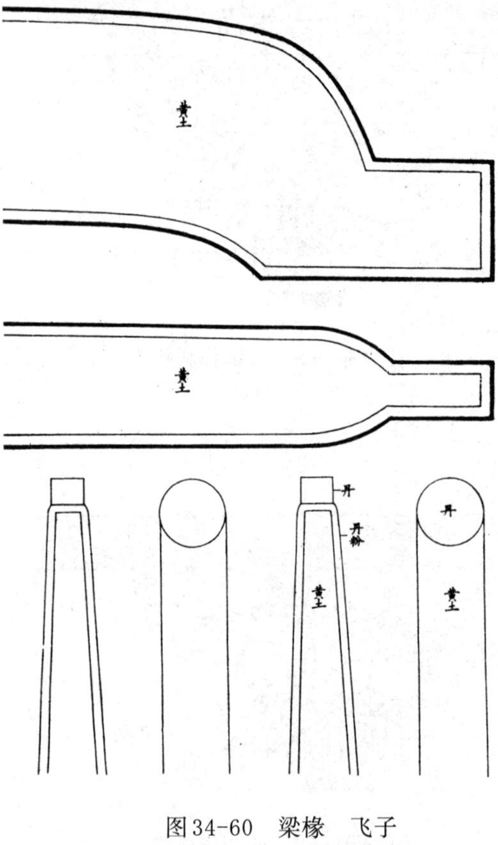

图34-60　梁椽　飞子

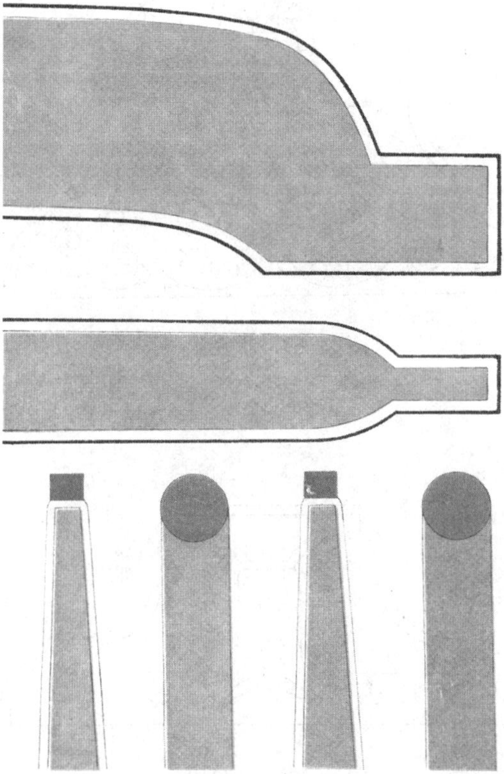

图34附-60　梁椽　飞子

丹粉刷饰栱眼壁

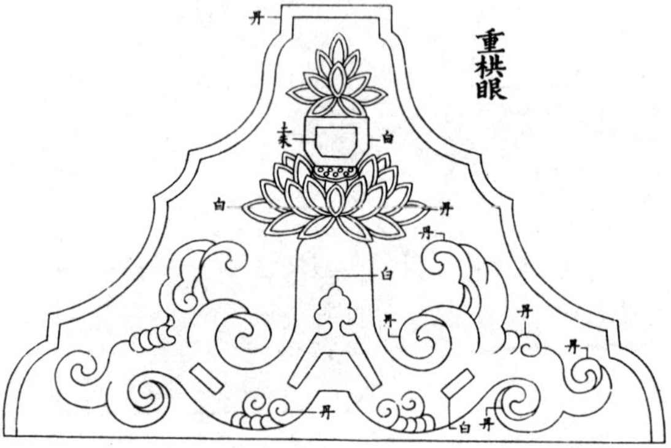

图34-61　重栱眼

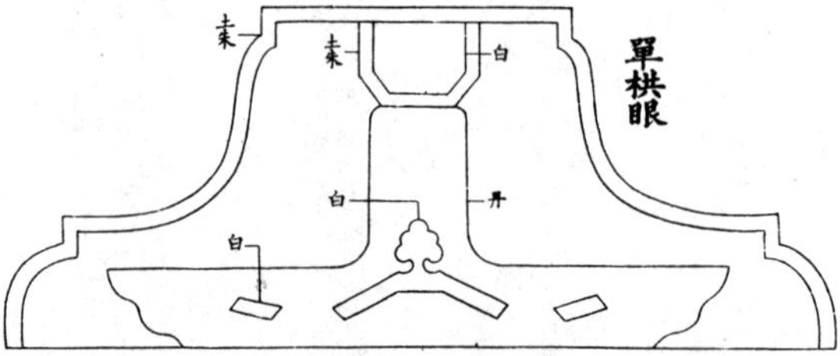

图34-62　单栱眼

图34附-61　重栱眼

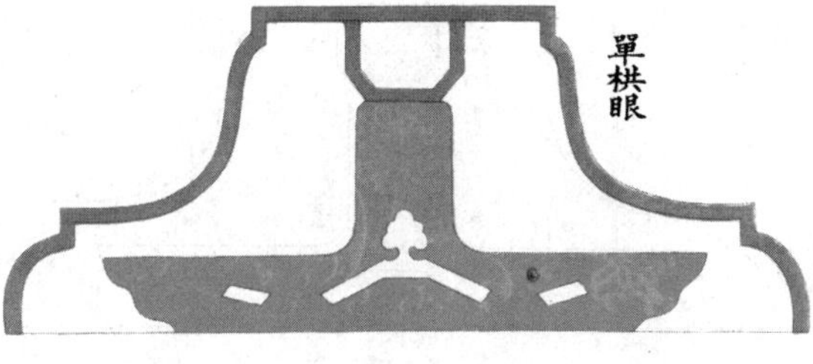

图34附-62　单栱眼

黄土刷饰栱眼壁

图34-63　重栱眼

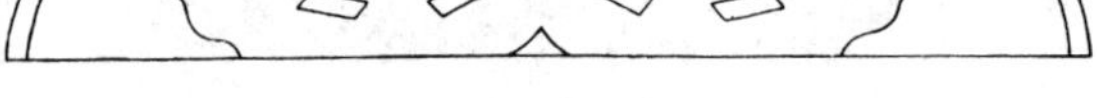

图34-64　单栱眼

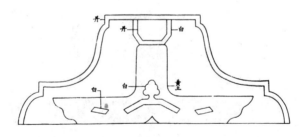

图34附-63　重栱眼

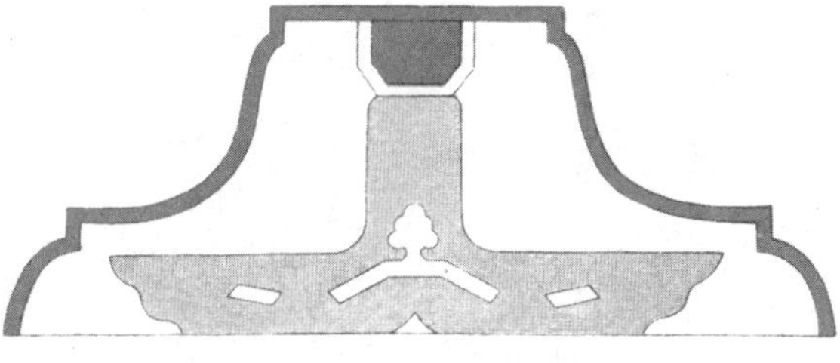

图34附-64　单栱眼

中华经典名著

全本全注全译丛书

（已出书目）

周易
尚书
诗经
周礼
仪礼
礼记
左传
春秋公羊传
春秋穀梁传
孝经·忠经
论语·大学·中庸
尔雅
孟子
春秋繁露
说文解字
释名
国语
晏子春秋
穆天子传
战国策
史记
吴越春秋
越绝书
华阳国志
水经注
洛阳伽蓝记
大唐西域记
史通
贞观政要
营造法式
东京梦华录
唐才子传
廉吏传
徐霞客游记
读通鉴论
宋论

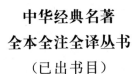

文史通义
老子
道德经
鹖冠子
黄帝四经·关尹子·尸子
孙子兵法
墨子
管子
孔子家语
吴子·司马法
商君书
慎子·太白阴经
列子
鬼谷子
庄子
公孙龙子(外三种)
荀子
六韬
吕氏春秋
韩非子
山海经
黄帝内经
素书
新书
淮南子
九章算术(附海岛算经)
新序
说苑
列仙传
盐铁论
法言
方言
潜夫论
政论·昌言
风俗通义
申鉴·中论
太平经
伤寒论
周易参同契
人物志
博物志
抱朴子内篇
抱朴子外篇
西京杂记
神仙传
搜神记
拾遗记
世说新语
弘明集
齐民要术
刘子
颜氏家训

中说
帝范·臣轨·庭训格言
坛经
大慈恩寺三藏法师传
茶经·续茶经
玄怪录·续玄怪录
酉阳杂俎
化书·无能子
梦溪笔谈
北山酒经(外二种)
容斋随笔
近思录
传习录
焚书
菜根谭
增广贤文
呻吟语
了凡四训
龙文鞭影
长物志
天工开物
溪山琴况·琴声十六法
温疫论
明夷待访录·破邪论
陶庵梦忆
西湖梦寻
幼学琼林
笠翁对韵
声律启蒙
老老恒言
随园食单
阅微草堂笔记
格言联璧
曾国藩家书
曾国藩家训
劝学篇
楚辞
文心雕龙
文选
玉台新咏
词品
闲情偶寄
古文观止
聊斋志异
唐宋八大家文钞
浮生六记
三字经·百家姓·千字文·弟子规·千家诗
经史百家杂钞